普通高等教育
建筑环境与能源应用工程系列教材

Building Environment and Energy Engineering

工程流体力学

（第3版）

主　编 /赵　琴　杨小林　严　敬
主　审 /龙天渝

重庆大学出版社

内容提要

本书是普通高等教育建筑环境与能源应用工程专业基础课教材，也是四川省省级一流本科课程“流体力学”的配套教材。其内容包括：流体力学的研究任务、方法及流体的主要力学性质，流体静力学，流体动力学基础，明渠流，堰流与闸孔出流，渗流，气体动力学基础，湍流射流。本书符合人才培养目标及课程的基本要求，深度适宜，科学理论与概念阐述准确，注重理论联系实际。本书配有 PPT、课后习题及解答等基本数字资源，与本书配套的还有教学软件和试题库，可供读者使用。

本书可供建筑环境与能源应用工程、热能与动力工程、水利水电工程、给排水科学与工程、环境工程等多个专业的本科教学使用，也可供相关专业自学考试参考。

图书在版编目(CIP)数据

工程流体力学 / 赵琴，杨小林，严敬主编. -- 3 版
. -- 重庆：重庆大学出版社，2021.7
普通高等教育建筑环境与能源应用工程系列教材
ISBN 978-7-5624-8130-0

Ⅰ.①工… Ⅱ.①赵… ②杨… ③严… Ⅲ.①工程力学—流体力学—高等学校—教材 Ⅳ.①TB126

中国版本图书馆 CIP 数据核字(2020)第 240257 号

普通高等教育建筑环境与能源应用工程系列教材
工程流体力学
(第 3 版)
主 编 赵 琴 杨小林 严 敬
主 审 龙天渝
责任编辑：张 婷 版式设计：张 婷
责任校对：刘志刚 责任印制：赵 晟
*
重庆大学出版社出版发行
出版人：饶帮华
社址：重庆市沙坪坝区大学城西路 21 号
邮编：401331
电话：(023)88617190 88617185(中小学)
传真：(023)88617186 88617166
网址：http://www.cqup.com.cn
邮箱：fxk@cqup.com.cn(营销中心)
全国新华书店经销
中雅(重庆)彩色印刷有限公司印刷
*
开本：787mm×1092mm 1/16 印张：17.75 字数：456 千
2007 年 2 月第 1 版 2021 年 7 月第 3 版 2021 年 7 月第 7 次印刷
印数：12 001—14 000
ISBN 978-7-5624-8130-0 定价：49.00 元

特别鸣谢单位

（排名不分先后）

天津大学
广州大学
湖南大学
东南大学
苏州大学
西华大学
江苏科技大学
中国矿业大学
华中科技大学
武汉科技大学
武汉理工大学
山东建筑大学
安徽工业大学
合肥工业大学
安徽建筑大学
重庆交通大学
重庆科技学院
西安交通大学
西安建筑科技大学
重庆大学
江苏大学
南华大学
扬州大学
同济大学
东华大学
上海理工大学
南京工业大学
南京工程学院
南京林业大学
山东科技大学
天津工业大学
河北工业大学
广东工业大学
福建工程学院
伊犁师范大学
中国人民解放军陆军勤务学院
江苏省制冷学会
江苏省工程建设标准定额总站

第3版 前 言

本书自第1版以来,因具有内容体系完整、适用面较广、难度适度等特点,已为多所高校所选用。2019年编者依据本书前5章内容制作了32学时的流体力学慕课,运行4学期,已有20所高校4 200余名学生选课。同时基于该慕课,编者开展了翻转课堂教学。2021年流体力学课程获批四川省首批省级线上线下混合式一流本科课程。为了更好地为教学服务,满足相关专业后续专业课程学习的需求,配合省级一流本科课程建设,对本教材进行了修订,对发现的错误和疏漏进行订正。

本次修订工作主要有:

(1)为了利于学生理解,适当增加部分过程的相关推导步骤;

(2)个别图片不准确,将其予以修正;

(3)对所有习题和例题重新计算,以保证计算结果的准确性;

(4)再次对全书进行全面校核和修正。

修订教材由赵琴、杨小林任主编,严敬任名誉主编。

限于作者水平有限,书中难免存在错误和不妥之处,恳请广大读者批评指正。

编 者

2021年2月

前　言

本书是四川省省级精品课程——“流体力学”的配套教材。

经过多年教学改革的实践与探索，“强化基础”已成为高校办学思路的共识。流体力学是工科多个专业的学科基础课，这种定位反映了工程部门对学生知识结构和能力素质的客观需求，强调了基础理论对培养学生分析、解决问题的基础性作用，并为后续专业发展作好了准备，从而扩大了学生就业范围。在精品课程建设及本书的编写过程中，编者充分注意到工科高等教育对基础课的肯定和要求。本书系统地介绍了工程流体力学（水力学）的核心内容，理论体系较为完整。这些基本概念、基本定理反映了工程问题对本课程的要求，是学生今后创造性工作的基础。考虑到所覆盖的专业面以及开拓学生的知识面，本书也包括了一些专业特殊要求的内容。理论和专业内容相结合，构成了一个有机整体，有利于增强学生对今后工作的适应能力。本书可供建筑环境与设备工程、水利水电工程、给排水科学与工程、热能与动力工程、环境工程等专业本科教学使用，各专业理论教学学时控制在70学时左右，另外，可开设8～10学时的配套实验教学。

自高校扩招以来，越来越多的学生有条件接受高等教育，本科高等教育不再都以培养学术精英为目标。培养目标的变化也反映到本书编写的指导思想中。为突出本书应用性特点，在保证内容体系完整性的同时，避免使用一些超越本科学生要求的数学、力学方法作为推证基础，行文力求简洁清楚，不将一些理论色彩过浓的非核心内容编入本书。这样，有利于帮助学生牢固掌握本课程的基本概念和原则，并使其能在后继课程及日后工作中熟练地加以应用。本书后给出了书中全部计算习题的解答，供学生解题时参考。

本书编者有长期从事本科流体力学（水力学）的教学经验，前期所完成的省级流体力学重点课程为本书的编写奠定了基础。

根据工程需求和课程体系要求，编者经过反复讨论后确定了本书大纲和编写原则，分工执笔完成了全书内容，并集体审阅了初稿。与本书配套的教学软件和试题库也已完成，供读者使用。

本书共分12章，参与编写的有：严敬（西华大学，第2，4，6，10章）、赵琴（西华大学，第7，8，9，12章）、杨小林（西华大学，第1，3，5，11章）。本书由重庆大学龙天渝教授主审。

由于时间紧促，水平有限，本书中不妥之处请读者批评指正。

编　者
2006年8月

目录

1 绪论

1.1 流体力学的研究任务与研究方法

1.1.1 研究任务

流体力学是研究流体在平衡或运动时所遵循的基本规律及其在工程中应用的科学，是力学的一个重要分支学科。

自然界的物质一般以固体、液体和气体3种形式存在。宏观地看，固体有一定的体积和形状，不易变形；液体有一定的体积而无一定的形状，不易压缩，形状随容器形状而变，有自由表面；气体则既无一定的体积又无一定的形状，容易压缩，气体将充满整个容器，没有自由表面。

液体和气体统称为流体，流体力学的研究对象是流体。流体在其运动的过程中表现出与固体不同的特点，其主要差别在于它们对外力的抵抗能力不同。固体由于其分子间距离很小，内聚力很大，能抵抗一定的拉力、压力和剪切力。而流体由于分子间距离较大，内聚力较小，几乎不能承受拉力，运动的流体具有一定的抗剪切能力，但静止的流体则不能抵抗剪切力，即使在很小的剪切力作用下，静止流体都将发生变形或流动，这种特性称为流体的易流动性。流体的易流动性是流体的基本特征。

流体作为物质的一种基本形态，必须遵循自然界一切物质运动的普遍规律，如牛顿第二定律、质量守恒定律、动量定理和动量矩定理等。所以，流体力学中的基本定理实质上都是这些普遍规律在流体力学中的具体体现和应用。

在许多领域如航空航海、气象、海洋、水利水电、热能制冷、土建桥梁、石油化工、气液输送、冶金采矿、军工核能等，都会遇到大量与流体运动规律有关的生产技术问题，要解决这些问题必须具备流体力学知识。因此，流体力学是高等工科院校多个专业的一门重要技术基础课。

1.1.2 研究方法

流体力学的研究方法大体上分为以下3种。

1)理论分析

针对实际流体的力学问题,建立反映问题本质的"力学模型";再根据物质机械运动的普遍规律,如质量守恒、能量守恒、动量定理等,建立控制流体运动的基本方程组,在相应的边界条件和初始条件下,运用数学分析方法求出理论结果,达到揭示流体运动规律的目的。但由于实际流体运动的多样性,对于某些复杂的流动,完全靠理论分析来解决还存在许多困难。

2)科学实验

一方面科学实验可以检验理论分析结果的正确性,另一方面当有些流体力学问题在理论上暂时还不能完全得到解决时,通过实验可以找到一些经验性的规律,以满足实际应用的需要。流体力学实验包括原型实验和模型实验,它们都是通过对具体流动的观测和测量来认识流体的流动规律。流体力学实验以模型实验为主。

3)数值模拟

采用有限差分、有限元等离散化方法建立各种数值模型,通过计算机进行数值计算获得定量描述流场的数值解,从而求解出许多原来无法用理论分析求解的复杂流体力学问题的数值解。随着流体力学计算方法的发展,现已形成一门专门学科——计算流体力学。

理论分析、科学实验和数值模拟互相结合补充,相辅相成。科学实验需要理论指导,才能从分散的、表面上无联系的现象和实验数据中得出规律性的结论;理论分析和数值模拟则要依靠科学实验给出流体流动图案和数据,以建立流动的力学模型和数值模型。最后,还须依靠实验来检验这些模型的完善程度。这3种方法的相互结合,为发展流体力学理论、解决复杂工程技术问题奠定了基础。

1.2 流体的连续介质模型

流体是由大量不断作无规则热运动的分子所组成的。从微观角度看,由于流体分子间存在着间隙,所以流体的物理量(如密度、压力和速度等)在空间上的分布是不连续的;同时,由于分子的随机运动,又导致任一空间点上的流体物理量随时间的变化也是不连续的。因此,从微观角度看,流体物理量的分布在空间和时间上都是不连续的。

现代物理学研究发现,在标准状态下,1 cm^3 水中约有 3.3×10^{22} 个水分子,1 cm^3 气体约有 2.7×10^{19} 个分子。流体的分子平均自由程很小,往往远小于所讨论问题的特征尺寸,并且人们感兴趣的是流体的宏观特性,即大量分子的统计平均特性。这样,人们就有理由不以流体分子作为研究对象,而是引进流体的连续介质模型。

流体的连续介质模型:假定流体是由连续分布的流体质点所组成,即认为流体所占据的空间完全由没有任何空隙的流体质点所充满,流体质点在时间过程中作连续运动。这里所说的流体质点,是指流体中宏观尺寸非常小而微观尺寸又足够大的任一物理实体,它具有以下特点:宏观尺寸非常小,无尺度,可视为一个点;微观尺寸足够大,内含足够多的流体分子;具有质量、密度、压强、流速、动能等宏观物理量，这些物理量是流体质点中大量流体分子的统计平均值；流体质点的形状可任意划定，因而质点与质点之间可以完全没有空隙。

根据流体的连续介质假设，表征流体性质和运动特性的物理量和力学量一般为空间坐标和时间变量的连续函数，这样就可以用数学分析方法来研究流体运动，解决流体力学问题。

1.3 流体的主要物理性质

流体的物理性质是决定流体运动状态的内在因素，同流体运动有关的主要物理性质有流体的密度、压缩性、黏滞性、表面张力等。

1.3.1 流体的密度

单位体积的流体所具有的质量称为流体的密度。

对于均质流体，若流体的质量为 m，体积为 V，则其密度为

$$\rho = \frac{m}{V} \tag{1.1}$$

对于非均质流体，即各点密度不完全相同的流体，若包含 A 点的微元体积 ΔV 中的流体质量为 Δm，则该流体中 A 点的密度为

$$\rho_A = \lim_{\Delta V \to 0} \frac{\Delta m}{\Delta V} \tag{1.2}$$

一般来说，流体的密度随压强和温度而变化。不过，液体的密度随压强和温度的变化很小，通常情况下可视为常数，如水的密度为 1 000 kg/m^3，水银（汞）的密度为 13 600 kg/m^3。气体的密度随压强和温度的变化则较大，一般不能视为常数；对于理想气体，可用气体状态方程来表示密度和压强、温度的关系，即

$$\frac{p}{\rho} = RT \tag{1.3}$$

式中 p——气体的绝对压强，Pa；

ρ——气体的密度，kg/m^3；

T——气体的热力学温度，K；

R——气体常数，J/（kg·K）。

表 1.1 列出了在标准大气压下几种常见流体的密度。表 1.2 列出了在标准大气压下，不同温度下水、空气和水银的密度。

表 1.1 几种常见流体的密度

流体名称	空气	水银	水	酒精	四氯化碳	汽油	石油	海水
温度/℃	0	0	20	20	20	15	15	15
密度/（$kg \cdot m^{-3}$）	1.293	13 600	998	799	1 590	700 ~ 750	880 ~ 890	1 020 ~ 1 030

表 1.2　不同温度下水、空气和水银的密度

温度/℃	0	10	20	40	60	80	100
水/($kg \cdot m^{-3}$)	999.87	999.73	998.23	992.24	983.24	971.83	958.38
空气/($kg \cdot m^{-3}$)	1.293	1.247	1.205	1.128	1.060	1.000	0.946 5
水银/($kg \cdot m^{-3}$)	13 600	13 570	13 550	13 500	13 450	13 400	13 350

在流体力学中还经常用到流体的比容等概念。

密度的倒数，即单位质量的流体所具有的体积称为比容，以 v 表示，单位为 m^3/kg，即

$$v=\frac{1}{\rho} \tag{1.4}$$

1.3.2　流体的压缩性和膨胀性

1）流体的压缩性

流体受压，体积减小，密度增大，去掉压力后流体能恢复原有的体积和密度，这种性质称为流体的压缩性。流体的压缩性用体积压缩系数 k 来表示，单位为 Pa^{-1}。它指的是在一定的温度下，增加单位压强所引起的流体体积相对变化值。若流体的体积为 V，压力增加 dp 后，体积减小 dV，则体积压缩系数为

$$k=-\frac{1}{V}\frac{dV}{dp} \tag{1.5}$$

由于流体受压后体积减小，因此 dp 和 dV 符号相反。为保证 k 为正值，式(1.5)右侧加负号。

又因为增压前后质量无变化，则

$$dm=d(\rho V)=\rho dV+Vd\rho=0$$

得

$$\frac{dV}{V}=-\frac{d\rho}{\rho}$$

故体积压缩系数 k 又可表示为

$$k=\frac{1}{\rho}\frac{d\rho}{dp}$$

工程上常用流体体积压缩系数的倒数来表征流体的压缩性，称为流体的体积弹性模量 K，单位为 Pa，即

$$K=\frac{1}{k}=-V\frac{dp}{dV}=\rho\frac{dp}{d\rho} \tag{1.6}$$

体积弹性模量 K 随流体的种类、温度和压强而变化，它的大小表征着流体压缩性的大小。K 值越大，流体的压缩性越小；反之，K 值越小，流体的压缩性越大。

由上述可知，流体的压缩性是流体的基本属性之一，任何流体都是可压缩的，只是可压缩程度有所不同而已。当流体的压缩性对所研究的流动问题影响不大时，可忽略其压缩性，这种流体称为不可压缩流体，不可压缩流体是理想化的力学模型。

通常液体的压缩性很小,在相当大的压力变化范围内,密度几乎不变,可视为常数。因此,对于一般的液体平衡和运动问题,可按不可压缩流体处理。但是,在水击现象和水中爆炸等问题中,则不能忽略液体的压缩性,必须按可压缩流体来处理。气体的压缩性远大于液体,是可压缩流体。如果气体在流动过程中密度变化不大,若忽略密度的变化也不会对所处理的问题产生较大的误差时,则可忽略气体的压缩性。例如,动力工程中的空气、烟气管道内的流速均低于 30 m/s,就可按不可压缩流体处理。

2)流体的膨胀性

流体受热,体积增大,密度减小,温度下降后流体能恢复原有的体积和密度,这种性质称为流体的膨胀性。流体的膨胀性用体积膨胀系数 α_V 来表示,它指的是在一定的压强下,增加单位温度所引起的体积相对变化值。若流体的体积为 V,温度增加 dT 后,体积增大 dV,则体积膨胀系数为

$$\alpha_V = \frac{1}{V}\frac{dV}{dT} \tag{1.7}$$

体积膨胀系数 α_V 随流体的种类、温度和压强而变化,单位为 K^{-1}。通常液体的体积膨胀系数很小,一般工程问题中当温度变化不大时,可不予考虑,而气体的体积膨胀系数却很大。

1.3.3 流体的黏滞性

由于流体具有易流动性,因而静止的流体没有抵抗剪切变形的能力,而运动的流体当流体质点之间发生相对运动时,质点之间就会产生摩擦阻力(切向阻力)抵抗其相对运动,即运动的流体具有一定的抵抗剪切变形的能力,且不同的流体抵抗剪切变形的能力不同,这种特性称为流体的黏滞性。黏滞性是流体的重要属性,它与流体的运动规律密切相关,是流体运动中产生阻力和能量损失的原因。

1)牛顿内摩擦定律

17 世纪,牛顿在所著的《自然哲学的数学原理》中研究了流体的黏滞性。如图 1.1 所示,设有两块平行平板,其间充满流体,下板固定不动,上板在牵引力的作用下沿所在平面以速度 U 匀速向右运动。由于附着力,黏附于固体表面的流体速度与固体速度相同,所以与上板接触

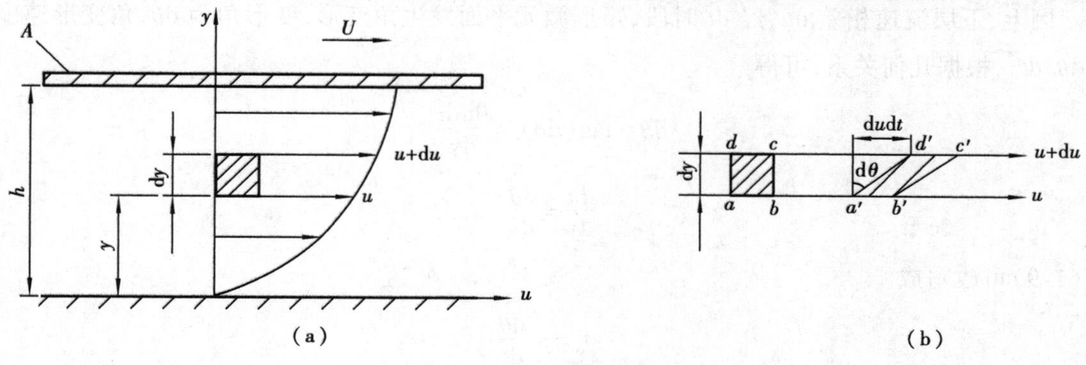

图 1.1 平行平板间的黏性流动

的流体将以速度 U 向右运动,与下板接触的流体速度为 0。设两板间的流体做有条不紊的、一层一层互不混掺的层流运动,其速度的大小由下板的 0 增加至上板的平移速度。这样,速度较大的上层流体将带动速度较小的下层流体向右运动,而下层流体将阻滞上层流体的运动,相互间便产生大小相等、方向相反的切向阻力,也称为内摩擦阻力或黏滞力,以 T 表示。

实验证明,流体内摩擦阻力(或切力)T 的大小与速度梯度 $\mathrm{d}u/\mathrm{d}y$ 和接触面积 A 成正比,并与流体的性质有关,而与流体的压力大小无关,其数学表达式为

$$T = \mu A \frac{\mathrm{d}u}{\mathrm{d}y} \tag{1.8}$$

式中 μ——流体的动力黏度,与流体的种类、温度及压强有关,Pa·s;

A——流层的接触面积,m^2;

$\frac{\mathrm{d}u}{\mathrm{d}y}$——速度梯度,表示流动速度在其法线方向的变化率,$\mathrm{s}^{-1}$。

单位面积上的摩擦阻力称为切应力,以 τ 表示,则

$$\tau = \frac{T}{A} = \mu \frac{\mathrm{d}u}{\mathrm{d}y} \tag{1.9}$$

式(1.8)和式(1.9)称为牛顿内摩擦定律。

当两平板间的距离 h 和速度 U 不大时,流速 u 沿其法线方向呈线性分布,即

$$u(y) = \frac{U}{h} y$$

等式两边对 y 求导,得

$$\frac{\mathrm{d}u}{\mathrm{d}y} = \frac{U}{h}$$

则内摩擦阻力

$$T = \mu A \frac{U}{h}$$

切应力

$$\tau = \frac{T}{A} = \mu \frac{U}{h}$$

为了进一步说明速度梯度的物理意义,在运动流体中取矩形平面微元 $abcd$,如图 1.1 所示。因上、下层流速相差 $\mathrm{d}u$,经 $\mathrm{d}t$ 时段,矩形微元平面发生角变形,变形角为 $\mathrm{d}\theta$,角变形速度为$\mathrm{d}\theta/\mathrm{d}t$。根据几何关系,可得

$$\mathrm{d}\theta \approx \tan(\mathrm{d}\theta) = \frac{\mathrm{d}u\mathrm{d}t}{\mathrm{d}y}$$

$$\frac{\mathrm{d}u}{\mathrm{d}y} = \frac{\mathrm{d}\theta}{\mathrm{d}t}$$

式(1.9)可改写成

$$\tau = \mu \frac{\mathrm{d}\theta}{\mathrm{d}t}$$

上式指出,切应力的大小与流体的角变形速度成正比。

在流体力学中，动力黏度μ经常与流体密度ρ结合在一起以μ/ρ的形式出现。为此，我们将这个比值定义为运动黏度ν，单位为m^2/s，故

$$\nu=\frac{\mu}{\rho} \tag{1.10}$$

黏度是流体的重要属性，它与流体种类、温度和压强有关。在工程常用的温度和压强范围内，黏度受压强的影响较小，主要随温度变化。表1.3列出了在标准大气压下，不同温度下水和空气的黏度。

表1.3 不同温度下水和空气的黏度

温度/℃	水		空 气	
	$\mu/(10^{-3}Pa\cdot s)$	$\nu/(10^{-6}m^2\cdot s^{-1})$	$\mu/(10^{-3}Pa\cdot s)$	$\nu/(10^{-6}m^2\cdot s^{-1})$
0	1.792	1.792	0.0172	13.7
10	1.308	1.308	0.0178	14.7
20	1.005	1.007	0.0183	15.7
30	0.801	0.804	0.0187	16.6
40	0.656	0.661	0.0192	17.6
50	0.549	0.556	0.0196	18.6
60	0.469	0.477	0.0201	19.6
70	0.406	0.415	0.0204	20.6
80	0.357	0.367	0.0210	21.7
90	0.317	0.328	0.0216	22.9
100	0.284	0.296	0.0218	23.6

由表1.3可知，水的黏度随温度升高而减小，即空气的黏度却随温度升高而增大。这是因为液体分子间距小，内聚力强，黏性作用主要来源于分子内聚力，当液体温度升高时，其分子间距加大，内聚力减小，黏度随温度上升而减小；而气体和液体不同，气体的内聚力极小，可以忽略，其黏性作用可以说完全是分子热运动中动量交换的结果，当气体温度升高时，热运动加剧，其黏度随温度升高而增加。

2）牛顿流体和非牛顿流体

凡作用在流体上的切应力与它所引起的角变形速度（速度梯度）成正比，即遵守牛顿内摩擦定律的流体称为牛顿流体；否则，称为非牛顿流体。如图1.2所示，A线为牛顿流体，常见的牛顿流体有水、空气等；B线、C线和D线均为非牛顿流体。其中，B线为理想宾汉流体，如泥浆、血浆等，这种流体只有在切应力达到某一数值时，才开始剪切变形，且变形速度是

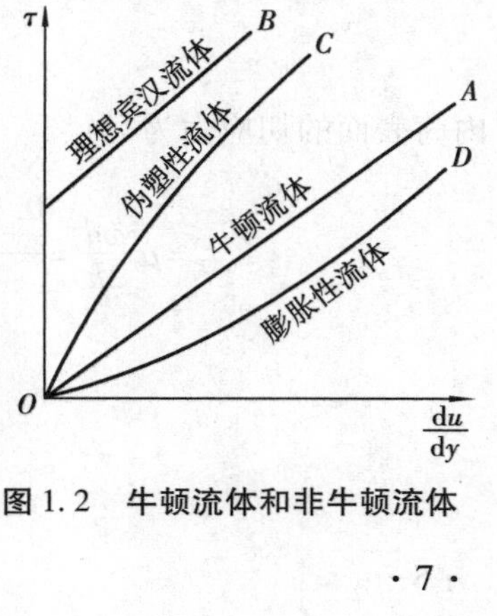

图1.2 牛顿流体和非牛顿流体

常数。C 线为伪塑性流体,如尼龙、颜料、油漆等,其黏度随角变形速度的增加而减小。D 线为膨胀性流体,如生面团、浓淀粉糊等,其黏度随角变形速度的增加而增加。

如上所述,牛顿内摩擦定律只适用于牛顿流体。非牛顿流体是流变学的研究对象,本书只讨论牛顿流体。

3)实际流体与理想流体

实际流体都具有黏滞性,不具有黏滞性的流体称为理想流体,它是客观世界中并不存在的一种假想的流体。在研究很多流动问题时,由于实际流体本身黏度小或所研究区域速度梯度小,使得黏滞力与其他力相比很小,此时可以忽略流体的黏滞性,按理想流体建立基本关系式,这样可以大大简化流体力学问题的分析和计算,并能近似反映某些实际流体流动的主要特征。此外,即使对黏滞性占主要地位的实际流体的流动问题,也可从研究理想流体入手,再进而研究更复杂的实际流体的流动情况。

【例 1.1】 动力黏度 $\mu = 0.172$ Pa·s 的润滑油充满两个同轴圆柱体的间隙,外筒固定,内径 $D = 12$ cm,间隙 $h = 0.02$ cm,试求:①如图 1.3(a)所示,当内筒以速度 $U = 1$ m/s 沿轴线方向运动时,内筒表面的切应力 τ_1;②如图 1.3(b)所示,当内筒以转速 $n = 180$ r/min 旋转时,内筒表面的切应力 τ_2。

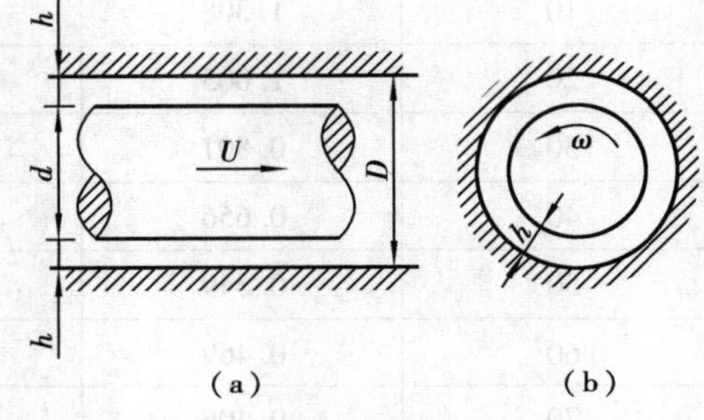

图 1.3 内筒表面的切应力计算

【解】 因内、外筒之间的间隙 h 很小,间隙中的润滑油运动速度可以看成是线性分布,即

$$\frac{\mathrm{d}u}{\mathrm{d}y} = \frac{U}{h}$$

内筒外径为

$$d = D - 2h = (12 - 2 \times 0.02)\,\mathrm{cm} = 11.96\,\mathrm{cm}$$

①当内筒以速度 $U = 1$ m/s 沿轴线方向运动时,由式(1.9)得内筒表面的切应力为

$$\tau_1 = \mu \frac{\mathrm{d}u}{\mathrm{d}y} = \mu \frac{U}{h} = \frac{0.172 \times 1}{0.02 \times 10^{-2}}\,\mathrm{N/m^2} = 860\,\mathrm{N/m^2}$$

②当内筒以转速 $n = 180$ r/min 旋转时,内筒的旋转角速度为

$$\omega = \frac{2\pi n}{60}$$

内筒表面的切应力为

$$\tau_2 = \mu \frac{\omega d}{2h} = \frac{0.172 \times \dfrac{2\pi \times 180}{60} \times 11.96 \times 10^{-2}}{2 \times 0.02 \times 10^{-2}}\,\mathrm{N/m^2} = 968.9\,\mathrm{N/m^2}$$

1.3.4 液体的表面张力

1)表面张力

液体的表面张力是液体表面上相邻部分之间的互相牵引的力,其方向与液面相切,并与两相邻部分的分界线垂直。表面张力一般产生在液体和气体相接触的自由表面上,也可以产生于液体与固体的接触面上或与另一种液体的接触面上,它是分子引力在液体表面上的一种宏观表现。例如,在液体和气体相接触的自由表面上,液面上的分子受液体内部分子的吸引力与其上部气体分子的吸引力不平衡,其合力的方向与液面垂直并指向液体内部。在合力的作用下,表层中的液体分子都力图向液体内部收缩,就像在液体表面蒙上一层弹性薄膜,紧紧将液面上的分子压向液体内部,使液体具有尽量缩小其表面的趋势,这样沿着液体的表面便产生了拉力,即表面张力。

表面张力的大小以作用在单位长度上的力,即表面张力系数 σ 来表示,单位是 N/m。σ 的大小与液体的性质、纯度、温度和与其接触的介质有关。表 1.4 列出了几种液体与空气接触的表面张力系数。

表 1.4 几种液体与空气接触时的表面张力系数

流体名称	温度/℃	表面张力系数 $\sigma/(\mathrm{N\cdot m^{-1}})$	流体名称	温度/℃	表面张力系数 $\sigma/(\mathrm{N\cdot m^{-1}})$
水	20	0.072 75	丙 酮	16.8	0.023 44
水 银	20	0.465	甘 油	20	0.065
酒 精	20	0.022 3	苯	20	0.028 9
四氯化碳	20	0.025 7	润滑油	20	0.025~0.035

表面张力仅在液体的自由表面存在,液体内部并不存在,所以它是一种局部受力现象。由于表面张力很小,一般对液体的宏观运动不起作用,可以忽略不计。但如果涉及流体计量、物理化学变化、液滴和气泡的形成等问题时,则必须考虑表面张力的影响。

2)毛细现象

液体分子间存在的相互吸引力称为内聚力。当液体和固体壁面接触时,液体分子和固体分子间存在的相互吸引力称为附着力。如果附着力大于液体分子间的内聚力,就会产生液体润湿固体的现象,如图 1.4(a)所示,此时接触角 θ 为锐角;如果附着力小于液体分子间的内聚力,就会产生液体不能润湿固体的现象,如图 1.4(b)所示,此时接触角 θ 为钝角。水与玻璃的接触角约为 8.5°,水银与玻璃的接触角约为 140°。

将毛细管插入液体内,如果液体能润湿管壁,则管内液面升高,液面呈凹形,如图 1.4(a)所示;如果液体不能润湿管壁,则管内液面下降,液面呈凸形,这种现象称为毛细现象,如图 1.4(b)所示。根据表面张力的合力与毛细管中上升(或下降)液柱所受的重力相等,可求出液柱上升(或下降)的高度 h,即

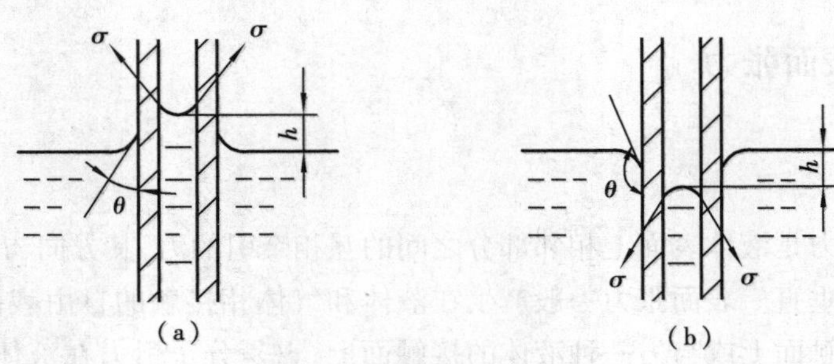

图 1.4　毛细现象

$$\pi d\sigma\cos\theta=\rho gh\frac{\pi d^2}{4}$$

得

$$h=\frac{4\sigma\cos\theta}{\rho gd}\tag{1.11}$$

式(1.11)表明，液柱上升或下降的高度与管径成反比，管径 d 越小，则 h 越大。因此，在使用液位计、单管测压计等仪器时，应选取合适的管径以避免由于毛细现象造成的读数误差。

习　题

1.1　何谓连续介质模型？为了研究流体机械运动规律，说明引入连续介质模型的必要性和可行性。

1.2　液体和气体的黏滞性随温度的升高或降低发生变化，变化趋势是否相同？为什么？

1.3　什么是表面张力？试对表面张力现象作物理解释。

1.4　某种油的密度为 851 kg/m³，运动黏度为 3.39×10^{-6} m²/s，求此油的重度、比容和动力黏度。

1.5　如图所示，在相距 $\delta=40$ mm 的两平行平板间充满动力黏度 $\mu=0.7$ Pa·s 的液体，液体中有一长为 $l=60$ mm 的薄平板以 $U=15$ m/s 的速度水平向右移动。假定平板运动引起液体流动的速度分布是线性分布。求：①当 $h=10$ mm 时，薄平板单位宽度上受到的阻力 T；②若平板的位置可变，当 h 为多大时，薄平板单位宽度上受到的阻力最小？并计算其最小阻力值。

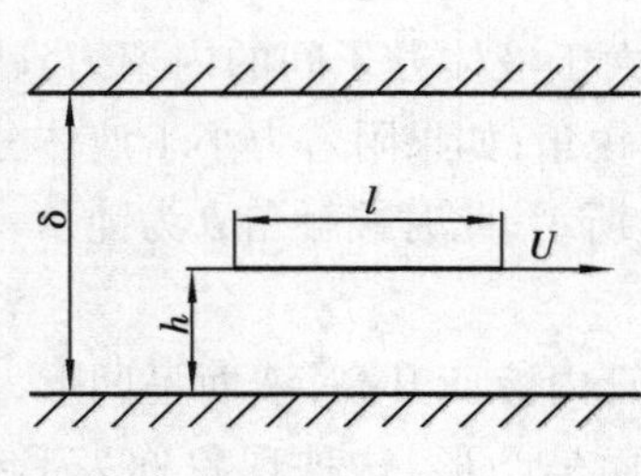

习题 1.5 图

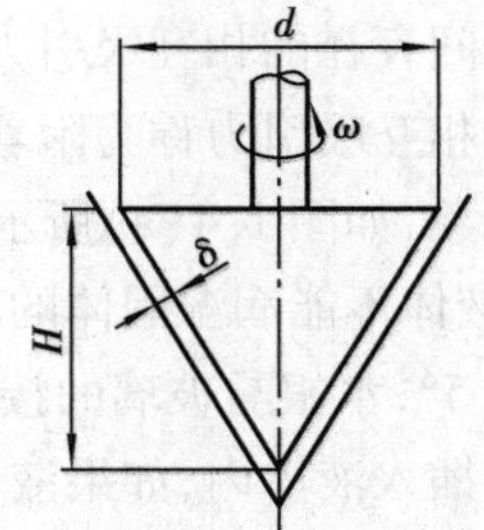

习题 1.6 图

1.6　某圆锥体绕竖直中心轴以角速度 $\omega=20$ rad/s 等速旋转，该锥体与固定的外锥体之间的

间隙 $\delta = 1\,\text{mm}$，其间充满动力黏度 $\mu = 0.1\,\text{Pa}\cdot\text{s}$ 的润滑油，若锥体顶部直径 $d = 0.6\,\text{m}$，锥体的高度 $H = 0.5\,\text{m}$，求所需的旋转力矩 M。

1.7 如图所示，为防止水温升高时，体积膨胀将水管胀裂，通常在采暖系统顶部设有膨胀水箱，若系统内水的总体积为 $10\,\text{m}^3$，加温前后温差为 50 ℃，在其温度范围内水的体积膨胀系数 $\alpha_V = 0.0005\,℃^{-1}$，求膨胀水箱的最小容积 $v_{\min}$。

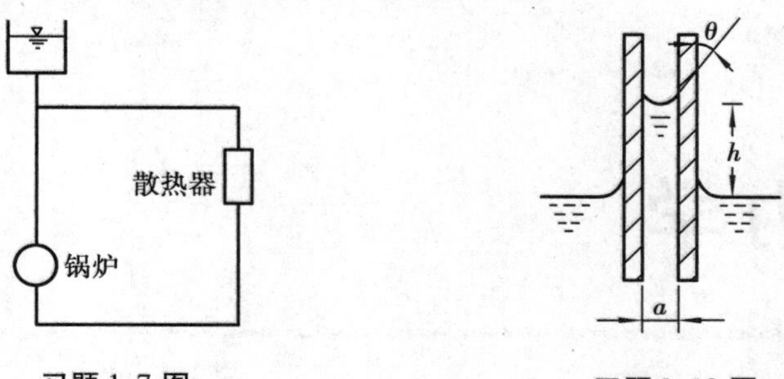

习题 1.7 图　　　　习题 1.10 图

1.8 存放 $4\,\text{m}^3$ 液体的储液罐，当压强增加 0.5 MPa 时，液体体积减小 1 L，求该液体的体积弹性模量 K。

1.9 将装满 10 ℃水的储水罐密封加热到 75 ℃，在加热增压的温度和压强范围内，水的体积膨胀系数 $\alpha_V = 4.1 \times 10^{-4}\,℃^{-1}$，体积弹性模量 $K = 2 \times 10^9\,\text{Pa}$，罐体坚固，假设容积不变，估算加热后罐壁承受的压强 p。

1.10 如图所示，相距 $a = 2\,\text{mm}$ 的两块平板插入水中，水的表面张力系数 $\sigma = 0.0725\,\text{N/m}$，接触角 $\theta = 8°$，求两板间的毛细水柱高 h。

2

流体静力学

2.1 作用于流体的外力

在流体中划分一流体块作为研究对象,这一流体块被一闭曲面所包围。作用于该流体块的外力按其性质可分为质量力和表面力。

2.1.1 质量力

质量力指作用于流体块中各流体质点的非接触性外力,例如重力、惯性力等。质量力与流体块质量成正比,又称为体积力。作用于单位质量流体上的质量力称为单位质量力。设作用在质量为 m 流体块的质量力为 $\boldsymbol{F}$,在直角坐标轴上的分量为 F_x, F_y, F_z,则单位质量力 $\boldsymbol{f}$ 及其在 3 个坐标轴上的分量 f_x, f_y, f_z,分别为

$$\boldsymbol{F} = F_x\boldsymbol{i} + F_y\boldsymbol{j} + F_z\boldsymbol{k} \tag{2.1}$$

$$\boldsymbol{f} = \frac{\boldsymbol{F}}{m} = f_x\boldsymbol{i} + f_y\boldsymbol{j} + f_z\boldsymbol{k} \tag{2.2}$$

2.1.2 表面力

表面力指作用于流体块表面上的外力。这里所指的表面可能是液体与气体的分界面,流体与固体壁面的分界面,或流体块与周围流体的分界面。表面力可按其作用方向分为垂直并指向流体块表面的压力以及与表面平行的切向力。表面力通常是位置和时间的函数,一般用应力表示。

如图 2.1 所示,在流体块表面上任取一点 A,ΔA 是表面上包围 A 点的一微元面积,如作用在 ΔA 上的压力为 ΔP,切向力为 ΔT,则 A 点处的压应力(压强)p 和切应力 τ 分别为

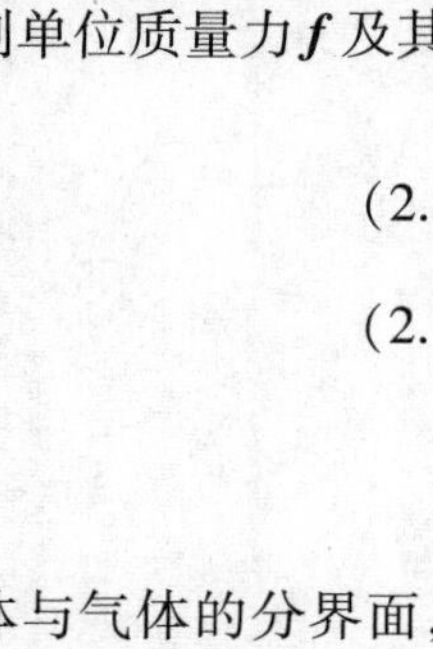

$$p = \lim_{\Delta A \to 0} \frac{\Delta p}{\Delta A} \tag{2.3}$$

图 2.1 流体的表面力

$$\tau = \lim_{\Delta A \to 0} \frac{\Delta T}{\Delta A} \tag{2.4}$$

压强和切应力的单位为 Pa。

一般情况下,运动流体块的表面上各点处两种应力都存在。但是,在下述条件下,表面上将只有压强而切应力不存在:理想的静止或运动流体;静止的黏性流体;流体各微团无相对运动的运动黏性流体。

2.2 流体静压强特性

当流体处于静止状态时,流体之间无相对运动,不存在内摩擦阻力,流体黏滞性体现不出来,这时表面上各点处只存在压强,没有切应力。

流体静压强具有以下两项特性:

①静压强方向必然总是沿作用面的内法线方向,即垂直并指向作用面。

②静止流体中任一点处的压强大小与其作用面方位无关。这一特性可以证明如下。

在静止流体中划分出一微小四面体 $MABC$,其顶点为 M,3 条分别平行于直角坐标系 x, y, z 轴的边长为 dx, dy, dz,如图 2.2 所示。

在同一微小表面上的压强均匀分布,假设作用在 MBC,MAC,MAB 及 ABC 这 4 个面上的压强分别为 p_x,p_y,p_z 和 p_n。那么,作用于这 4 个表面上的压力分别为 $\frac{1}{2}p_x dydz$,$\frac{1}{2}p_y dxdz$,$\frac{1}{2}p_z dxdy$ 及 $p_n dA_n$,这里 dA_n 指斜面 ABC 的面积。

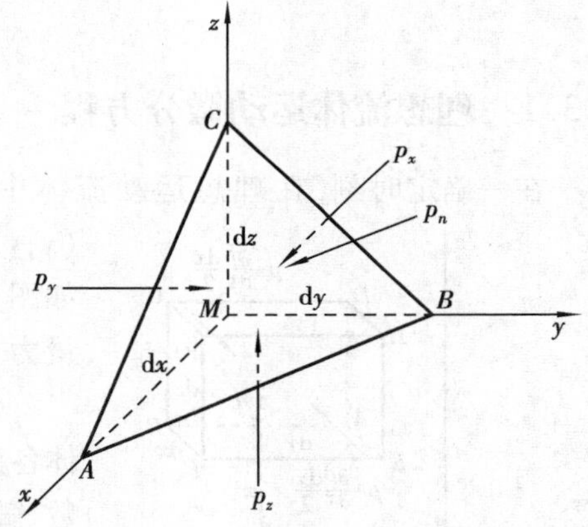

图 2.2 静止流体中微小四面体

在 x 轴方向上,MAC 和 MAB 面上的压力投影为 0,MBC 面上的压力投影为 $\frac{1}{2}p_x dydz$,ABC 面上的压力在 x 轴上的投影为 $-p_n dA_n \cos(n,x)$,这里 $\cos(n,x)$ 表示 ABC 面的外法线方向和 x 轴正向夹角的余弦。由数学分析,$dA_n \cos(n,x)$ 等于 ABC 面在 yMz 平面的投影,即 MBC 的面积 $\frac{1}{2}dydz$,因此,$p_n dA_n \cos(n,x) = \frac{1}{2}p_n dydz$。

设四面体所受的单位质量力在 x, y, z 坐标轴上的投影分别为 f_x, f_y, f_z,则四面体所受的质量力在各坐标轴上的投影分别为 $f_x \rho dxdydz/6$、$f_y \rho dxdydz/6$、$f_z \rho dxdydz/6$。

由于流体处于静止状态,作用在四面体的外力(包括表面力和质量力)在任一坐标轴上投影之和应为 0,在 x 轴方向上有

$$(p_x - p_n)\frac{1}{2}dydz + f_x \frac{1}{6}\rho dxdydz = 0$$

上式中第二项比第一项为高阶无穷小,略去后得

$$p_x = p_n \tag{2.5}$$

同样可以证明

$$p_y = p_n,\ p_z = p_n$$

由此得

$$p_x = p_y = p_z = p_n \tag{2.6}$$

上述证明中并未规定三角形 ABC 的方向，这一方向的任意性即说明了静压强第二特性的正确性。

作用于静止流体内一给定点处不同方向的压强是常数，但在不同点处这一值一般并不相等，因而静止流体内的压强是位置的函数，即

$$p = p(x,y,z) \tag{2.7}$$

同时，作用于静止流体内某一点不同方向的压强可以简单说成"静止流体中某一点的压强"。

2.3 理想流体运动微分方程和流体平衡微分方程

2.3.1 理想流体运动微分方程

在一确定时刻，在理想运动流体中划分一微小平行六面体，其中心 M 所在点坐标为 (x,y,z)，六面体分别平行于 x,y,z 轴的边长为 $\mathrm{d}x,\mathrm{d}y,\mathrm{d}z$，如图 2.3 所示。现分析作用于这一六面体的表面力和质量力。

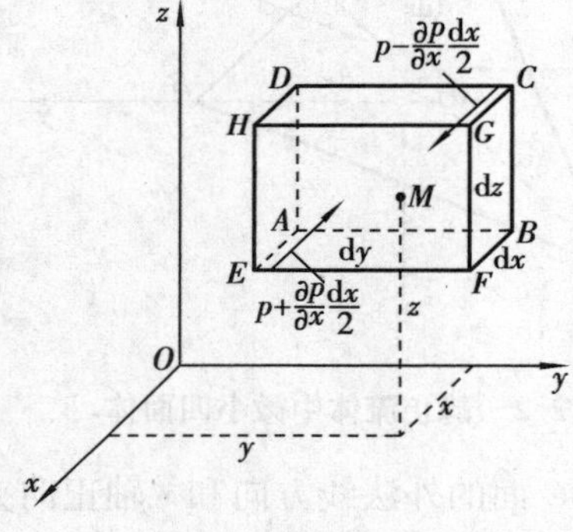

图 2.3　六面体流体微团的表面力

作用于理想流体的表面力只有压力，因此需先确定六面体各面上的压强。设 M 点处压强为 p，由于压强是坐标的函数，微元面 $EFGH$ 形心处压强可用泰勒级数表示，如忽略二阶及以上微量，有 $p + \frac{\partial p}{\partial x}\frac{\mathrm{d}x}{2}$，方向沿 x 轴负向。由于此微元面各点压强可认为都等于形心处压强，因此，作用于微元面 $EFGH$上的压力在 x 轴上投影为 $-\left(p + \frac{\partial p}{\partial x}\frac{\mathrm{d}x}{2}\right)\mathrm{d}y\mathrm{d}z$。同理，可以得到作用于微元面 $ABCD$ 的压力在 x 轴上投影为$\left(p - \frac{\partial p}{\partial x}\frac{\mathrm{d}x}{2}\right)\mathrm{d}y\mathrm{d}z$。六面体其余表面上的压力都与 x 轴垂直，在 x 轴上投影均为0。六面体所受表面力在讨论时刻在 x 轴上投影和应为

$$\left(p - \frac{\partial p}{\partial x}\frac{\mathrm{d}x}{2}\right)\mathrm{d}y\mathrm{d}z - \left(p + \frac{\partial p}{\partial x}\frac{\mathrm{d}x}{2}\right)\mathrm{d}y\mathrm{d}z = -\frac{\partial p}{\partial x}\mathrm{d}x\mathrm{d}y\mathrm{d}z$$

设作用在六面体上的单位质量力在 x 轴上投影为 f_x，那么六面体的质量力在 x 轴上投影为 $f_x\rho\mathrm{d}x\mathrm{d}y\mathrm{d}z$。

六面体内各流体质点加速度可视为常数，设加速度在三坐标轴上投影为 a_x,a_y,a_z。由牛顿第二定律，作用于六面体的表面力、质量力在 x 轴上投影之和应等于流体质量与 x 轴上方向

上加速度的乘积,由此可得

$$-\frac{\partial p}{\partial x}\mathrm{d}x\mathrm{d}y\mathrm{d}z + f_x\rho\mathrm{d}x\mathrm{d}y\mathrm{d}z = \rho\mathrm{d}x\mathrm{d}y\mathrm{d}z a_x \tag{2.8}$$

用$\rho\mathrm{d}x\mathrm{d}y\mathrm{d}z$除式(2.8)两端,得到式(2.9)第一式,同样可获得适用于 y,z 轴方向的其余两式,即

$$\left.\begin{aligned} a_x &= f_x - \frac{1}{\rho}\frac{\partial p}{\partial x} \\ a_y &= f_y - \frac{1}{\rho}\frac{\partial p}{\partial y} \\ a_z &= f_z - \frac{1}{\rho}\frac{\partial p}{\partial z} \end{aligned}\right\} \tag{2.9}$$

式(2.9)即为理想流体运动微分方程。其实质是牛顿第二定律在单位质量流体中的运用:方程组左边为单位质量流体加速度,右边则为单位质量流体所受质量力和表面力之和。

2.3.2 流体平衡微分方程

静止(也称为平衡)流体显然没有加速度,式(2.9)中 a_x,a_y,a_z 均为0。由此得到反映单位质量流体所受质量力和表面力平衡关系的流体平衡微分方程为

$$\left.\begin{aligned} f_x - \frac{1}{\rho}\frac{\partial p}{\partial x} &= 0 \\ f_y - \frac{1}{\rho}\frac{\partial p}{\partial y} &= 0 \\ f_z - \frac{1}{\rho}\frac{\partial p}{\partial z} &= 0 \end{aligned}\right\} \tag{2.10}$$

2.4 流体静压强基本方程

这一节将讨论流体所受质量力只有重力情况下的压强分布规律。

2.4.1 重力作用下的流体平衡方程

在不可压缩静止流体中建立直角坐标系,Oxy 平面位于一水平面内,z 轴正向铅垂向上。单位质量力在3个坐标轴上的投影分别为

$$f_x = 0, f_y = 0, f_z = -g$$

将它们代入流体的平衡微分方程(2.10),得到$\frac{\partial p}{\partial x}=0,\frac{\partial p}{\partial y}=0,\frac{\partial p}{\partial z}=-\rho g$。这里第一、二式表明,静止流体中压强 p 不随 x,y 坐标变化,p 只是 z 坐标的函数,于是上面第三式应写成$\frac{\mathrm{d}p}{\mathrm{d}z}=-\rho g$。

对不可压缩均质流体,密度 ρ 是常数,积分上式可得

$$z + \frac{p}{\rho g} = C \tag{2.11}$$

在流体内取两点,这两点到 Oxy 水平面距离分别为 z_1, z_2,压强分别为 p_1 和 p_2,由方程(2.11)得

$$z_1 + \frac{p_1}{\rho g} = z_2 + \frac{p_2}{\rho g} \tag{2.12}$$

式(2.11)、式(2.12)称为不可压缩流体静压强基本方程,这一方程具有下述物理意义和几何意义:

1)静压强基本方程的物理意义

先讨论方程中的 z 项。如果一块重量为 G 的流体位于基准平面(Oxy 平面)之上高度为 z 处,则这一流体块对基准平面的位能为 zG,因此,单位重量流体的位能为 $zG/G = z$,可见,z 是单位重量流体对基准平面的位能。

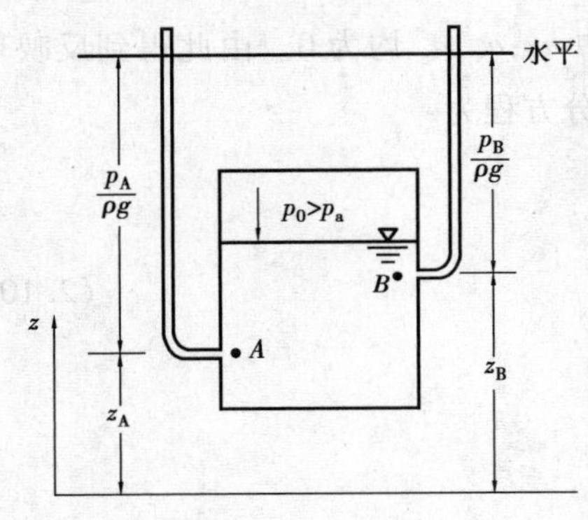

图 2.4 液体的压能

再讨论 $p/\rho g$ 项。图 2.4 中有一盛有均质液体的容器,容器壁 A 处流体压强为 p,A 处壁面连接一顶部为完全真空的闭口玻璃管,在压强 p 的作用下,玻管中液体将上升 h。利用方程(2.12),将 1,2 两点分别设在玻管液面和 A 处,可得到 $h = p/\rho g$。这说明,流体的压强有做功的能力,这种能力称为流体压能,单位重量的流体具有的压能为 $p/\rho g$。流体这种形式的机械能是固体所不具有的。

因此,流体静压强基本方程的物理意义是:单位重量静止流体的压能 $p/\rho g$ 和位能 z 之和为一常数。这是能量守恒定律在静止流体能量特性的表现。

2)静压强基本方程的几何意义

方程(2.11)和方程(2.12)中 z 表示流体中一点到基准平面的垂直距离,具有长度量纲,称为单位重量流体的位置水头;$p/\rho g$ 一项也具有长度量纲,称为单位重量流体的压强水头。因此,静压强基本方程的几何意义是:单位重量流体的位置水头和压强水头之和是常数,这一常数与这一流体块所处位置无关。

在方程(2.12)中,将一点取在液面,这里压强为 p_0,液面下 h 处一点压强为 p,计算位能的水平基准面通过第二点,于是 $z_2 = 0, z_1 = h$,从而得到

$$p = p_0 + \rho g h \tag{2.13}$$

式(2.13)表明,静止均质液体内一点处的压强,等于液面"传递"来的压强和液体质量产生的压强之和。

流体内部压强相等的流体质点构成的面称为等压面。在静止均质液体的任一水平面上各点 z 是常数,由式(2.11)可知,这些点上的压强也是常数,即静止均质液体内的等压面是水平面。

2.4.2 压强的不同表达方式

同一压强以不同的基准计算有不同的数值。以绝对真空状态为基准计算的压强值称为绝对压强 p_{abs}。

相对压强用于绝对压强大于大气压的场合,即一点处的相对压强 p_{re} 指这点处的绝对压强高于大气压 p_a 的部分,即

$$p_{re} = p_{abs} - p_a \tag{2.14}$$

p_{re} 又称为表压强,恒正。相对压强也可以用 p 表示。

真空压强用于绝对压强低于大气压的场合,即出现了真空的状态。一点处的真空压强 p_v 指这点绝对压强小于大气压的那一部分,即

$$p_v = p_a - p_{abs} \tag{2.15}$$

p_v 值恒正,一点处的 p_v 值越大,表明这点处的真空状态越显著,真空度 $h_v = \dfrac{p_v}{\rho g}$。

大气压值 p_a 并非一个常数,而是随时间地点变化的变量,上文中所提到的大气压都指当时当地大气压值。大气压值本身是绝对压强。

所有压强单位都为 Pa(帕)。也可以用液柱高表示压强值,比如,某点的绝对压强为 h 米水柱,则这点的绝对压强等于 h 米水柱产生的静压强。

图 2.5 可以帮助理解、记忆绝对压强、相对压强和真空度三者的关系。

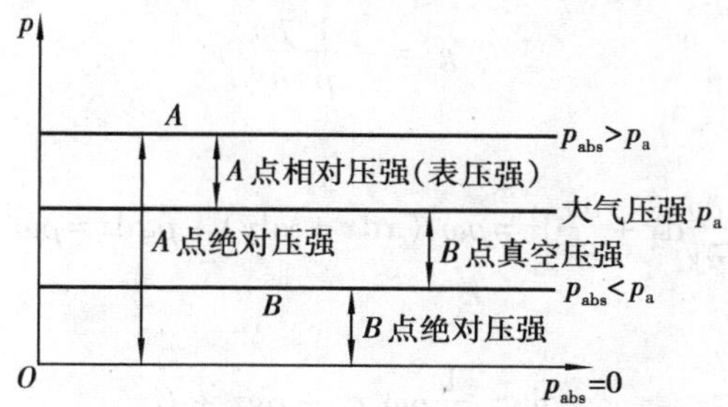

图 2.5 绝对压强、相对压强和真空压强之间的关系

2.5 流体的相对平衡

液体随容器一起运动时,可能每个液体质点都有自己的速度和加速度,但是在运动过程中,如果液体质点之间相对位置始终不变,各质点与容器的相对位置也不改变,这时,液体与容器处于相对静止状态,也称为相对平衡状态。这时尽管运动容器中的液体相对于地球来讲是运动的,液体质点也具有加速度,但应用物理学中的达朗伯原理,仍可用流体的平衡微分方程来分析。此时,液体所受的质量力除重力外,还有惯性力。下面举例说明如何利用流体平衡微分方程来处理该类问题。

盛有液体的一半径为 R 的圆筒容器绕其垂直轴心线以恒角速度 ω 旋转,筒内液体随容器作相对平衡运动,液体自由表面各点作用有气体压强 p_0。建立如下直角坐标系:坐标原点位

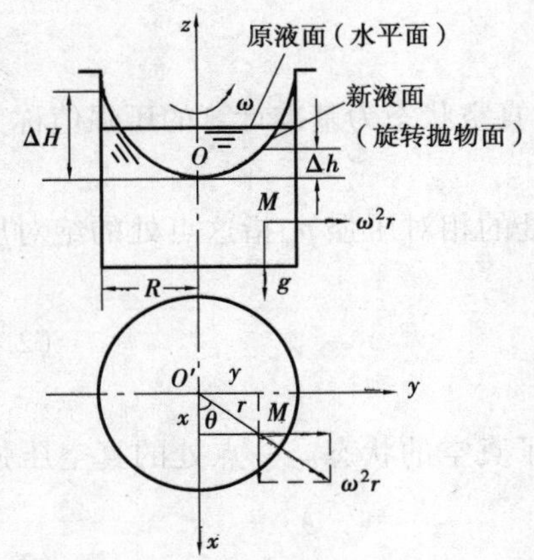

图 2.6　等角速度旋转圆筒中液体相对平衡

于圆筒轴心线与液面交点上，z 轴与圆筒轴心线重合，正向向上，Oxy 平面为一水平面，如图2.6所示。这一坐标系是静止的，不随容器一起旋转。

在液体中划分一单位质量液体块，它到 z 轴的垂直距离为 r，显然 $r=\sqrt{x^2+y^2}$。这一液体块随容器作等角速度圆周运动，其运动轨迹为一个与 z 轴垂直的圆，圆心在 z 轴上。作用在液体块上的质量力除重力外还有离心惯性力，其大小为 $\omega^2 r$。液体块所受重力大小为 g，方向铅垂向下。因而液体块在各坐标轴方向上的质量力分量为

$$f_x = \omega^2 r\cos\theta = \omega^2 x$$

$$f_y = \omega^2 r\sin\theta = \omega^2 y$$

$$f_z = -g$$

将其代入流体平衡微分方程(2.10)，得

$$\omega^2 x = \frac{1}{\rho}\frac{\partial p}{\partial x}$$

$$\omega^2 y = \frac{1}{\rho}\frac{\partial p}{\partial y}$$

$$g = -\frac{1}{\rho}\frac{\partial p}{\partial y}$$

从而有

$$\mathrm{d}p = \frac{\partial p}{\partial x}\mathrm{d}x + \frac{\partial p}{\partial y}\mathrm{d}y + \frac{\partial p}{\partial z}\mathrm{d}z = \rho\omega^2(x\mathrm{d}x + y\mathrm{d}y) - \rho g\mathrm{d}z = \rho\omega^2\mathrm{d}\left(\frac{r^2}{2}\right) - \rho g\mathrm{d}z$$

积分，得

$$p = \frac{1}{2}\rho\omega^2 r^2 - \rho g z + C \tag{2.16}$$

式(2.16)中的积分常数 C 用边界条件确定后即可得到液体中压强分布。$r=0$，$z=0$ 处 $p=p_0$，将其代入式(2.16)得到 $C=p_0$，由此可得液体内压强随 r 和 z 变化规律为

$$p = p_0 + \frac{1}{2}\rho\omega^2 r^2 - \rho g z \tag{2.17}$$

液体内等压面方程可由式(2.17)导出：给定一压强值 $p_1(p_1>p_0)$，得等压面方程为

$$z = \frac{\omega^2 r^2}{2g} - \frac{p_1 - p_0}{\rho g} \tag{2.18}$$

因此，这是一个抛物面。

液体表面各点压强为常数 p_0，因而液面为一等压面，将 $p_1=p_0$ 代入式(2.18)，得到液面方程为

$$z = \frac{\omega^2 r^2}{2g} \tag{2.19}$$

应当注意式(2.17)—式(2.19)的应用条件：旋转流体具有自由表面，坐标系原点置于液

面与转轴交点，z 轴正向向上且与转轴重合。在工程中有这样的问题：旋转容器中充满了液体，这时液体没有自由表面。但是，如果 z 轴仍与圆筒垂直轴心线重合，筒内作相对平衡运动的液体的压强分布仍然由方程(2.16)给出，其中积分常数 C 与坐标系原点在 z 轴上的位置选择和边界条件有关，见例 2.1。

【例 2.1】 一高 H、半径为 R 的有盖圆筒内盛满密度为 ρ 的水，圆筒及水体绕容器铅垂轴心线以等角速度 ω 旋转，如图 2.7 所示，求由水体自重和旋转作用下，下盖内表面的压力 F。上盖中心处有一小孔通大气。

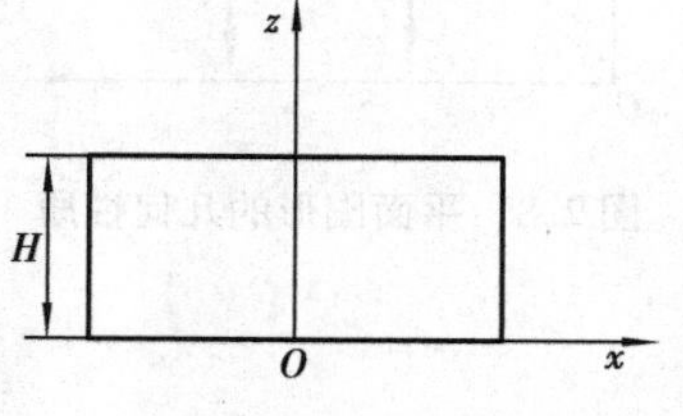

图 2.7 有盖旋转圆筒

【解】 将直角坐标原点置于下盖板内表面与容器轴心线交点，z 轴与容器轴心线重合，正向向上。在 $r=0$，$z=H$ 处水与大气接触，相对压强 p 为 0，由此，方程(2.16)中积分常数 $C=\rho gH$，容器内相对压强 p 分布为

$$p=\frac{1}{2}\rho\omega^2 r^2+\rho g(H-z)$$

相对压强是不计大气压强，仅由水体自重和旋转引起的压强。在下盖内表面上 $z=0$，从而相对压强只与半径 r 有关：

$$p=\frac{1}{2}\rho\omega^2 r^2+\rho gH$$

压力 F 可由上式积分得

$$F=\int_0^R 2\pi rp\mathrm{d}r=\int_0^R 2\pi r\left(\frac{1}{2}\rho\omega^2 r^2+\rho gH\right)\mathrm{d}r=\frac{\pi\rho\omega^2 R^4}{4}+\rho gH\pi R^2$$

可见，下盖内表面所受压力由两部分构成：第一部分来源于水体的旋转角速度 ω；第二部分正好等于筒中水体重力。

如果将直角坐标原点置于旋转轴与上盖内表面交点，这时式(2.16)中的积分常数 C 和相对压强 p 表达式都将发生变化，但不影响最终结果，读者可自行导出。

2.6 作用于平面上的液体总压力

2.6.1 平面图形的几何性质

xOy 平面上有一任意形状的几何图形，其形心在 C 点，面积为 A。直线 L 通过 C 点并平行于 x 轴，C 点到 x 轴的距离，也即直线 L 与 x 轴的距离为 y_c，如图 2.8 所示。

将平面图形划分成若干微元面积，其中一微元面的面积为 ΔA，其形心到 x 轴距离为 y，那么乘积 $y\Delta A$ 和 $y^2\Delta A$ 分别称为微元面对 x 轴的静矩和惯性矩。式 $\sum y\Delta A$ 和 $\sum y^2\Delta A$ 代表了所有微元面积对 x 轴的静矩和惯性矩之和。当对平面图形进行无限划分，每一微元面积大小趋于0时，上面两个和式变成积分 $\int_A y\mathrm{d}A$，$\int_A y^2\mathrm{d}A$，这两个积分值分别称为平面图形对 x 轴的静矩和惯性矩。

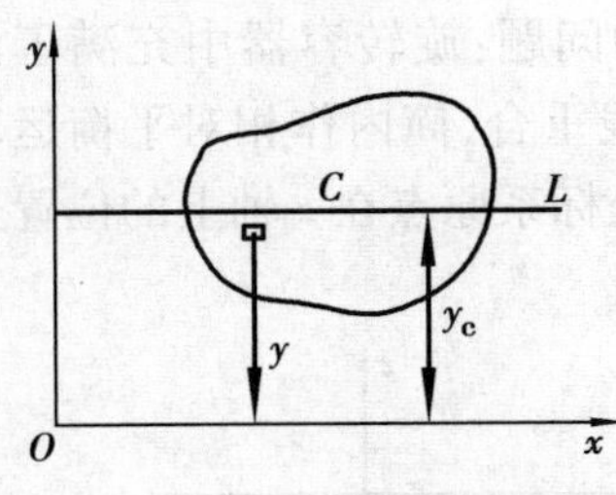

图 2.8　平面图形的几何性质

由数学分析，积分$\int_A y\mathrm{d}A$等于平面图形的面积 A 与图形形心 C 到 x 轴距离 y_c 之积，即

$$\int_A y\mathrm{d}A = y_c A \tag{2.20}$$

式(2.20)是用来计算平面图形对 x 轴的静矩。由惯性矩的平行移轴定理，积分$\int_A y^2\mathrm{d}A$等于平面图形对过其形心且平行于 x 轴的直线 L 的惯性矩 J_c 和平面图形面积 A 与 y_c 平方之积的和，即

$$\int_A y^2\mathrm{d}A = J_c + y_c^2 A \tag{2.21}$$

式(2.21)是计算平面图形对 x 轴惯性矩常用公式。

工程中常用对称规则平面的形心位置 y_c 和对通过平面形心水平轴的惯性矩 J_c，见表 2.1。

表 2.1　常见图形的形心坐标、惯性矩和面积

图形名称		对通过形心水平线的惯性矩 J_c	形心 y_c	面积 A
等边梯形	a, y_c, h, C, b	$\dfrac{h^3(a^2+4ab+b^2)}{36(a+b)}$	$\dfrac{h(a+2b)}{3(a+b)}$	$\dfrac{h(a+b)}{2}$
圆	R, y_c, C	$\dfrac{\pi R^4}{4}$	R	πR^2
半　圆	y_c, R, C	$\dfrac{(9\pi^2-64)R^4}{72\pi}$	$\dfrac{4R}{3\pi}$	$\dfrac{\pi R^2}{2}$
圆　环	R, y_c, r, C	$\dfrac{\pi(R^4-r^4)}{4}$	R	$\pi(R^2-r^2)$
矩　形	y_c, h, C, b	$\dfrac{bh^3}{12}$	$\dfrac{h}{2}$	bh
三角形	y_c, h, C, b	$\dfrac{bh^3}{36}$	$\dfrac{2h}{3}$	$\dfrac{bh}{2}$

2.6.2 平面壁上总压力

一面积为 A 的平面完全淹没在密度为 ρ 的静止液体的液面之下，平面上各点压强是一与作用点深度成正比的变量，从而在平面上作用了一非均匀的分布力系。可以用一集中力代替这一分布力系。由于平面各点压强都与平面正交，因而合力即总压力也将垂直于平面，下面将讨论总压力大小 P 的计算及总压力与平面交点位置即压力中心 D 的确定。显然，在这两个待求量确定之后，总压力的全部要素就清楚了。

1）总压力大小 P 的计算

设液下一平面与液面夹角为 α，建立一直角坐标系，坐标原点 O 在液面，y 轴通过平面形心 C 点，正向向下，如图 2.9 所示。图中 h_c 为平面形心 C 处深度，y_c 为形心 C 的 y 坐标，显然，$h_c = y_c \sin\alpha$。

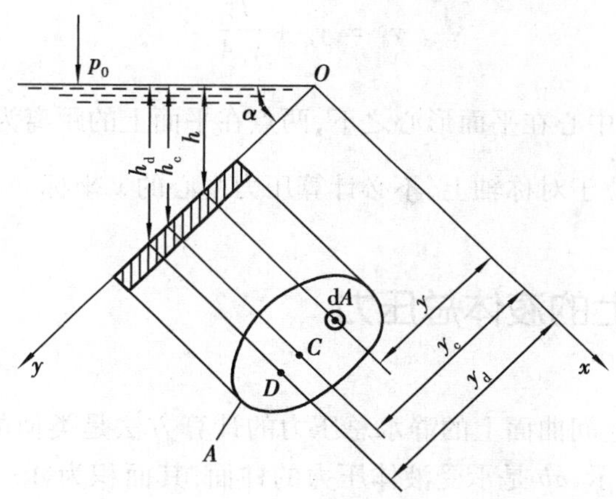

图 2.9 平面壁的液体压力

在平面上中取一大小为 dA 的微元面积，dA 形心处水深为 h，于是微面积处压强为 ρgh。由于 $h = y\sin\alpha$，于是微元面积形心处压强可写为 $\rho gy\sin\alpha$，在 dA 充分小的条件下，可以认为微元面积上压强为常数，因而微元面积上压力大小为 $\rho gy\sin\alpha \mathrm{d}A$，于是液下平面所受总压力 P 为

$$P = \int_A \rho gy\sin\alpha \mathrm{d}A = \rho g\sin\alpha \int_A y\mathrm{d}A$$

代入式(2.20)，得

$$P = \rho g\sin\alpha y_c A = \rho gh_c A \tag{2.22}$$

式(2.22)中 ρgh_c 是液下平面形心处压强。该式表明，作用于液下平面由液体产生的压力大小等于平面形心处压强与平面淹没面积的乘积，形心处压强等于被淹没面积的平均压强。应注意，此处的压强应为相对压强。

2）压力中心的位置

平面上静水压力作用线与平面的交点称为压力中心 D。除开平面水平放置的特殊情况，压力中心与平面形心并不重合,而在形心位置以下。事实上,形心是平面的几何属性,压力中心是合力的力学属性。

设压力中心 D 沿平面到液面距离即 D 点的纵坐标为 y_d,可以由力矩定理确定:总压力 P 对 x 轴的力矩 Py_d 应等于平面上所有微元面积的压力对 x 轴力矩的和 $\int_A \rho ghy\mathrm{d}A$,即

$$\int_A \rho ghy\mathrm{d}A = Py_d \tag{2.23}$$

式(2.23)左边,$\int_A \rho ghy\mathrm{d}A = \int_A \rho gy^2 \sin\alpha\mathrm{d}A = \rho g\sin\alpha\int_A y^2\mathrm{d}A$,右边 $Py_d = \rho gh_cAy_d = \rho gy_cy_d\sin\alpha A$,由此得

$$\int_A y^2\mathrm{d}A = y_cy_dA$$

代入式(2.21),整理得

$$y_d = y_c + \frac{J_c}{y_cA} \tag{2.24}$$

由此可以看出,压力中心在平面形心之下,两点在平面上的距离为$\frac{J_c}{y_cA}$。工程中,常用轴对称图形的压力中心一定位于对称轴上,不必计算压力中心的 x 坐标。

2.7 作用于曲面上的液体总压力

作用在二向曲面或空间曲面上的静水总压力的计算方法是类似的,现以二向曲面为例求其总压力。如图2.10所示,ab 是承受液体压力的柱面,其面积为 A。液面为通大气的自由液面,其相对压强为零。在曲面上任取一微元面积 dA,其淹没深度为 h,液体作用在微元面积 dA 上的压力 dP 为

$$\mathrm{d}P = \rho gh\mathrm{d}A$$

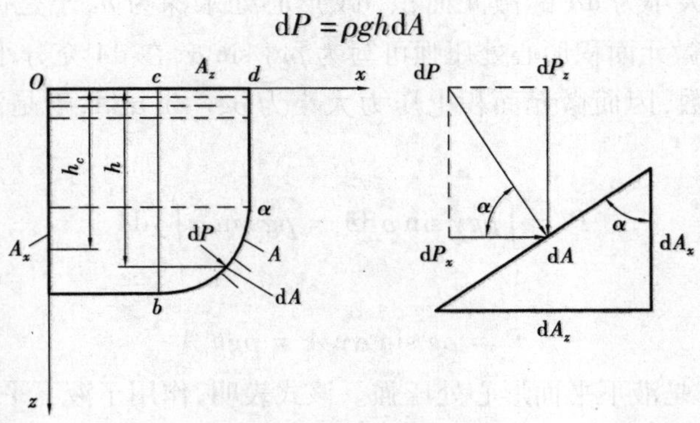

图2.10 曲面壁的液体压力

由于曲面上不同水深处的压力方向不同,因此,求总压力时不能直接在曲面上积分,需要将 $\mathrm{d}P$ 分解为水平和垂直方向的两个分量 $\mathrm{d}P_x$,$\mathrm{d}P_z$,然后分别在整个曲面上积分,得到 P_x,P_z。

1)水平分力 P_x 的计算

$$P_x = \int_A \mathrm{d}P_x = \int_A \mathrm{d}P\cos\alpha = \int_A \rho g h \mathrm{d}A\cos\alpha = \rho g\int_A h\mathrm{d}A_x$$

式中,A_x 为面积 A 在 yOz 面上的投影;$\int_A h\mathrm{d}A_x$ 为面积 A_x 对 y 轴的静矩,即$\int_A h\mathrm{d}A_x = h_c A_x$。因此,有

$$P_x = \rho g h_c A_x \tag{2.25}$$

式(2.25)说明作用在曲面上总压力的水平分力 P_x 等于液体作用在曲面的投影面 A_x 的总压力。水平分力可用前节作用在平面上的总压力计算,其压力中心位置的确定也如前所述。

2)垂直分力 P_z 的计算

$$P_z = \int_A \mathrm{d}P_z = \int_A \mathrm{d}P\sin\alpha = \int_A \rho g h \mathrm{d}A\sin\alpha = \rho g\int_A h\mathrm{d}A_z$$

式中,A_z 为面积 A 在自由液面 xOy 或其延伸面上的投影;$\int_A h\mathrm{d}A_z$ 为以曲面 ab 为底,投影面 A_z 为顶以及曲面周边各点向上投影的所有垂直母线所围成的一个空间体积,称为压力体,用 V 表示其体积,则

$$P_z = \rho g V \tag{2.26}$$

式(2.26)表明作用在曲面上总压力的垂直分力等于压力体的液重,它的作用线通过压力体的重心。如果压力体与液体位于受压面同侧,称为实压力体,垂直分力向下,如图 2.11(a)所示;如果压力体与液体位于受压面异侧,称为虚压力体,垂直分力向上,如图 2.11(b)所示。

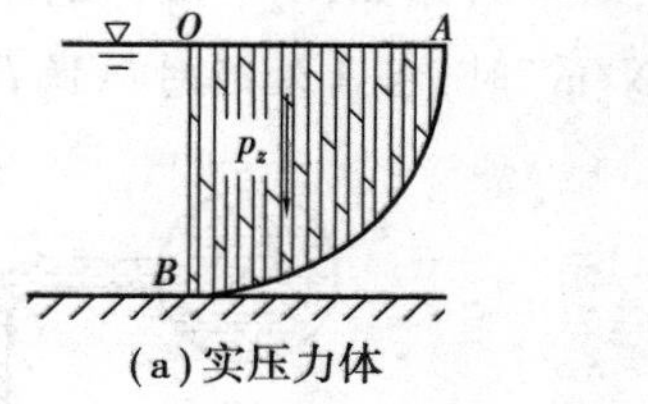

(a)实压力体

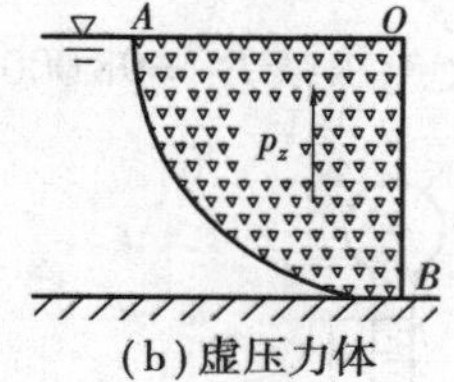

(b)虚压力体

图 2.11 压力体

3)总压力 P 的计算

由力的合成关系可以确定总压力 P,即

$$P = \sqrt{P_x^2 + P_z^2} \tag{2.27}$$

总压力作用线与水平方向的夹角 α 为

$$\alpha = \arctan\frac{P_z}{P_x} \tag{2.28}$$

同时总压力 P 的作用线必通过 P_x,P_z 作用线的交点,但这个交点不一定在曲面上。

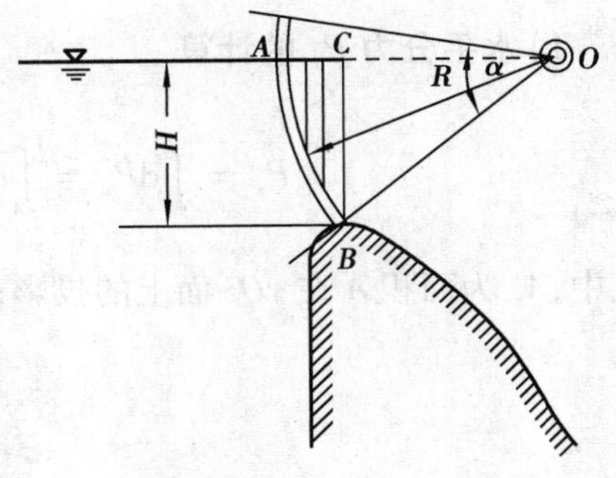

图 2.12 圆弧形闸门受力分析图

【例 2.2】 一坝顶圆柱形闸门 AB 半径为 R,门宽 b,闸门可绕圆弧圆心 O 转动。求水面与 O 点在同一高程 H 时全关闭闸门所受静水总压力,如图 2.12 所示。

【解】 水作用于圆弧闸门的水平分力为

$$P_x = \rho g \frac{H}{2} Hb = \frac{1}{2} \rho g H^2 b$$

由于压力体 ABC 为虚压力体,因而静水作用于闸门表面的垂直分力方向向上,大小应为 ABC 中假想充满水时水的重力

$$P_z = \rho g V = \rho g \left(\frac{\alpha}{2\pi} \times \pi R^2 - \frac{HR\cos\alpha}{2} \right) b$$

式中,$\alpha = \arcsin \frac{H}{R}(\text{rad})$。

总压力 P 的大小及它与水平方向的夹角可由式(2.27)和式(2.28)计算。

由于静水作用于圆柱闸门表面每点处的压强都通过圆心 O,因而压力作用线也通过 O 点。

习 题

2.1 海水的重度 $\gamma = 10 \times 10^3\ \text{N/m}^3$,求海面 18 m 深处的压强比海面压强大多少。

2.2 如图所示,容器 A 被部分抽成真空,容器下端接一玻璃管与水槽相通,玻管中水上升 $h = 2\ \text{m}$,水的重度 $\gamma = 9\,800\ \text{N/m}^3$,求容器中心处的绝对压强 P_m 和真空度 P_v,当时当地大气压 $p_a = 98\,000\ \text{N/m}^2$。

2.3 如图所示,以 U 形管测量 A 处水压强,$h_1 = 0.15\ \text{m}$,$h_2 = 0.3\ \text{m}$,水银的重度 $\gamma = 133\,280\ \text{N/m}^3$,当时当地大气压强 $P_a = 98\,000\ \text{N/m}^2$ 时,求 A 处绝对压强 P_m。

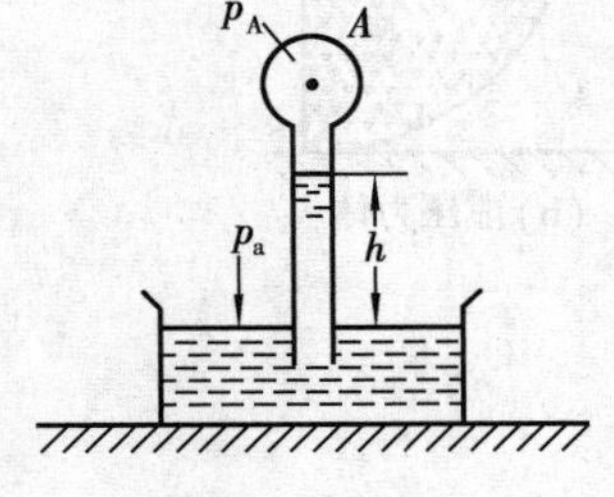

习题 2.2 图

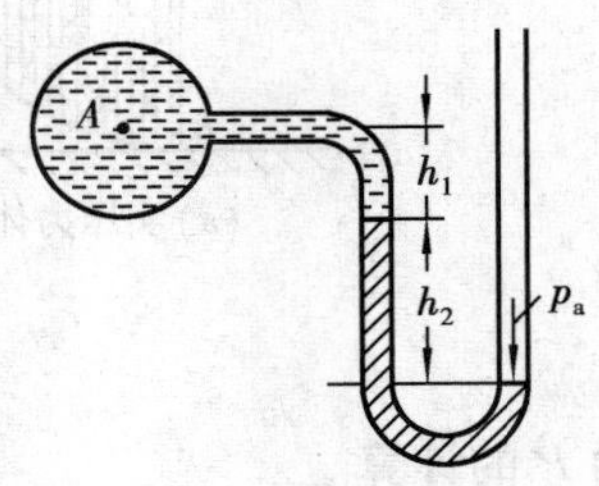

习题 2.3 图

2.4 如图所示,压差计上部有空气,$h = 0.45\ \text{m}$,$h_1 = 0.6\ \text{m}$,$h_2 = 1.8\ \text{m}$,求 A,B 两点压强差,工作介质水的重度 $\gamma = 9\,800\ \text{N/m}^3$。

2.5 如图所示,为一复式水银测压计,用以测量水箱中水的表面相对压强。根据图中读数(单位为 m)计算水面相对压强值。

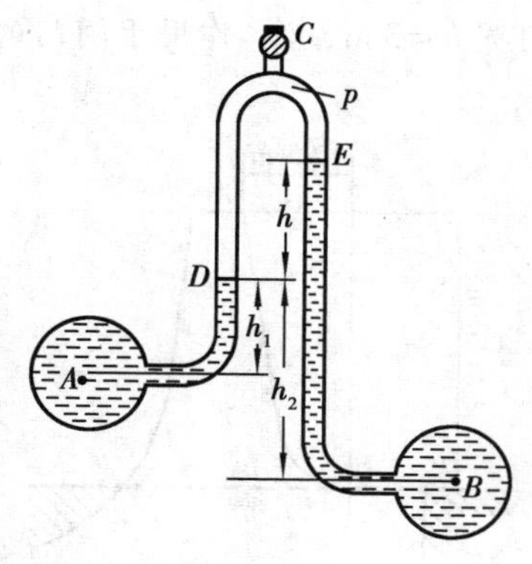

习题 2.4 图

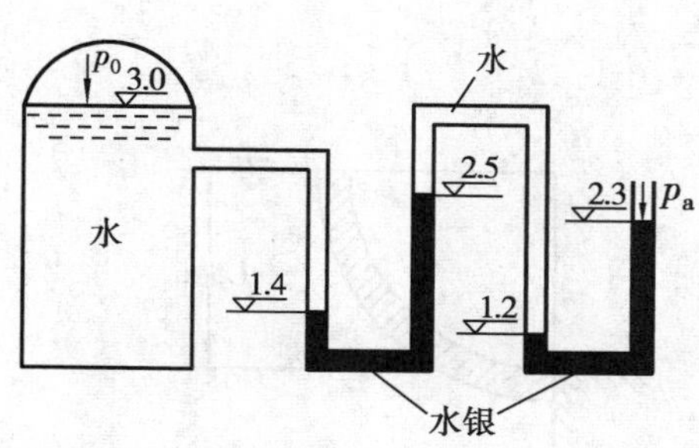

习题 2.5 图

2.6 如图所示，$h_1=0.5\,\text{m}$，$h_2=1.8\,\text{m}$，$h_3=1.2\,\text{m}$，试根据水银压力计的读数，求水管 A 内的真空度及绝对压强。（设大气压的压力水头为 10 m）

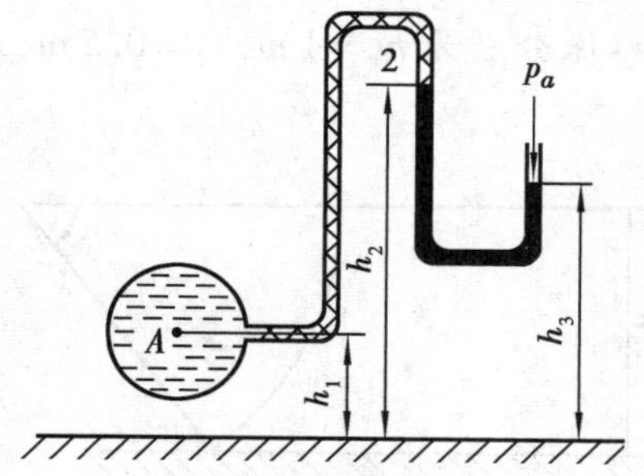

习题 2.6 图

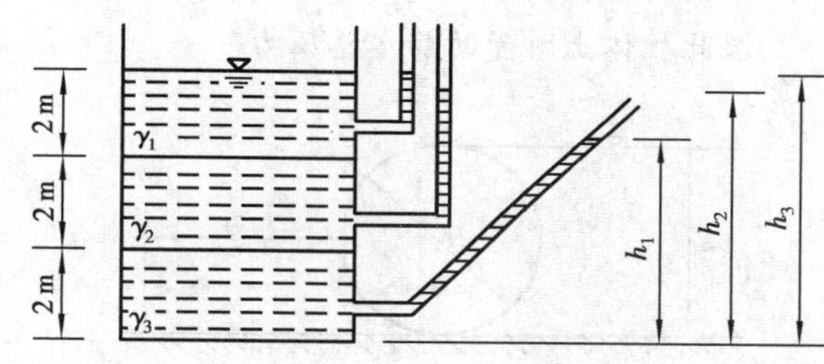

习题 2.7 图

2.7 如图所示，敞开容器内注有 3 种互不相混的液体，$\gamma_1=0.8\gamma_2$，$\gamma_2=0.8\gamma_3$，求侧壁处 3 根测压管内液面至容器底部的高度 h_1，h_2，h_3。

2.8 在哪种特殊情况下，水下平面的压力中心与平面形心重合？

2.9 如图所示，一直径为 1.25 m 的圆板倾斜地置于水面之下，其最高、最低点到水面距离分别为 0.6 m 和 1.5 m，求作用于圆板一侧水压力大小和压力中心位置。

2.10 如图所示，蓄水池侧壁装有一直径为 D 的圆形闸门，闸门平面与水面夹角为 θ，闸门形心 C 处水深 h_C，闸门可绕通过形心 C 的水平轴旋转，证明作用于闸门水压力对轴的力矩与形心水深 h_C 无关。

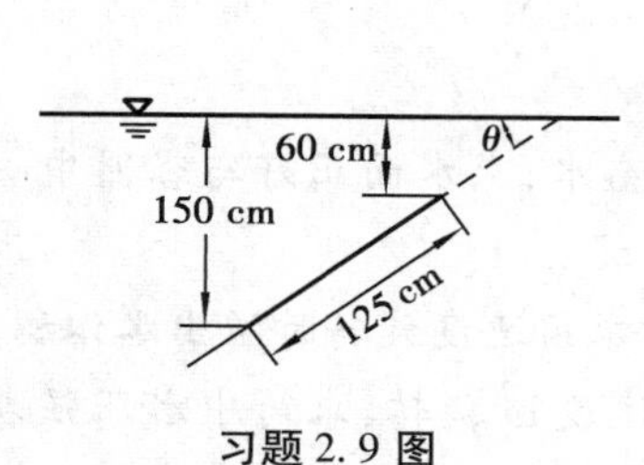

习题 2.9 图

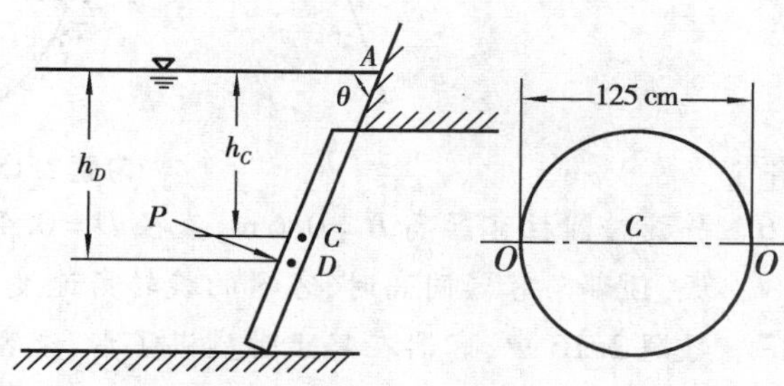

习题 2.10 图

2.11　如图所示，一受水面为半径 1.5 m 的 1/4 圆柱形闸门宽 $b=3$ m，求水作用于闸门的水压力大小和方向。

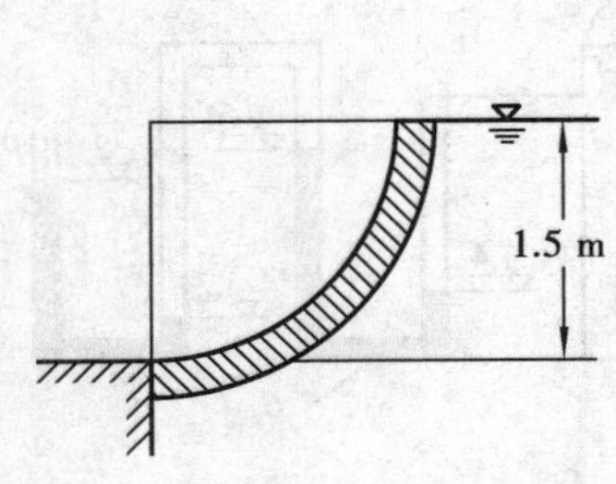

习题 2.11 图

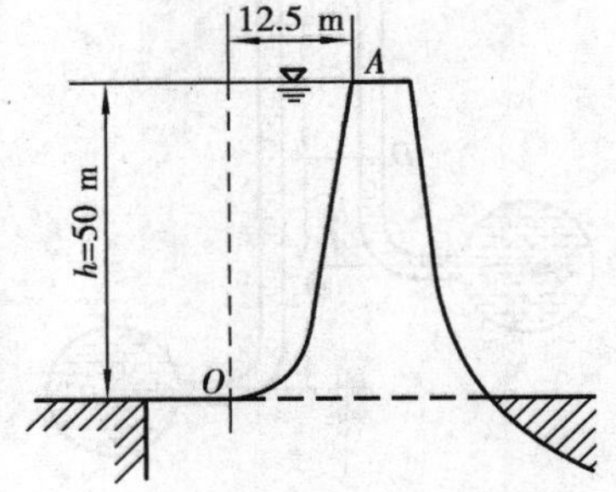

习题 2.12 图

2.12　如图所示，一水坝受水面为一抛物线，顶点在 O 点，水深 $h=50$ m 处抛物线到抛物线对称轴距离为 12.5 m，求水作用于单位宽度坝体的合力大小和方向。

2.13　如图所示，圆柱闸门长 $L=4$ m，直径 $D=1$ m，上下游水深分别为 $h_1=1$ m，$h_2=0.5$ m，试求此柱体上所受的静水总压力。

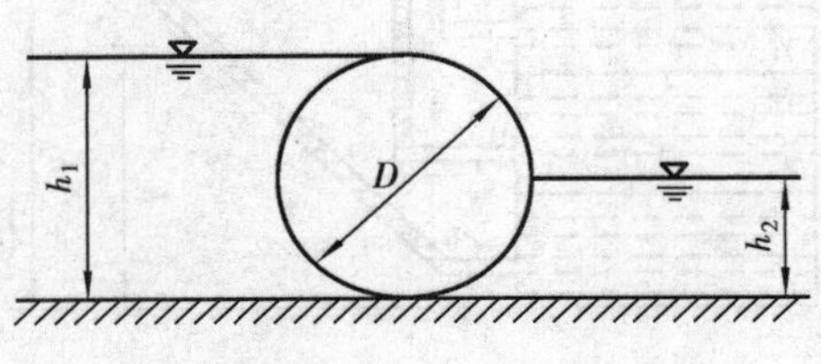

习题 2.13 图

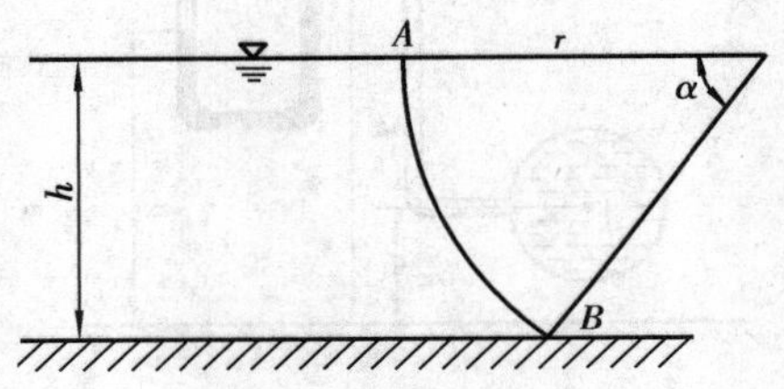

习题 2.14 图

2.14　如图所示，一弧形闸门 AB，宽 $b=4$ m，圆心角 $\alpha=45°$，半径 $r=2$ m，闸门转轴恰与水面齐平，求作用于闸门的静水总压力。

2.15　如图所示，扇形闸门，中心角 $\alpha=45°$，宽度 $B=1$ m（垂直于图面），可以绕铰链 C 旋转，用以蓄水或泄水。水深 $H=3$ m，确定水作用于此闸门上的总压力 p 的大小和方向。

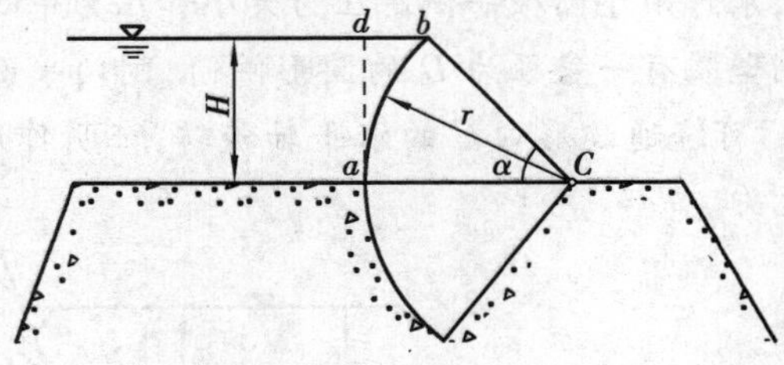

习题 2.15 图

2.16　一旋转圆柱容器高 $H=0.6$ m，直径 $D=0.45$ m，容器中盛水，求水面正好与容器中心触底，顶部与容器同高时，容器的旋转角速度 ω。

2.17　习题 2.16 中，容器在静止时盛满了水，求容器以题中所求角速度旋转时溢出水体积。

2.18　有盖圆筒形容器半径为 R，高 H，绕垂直轴心线以恒角速度 ω 旋转，求筒中水压强表达式，分容器上盖中心开一小孔和顶盖边缘开口两种情况，当时当地大气压力为 p_a。

3 流体动力学基础

流体的运动特性可用流速、加速度等物理量来表征,这些物理量通称为流体的运动要素。流体动力学的基本任务就是研究流体的运动要素随时间和空间的变化规律,并建立它们之间的关系式。

流体运动与其他物质运动一样,都要遵循物质运动的普遍规律,如质量守恒定律、能量守恒定律、动量定理等。将这些普遍规律应用于流体运动这类物理现象,即可得到描述流体运动规律的3个基本方程:连续性方程、能量方程(伯努利方程)和动量方程,并举例说明它们在工程中的应用。

3.1 研究流体运动的两种方法

研究流体运动的方法有拉格朗日法和欧拉法两种。

3.1.1 拉格朗日法

拉格朗日法以流体质点为研究对象,追踪观测某一流体质点的运动轨迹,并探讨其运动要素随时间变化的规律。将所有流体质点的运动汇总起来,即可得到整个流体运动的规律。例如,在 t 时刻某一流体质点的位置可表示为

$$\left.\begin{aligned} x &= x(a,b,c,t) \\ y &= y(a,b,c,t) \\ z &= z(a,b,c,t) \end{aligned}\right\} \tag{3.1}$$

式(3.1)中,a,b,c 为初始时刻 t_0 时该流体质点的坐标。拉格朗日法通常用 $t=t_0$ 时刻流体质点的空间坐标 (a,b,c) 来标识和区分不同的流体质点。显然,不同的流体质点有不同的 (a,b,c) 值,故将 (a,b,c,t) 称为拉格朗日变量。

式(3.1)对时间 t 求偏导数,即可得任一流体质点的速度:

$$
\left.\begin{aligned}
u_x &= \frac{\partial x}{\partial t} = u_x(a,b,c,t) \\
u_y &= \frac{\partial y}{\partial t} = u_y(a,b,c,t) \\
u_z &= \frac{\partial z}{\partial t} = u_z(a,b,c,t)
\end{aligned}\right\} \tag{3.2}
$$

加速度

$$
\left.\begin{aligned}
a_x &= \frac{\partial u_x}{\partial t} = \frac{\partial^2 x}{\partial t^2} = a_x(a,b,c,t) \\
a_y &= \frac{\partial u_y}{\partial t} = \frac{\partial^2 y}{\partial t^2} = a_y(a,b,c,t) \\
a_z &= \frac{\partial u_z}{\partial t} = \frac{\partial^2 z}{\partial t^2} = a_z(a,b,c,t)
\end{aligned}\right\} \tag{3.3}
$$

拉格朗日法与理论力学中研究质点系运动的方法相同,其物理概念明确,但数学处理复杂。因此,在流体力学中一般不采用拉格朗日法,而是采用较为简便的欧拉法。

3.1.2 欧拉法

与拉格朗日法不同的是,欧拉法着眼于流场中的固定空间或空间上的固定点,研究空间每一点上流体的运动要素随时间的变化规律。被运动流体连续充满的空间,称为流场。需要指出的是,所谓空间每一点上流体的运动要素是指占据这些位置的各个流体质点的运动要素。例如,空间本身不可能具有速度,欧拉法的速度指的是占据空间某个点的流体质点的速度。

在流场中任取固定空间,同一时刻该空间各点流体的速度有可能不同,即速度 $\boldsymbol{u}$ 是空间坐标(x,y,z)的函数;而对某一固定的空间点,不同时刻被不同的流体质点占据,速度也有可能不同,即速度 $\boldsymbol{u}$ 又是时间 t 的函数。综合起来,速度是空间坐标和时间的函数,即

$$\boldsymbol{u} = \boldsymbol{u}(x,y,z,t)$$

或

$$
\left.\begin{aligned}
u_x &= u_x(x,y,z,t) \\
u_y &= u_y(x,y,z,t) \\
u_z &= u_z(x,y,z,t)
\end{aligned}\right\} \tag{3.4}
$$

同理

$$p = p(x,y,z,t) \tag{3.5}$$

$$\rho = \rho(x,y,z,t) \tag{3.6}$$

式(3.6)中,x,y,z,t 称为欧拉变量。

同样,欧拉法中某空间点的加速度是指某时刻占据该空间点的流体质点的加速度。而求质点的加速度就要追踪观察该质点沿程速度变化,此时速度 $\boldsymbol{u}=\boldsymbol{u}(x,y,z,t)$ 中的坐标 x,y,z 就不能视为常数,而是时间 t 的函数,即

$$x = x(t);y = y(t);z = z(t)$$

则速度可表示成

$$\boldsymbol{u} = \boldsymbol{u}[x(t),y(t),z(t),t]$$

因此,欧拉法中质点的加速度应按复合函数求导法则导出

$$\boldsymbol{a}=\frac{\mathrm{d}\boldsymbol{u}}{\mathrm{d}t}=\frac{\partial \boldsymbol{u}}{\partial t}+\frac{\partial \boldsymbol{u}}{\partial x}\frac{\mathrm{d}x}{\mathrm{d}t}+\frac{\partial \boldsymbol{u}}{\partial y}\frac{\mathrm{d}y}{\mathrm{d}t}+\frac{\partial \boldsymbol{u}}{\partial z}\frac{\mathrm{d}z}{\mathrm{d}t}$$
$$=\frac{\partial \boldsymbol{u}}{\partial t}+u_x\frac{\partial \boldsymbol{u}}{\partial x}+u_y\frac{\partial \boldsymbol{u}}{\partial y}+u_z\frac{\partial \boldsymbol{u}}{\partial z} \tag{3.7}$$

其分量形式为

$$\left.\begin{aligned}a_x&=\frac{\mathrm{d}u_x}{\mathrm{d}t}=\frac{\partial u_x}{\partial t}+u_x\frac{\partial u_x}{\partial x}+u_y\frac{\partial u_x}{\partial y}+u_z\frac{\partial u_x}{\partial z}\\a_y&=\frac{\mathrm{d}u_y}{\mathrm{d}t}=\frac{\partial u_y}{\partial t}+u_x\frac{\partial u_y}{\partial x}+u_y\frac{\partial u_y}{\partial y}+u_z\frac{\partial u_y}{\partial z}\\a_z&=\frac{\mathrm{d}u_z}{\mathrm{d}t}=\frac{\partial u_z}{\partial t}+u_x\frac{\partial u_z}{\partial x}+u_y\frac{\partial u_z}{\partial y}+u_z\frac{\partial u_z}{\partial z}\end{aligned}\right\} \tag{3.8}$$

由式(3.7)可知,欧拉法中质点加速度由两部分组成:第一部分$\frac{\partial \boldsymbol{u}}{\partial t}$表示空间某一固定点上流体质点的速度对时间的变化率,称为时变加速度或当地加速度,它是由流场的非恒定性引起的;第二部分$u_x\frac{\partial \boldsymbol{u}}{\partial x}+u_y\frac{\partial \boldsymbol{u}}{\partial y}+u_z\frac{\partial \boldsymbol{u}}{\partial z}$表示由于流体质点空间位置变化而引起的速度变化率,称为位变加速度或迁移加速度,它是由流场的不均匀性引起的。

例如,如图3.1所示的管路装置,点a,b分别位于等径管和渐缩管的轴心线上。若水箱有来水补充,水位H保持不变,则点a,b处质点的速度均不随时间变化,时变加速度$\frac{\partial u_x}{\partial t}=0$,点$a$处质点的速度随流动保持不变,位变加速度$u_x\frac{\partial u_x}{\partial x}=0$,而点$b$处质点的速度随流动将增大,位变加速度$u_x\frac{\partial u_x}{\partial x}>0$,故点$a$处质点的加速度$a_x=0$,点$b$处质点的加速度$a_x=u_x\frac{\partial u_x}{\partial x}$;若水箱无来水补充,水位$H$逐渐下降,则点$a$,$b$处质点的速度均随时间减小,时变加速度$\frac{\partial u_x}{\partial t}<0$,但仍有$a$点的位变加速度$u_x\frac{\partial u_x}{\partial x}=0$,$b$点的位变加速度$u_x\frac{\partial u_x}{\partial x}>0$,故点$a$处质点的加速度$a_x=\frac{\partial u_x}{\partial t}$,点$b$处质点的加速度$a_x=\frac{\partial u_x}{\partial t}+u_x\frac{\partial u_x}{\partial x}$。

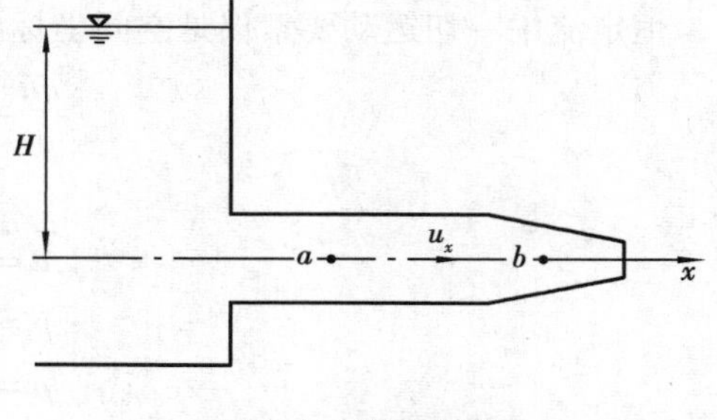

图3.1　管路出流

应用欧拉法研究流体运动时,所选取的固定空间区域称为控制体,其边界面称为控制面。控制体的形状、体积和位置根据所研究的问题任意选定,流体可不受影响地通过。取控制体对流动进行研究是流体力学中很重要的研究方法。

拉格朗日法和欧拉法研究流体运动是观察同一客观事物的不同途径,两种方法的表达式不同但可以互相转换,这里不予详述。

【例3.1】 已知流场的速度分布为：$u_x=2x-yt, u_y=3y-xt$。试求：$t=1$ 时，过点 $M(2,1)$ 上流体质点的加速度 $\boldsymbol{a}$。

【解】 由式(3.8)得

$$a_x=\frac{\partial u_x}{\partial t}+u_x\frac{\partial u_x}{\partial x}+u_y\frac{\partial u_x}{\partial y}=-y+(2x-yt)\times 2+(3y-xt)\times(-t)$$

当 $t=1, x=2, y=1$ 时，有

$$a_x=4\ \mathrm{m/s^2}$$

同理

$$a_y=-2\ \mathrm{m/s^2}$$

即

$$\boldsymbol{a}=4\boldsymbol{i}-2\boldsymbol{j}$$

3.2 欧拉法的基本概念

3.2.1 恒定流与非恒定流

在流场中若所有空间点上一切运动要素均不随时间变化，这种流动称为恒定流；否则称为非恒定流。例如，在3.1节列举的管路出流的例子中，水位 H 保持不变时是恒定出流，水位 H 随时间变化时是非恒定出流。

恒定流中一切运动要素仅是空间坐标 (x,y,z) 的函数，与时间 t 无关，因此：

$$\frac{\partial \boldsymbol{u}}{\partial t}=\frac{\partial p}{\partial t}=\frac{\partial \rho}{\partial t}=0 \tag{3.9}$$

或

$$\left.\begin{aligned}\boldsymbol{u}&=\boldsymbol{u}(x,y,z)\\ p&=p(x,y,z)\\ \rho&=\rho(x,y,z)\end{aligned}\right\}$$

比较恒定流与非恒定流，前者少了时间变量 t，使问题的求解大为简化。在实际工程中，许多非恒定流动，由于流动参数随时间的变化缓慢，可近似按恒定流处理。

3.2.2 三维流动、二维流动、一维流动

若流体的运动要素是3个空间坐标和时间 t 的函数，这种流动称为三维流动。若只是两个空间坐标和时间 t 的函数，则称为二维流动。若仅是一个空间坐标和时间 t 的函数，则称为一维流动。

严格地讲，实际工程中的流体运动一般都是三维流动，但由于运动要素在空间3个坐标方向有变化，使分析、研究变得复杂、困难。所以对于某些流动，可以通过适当的处理变为二维流动或一维流动。例如，水流绕过长直圆柱体，忽略两端的影响，流动可简化为二维流动；管道和渠道内的流动，流动方向的尺寸远大于横向尺寸，流速取断面的平均速度，则流动可视为一维流动。

3.2.3 迹线与流线

1)迹线

流体质点在某一时段的运动轨迹,称为迹线。由运动方程

$$\left.\begin{aligned}dx &= u_x dt\\ dy &= u_y dt\\ dz &= u_z dt\end{aligned}\right\}$$

可得迹线微分方程

$$\frac{dx}{u_x}=\frac{dy}{u_y}=\frac{dz}{u_z}=dt \tag{3.10}$$

式(3.10)中,时间 t 是自变量,x,y,z 是 t 的因变量。

2)流线

流线是指某一时刻流场中的一条空间曲线,曲线上所有流体质点的速度矢量都与这条曲线相切,如图 3.2 所示。在流场中可绘出一系列同一瞬时的流线,称为流线簇,画出的流线簇图称为流谱。

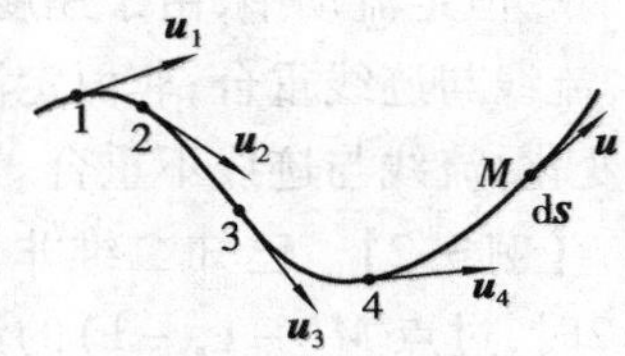

图 3.2 流线

设流线上某点 $M(x,y,z)$ 处的速度为 $\boldsymbol{u}$,其在 x,y,z 坐标轴的分速度分别为 u_x,u_y,u_z,d$\boldsymbol{s}$ 为流线在 M 点的微元线段矢量,$d\boldsymbol{s}=dx\boldsymbol{i}+dy\boldsymbol{j}+dz\boldsymbol{k}$。根据流线的定义,$\boldsymbol{u}$ 与 $d\boldsymbol{s}$ 共线,则

$$\boldsymbol{u}\times d\boldsymbol{s}=0$$

即

$$\begin{vmatrix}\boldsymbol{i} & \boldsymbol{j} & \boldsymbol{k}\\ dx & dy & dz\\ u_x & u_y & u_z\end{vmatrix}=0$$

展开上式,可得流线微分方程为

$$\frac{dx}{u_x}=\frac{dy}{u_y}=\frac{dz}{u_z} \tag{3.11}$$

式(3.11)中,u_x,u_y,u_z是空间坐标和时间 t 的函数。因流线是对某一时刻而言,所以微分方程中的时间 t 是参变量,在积分求流线方程时应作为常数。

根据流线定义,可得出流线的特性:

①在一般情况下不能相交,否则位于交点的流体质点在同一时刻就有与两条流线相切的两个速度矢量,这是不可能的。同理,流线不能是折线,而是光滑的曲线或直线。流线只在一些特殊点相交,如速度为零的点(图 3.3 中的 A 点)通常称为驻点;速度无穷大的点(图3.4中的 O 点)通常称为奇点,以及流线相切点(图 3.3 中的 B 点)。

②图 3.5 是由不同管径组成的管流的流线图,通过该图可以看出:不可压缩流体中,流线的疏密程度反映了该时刻流场中各点的速度大小,流线越密,流速越大;流线越稀疏,流速越小。

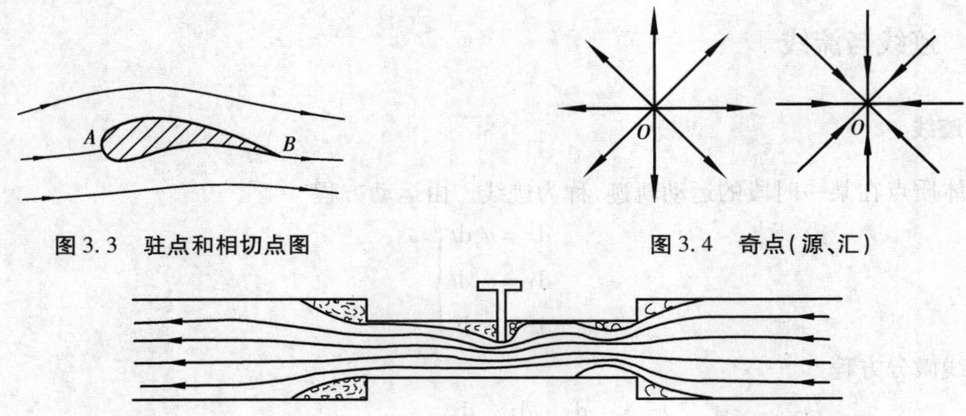

图 3.3　驻点和相切点图

图 3.4　奇点(源、汇)

图 3.5　管流流线图

③恒定流动中,由于速度的大小和方向均不随时间改变,因此,流线的形状不随时间而改变,流线与迹线重合;非恒定流动中,由于速度时间改变,因此,一般情况下,流线的形状随时间而变化,流线与迹线不重合。

【例 3.2】　已知二维非恒定流场的速度分布为:$u_x = x + t, u_y = -y + t$。试求:① $t=0$ 和 $t=2$时,过点 $M(-1,-1)$的流线方程;② $t=0$ 时,过点 $M(-1,-1)$的迹线方程。

【解】　①由式(3.11),得流线微分方程

$$\frac{\mathrm{d}x}{x+t} = \frac{\mathrm{d}y}{-y+t}$$

式中,t 为常数。可直接积分得

$$\ln(x+t) = -\ln(y-t) + \ln C$$

简化为

$$(x+t)(y-t) = C$$

当 $t=0, x=-1, y=-1$ 时,$C=1$。则 $t=0$ 时,过点 $M(-1,-1)$的流线方程为

$$xy = 1$$

当 $t=2, x=-1, y=-1$ 时,$C=-3$。则 $t=2$ 时,过点 $M(-1,-1)$的流线方程为

$$(x+2)(y-2) = -3$$

由此可见,对非恒定流动,流线的形状随时间变化。

②由式(3.10),得迹线微分方程

$$\frac{\mathrm{d}x}{x+t} = \frac{\mathrm{d}y}{-y+t} = \mathrm{d}t$$

式中,x,y 是 t 的函数。将上式化为

$$\left.\begin{aligned}\frac{\mathrm{d}x}{\mathrm{d}t} - x - t = 0\\ \frac{\mathrm{d}y}{\mathrm{d}t} + y - t = 0\end{aligned}\right\}$$

解得

$$\left.\begin{aligned}x = C_1\mathrm{e}^{t} - t - 1\\ y = C_2\mathrm{e}^{-t} + t - 1\end{aligned}\right\}$$

当 $t=0, x=-1, y=-1$ 时，$C_1=0, C_2=0$。则 $t=0$ 时，过点 $M(-1,-1)$ 的迹线方程为

$$\left.\begin{aligned} x &= -t-1 \\ y &= t-1 \end{aligned}\right\}$$

消去时间 t，得

$$x+y=-2$$

由此可见，$t=0$ 时，过点 $M(-1,-1)$ 的迹线是直线，流线却为双曲线，两者不重合。

若将该题改为二维恒定流动，其速度分布为 $u_x=x, u_y=-y$，则可得过点 $M(-1,-1)$ 的流线方程和迹线方程相同，说明恒定流动流线和迹线重合。

3.2.4 流面、流管、过流断面

1) 流面

在流场中任取一条不是流线的曲线，过该曲线上每一点作流线，由这些流线组成的曲面称为流面，如图 3.6 所示。由于流面由流线组成，而流线不能相交，所以流面就好像是固体边界一样，流体质点只能顺着流面运动，不能穿越流面。

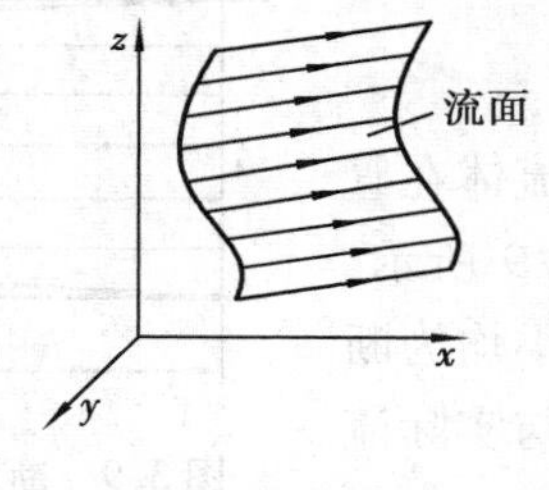

图 3.6 流面

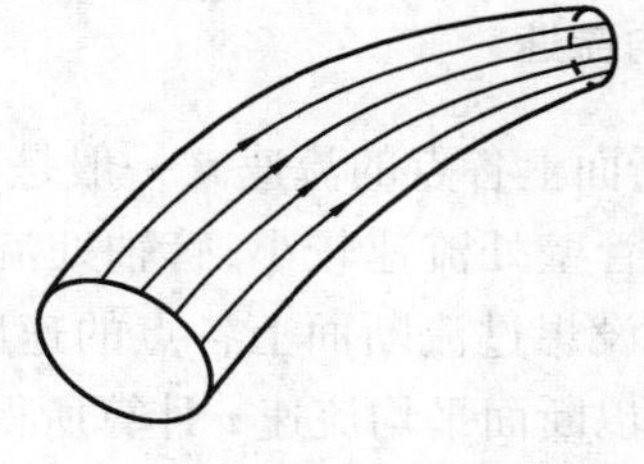

图 3.7 流管

2) 流管

在流场中任取一条不与流线重合的封闭曲线，过封闭曲线上各点作流线，所构成的管状表面称为流管，如图 3.7 所示。由于流线不能相交，所以流体不能穿过流管流进流出。对于恒定流动而言，流管的形状不随时间变化，流体在流管内的流动，就像在真实管道内流动一样。

流管内部的全部流体称为流束。断面积无限小的流束，称为元流。由于元流的断面积无限小，断面上各点的运动要素如流速、压强等可认为是相等的。断面积为有限大小的流束，称为总流。总流由无数元流组成，其过流断面上各点的运动要素一般情况下不相同。

3) 过流断面

在流束上取所有各点都与流线正交的横断面，称为过流断面。过流断面可以是平面或曲面，流线互相平行时，过流断面是平面；流线相互不平行时，过流断面是曲面，如图 3.8 所示。

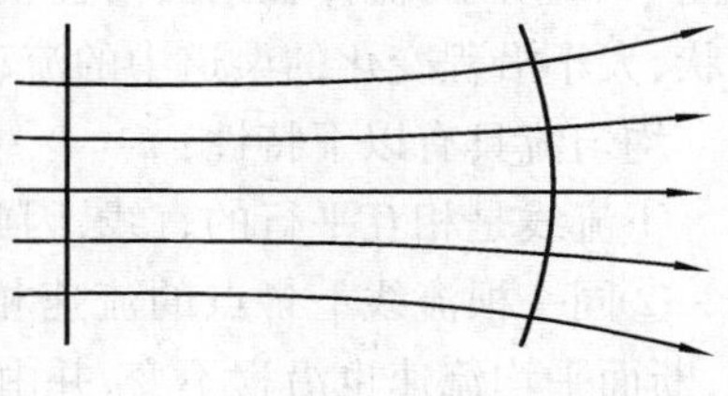

图 3.8 过流断面

3.2.5 流量、断面平均流速

1) 流量

单位时间通过某一过流断面的流体量称为流量。流量可以用体积流量 Q(单位为 m^3/s)和质量流量 Q_m(单位为 kg/s)为了便于计算,将质量流量 Q_m 乘以重力加速度 g 得到 Q_G(作为"重量"流量,单位为 N/S)表示。涉及不可压缩流体时,通常使用体积流量①;涉及可压缩流体时,则使用质量流量或重量流量较为方便。对元流来说,过流断面面积 dA 上各点的速度均为 u,且方向与过流断面垂直,所以单位时间通过断面的体积流量 dQ 为

$$\mathrm{d}Q = u\mathrm{d}A$$

总流的体积流量 Q 等于通过过流断面的所有元流流量之和,即

$$Q = \int \mathrm{d}Q = \int_A u\mathrm{d}A$$

对于均质不可压缩流体,密度为常数,则

$$Q_m = \rho Q; Q_G = \rho g Q \tag{3.12}$$

2) 断面平均流速

总流过流断面上各点的流速 $\boldsymbol{u}$ 一般是不相等的,如流体在管道内流动,靠近管壁处流速较小,管轴处流速大,如图 3.9 所示。为了便于计算,设想过流断面上各点的速度都相等,大小均为断面平均流速 v。以断面平均流速 v 计算所得的体积流量与实际流量相同,即

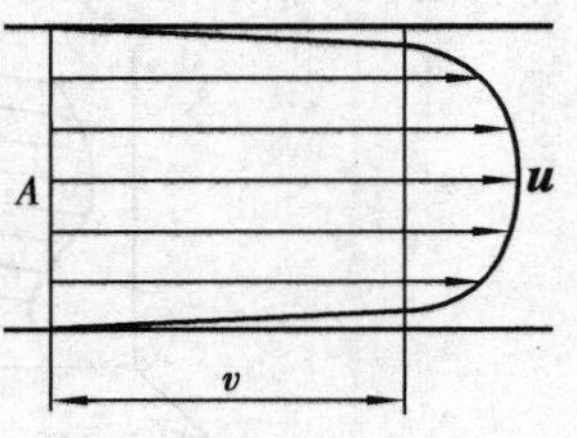

图 3.9 断面平均流速

$$Q = \int_A \boldsymbol{u}\mathrm{d}A = vA$$

或

$$v = \frac{Q}{A} \tag{3.13}$$

3.2.6 均匀流与非均匀流

流场中所有流线是平行直线的流动,称为均匀流;否则称为非均匀流。例如,流体在等直径长直管道中的流动或在断面形状、大小沿程不变的长直渠道中的流动均属均匀流,如图3.10和图 3.11 所示;流体在断面沿程收缩或扩大的管道中流动或在弯曲管道中流动,以及在断面形状、大小沿程变化的渠道中的流动均属非均匀流。

均匀流具有以下特性:

①流线是相互平行的直线,因此过流断面是平面,且过流断面的面积沿程不变。

②同一根流线上各点的流速相等(但不同流线上的流速不一定相等),流速分布沿程不变,断面平均流速也沿程不变,并由此可见均匀流是沿程没有加速度的流动。

---

① 本书在没有特殊说明时,流量特指体积流量。

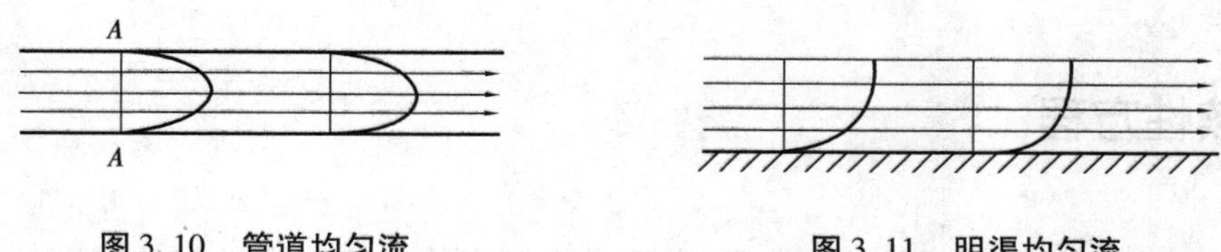

图 3.10　管道均匀流　　　　图 3.11　明渠均匀流

③过流断面上的动压强分布规律符合静压强分布规律，即 $z+\dfrac{p}{\rho g}=C$。

上述均匀流过流断面上动压强分布规律可用实验来演示这一规律。在图 3.10 的管道均匀流中任取一过流断面(如断面 A)，在过流断面边壁的不同位置上安装若干个测压管，不同的安装点到基准面的距离 z 不同，如图 3.12 所示。从观测可见所有测压管中自由液面的高程都相等，这表明均匀流过流断面上各点的测压管水头相等 $z+\dfrac{p}{\rho g}=C$。

按非均匀程度的不同又将非均匀流动分为渐变流和急变流。凡流线间夹角很小接近于平行直线的流动称为渐变流，否则称为急变流。显然，渐变流是一种近似的均匀流。因此，可以认为，渐变流过流断面上的动压强分布规律也近似地符合静压强分布规律。

图 3.13 是水流通过闸孔的流动，将此流动分为 a,b,c 三个区段。在 a,c 区段，流线夹角很小，流线是近乎平行的直线，流动属于渐变流。而 b 区段流线间的夹角很大，属于急变流。

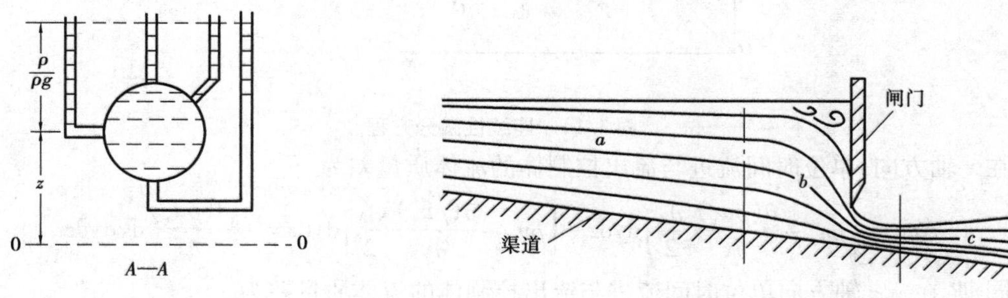

图 3.12　动压强实验　　　　图 3.13　渐变流和急变流

由定义可知，渐变流与急变流没有明确的界定标准，流动是否按渐变流处理，以所得结果能否满足工程要求的精度而定。

3.2.7　有压流、无压流、射流

边界全部为固体(如为液体则没有自由表面)的流体运动，称为有压流。边界部分为固体，部分为大气，具有自由表面的液体运动，称为无压流。流体从孔口、管嘴或缝隙中连续射出一股具有一定尺寸的流束，射到足够大的空间去继续扩散的流动，称为射流。

例如，给水管道中的流动为有压流；河渠中的水流运动及排水管道中的流动是无压流；经孔口或管嘴射入大气的水流运动为射流。

3.3 连续性方程

连续性方程是流体运动学的基本方程,是质量守恒定律在流体力学中的应用。下面根据质量守恒原理,推导三维流动连续性微分方程,并建立总流的连续性方程。

3.3.1 连续性微分方程

在流场中任取微元正六面体 $ABCDEFGH$ 作为控制体,其边长为 dx,dy,dz,分别平行于 x,y,z 轴。设流体在该六面体形心 $O'(x,y,z)$ 处的密度为 ρ,速度 $\boldsymbol{u}=u_x\boldsymbol{i}+u_y\boldsymbol{j}+u_z\boldsymbol{k}$。根据泰勒级数展开,并略去二阶以上的无穷小量,可得 x 轴方向的速度和密度变化,如图 3.14 所示。

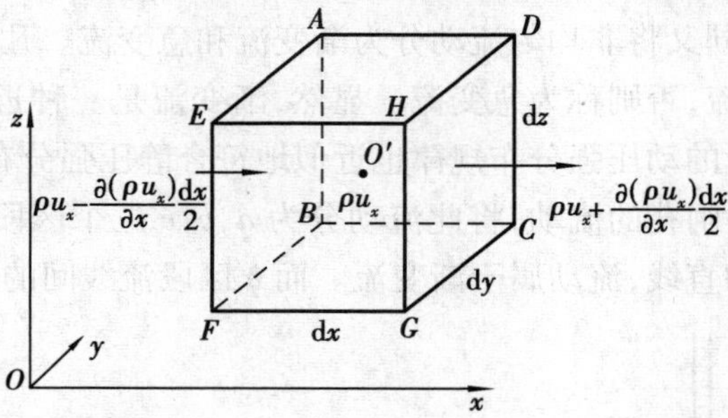

图 3.14 连续性微分方程

在 x 轴方向,单位时间流进与流出控制体的流体质量差为

$$\Delta m_x=\left[\rho u_x-\frac{\partial(\rho u_x)}{\partial x}\frac{dx}{2}\right]dydz-\left[\rho u_x+\frac{\partial(\rho u_x)}{\partial x}\frac{dx}{2}\right]dydz=-\frac{\partial(\rho u_x)}{\partial x}dxdydz$$

同理,在 y,z 轴方向单位时间流进与流出控制体的流体质量差为

$$\Delta m_y=-\frac{\partial(\rho u_y)}{\partial y}dxdydz$$

$$\Delta m_z=-\frac{\partial(\rho u_z)}{\partial z}dxdydz$$

单位时间流进与流出控制体总的质量差为

$$\Delta m_x+\Delta m_y+\Delta m_z=-\left[\frac{\partial(\rho u_x)}{\partial x}+\frac{\partial(\rho u_y)}{\partial y}+\frac{\partial(\rho u_z)}{\partial z}\right]dxdydz$$

由于流体连续地充满整个控制体,而控制体的体积又固定不变,所以,流进与流出控制体的总的质量差只可能引起控制体内流体密度发生变化。因此,由密度变化引起单位时间控制体内流体的质量变化为

$$\left(\rho+\frac{\partial\rho}{\partial t}\right)dxdydz-\rho dxdydz=\frac{\partial\rho}{\partial t}dxdydz$$

根据质量守恒定律,单位时间流进与流出控制体的总的质量差,必等于单位时间控制体内流体的质量变化,即

$$-\left[\frac{\partial(\rho u_x)}{\partial x}+\frac{\partial(\rho u_y)}{\partial y}+\frac{\partial(\rho u_z)}{\partial z}\right]\mathrm{d}x\mathrm{d}y\mathrm{d}z=\frac{\partial\rho}{\partial t}\mathrm{d}x\mathrm{d}y\mathrm{d}z$$

化简得

$$\frac{\partial\rho}{\partial t}+\frac{\partial(\rho u_x)}{\partial x}+\frac{\partial(\rho u_y)}{\partial y}+\frac{\partial(\rho u_z)}{\partial z}=0 \tag{3.14}$$

式(3.14)即为可压缩流体的连续性微分方程。由方程的推导过程可以看出:连续性方程实质上是质量守恒定律在流体力学中的应用。因此,任何不满足连续性方程的流动是不可能存在的;在推导过程中不涉及流体的受力情况,故连续性方程对理想流体和黏性流体均适用。

几种特殊情形下的连续性微分方程:

①对恒定流,$\frac{\partial\rho}{\partial t}=0$,式(3.14)可简化为

$$\frac{\partial(\rho u_x)}{\partial x}+\frac{\partial(\rho u_y)}{\partial y}+\frac{\partial(\rho u_z)}{\partial z}=0 \tag{3.15}$$

②对不可压缩流体,$\frac{\mathrm{d}\rho}{\mathrm{d}t}=0$,式(3.14)可简化为

$$\frac{\partial u_x}{\partial x}+\frac{\partial u_y}{\partial y}+\frac{\partial u_z}{\partial z}=0 \tag{3.16}$$

式(3.16)适用于三维恒定与非恒定流动。对二维不可压缩流体,不论流动是否恒定,式(3.16)均可简化为

$$\frac{\partial u_x}{\partial x}+\frac{\partial u_y}{\partial y}=0 \tag{3.17}$$

③柱坐标系下,三维可压缩流体的连续性微分方程为

$$\frac{\partial\rho}{\partial t}+\frac{\partial(\rho u_r)}{\partial r}+\frac{\partial(\rho u_\theta)}{r\partial\theta}+\frac{\partial(\rho u_z)}{\partial z}+\frac{\rho u_r}{r}=0 \tag{3.18}$$

式中 u_r——径向分速度;
u_θ——周向分速度;
u_z——轴向分速度。

对不可压缩流体,式(3.18)可简化为

$$\frac{\partial u_r}{\partial r}+\frac{\partial u_\theta}{r\partial\theta}+\frac{\partial u_z}{\partial z}+\frac{u_r}{r}=0 \tag{3.19}$$

柱坐标系下的连续性微分方程可由直角坐标系下的连续性微分方程经坐标变换得到,也可通过在流场中建立控制体的方法导出,限于篇幅,本书不再详述。

3.3.2 总流的连续性方程

不可压缩流体总流的连续性方程,可由连续性微分方程式(3.16)导出。如图3.15所示,以过流断面1—1,2—2及侧壁面围成的固定空间为控制体V,对其空间积分可得

$$\iiint_V\left(\frac{\partial u_x}{\partial x}+\frac{\partial u_y}{\partial y}+\frac{\partial u_z}{\partial z}\right)\mathrm{d}V=0$$

根据高斯定理,上式的体积积分可用曲面积分来表示,即

$$\iiint_V \left(\frac{\partial u_x}{\partial x}+\frac{\partial u_y}{\partial y}+\frac{\partial u_z}{\partial z}\right)\mathrm{d}V=\oint_A u_n \mathrm{d}A=0 \tag{3.20}$$

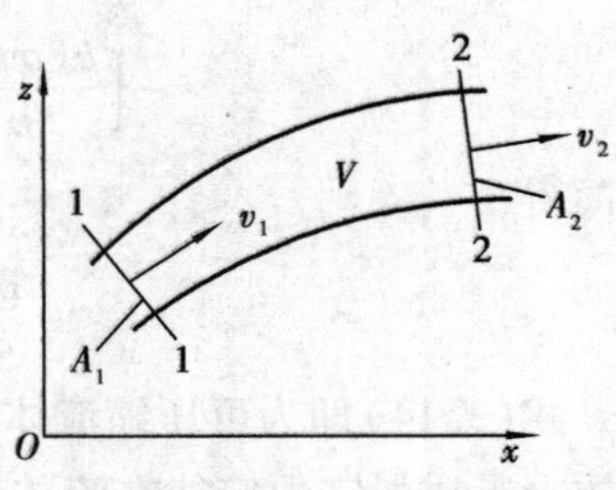

图 3.15 总流连续性方程

式中 A——体积 V 的封闭表面;

u_n——$\boldsymbol{u}$ 在微元面积 $\mathrm{d}A$ 外法线方向的投影。

因侧表面上 $u_n=0$,故式(3.20)可简化为

$$-\int_{A_1} u_1 \mathrm{d}A_1+\int_{A_2} u_2 \mathrm{d}A_2=0$$

上式第一项取负号是因为速度 u_1 的方向与 $\mathrm{d}A_1$ 的外法线方向相反。由此可得

$$\int_{A_1} u_1 \mathrm{d}A_1=\int_{A_2} u_2 \mathrm{d}A_2$$

$$Q_1=Q_2$$

或

$$v_1A_1=v_2A_2 \tag{3.21}$$

式(3.21)称为总流的连续性方程。对不可压缩流体,不论是恒定还是非恒定流动,式(3.21)均可适用。对非恒定流动,它表示同一时刻通过管道任意过流断面的流量相等,而对恒定流动,它还表示流量的大小不随时间变化。

如图3.16所示,对于有分流或汇流的情况,根据质量守恒定律,总流连续性方程可表示为

$$\left.\begin{aligned}Q_1&=Q_2+Q_3\\Q_1+Q_2&=Q_3\end{aligned}\right\} \tag{3.22}$$

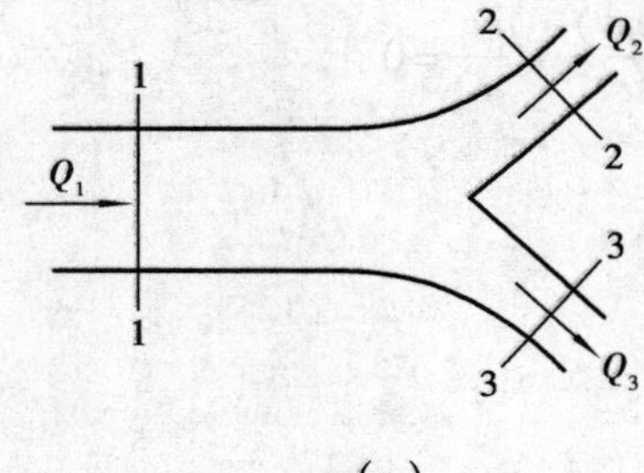

(a)

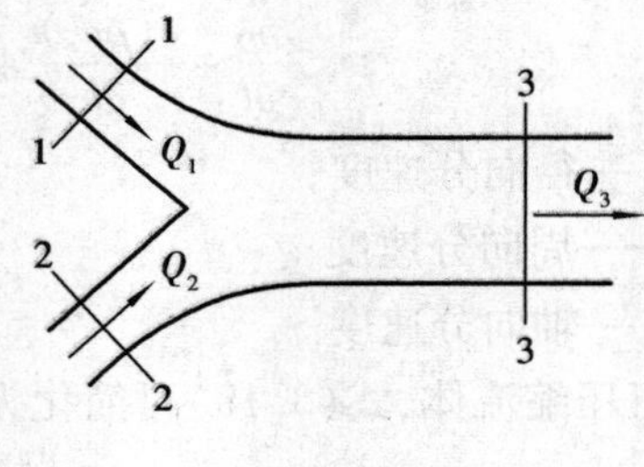

(b)

图3.16 分流和汇流

【例3.3】 如图3.16(b)所示,输水管道经三通管汇流,已知体积流量 $Q_1=1.5\ \mathrm{m^3/s}$,$Q_3=2.6\ \mathrm{m^3/s}$,过流断面面积 $A_2=0.2\ \mathrm{m^2}$,试求断面平均流速 v_2。

【解】 流入和流出三通管的流量相等,即

$$Q_1+Q_2=Q_3$$

则断面平均流速为

$$v_2=\frac{Q_2}{A_2}=\frac{Q_3-Q_1}{A_2}=\frac{2.6-1.5}{0.2}\ \mathrm{m/s}=5.5\ \mathrm{m/s}$$

3.4 元流的伯努利方程

3.4.1 理想流体元流的伯努利方程

为了推导方便,将理想流体运动微分方程式(2.9)写成

$$\left.\begin{aligned} f_x-\frac{1}{\rho}\frac{\partial p}{\partial x}=\frac{\mathrm{d}u_x}{\mathrm{d}t} \\ f_y-\frac{1}{\rho}\frac{\partial p}{\partial y}=\frac{\mathrm{d}u_y}{\mathrm{d}t} \\ f_z-\frac{1}{\rho}\frac{\partial p}{\partial z}=\frac{\mathrm{d}u_z}{\mathrm{d}t} \end{aligned}\right\}$$

该方程为非线性偏微分方程,只有特定条件下才能求得其解。其特定条件为:

①恒定流动,即

$$\boldsymbol{u}=\boldsymbol{u}(x,y,z),p=p(x,y,z)$$

因此

$$\mathrm{d}p=\frac{\partial p}{\partial x}\mathrm{d}x+\frac{\partial p}{\partial y}\mathrm{d}y+\frac{\partial p}{\partial z}\mathrm{d}z$$

②沿流线积分,设流线上的微元线段矢量 $\mathrm{d}\boldsymbol{s}=\mathrm{d}x\boldsymbol{i}+\mathrm{d}y\boldsymbol{j}+\mathrm{d}z\boldsymbol{k}$,将 $\mathrm{d}x,\mathrm{d}y,\mathrm{d}z$ 分别乘理想流体运动微分方程的 3 个分式,然后将 3 个分式相加得

$$(f_x\mathrm{d}x+f_y\mathrm{d}y+f_z\mathrm{d}z)-\frac{1}{\rho}\left(\frac{\partial p}{\partial x}\mathrm{d}x+\frac{\partial p}{\partial y}\mathrm{d}y+\frac{\partial p}{\partial z}\mathrm{d}z\right)=\frac{\mathrm{d}u_x}{\mathrm{d}t}\mathrm{d}x+\frac{\mathrm{d}u_y}{\mathrm{d}t}\mathrm{d}y+\frac{\mathrm{d}u_z}{\mathrm{d}t}\mathrm{d}z \qquad (3.23)$$

对于恒定流动,流线与迹线重合,所以沿流线下列关系式成立,即

$$\frac{\mathrm{d}x}{\mathrm{d}t}=u_x,\frac{\mathrm{d}y}{\mathrm{d}t}=u_y,\frac{\mathrm{d}z}{\mathrm{d}t}=u_z$$

③质量力只有重力,则

$$f_x=0,f_y=0,f_z=-g$$

根据以上积分条件,式(3.23)可简化为

$$\begin{aligned} -g\mathrm{d}z-\frac{1}{\rho}\mathrm{d}p &= u_x\mathrm{d}u_x+u_y\mathrm{d}u_y+u_z\mathrm{d}u_z \\ &= \frac{1}{2}\mathrm{d}(u_x^2+u_y^2+u_z^2) \end{aligned}$$

即

$$g\mathrm{d}z+\frac{1}{\rho}\mathrm{d}p+\mathrm{d}\left(\frac{u^2}{2}\right)=0 \qquad (3.24)$$

④不可压缩均质流体,$\rho=$常数。上式可写为

$$\mathrm{d}\left(gz+\frac{p}{\rho}+\frac{u^2}{2}\right)=0 \qquad (3.25)$$

积分得

$$z+\frac{p}{\rho g}+\frac{u^2}{2g}=C \tag{3.26}$$

对同一流线上的任意两点 1,2,有

$$z_1+\frac{p_1}{\rho g}+\frac{u_1^2}{2g}=z_2+\frac{p_2}{\rho g}+\frac{u_2^2}{2g} \tag{3.27}$$

式(3.25)为理想流体运动微分方程沿流线的伯努利积分,式(3.26)和式(3.27)为重力场中理想流体沿流线的伯努利积分式,称为伯努利方程。

由于元流的过流断面面积无限小,所以沿流线的伯努利方程也适用于元流。推导方程引入的限定条件,就是理想流体元流(流线)伯努利方程的应用条件,归纳起来有:理想流体、恒定流动、质量力只有重力、沿元流(流线)积分、不可压缩流体。

3.4.2 理想流体元流伯努利方程的意义

在理想流体元流的伯努利方程中:

①z 表示单位重量流体对某一基准面具有的位置势能,又称位置水头,单位为 m;

②$\frac{p}{\rho g}$表示单位重量流体具有的压强势能,又称压强水头,单位为 m;

③$H_p=z+\frac{p}{\rho g}$表示单位重量流体具有的总势能,又称测压管水头,单位为 m;

④$\frac{u^2}{2g}$表示单位重量流体具有的动能,又称速度水头,单位为 m;

⑤$H=z+\frac{p}{\rho g}+\frac{u^2}{2g}$表示单位重量流体具有的机械能,又称总水头,单位为 m。

因此,式(3.26)和式(3.27)的物理意义为:当理想不可压缩流体在重力场中作恒定流动时,沿同一元流(沿同一流线)单位重量流体的位置势能、压强势能和动能在流动过程中可以相互转化,但它们的总和保持不变,即单位重量流体的机械能守恒,故伯努利方程又称为能量方程。

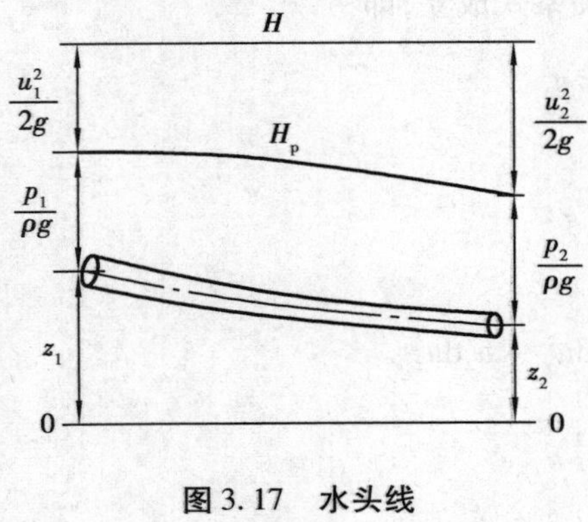

图 3.17 水头线

式(3.26)和式(3.27)的几何意义为:当理想不可压缩流体在重力场中作恒定流动时,沿同一元流(沿同一流线)流体的位置水头、压强水头和速度水头在流动过程中可以互相转化,但各断面的总水头保持不变,即总水头线是与基准面相平行的水平线,如图 3.17 所示。

3.4.3 理想流体元流伯努利方程的应用

毕托管是一种测量点流速的仪器,是理想流体元流伯努利方程在工程中的典型应用。

直接测量流场某点的速度大小是比较困难的,但该点的压强却可以通过测压计方便地测出。通过测量点压强,再应用伯努利方程间接得出点速度的大小,这就是毕托管的测速原理。

如图 3.18 所示，现欲测定均匀管流过流断面上 A 点的流速 u，可在 A 点所在断面设置测压管，测出该点的压强 p，称为静压。另在 A 点同一流线下游取相距很近的 O 点，在该点放置一根两端开口的 L 形细管，使一端管口正对来流方向，另一端垂直向上，此管称为测速管。来流在 O 点由于受测速管的阻滞，速度为零，动能全部转化为压能，测速管中液面升高$\frac{p'}{\rho g}$。O 点称为驻点，该点的压强称为总压或全压。

以 AO 所在流线为基准，忽略水头损失，对 A，O 两点应用理想流体元流伯努利方程：

$$\frac{p}{\rho g}+\frac{u^2}{2g}=\frac{p'}{\rho g}+0$$

$$\frac{u^2}{2g}=\frac{p'}{\rho g}-\frac{p}{\rho g}=\Delta h$$

A 点的流速为

$$u=\sqrt{2g\frac{p'-p}{\rho g}}=\sqrt{2g\Delta h} \tag{3.28}$$

考虑黏性的存在以及毕托管置入流场后对流动的干扰等因素的影响，引入修正系数 c，则

$$u=c\sqrt{2g\Delta h} \tag{3.29}$$

式中　c——修正系数，数值接近于 1，由实验测定。

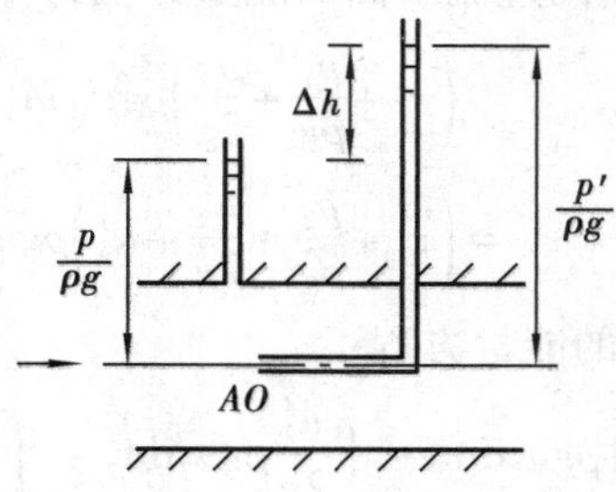

图 3.18　点流速测量

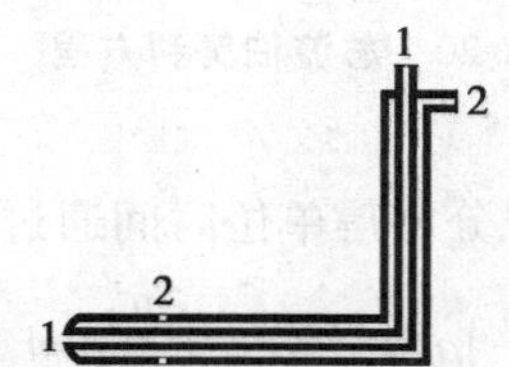

图 3.19　毕托管剖面图

根据上述原理，将测速管和测压管组合成测量点流速的仪器，称为毕托管，其剖面如图 3.19所示。两端开口的管 1 为测速管，用来测量总压。侧壁设有几个均匀分布小孔的管 2 为测压管，用来测量静压。将管 1，2 分别与压差计的两端连接，即可测得总压和静压的差值，从而求出测点的流速。

3.4.4　实际流体元流的伯努利方程

实际流体都具有黏滞性，在流动过程中会产生流动阻力，克服阻力做功，流体的一部分机械能将不可逆地转化为热能耗散，因此，实际流体的机械能沿程减小，总水头线沿程下降。根据能量守恒原理，实际流体元流的伯努利方程为

$$z_1+\frac{p_1}{\rho g}+\frac{u_1^2}{2g}=z_2+\frac{p_2}{\rho g}+\frac{u_2^2}{2g}+h_w' \tag{3.30}$$

式中　h_w'——实际流体元流单位重量流体从 1—1 过流断面流到 2—2 过流断面的机械能损失，称为元流的水头损失，m。

3.5 总流的伯努利方程

在 3.4 节最后已得到实际流体元流的伯努利方程,但实际工程中,研究的是流体在整个流场中的运动,其中很大一部分是关于流体在管道和渠道内的流动。所以,从工程应用的角度,有必要将实际流体元流的伯努利方程进行扩展,建立实际流体总流的伯努利方程。

3.5.1 总流的伯努利方程

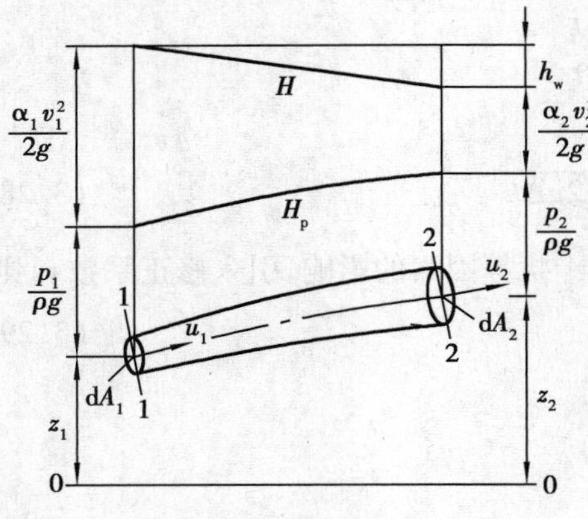

图 3.20 总流伯努利方程

如图 3.20 所示为实际流体恒定总流,过流断面 1—1,2—2 为渐变流断面,面积为 A_1,A_2。在总流中任取一元流,其过流断面的微元面积、位置高度、压强及流速分别为 dA_1, z_1, p_1, u_1; dA_2, z_2, p_2, u_2。

将实际流体元流伯努利方程式(3.30)两边同乘重量流量 $\rho g dQ = \rho g u_1 dA_1 = \rho g u_2 dA_2$,则单位时间通过元流两过流断面的能量方程为

$$\left(z_1 + \frac{p_1}{\rho g} + \frac{u_1^2}{2g}\right)\rho g u_1 dA_1 = \left(z_2 + \frac{p_2}{\rho g} + \frac{u_2^2}{2g} + h'_w\right)\rho g u_2 dA_2$$

对上式积分可得单位时间通过总流两过流断面的能量方程:

$$\int_{A_1}\left(z_1 + \frac{p_1}{\rho g}\right)\rho g u_1 dA_1 + \int_{A_1}\frac{u_1^2}{2g}\rho g u_1 dA_1 = \int_{A_2}\left(z_2 + \frac{p_2}{\rho g}\right)\rho g u_2 dA_2 + \int_{A_2}\frac{u_2^2}{2g}\rho g u_2 dA_2 + \int_{Q_2} h'_w \rho g dQ_2 \tag{3.31}$$

下面分别确定上式中三种类型的积分:

(1) $\int_A\left(z + \frac{p}{\rho g}\right)\rho g u dA$

由于所取过流断面 1—1,2—2 为渐变流断面,面上各点 $z + \frac{p}{\rho g} = C$,于是,有

$$\int_A\left(z + \frac{p}{\rho g}\right)\rho g u dA = \left(z + \frac{p}{\rho g}\right)\rho g v A = \left(z + \frac{p}{\rho g}\right)\rho g Q$$

(2) $\int_A\left(\frac{u^2}{2g}\right)\rho g u dA$

$$\int_A\left(\frac{u^2}{2g}\right)\rho g u dA = \frac{\rho g}{2g}\int_A u^3 dA = \frac{\rho g}{2g}\alpha v^2 v A = \frac{\alpha v^2}{2g}\rho g Q$$

式中 α——动能修正系数。修正用断面平均流速代替实际流速计算动能时引起的误差,即

$$\alpha = \frac{\int_A u^3 dA}{v^3 A}$$

α值取决于过流断面上速度的分布情况。流速分布较均匀时，$\alpha=1.05\sim1.10$，流速分布不均匀时α值较大，后面计算时通常取$\alpha=1.0$。

(3) $\int_Q h'_w \rho g \mathrm{d}Q$

单位时间总流从过流断面1—1流到2—2的机械能损失$\int_Q h'_w \rho g \mathrm{d}Q$不易通过积分确定，令

$$\int_Q h'_w \rho g \mathrm{d}Q = h_w \rho g Q$$

式中　h_w——单位重量流体从过流断面1—1流到2—2的平均机械能损失，称为总流的水头损失。

将以上积分结果代入式(3.31)，得

$$\left(z_1+\frac{p_1}{\rho g}\right)\rho g Q_1+\frac{\alpha_1 v_1^2}{2g}\rho g Q_1=\left(z_2+\frac{p_2}{\rho g}\right)\rho g Q_2+\frac{\alpha_2 v_2^2}{2g}\rho g Q_2+h_w \rho g Q_2$$

因两断面间无分流及汇流，$\rho g Q=\rho g Q_1=\rho g Q_2$，故上式简化为

$$z_1+\frac{p_1}{\rho g}+\frac{\alpha_1 v_1^2}{2g}=z_2+\frac{p_2}{\rho g}+\frac{\alpha_2 v_2^2}{2g}+h_w \tag{3.32}$$

式(3.32)即为实际流体总流的伯努利方程。若式中的$h_w=0$，则

$$z_1+\frac{p_1}{\rho g}+\frac{\alpha_1 v_1^2}{2g}=z_2+\frac{p_2}{\rho g}+\frac{\alpha_2 v_2^2}{2g} \tag{3.33}$$

式(3.33)即为理想流体总流的伯努利方程。

总流伯努利方程式中各项的意义与元流伯努利方程中的对应项类似，但须注意总流伯努利方程中各项具有"平均"意义，如$z+\frac{p}{\rho g}$为总流过流断面上单位重量流体具有的平均势能，因渐变流过流断面上$z+\frac{p}{\rho g}=C$；$\frac{\alpha v^2}{2g}$为总流过流断面上单位重量流体具有的平均动能；h_w为总流两过流断面间单位重量流体的平均机械能损失。

3.5.2　总流伯努利方程的应用条件和注意事项

1) 应用总流伯努利方程时必须满足的条件

①恒定流动。

②质量力只有重力。

③不可压缩流体。

④所取过流断面为渐变流或均匀流断面，但两断面间允许存在急变流。

⑤两过流断面间无分流或汇流。

⑥两过流断面间无其他机械能输入输出。

2) 应用总流伯努利方程时还需注意的几点

①过流断面除必须选取渐变流或均匀流断面外，一般应选取包含较多已知量或包含需求

未知量的断面。

②过流断面上的计算点原则上可以任意选取，这是因为在均匀流或渐变流断面上任一点的测压管水头都相等，即 $z+\dfrac{p}{\rho g}=C$，并且过流断面上的平均流速水头 $\dfrac{\alpha v^2}{2g}$ 与计算点位置无关。但若计算点选取恰当，可使计算大为简化。例如，管流的计算点通常选在管轴线上，明渠的计算点通常选在自由液面上。

③基准面是任意选取的水平面，但一般使 z 为非负值。同一方程必须以同一基准面来度量，不同方程可采用不同的基准面。

④方程中的压强 p_1 与 p_2 可用绝对压强或相对压强，但同一方程必须采用同种压强来度量。

3.5.3 水头线及水力坡度

总水头线是沿程各断面总水头 $H=z+\dfrac{p}{\rho g}+\dfrac{\alpha v^2}{2g}$ 的连线。参见图 3.17 和图 3.20 所示，理想流体的总水头线是水平线，实际流体的总水头线沿程却单调下降，下降的快慢用水力坡度 J 表示

$$J=-\frac{\mathrm{d}H}{\mathrm{d}l}=\frac{\mathrm{d}h_{\mathrm{w}}}{\mathrm{d}l} \tag{3.34}$$

因 $\mathrm{d}H$ 恒为负值，所以在 $\dfrac{\mathrm{d}H}{\mathrm{d}l}$ 前加“ - ”号是为了确保 J 为正值。

测压管水头线是沿程各断面测压管水头 $H_{\mathrm{p}}=z+\dfrac{p}{\rho g}$ 的连线。由于测压管水头的大小受速度水头的影响，故测压管水头线沿程可升、可降、可水平，其变化快慢用测压管水头线坡度 J_{p} 表示为

$$J_{\mathrm{p}}=-\frac{\mathrm{d}H_{\mathrm{p}}}{\mathrm{d}l}=-\frac{\mathrm{d}\left(z+\dfrac{p}{\rho g}\right)}{\mathrm{d}l} \tag{3.35}$$

当测压管水头线下降时，定义 J_{p} 为正值，上升时为负值，故在 $\dfrac{\mathrm{d}H_{\mathrm{p}}}{\mathrm{d}l}$ 前加“ - ”号。

3.5.4 总流伯努利方程的应用

1) 文丘里管

文丘里管是一种测量管道流量的仪器，是总流伯努利方程在工程中的典型应用。

文丘里管由收缩段、喉管与扩散段三部分组成。在文丘里管收缩段进口与喉管处安装测压管或压差计，测出两断面的测压管水头差，再根据伯努利方程便可实现对流体流量的测量。

如图 3.21 所示，选水平基准面 0—0，令收缩段进口断面与喉管断面分别为 1—1，2—2 计算断面，两断面均为渐变流断面，计算点取在管轴线上。设 1—1，2—2 断面的平均速度、压强和过流断面面积分别为 v_1,p_1,A_1 和 v_2,p_2,A_2，流体密度为 ρ。列 1—1，2—2 断面的伯努利方

程为

$$z_1+\frac{p_1}{\rho g}+\frac{\alpha_1 v_1^2}{2g}=z_2+\frac{p_2}{\rho g}+\frac{\alpha_2 v_2^2}{2g}+h_w$$

由于收缩段的水头损失很小,可令 $h_w=0$,取动能修正系数 $\alpha_1=\alpha_2=1.0$,则上式可简化为

$$z_1+\frac{p_1}{\rho g}+\frac{v_1^2}{2g}=z_2+\frac{p_2}{\rho g}+\frac{v_2^2}{2g}$$

$$\frac{v_2^2}{2g}-\frac{v_1^2}{2g}=\left(z_1+\frac{p_1}{\rho g}\right)-\left(z_2+\frac{p_2}{\rho g}\right)$$

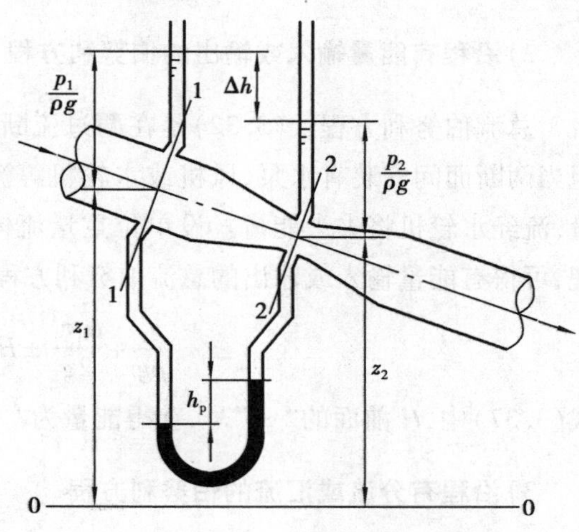

图 3.21　文丘里流量计

列 1—1,2—2 断面连续性方程

$$v_1A_1=v_2A_2$$

得

$$v_2=\frac{A_1}{A_2}v_1=\left(\frac{d_1}{d_2}\right)^2 v_1$$

代入前式,得

$$v_1=\frac{1}{\sqrt{\left(\frac{d_1}{d_2}\right)^4-1}}\sqrt{2g}\sqrt{\left(z_1+\frac{p_1}{\rho g}\right)-\left(z_2+\frac{p_2}{\rho g}\right)}$$

则通过文丘里管的流量为

$$Q=v_1A_1=\frac{\frac{1}{4}\pi d_1^2}{\sqrt{\left(\frac{d_1}{d_2}\right)^4-1}}\sqrt{2g}\sqrt{\left(z_1+\frac{p_1}{\rho g}\right)-\left(z_2+\frac{p_2}{\rho g}\right)}=K\sqrt{\left(z_1+\frac{p_1}{\rho g}\right)-\left(z_2+\frac{p_2}{\rho g}\right)}\qquad(3.36)$$

式(3.36)中,K 是由文丘里管结构尺寸 d_1,d_2 而定的常数,称为仪器常数。

装测压管时,测压管水头差:

$$\left(z_1+\frac{p_1}{\rho g}\right)-\left(z_2+\frac{p_2}{\rho g}\right)=\Delta h$$

装压差计时,测压管水头差:

$$\left(z_1+\frac{p_1}{\rho g}\right)-\left(z_2+\frac{p_2}{\rho g}\right)=\left(\frac{\rho_p}{\rho}-1\right)h_p$$

将 K 和 $\left[\left(z_1+\frac{p_1}{\rho g}\right)-\left(z_2+\frac{p_2}{\rho g}\right)\right]$ 的值代入式(3.36),并考虑两断面间实际上存在能量损失,引入流量系数 ψ,可得

装测压管时

$$Q=\psi K\sqrt{\Delta h}$$

装压差计时

$$Q=\psi K\sqrt{\left(\frac{\rho_p}{\rho}-1\right)h_p}$$

2)沿程有能量输入或输出的伯努利方程

总流伯努利方程式(3.32)是在两过流断面间无其他机械能输入、输出的条件下导出的。但当两断面间安装有水泵、风机或水轮机等流体机械装置时,流体流经水泵或风机将获得能量,流经水轮机将失去能量。设单位重量流体获得或失去的能量水头为 H,根据能量守恒原理,可得有能量输入或输出的总流伯努利方程

$$z_1+\frac{p_1}{\rho g}+\frac{\alpha_1 v_1^2}{2g}\pm H=z_2+\frac{p_2}{\rho g}+\frac{\alpha_2 v_2^2}{2g}+h_w \tag{3.37}$$

式(3.37)中,H 前面的"±"号,获得能量为"+",失去能量为"-"。

3)沿程有分流或汇流的伯努利方程

总流伯努利方程式(3.32)是在两过流断面间无分流或汇流的条件下导出的,而实际的供水、供气管道等,沿程大都有分流或汇流,此时的伯努利方程讨论如下。

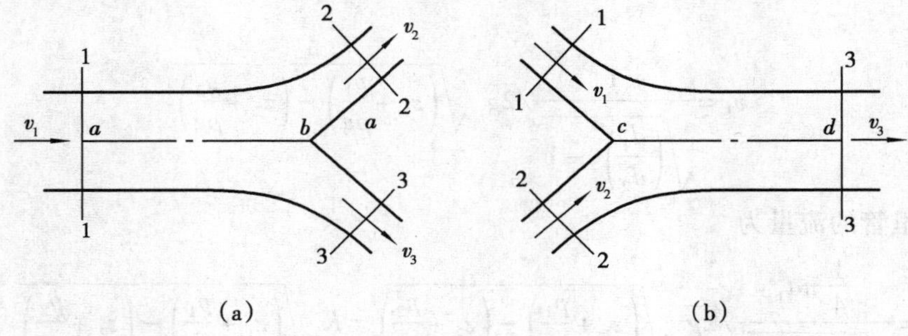

图 3.22 分流和汇流

设恒定分流,如图 3.22(a)所示。设想在分流处作分流面 ab,将分流划分为两支总流,每支总流的流量是沿程不变的。根据能量守恒原理,可对每支总流建立伯努利方程,即

$$z_1+\frac{p_1}{\rho g}+\frac{\alpha_1 v_1^2}{2g}=z_2+\frac{p_2}{\rho g}+\frac{\alpha_2 v_2^2}{2g}+h_{w1\text{-}2}$$

$$z_1+\frac{p_1}{\rho g}+\frac{\alpha_1 v_1^2}{2g}=z_3+\frac{p_3}{\rho g}+\frac{\alpha_3 v_3^2}{2g}+h_{w1\text{-}3}$$

同理,设恒定汇流,如图 3.22(b)所示。可建立伯努利方程为

$$z_1+\frac{p_1}{\rho g}+\frac{\alpha_1 v_1^2}{2g}=z_3+\frac{p_3}{\rho g}+\frac{\alpha_3 v_3^2}{2g}+h_{w1\text{-}3}$$

$$z_2+\frac{p_2}{\rho g}+\frac{\alpha_2 v_2^2}{2g}=z_3+\frac{p_3}{\rho g}+\frac{\alpha_3 v_3^2}{2g}+h_{w2\text{-}3}$$

4)不可压缩气体的伯努利方程

总流伯努利方程式(3.32)适用于不可压缩流体,这里补充介绍它应用于不可压缩气体流动时不同于液体流动的情况。

设恒定气流，如图3.23所示。气流的密度为ρ，外部大气的密度为ρ_a，过流断面1—1,2—2上计算点的绝对压强分别为p_{1abs}，p_{2abs}。

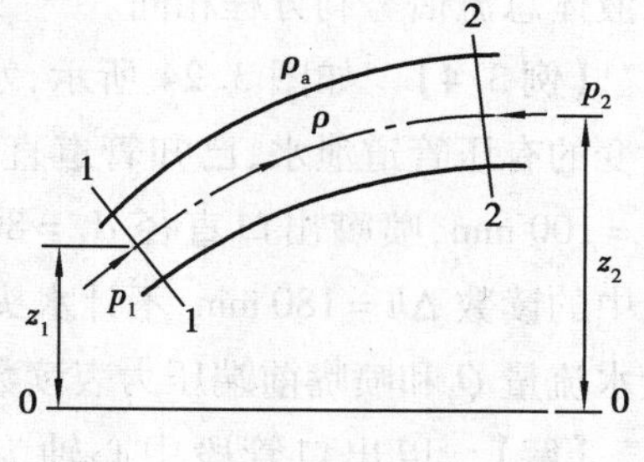

图3.23 气体伯努利方程

列1—1,2—2断面的伯努利方程为

$$z_1+\frac{p_{1abs}}{\rho g}+\frac{v_1^2}{2g}=z_2+\frac{p_{2abs}}{\rho g}+\frac{v_2^2}{2g}+h_w \qquad (\alpha_1=\alpha_2=1.0)$$

进行不可压缩气体计算时，常将上式表示为压强的形式，即

$$\rho g z_1+p_{1abs}+\frac{\rho v_1^2}{2}=\rho g z_2+p_{2abs}+\frac{\rho v_2^2}{2}+p_w \qquad (3.38)$$

式(3.38)是以绝对压强表示的不可压缩气体的伯努利方程。其中，$p_w=\rho g h_w$为两过流断面间的压强损失。

现将式(3.38)中的绝对压强改用相对压强p_1，p_2表示。由于气流的密度同外部大气的密度具有相同的数量级，不能简单地将上式等号两边的绝对压强值减去同一大小的大气压强值，而是必须考虑外部大气压在不同高度的差值。

设高程z_1处的大气压强为p_{a1}，高程z_2处的大气压强为p_{a2}，$p_{a1}\neq p_{a2}$。假设大气压强沿高程按静压强分布，则

$$p_{a2}=p_{a1}-\rho_a g(z_2-z_1)$$

气流在过流断面1—1,2—2处的绝对压强：

$$p_{1abs}=p_1+p_{a1}$$

$$p_{2abs}=p_2+p_{a2}=p_2+[p_{a1}-\rho_a g(z_2-z_1)]$$

将p_{1abs}，p_{2abs}代入式(3.38)，得

$$p_1+\frac{\rho v_1^2}{2}+g(\rho_a-\rho)(z_2-z_1)=p_2+\frac{\rho v_2^2}{2}+p_w \qquad (3.39)$$

式(3.39)是以相对压强表示的不可压缩气体的伯努利方程。式中各项的意义类似于总流伯努利方程式(3.32)中的对应项。在工程应用中，习惯上称p_1，p_2为静压，$\frac{\rho v_1^2}{2}$，$\frac{\rho v_2^2}{2}$为动压，$g(\rho_a-\rho)(z_2-z_1)$为位压。

当气流的密度与外界大气的密度相同，或两计算点的高度基本相同时，式(3.39)中的$g(\rho_a-\rho)(z_2-z_1)$项可略去不计，简化为

$$p_1+\frac{\rho v_1^2}{2}=p_2+\frac{\rho v_2^2}{2}+p_w$$

当气体的密度远大于外界大气的密度时，式(3.39)中大气的密度ρ_a可忽略不计，该式可简化为

$$p_1+\frac{\rho v_1^2}{2}-\rho g(z_2-z_1)=p_2+\frac{\rho v_2^2}{2}+p_w$$

即

$$z_1+\frac{p_1}{\rho g}+\frac{v_1^2}{2g}=z_2+\frac{p_2}{\rho g}+\frac{v_2^2}{2g}+h_w$$

与液体总流伯努利方程相同。

【例 3.4】 如图 3.24 所示，水池通过直径有改变的有压管道泄水，已知管道直径 $d_1 = 125$ mm，$d_2 = 100$ mm，喷嘴出口直径 $d_3 = 80$ mm，水银压差计中的读数 $\Delta h = 180$ mm，不计水头损失，求管道的泄水流量 Q 和喷嘴前端压力表读数 p。

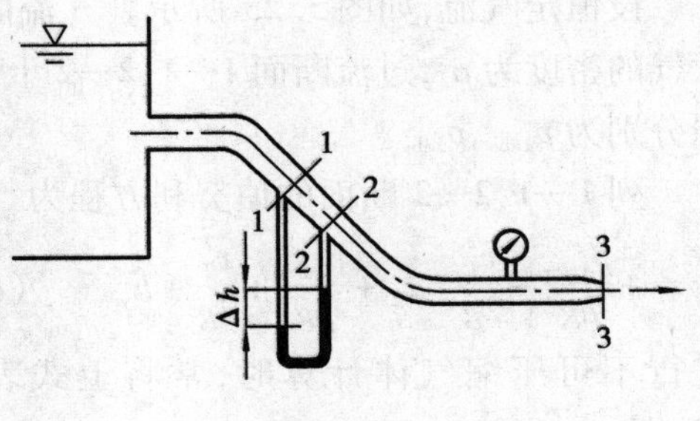

图 3.24

【解】 以出口管段中心轴为基准，列 1—1，2—2 断面的伯努利方程

$$z_1 + \frac{p_1}{\rho g} + \frac{v_1^2}{2g} = z_2 + \frac{p_2}{\rho g} + \frac{v_2^2}{2g}$$

因

$$\left(z_1 + \frac{p_1}{\rho g}\right) - \left(z_2 + \frac{p_2}{\rho g}\right) = 12.6\Delta h$$

代入上式，得

$$12.6\Delta h + \frac{v_1^2}{2g} = \frac{v_2^2}{2g}$$

由总流连续性方程

$$v_2 = \left(\frac{d_1}{d_2}\right)^2 v_1$$

联解两式，得

$$v_1 = \sqrt{\frac{12.6\Delta h \times 2g}{\left(\frac{d_1}{d_2}\right)^4 - 1}} = \sqrt{\frac{12.6 \times 0.18 \times 2 \times 9.8}{\left(\frac{0.125}{0.1}\right)^4 - 1}} = 5.55 \text{ m/s}$$

$$Q = v_1 A_1 = v_1 \frac{1}{4}\pi d_1^2 = 5.55 \times \frac{1}{4} \times 3.14 \times 0.125^2 \text{ m}^3/\text{s} = 0.068 \text{ m}^3/\text{s}$$

列压力表所在断面及 3—3 断面的伯努利方程

$$0 + \frac{p}{\rho g} + \frac{v^2}{2g} = 0 + 0 + \frac{v_3^2}{2g}$$

因压力表所在断面的管径与 2—2 断面的管径相同，故

$$v = v_2 = \left(\frac{d_1}{d_2}\right)^2 v_1 = \left(\frac{0.125}{0.1}\right)^2 \times 5.55 \text{ m/s} = 8.67 \text{ m/s}$$

$$v_3 = \left(\frac{d_1}{d_3}\right)^2 v_1 = \left(\frac{0.125}{0.08}\right)^2 \times 5.55 \text{ m/s} = 13.55 \text{ m/s}$$

则压力表读数

$$p = \rho g\left(\frac{v_3^2 - v^2}{2g}\right) = 1\,000 \times \left(\frac{13.55^2 - 8.67^2}{2}\right) \text{ kPa} = 54.2 \text{ kPa}$$

【例 3.5】 如图 3.25 所示，已知离心泵的提水高度 $z=20\text{ m}$，抽水流量 $Q=35\text{ L/s}$，效率 $\eta_1=0.82$。若吸水管路和压水管路总水头损失 $h_w=1.5\text{ mH}_2\text{O}$①，电动机的效率 $\eta_2=0.95$，试求：电动机的功率 P。

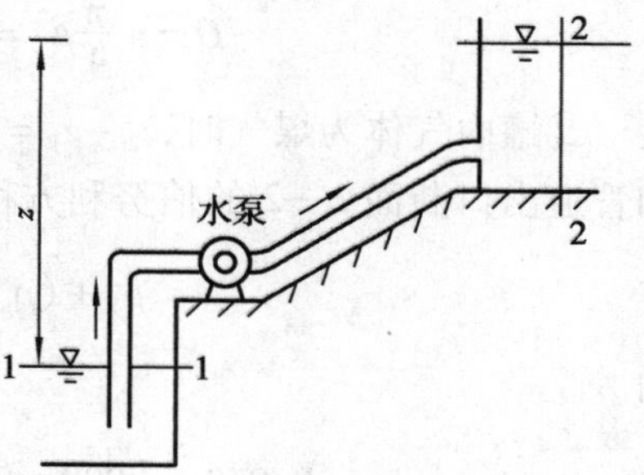

图 3.25

【解】 以吸水池面为基准，列 1—1，2—2 断面的伯努利方程

$$z_1+\frac{p_1}{\rho g}+\frac{v_1^2}{2g}+H=z_2+\frac{p_2}{\rho g}+\frac{v_2^2}{2g}+h_w$$

由于 1—1，2—2 过流断面面积很大，故 $v_1\approx 0$，$v_2\approx 0$，并且 $p_1=p_2=0$，则

$$0+0+0+H=z+0+0+h_w$$

$$H=20\text{ m}+1.5\text{ m}=21.5\text{ m}$$

故电动机的功率为

$$P=\frac{Q\rho gH}{\eta_1\eta_2}=\frac{35\times 10^{-3}\times 1\,000\times 9.8\times 21.5}{0.82\times 0.95}\text{ kW}=9.47\text{ kW}$$

【例 3.6】 如图 3.26 所示，气体由相对压强为 $0.012\text{ mH}_2\text{O}$ 的气罐，经直径 $d=100\text{ mm}$ 的管道流入大气，管道进、出口高差 $h=40\text{ m}$，管路的压强损失 $p_w=9\times\frac{\rho v^2}{2}$，试求：①罐内气体为与大气密度相等的空气（$\rho=\rho_a=1.2\text{ kg/m}^3$）时，管内气体的速度 v 和流量 Q；②罐内气体为密度 $\rho=0.8\text{ kg/m}^3$ 的煤气时，管内气体的速度 v 和流量 Q。

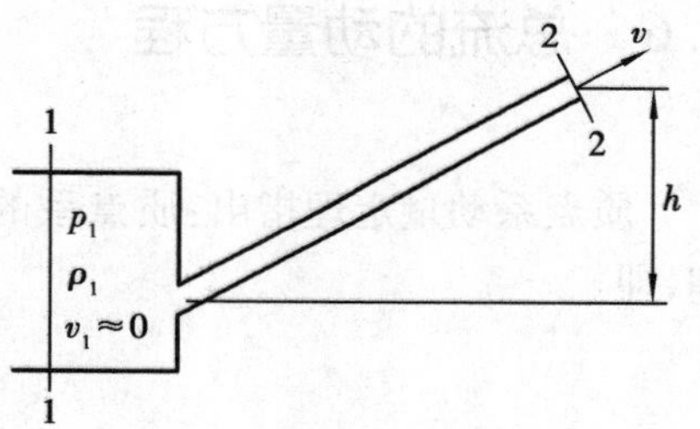

图 3.26

【解】 ①罐内气体为空气时，根据式(3.39)，列气罐内 1—1 断面和管道出口断面 2—2 的伯努利方程

$$p_1+\frac{\rho v_1^2}{2}+g(\rho_a-\rho)(z_2-z_1)=p_2+\frac{\rho v_2^2}{2}+p_w$$

因 $\rho=\rho_a$，$p_2=0$，$v_1\approx 0$，$v_2=v$，上式可简化为

$$p_1=\frac{\rho v^2}{2}+9\times\frac{\rho v^2}{2}=10\times\frac{\rho v^2}{2}$$

即

$$0.012\times 1\,000\times 9.8=10\times\frac{1.2v^2}{2}$$

故管内气体的速度为

$$v=4.43\text{ m/s}$$

管内气体的流量

① $1\text{ mH}_2\text{O}=9\,800\text{ Pa}$。

$$Q = v\frac{\pi}{4}d^2 = 4.43 \times \frac{\pi}{4} \times 0.1^2\ \mathrm{m^3/s} = 0.035\ \mathrm{m^3/s}$$

②罐内气体为煤气时，$z_2 - z_1 = h, p_2 = 0, v_1 \approx 0, v_2 = v$。根据式(3.39)，列气罐内1—1断面和管道出口断面2—2的伯努利方程

$$p_1 + (\rho_a - \rho)gh = \frac{\rho v^2}{2} + 9 \times \frac{\rho v^2}{2} = 10 \times \frac{\rho v^2}{2}$$

即

$$0.012 \times 1\,000 \times 9.8 + (1.2 - 0.8) \times 9.8 \times 40 = 10 \times \frac{0.8v^2}{2}$$

故管内气体的速度为

$$v = 8.28\ \mathrm{m/s}$$

管内气体的速度流量

$$Q = v\frac{\pi}{4}d^2 = 8.28 \times \frac{\pi}{4} \times 0.1^2\ \mathrm{m^3/s} = 0.065\ \mathrm{m^3/s}$$

3.6 总流的动量方程

质点系动量定理指出：质点系的动量对于时间的导数，等于作用于质点系的外力的矢量和，即

$$\sum \boldsymbol{F} = \frac{\mathrm{d}\boldsymbol{K}}{\mathrm{d}t}$$

总流动量方程是质点系动量定理在流体力学中的应用，它连同前面介绍的连续性方程、伯努利方程组成流体力学最基本、最重要的3大方程。下面由质点系动量定理，推导总流的动量方程。

3.6.1 总流的动量方程

在恒定总流中，任取1—1，2—2两渐变流过流断面，面积分别为A_1，A_2，以两过流断面及总流的侧表面围成的空间为控制体，如图3.27所示。

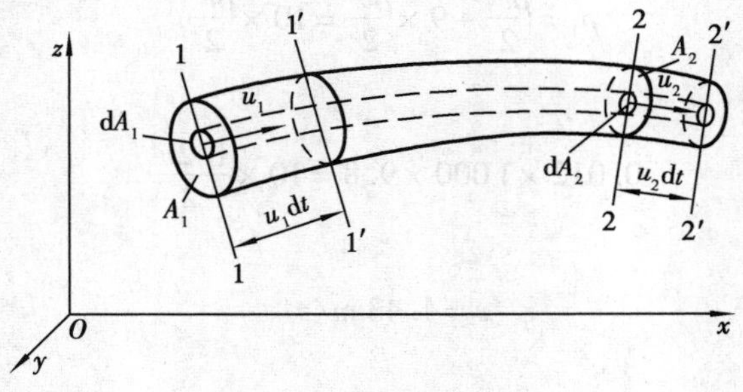

图3.27 总流动量方程

若控制体内的流体经 $\mathrm{d}t$ 时段，由 1—2 运动到 1′—2′位置，则产生的动量变化 $\mathrm{d}\boldsymbol{K}$ 应等于 1′—2′与 1—2 流段内流体的动量 $\boldsymbol{K}_{1'-2'}$ 和 $\boldsymbol{K}_{1-2}$ 之差，即

$$\mathrm{d}\boldsymbol{K}=\boldsymbol{K}_{1'-2'}-\boldsymbol{K}_{1-2}=(\boldsymbol{K}_{1'-2}+\boldsymbol{K}_{2-2'})_{t+\mathrm{d}t}-(\boldsymbol{K}_{1-1'}+\boldsymbol{K}_{1'-2})_t$$

对于恒定流动，1′—2 流段的几何形状和流体的质量、流速均不随时间而改变，因此 $\boldsymbol{K}_{1'-2}$ 也不随时间改变，即

$$(\boldsymbol{K}_{1'-2})_{t+\mathrm{d}t}=(\boldsymbol{K}_{1'-2})_t$$

则

$$\mathrm{d}\boldsymbol{K}=\boldsymbol{K}_{2-2'}-\boldsymbol{K}_{1-1'}$$

为了确定动量 $\boldsymbol{K}_{2-2'}$ 和 $\boldsymbol{K}_{1-1'}$，在上述总流内任取一元流进行分析。令过流断面 1—1 上元流的面积为 $\mathrm{d}A_1$，流速为 $\boldsymbol{u}_1$，密度为 ρ_1，则元流 1—1′流段内流体的动量为 $\rho_1 u_1 \mathrm{d}t\mathrm{d}A_1\boldsymbol{u}_1$。因过流断面为渐变流断面，各点的速度平行，按平行矢量求和法则，可对断面 A_1 直接积分，得总流 1—1′流段内流体的动量：

$$\boldsymbol{K}_{1-1'}=\int_{A_1}\rho_1 u_1\mathrm{d}t\mathrm{d}A_1\boldsymbol{u}_1$$

同理

$$\boldsymbol{K}_{2-2'}=\int_{A_2}\rho_2 u_2\mathrm{d}t\mathrm{d}A_2\boldsymbol{u}_2$$

$$\mathrm{d}\boldsymbol{K}=\boldsymbol{K}_{2-2'}-\boldsymbol{K}_{1-1'}=\int_{A_2}\rho_2 u_2\mathrm{d}t\mathrm{d}A_2\boldsymbol{u}_2-\int_{A_1}\rho_1 u_1\mathrm{d}t\mathrm{d}A_1\boldsymbol{u}_1$$

对于不可压缩均质流体 $\rho_1=\rho_2=\rho$，有

$$\begin{aligned}\mathrm{d}\boldsymbol{K}&=\rho\mathrm{d}t\left(\int_{A_2}u_2\boldsymbol{u}_2\mathrm{d}A_2-\int_{A_1}u_1\boldsymbol{u}_1\mathrm{d}A_1\right)\\&=\rho\mathrm{d}t(\beta_2 v_2 A_2\boldsymbol{v}_2-\beta_1 v_1 A_1\boldsymbol{v}_1)=\rho Q\mathrm{d}t(\beta_2\boldsymbol{v}_2-\beta_1\boldsymbol{v}_1)\end{aligned}$$

式中，β 为动量修正系数，修正以断面平均流速代替实际流速计算动量时引起的误差，即

$$\beta=\frac{\int_A u^2\mathrm{d}A}{v^2 A}$$

β 值取决于过流断面上速度的分布情况，流速分布较均匀时，$\beta=1.02\sim1.05$，通常取 $\beta=1.0$。

由质点系动量定理，有

$$\sum\boldsymbol{F}=\frac{\mathrm{d}\boldsymbol{K}}{\mathrm{d}t}=\frac{\rho Q\mathrm{d}t(\beta_2\boldsymbol{v}_2-\beta_1\boldsymbol{v}_1)}{\mathrm{d}t}$$

即

$$\sum\boldsymbol{F}=\rho Q(\beta_2\boldsymbol{v}_2-\beta_1\boldsymbol{v}_1)\tag{3.40}$$

式(3.40)即为总流的动量方程表示作用于控制体的合外力等于流出控制体的动量减去流进控制体的动量。该方程是一个矢量方程，为了便于计算，常将它投影到 3 个坐标轴上，即

$$\left.\begin{aligned}\sum F_x&=\rho Q(\beta_2 v_{2x}-\beta_1 v_{1x})\\\sum F_y&=\rho Q(\beta_2 v_{2y}-\beta_1 v_{1y})\\\sum F_z&=\rho Q(\beta_2 v_{2z}-\beta_1 v_{1z})\end{aligned}\right\}\tag{3.41}$$

式中 $v_{1x},v_{1y},v_{1z};v_{2x},v_{2y},v_{2z}$——1—1,2—2 断面的平均流速在 x,y,z 轴方向的分量；

$\sum F_x,\sum F_y,\sum F_z$——作用在控制体内流体上的所有外力在3个坐标方向的投影代数和。

3.6.2 总流动量方程的应用条件和注意事项

1)应用总流动量方程时必须满足的条件

①恒定流动。

②所取过流断面为渐变流或均匀流断面。

③不可压缩流体。

2)应用总流动量方程时还需注意的几点

①总流动量方程对理想流体和实际流体均适用。

②正确选取控制体,全面分析作用在控制体内流体上的外力。特别注意控制体外的流体通过两过流断面对控制体内流体的作用力,此力为断面上形心处相对压强与过流断面面积的乘积。

③总流动量方程式中的动量差是指流出控制体的动量减去流入控制体的动量,二者不能颠倒。

④由于动量方程是矢量方程,宜采用投影式进行计算。正确确定外力和流速的投影正负,若外力和流速的投影方向与选定的坐标轴方向相同则为正,相反则为负。关于坐标轴的选择,可根据实际情况确定。

⑤流体对固体边壁的作用力 F 与固体边壁对流体的作用力 F' 是一对作用力和反作用力。应用动量方程可先求出 F',再根据 $F=-F'$ 求得 F。

【例3.7】 如图3.28所示,有一水平放置的变直径弯曲管道,$d_1=500$ mm,$d_2=400$ mm,转角 $\theta=45°$,断面1—1处流速 $v_1=1.2$ m/s,相对压强 $p_1=245$ kPa。若不计弯管水头损失,试求水流对弯管的作用力分量 F_x,F_y。

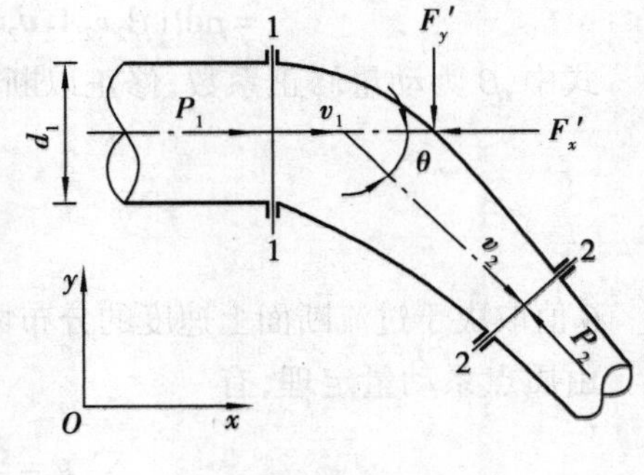

图3.28

【解】 取过流断面1—1,2—2及管壁所围成的空间为控制体。

分析作用在控制体内流体上的力,包括过流断面上的压力 P_1,P_2;弯管对水流的作用力 F_x',F_y';选直角坐标系 xOy,重力在 xOy 水平面上无分量。

令 $\beta_1=\beta_2=1$,列总流动量方程 x,y 轴方向的投影式

$$P_1-P_2\cos\theta-F_x'=\rho Q(v_2\cos\theta-v_1)$$

$$P_2\sin\theta-F_y'=\rho Q(-v_2\sin\theta-0)$$

由连续性方程,得

$$v_2=v_1\left(\frac{d_1}{d_2}\right)^2=1.2\times\left(\frac{0.5}{0.4}\right)^2 \text{ m/s}=1.875 \text{ m/s}$$

$$Q=\frac{1}{4}\pi d_1^2 v_1=\frac{1}{4}\times 3.14\times 0.5^2\times 1.2=0.236\ \mathrm{m^3/s}$$

以管轴线为基准,列1,2断面伯努利方程

$$0+\frac{p_1}{\rho g}+\frac{v_1^2}{2g}=0+\frac{p_2}{\rho g}+\frac{v_2^2}{2g}$$

得

$$p_2=p_1+\rho\frac{v_1^2-v_2^2}{2}=245+1\ 000\times\frac{1.2^2-1.875^2}{2}=243.96\ \mathrm{kPa}$$

$$P_1=p_1\times\frac{1}{4}\pi d_1^2=245\times\frac{1}{4}\pi\times 0.5^2=48.08\ \mathrm{kN}$$

$$P_2=p_2\times\frac{1}{4}\pi d_2^2=243.96\times\frac{1}{4}\pi\times 0.4^2=30.64\ \mathrm{kN}$$

将各量代入动量方程,得

$$F'_x=26.38\ \mathrm{kN}\qquad F'_y=21.98\ \mathrm{kN}$$

水流对弯管的作用力与弯管对水流的作用力,大小相等方向相反,即:$F_x=26.38$ kN,方向与 x 轴方向相同;$F_y=21.98$ kN,方向与 y 轴方向相同。

【例3.8】　如图3.29所示,夹角呈60°的分岔管水流射入大气,干管及管的轴线处于同一水平面上。已知 $v_2=v_3=10$ m/s,$d_1=200$ mm,$d_2=120$ mm,$d_3=100$ mm,忽略水头损失,试求水流对分岔管的作用力分量 F_x,F_y。

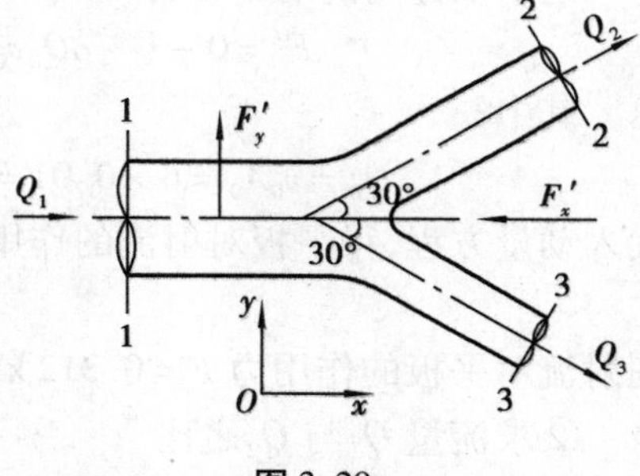

图3.29

【解】　取过流断面1—1,2—2,3—3及管壁所围成的空间为控制体。

分析作用在控制体内流体上的力,包括过流断面1—1上的压力 P_1;过流断面2—2和3—3上的压力 $P_2=P_3=0$;分岔管对水流的作用力 F'_x,F'_y;选直角坐标系 xOy,重力在 xOy 水平面上无分量。

令 $\beta_1=\beta_2=1$,列总流动量方程 x,y 轴方向的投影式

$$P_1-F'_x=\rho Q_2 v_2\cos 30°+\rho Q_3 v_3\cos 30°-\rho Q_1 v_1$$

$$F'_y=\rho Q_2 v_2\sin 30°+(-\rho Q_3 v_3\sin 30°)-0$$

其中

$$Q_2=\frac{1}{4}\pi d_2^2 v_2=\frac{1}{4}\pi\times 0.12^2\times 10=0.113\ \mathrm{m^3/s}$$

$$Q_3=\frac{1}{4}\pi d_3^2 v_3=\frac{1}{4}\pi\times 0.1^2\times 10=0.079\ \mathrm{m^3/s}$$

$$Q_1=Q_2+Q_3=(0.113+0.079)\ \mathrm{m^3/s}=0.192\ \mathrm{m^3/s}$$

$$v_1=\frac{Q_1}{\frac{1}{4}\pi d_1^2}=\frac{0.192}{\frac{1}{4}\pi\times 0.2^2}=6.115\ \mathrm{m/s}$$

以分岔管轴心线为基准线,列1,2断面伯努利方程

$$0+\frac{p_1}{\rho g}+\frac{v_1^2}{2g}=0+0+\frac{v_2^2}{2g}$$

$$p_1=\rho\frac{v_2^2-v_1^2}{2}=1\ 000\times\frac{10^2-6.115^2}{2}=31.303\ \text{kPa}$$

将各量代入动量方程,得弯管对水流的作用力

$$F'_x=0.49\ \text{kN}\qquad F'_y=0.17\ \text{kN}$$

水流对分岔管的作用力:$F_x=0.49$ kN,方向与 x 轴方向相同;$F_y=0.17$ kN,方向与 y 轴方向相反。

【例 3.9】 如图 3.30 所示,水平方向的水射流以 $v_0=6$ m/s 的速度冲击一斜置平板,射流与平板之间夹角 $\alpha=60°$,射流过流断面面积 $A_0=0.01\ \text{m}^2$,不计水流与平板之间的摩擦力,试求:①射流对平板的作用力 F;②流量 Q_1 与 Q_2 之比。

【解】 取过流断面 1—1,2—2,0—0 及射流侧表面与平板内壁为控制面构成控制体。

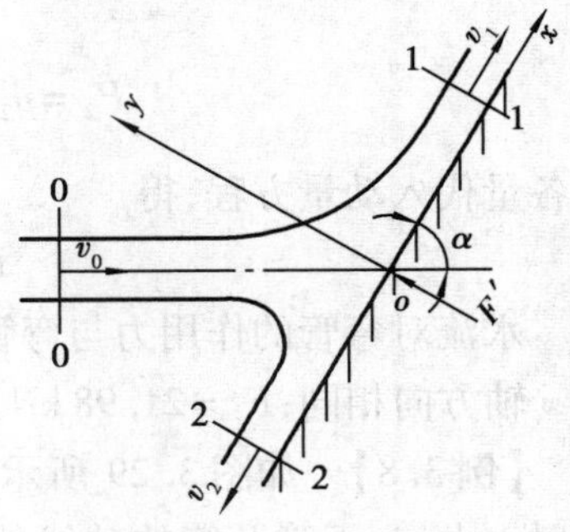

图 3.30

因整个射流在大气中,过流断面 1—1,2—2,0—0 的压强可认为等于大气压强。因不计水流与平板之间的摩擦力,则平板对水流的作用力 F' 与平板垂直。

①求射流对平板的作用力 F

列 y 轴方向的动量方程

$$F'=0-(-\rho Q_0 v_0\sin\alpha)$$

其中

$$Q_0=v_0A_0=6\times 0.01=0.06\ \text{m}^3/\text{s}$$

代入动量方程,得平板对射流的作用力

$$F'=0.312\ \text{kN}$$

则射流对平板的作用力 $F=0.312$ kN,方向与 y 轴方向相反。

②求流量 Q_1 与 Q_2 之比

列 x 轴方向的动量方程

$$0=(\rho Q_1v_1-\rho Q_2v_2)-\rho Q_0v_0\cos\alpha$$

分别列 0—0,1—1 断面及 0—0,2—2 断面的伯努利方程,可得

$$v_1=v_2=v_0=6\ \text{m/s}$$

因为

$$Q_0=Q_1+Q_2$$

代入上式,解得

$$\frac{Q_1}{Q_2}=3$$

3.7 动量矩方程

质点系动量矩定理指出:质点系对于任一固定点的动量矩对时间的导数,等于作用于质点系的所有外力对于同一点的矩的矢量和。

令式(3.40)中的 $\beta_1=\beta_2=1$,并将方程两边对流场中某固定点取矩,得

$$\sum \boldsymbol{r} \times \boldsymbol{F} = \rho Q(\boldsymbol{r}_2 \times \boldsymbol{v}_2 - \boldsymbol{r}_1 \times \boldsymbol{v}_1) \tag{3.42}$$

式(3.42)即为恒定总流的动量矩方程。动量矩方程主要应用在旋转式流体机械上，利用它可以确定运动流体与旋转叶轮相互作用的力矩及其功率等，进而建立涡轮机械的基本方程。

图3.31所示为离心式泵或风机的叶轮。叶轮以一定的角速度 ω 旋转，流体从叶轮的内圈入口流入，经叶轮通道从外圈出口流出。流体在叶轮内，一方面以相对速度 $\boldsymbol{w}$ 沿叶轮叶片流动；另一方面以等角速度 ω 做旋转运动，牵连速度为 $\boldsymbol{u}$，若以 $\boldsymbol{v}$ 表示流体的绝对速度，则 $\boldsymbol{v}=\boldsymbol{w}+\boldsymbol{u}$。叶轮进、出口速度三角形，如图3.31所示，其中 α_1，α_2 分别表示进、出口绝对速度与牵连速度之间的夹角。

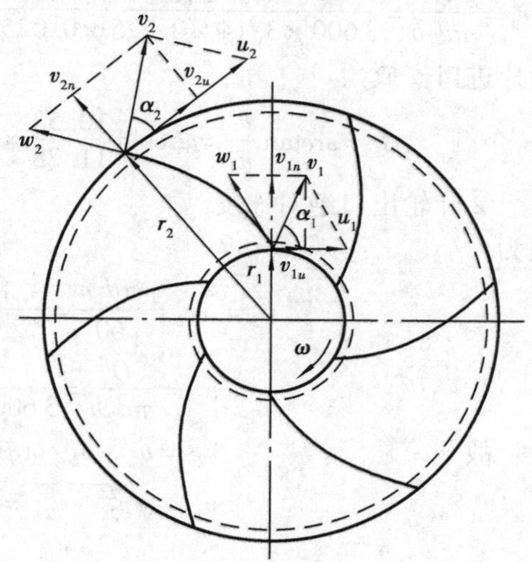

图3.31 叶轮内的流动

将整个叶轮两面轮盘及叶轮内外圈间的所有流道作为控制体，流道中的流动相对于匀速旋转的叶轮来讲是恒定的。不考虑黏滞性，则通过内外圈控制面作用在流体上的表面力为径向分布，力矩为0；由于对称性，作用在控制体内流体上的重力对转轴的力矩之和也为0。因此，外力矩只有叶片对流道内流体的作用力对转轴的力矩，其总和为 M。假设流体的密度为 ρ；流过整个叶轮的流量为 Q；流体在叶轮进、出口处的绝对速度 $\boldsymbol{v}_1$，$\boldsymbol{v}_2$ 沿周向数值不变，且与切线方向的夹角 α 也不变。由式(3.42)得

$$M = \rho Q(v_2 r_2 \cos\alpha_2 - v_1 r_1 \cos\alpha_1) = \rho Q(v_{2u} r_2 - v_{1u} r_1)$$

式中 v_{1u}，v_{2u}——进、出口绝对速度 v_1，v_2 在圆周切线方向的投影；

r_1，r_2——叶轮内、外圈的半径。

单位时间叶轮作用给流体的功

$$N = M\omega = \rho Q(v_{2u} r_2 \omega - v_{1u} r_1 \omega) = \rho Q(v_{2u} u_2 - v_{1u} u_1)$$

将上式两边同除以通过叶轮的流体的重量流量，可得单位重量理想流体通过叶轮所获得的能量

$$H_\mathrm{T} = \frac{N}{\rho g Q} = \frac{1}{g}(v_{2u} u_2 - v_{1u} u_1) \tag{3.43}$$

式(3.43)即为涡轮机械的基本方程。理论扬程 H_T 仅与流体在叶轮进、出口处的运动速度有关，而与流动过程无关，它的大小反映出涡轮机械的基本性能。

【例3.10】 如图3.32所示，离心风机叶轮的转速 $n=1\,725$ r/min，叶轮进口直径 $d_1=125$ mm，进口气流角 $\alpha_1=90°$，出口直径 $d_2=300$ mm，出口安放角 $\beta_2=30°$，叶轮流道宽度 $b_1=b_2=b=25$ mm，体积流量 $Q=372$ m^3/h。试求：①叶轮进口处空气的绝对速度 v_1 与进口安放角 β_1；②叶轮出口处空气的绝对速度 v_2 与出口气流角 α_2；③单位重量空气通过叶轮所获得的能量 H_T。

【解】 ①叶轮进口牵连速度(假定 w_2 与叶片出口方向一致)

$$u_1=\omega r_1=\frac{\pi d_1 n}{60}=\frac{3.14\times 0.125\times 1\ 725}{60}\text{ m/s}=11.28\text{ m/s}$$

叶轮进口绝对速度

$$v_1=\frac{Q}{\pi d_1 b}=\frac{372}{3\ 600\times 3.14\times 0.125\times 0.025}\text{ m/s}=10.53\text{ m/s}$$

叶片进口安放角

$$\beta_1=\arctan\frac{v_1}{u_1}=\arctan\frac{10.53}{11.28}=43.03°$$

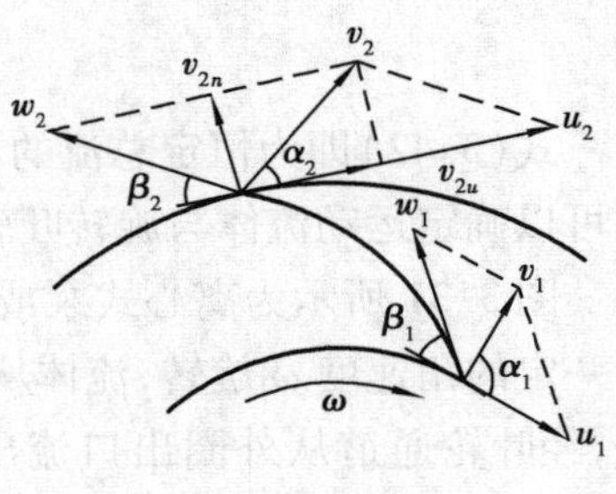

图 3.32

②叶轮出口绝对速度

因为

$$u_2=\omega r_2=\frac{\pi d_2 n}{60}=\frac{3.14\times 0.3\times 1\ 725}{60}\text{ m/s}=27.08\text{ m/s}$$

$$v_{2n}=\frac{Q}{\pi d_2 b}=\frac{372}{3\ 600\times 3.14\times 0.3\times 0.025}\text{ m/s}=4.39\text{ m/s}$$

故

$$v_{2u}=u_2-v_{2n}\cot\beta_2=(27.08-4.39\times\cot 30°)\text{ m/s}=19.48\text{ m/s}$$

$$v_2=\sqrt{v_{2n}^2+v_{2u}^2}=\sqrt{4.39^2+19.48^2}\text{ m/s}=19.97\text{ m/s}$$

$$\alpha_2=\arccos\frac{v_{2u}}{v_2}=\arccos\frac{19.48}{19.97}=12.72°$$

③单位重量空气通过叶轮获得的能量

因 $v_{1u}=0$,由式(3.43)得

$$H_{\mathrm{T}}=\frac{1}{g}(v_{2u}u_2-v_{1u}u_1)=\frac{1}{9.8}\times(19.48\times 27.08-0)=53.83\text{ m}$$

习　题

3.1　“恒定流与非恒定流”“均匀流与非均匀流”“渐变流与急变流”等概念是如何定义的?它们之间有什么联系?渐变流具有哪些重要的性质?

3.2　简述伯努利方程中各项的几何意义和能量意义。

3.3　简述“总水头线与测压管水头线”“水力坡度与测压管坡度”等概念,试确定均匀流测压管水头线与总水头线的关系。

3.4　试用能量方程解释以下说法:“水一定是从高处往低处流”“水是从压强大的地方流向压强小的地方”“水是由流速大的地方向流速小的地方流”。

3.5　已知速度场 $u_x=x^2y,u_y=-3y,u_z=2z^2$,试求:①点(1,2,3)的加速度 a;②该流动是几维流动;③该流动是恒定流还是非恒定流;④该流动是均匀流还是非均匀流。

3.6　已知二维速度场 $u_x=x+2t,u_y=-y+t-3$。试求:该流动的流线方程以及在 $t=0$ 瞬时过点 $M(-1,-1)$ 的流线。

3.7　已知速度场 $u_x=a,u_y=bt,u_z=0$,其中 a,b 为常数。试求:①流线方程及 $t=0,t=1,t=2$ 时的流线图;②$t=0$ 时过(0,0)点的迹线方程。

3.8　已知两平行平板间的速度分布为 $u=u_{\max}\left[1-\left(\frac{y}{b}\right)^2\right]$,式中 $y=0$ 为中心线,$y=\pm b$ 为平板所在的位置,$u_{\max}$ 为常数。试求流体的单宽流量 q。

3.9 对下列给出的不可压缩流体速度场，试用连续性方程判断该流动是否存在：

①$u_x=-(2xy+x)$，$u_y=y^2+y-x^2$；

②$u_x=2x^2+y^2$，$u_y=x^3-x(y^2-2y)$；

③$u_x=\frac{x}{x^2+y^2}$，$u_y=\frac{y}{x^2+y^2}$；

④$u_r=0$，$u_\theta=\frac{C}{r}$（C 为常数）。

3.10 空气从断面积 $A_1=0.4\ \text{m}\times0.4\ \text{m}$ 的方形管中进入压缩机，密度 $\rho_1=1.2\ \text{kg/m}^3$，断面平均流速 $v_1=4\ \text{m/s}$。压缩后，从直径 $d_1=0.25\ \text{m}$ 的圆形管中排出，断面平均流速 $v_2=3\ \text{m/s}$。试求：压缩机出口断面的平均密度 ρ_2 和质量流量 Q_m。

3.11 如图所示，一变直径管段 AB，直径 $d_A=0.2\ \text{m}$，$d_B=0.4\ \text{m}$，高差 $\Delta h=1.5\ \text{m}$。测得 $p_A=30\ \text{kN/m}^2$，$p_B=40\ \text{kN/m}^2$，B 处断面平均流速 $v_B=1.5\ \text{m/s}$。试判断水在管中的流动方向。

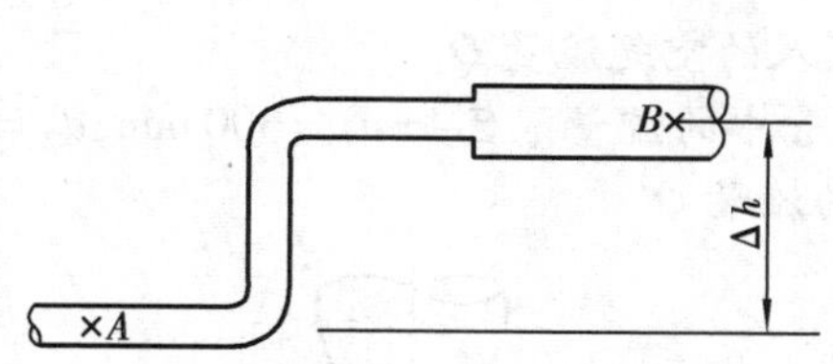

习题 3.11 图

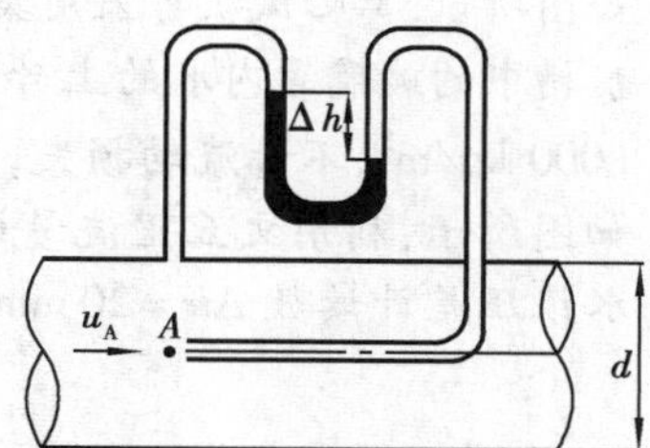

习题 3.12 图

3.12 如图所示，利用毕托管原理测量输水管中的流量。已知输水管直径 $d=200\ \text{mm}$，水银压差计读数 $\Delta h=60\ \text{mm}$，若输水管断面平均流速 $v=0.84\,u_A$，式中，u_A 是管轴上未受扰动的 A 点的流速。试确定输水管的体积流量 Q。

3.13 如图所示，用抽水量 $Q=24\ \text{m}^3/\text{h}$ 的离心水泵由水池抽水，水泵的安装高程 $h_s=6\ \text{m}$，吸水管的直径为 $d=100\ \text{mm}$，如水流通过进口底阀、吸水管路、90°弯头至泵叶轮进口的总水头损失为 $h_w=0.4\ \text{mH}_2\text{O}$，求该泵叶轮进口处的真空度 p_v。

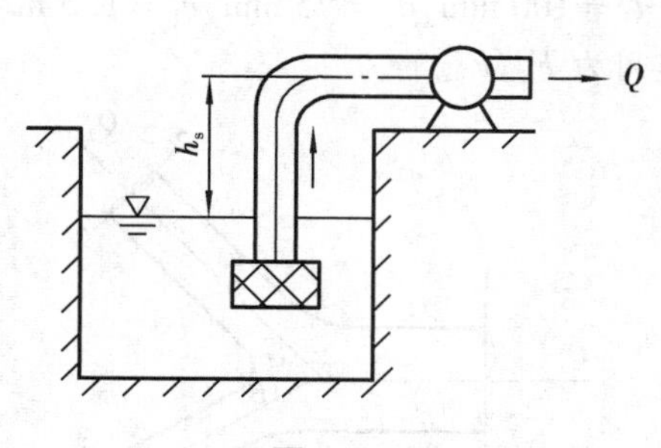

习题 3.13 图

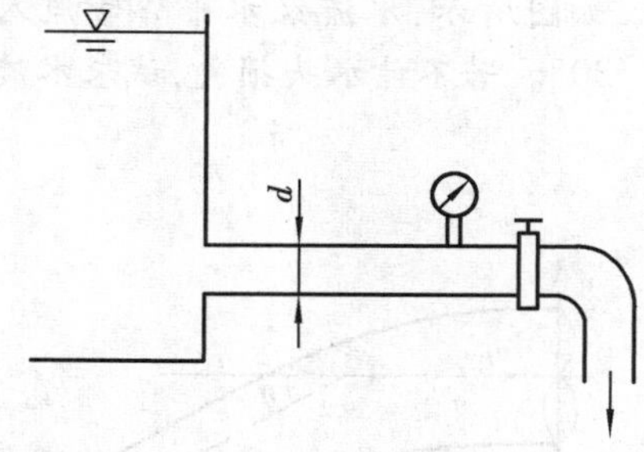

习题 3.14 图

3.14 如图所示，直径 $d=25\ \text{mm}$ 的高压水箱泄水管，当阀门关闭时，测得安装在此管路上的压力表读数为 $p_1=280\ \text{kPa}$，当阀门开启后，压力表上的读数变为 $p_2=60\ \text{kPa}$。试求每小时的泄水流量 Q（不计水头损失）。

3.15 如图所示，大水箱中的水经水箱底部的竖管流入大气，竖管直径 $d_1=200\ \text{mm}$，管道出口处为收缩喷嘴，其出口直径 $d_2=100\ \text{mm}$。不计水头损失，求管道的泄流量 Q 及 A 点相对压强 p_A。

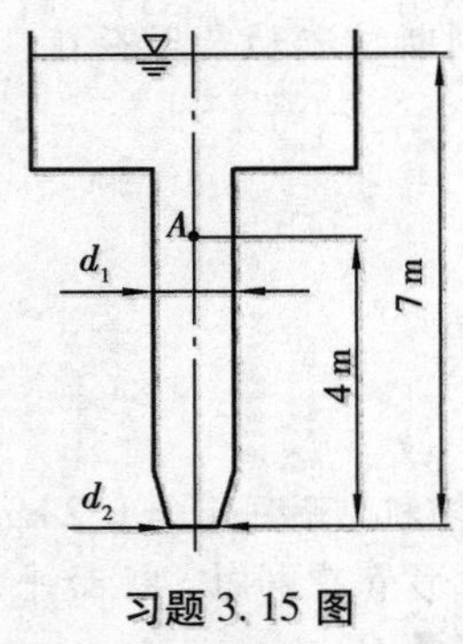

习题 3.15 图

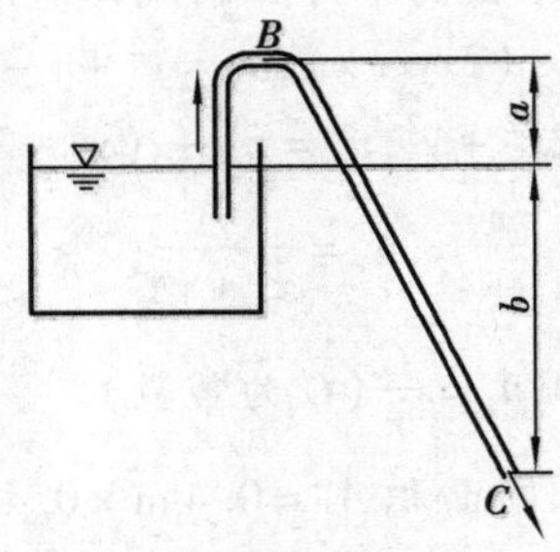

习题 3.16 图

3.16 如图所示,虹吸管从水池引水至 C 端流入大气,已知 $a=1.6\ \text{m}$,$b=3.6\ \text{m}$。若不计损失,试求:①管中流速 v 及 B 点的绝对压强 p_B。②若 B 点绝对压强水头下降到 0.24 m 以下时,将发生汽化。设 C 端保持不动,欲使其不发生汽化,a 不能超过多少?

3.17 如图所示,离心风机可采用集流器测量流量,已知风机吸入侧管道直径 $d=350\ \text{mm}$,插入水槽中的玻璃管内水的上升高度 $\Delta h=100\ \text{mm}$,空气密度 $\rho_a=1.2\ \text{kg/m}^3$,水的密度 $\rho_w=1\,000\ \text{kg/m}^3$,不计流动损失,求离心风机吸入的空气流量 Q。

3.18 如图所示,利用文丘里流量计测量竖直水管中的流量。已知 $d_1=300\ \text{mm}$,$d_2=150\ \text{mm}$,水银压差计读数 $\Delta h=20\ \text{mm}$。试确定水的流量 Q。

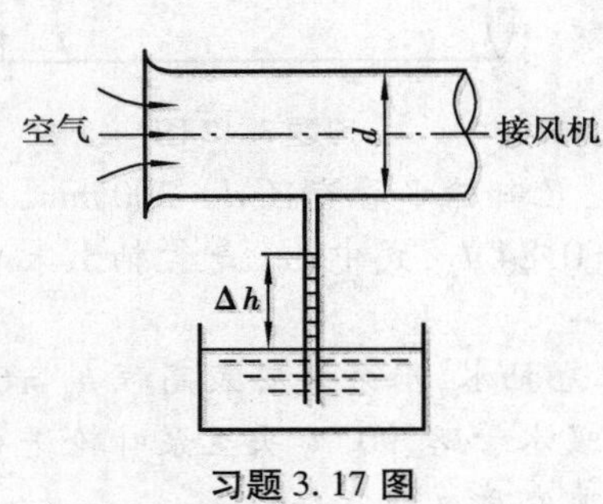

习题 3.17 图

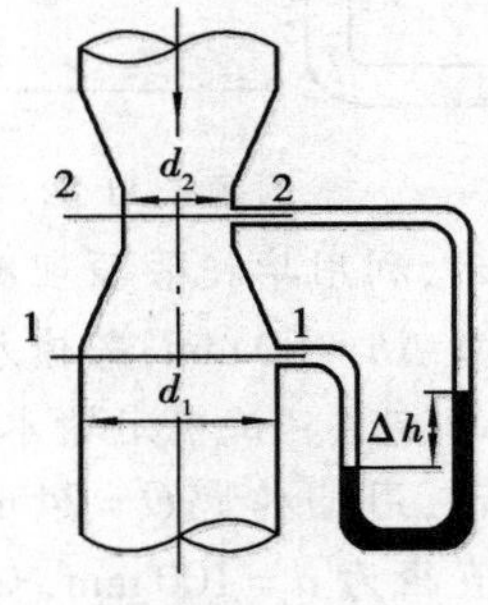

习题 3.18 图

3.19 如图所示,水流经水平弯管流入大气,已知 $d_1=100\ \text{mm}$,$d_2=75\ \text{mm}$,$v_1=1.5\ \text{m/s}$,$\theta=30°$。若不计水头损失,试求水流对弯管的作用力 F_x,F_y。

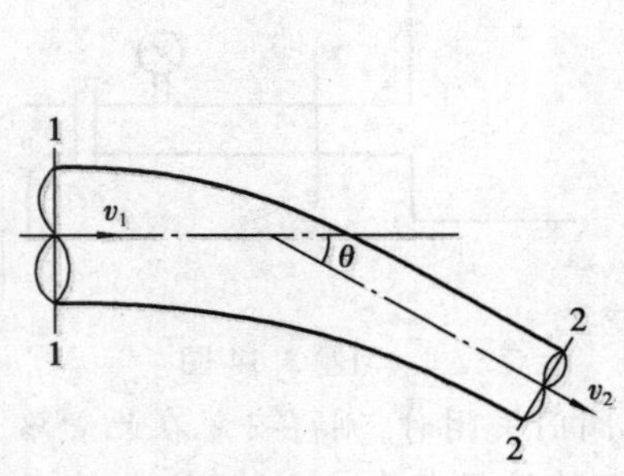

习题 3.19 图

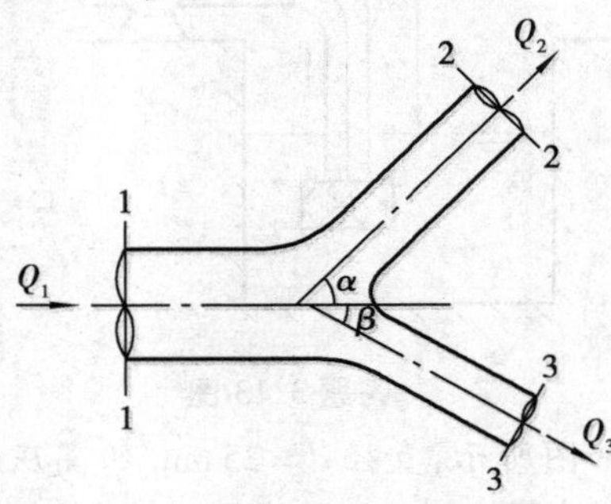

习题 3.20 图

3.20 如图所示,水平分岔管路,$d_1=500\ \text{mm}$,$d_2=400\ \text{mm}$,$d_3=300\ \text{mm}$,$Q_1=0.35\ \text{m}^3/\text{s}$,$Q_2=0.2\ \text{m}^3/\text{s}$,$Q_3=0.15\ \text{m}^3/\text{s}$,表压强 $p_1=8\,000\ \text{Pa}$,夹角 $\alpha=45°$,$\beta=30°$。忽略水头损失,求水流对分岔管的作用力 F_x,F_y。

3.21　闸下出流，平板闸门宽 $b=2\ \mathrm{m}$，闸前水深 $h_1=4\ \mathrm{m}$，闸后水深 $h_2=0.5\ \mathrm{m}$，出流量 $Q=8\ \mathrm{m^3/s}$，不计摩擦阻力，试求水流对闸门的作用力 F。

3.22　溢流坝宽度为 B（垂直于纸面），上游和下游水深分别为 h_1 和 h_2，不计水头损失，试推导坝体受到的水平推力 F。

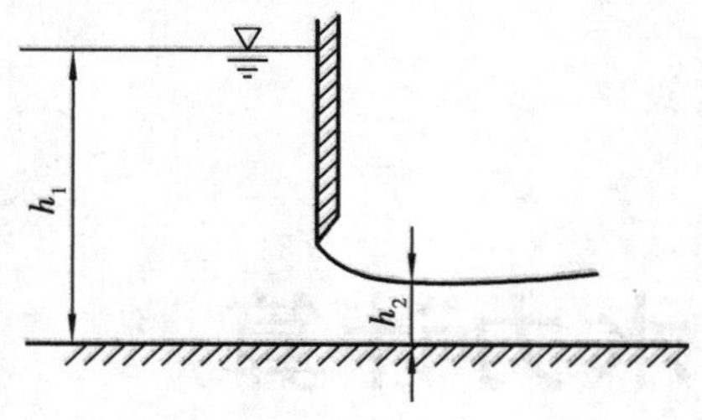

习题 3.21 图

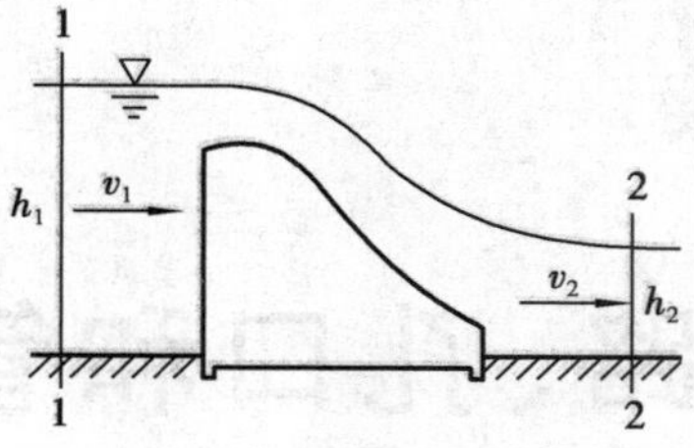

习题 3.22 图

3.23　流量 $Q=0.036\ \mathrm{m^3/s}$、平均流速 $v=30\ \mathrm{m/s}$ 的射流，冲击直立平板后分成两股，一股沿板面直泻而下，流量 $Q_1=0.012\ \mathrm{m^3/s}$，另一股以倾角 α 射出。若不计摩擦力和重力影响，试求：射流对平板的作用力 F 和倾角 α。

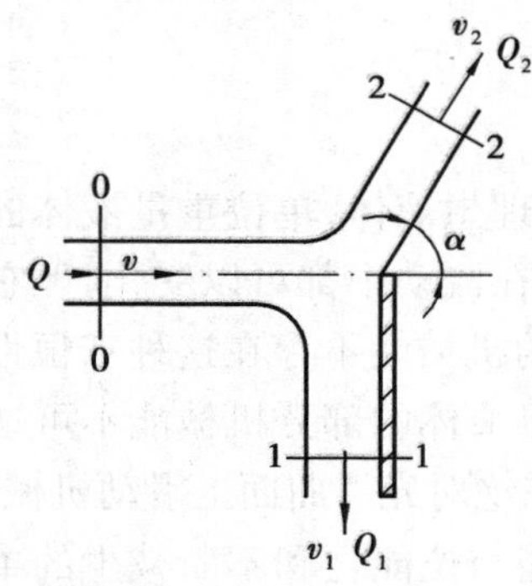

习题 3.23 图

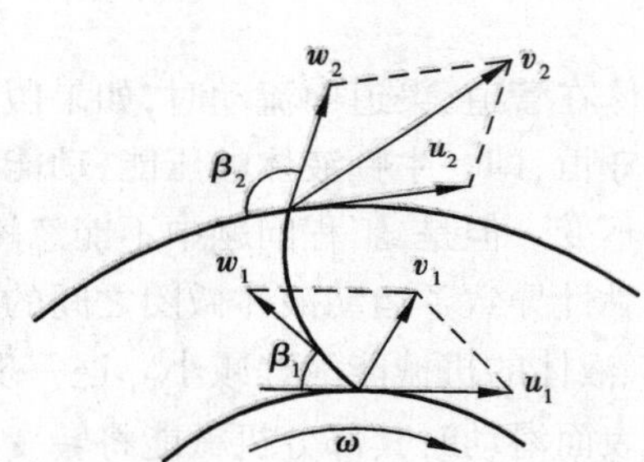

习题 3.24 图

3.24　已知离心式通风机叶轮的转速 $n=1\,500\ \mathrm{r/min}$，叶轮进口直径 $d_1=480\ \mathrm{mm}$，进口角 $\beta_1=60°$，入口宽度 $b_1=105\ \mathrm{mm}$，出口直径 $d_2=600\ \mathrm{mm}$，出口角 $\beta_2=120°$，出口宽度 $b_2=84\ \mathrm{mm}$，流量 $Q=12\,000\ \mathrm{m^3/h}$。试求：①叶轮进出口空气的牵连速度 u_1，u_2，相对速度 w_1，w_2，绝对速度 v_1，v_2；②单位重量空气通过叶轮所获得的能量 H。

3.25　臂长 $l_1=1.2\ \mathrm{m}$，$l_2=1.5\ \mathrm{m}$ 的旋转式洒水器，喷口直径 $d=25\ \mathrm{mm}$，每个喷口的水流量 $Q=3\times10^{-3}\ \mathrm{m^3/s}$。若不计摩擦阻力，试确定洒水器的转速 ω。

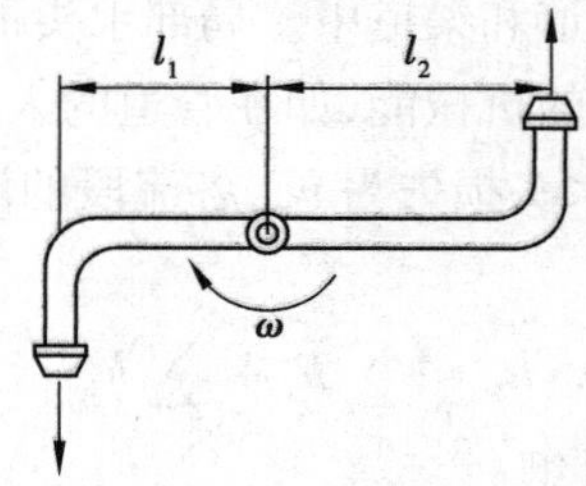

习题 3.25 图

4

管路、孔口和管嘴的水力计算

4.1 流动阻力和水头损失

液体在管道、渠道中流动时，如果假定液体是无黏性的理想液体，单位重量液体的机械能将保持守恒，即一牛顿液体的压能，动能和位能中的每一项在流动中都可以变化，但它们之和将保持不变。但是，工程问题中不能忽略黏性的实际液体的机械能不存在这种守恒性。实际液体的黏性导致了运动液体微团之间的互相摩擦，结果使得液体的部分机械能不可逆地转化为热能，液体的机械能沿程减小。这一现象与一固态物体在绝对光滑曲面上滑动机械能守恒，在粗糙表面滑动时其部分机械能将转变成热能，物体的动能与位能之和不断减少的事实有共同之处。

本章讨论液体做定常(恒定)流动时的能量损失规律和计算方法，以及在工程中的应用。工程中，一般以单位重量的液体流动中损失的机械能 h_w(或称水头损失)作为计算对象，h_w 具有长度量纲。对气体，则以单位体积的损失能量 p_w(或称压强损失)表示气体的能量损失。它们之间的关系为 $p_w = \rho g h_w$。

根据造成液体能量损失的流道几何边界的差异，可以将液体的水头损失分为两大类:沿程水头损失和局部水头损失。沿程水头损失指均匀分布在流程中单位重量液体的机械能损失，一般发生在工程中常用的等截面管道和渠道中。局部水头损失指单位重量液体在流道几何形状发生急剧变化的局部区域中损失的机械能，如在管道的入口、弯头和装阀门处。单位重量的液体从上游流动到下游时，其全部水头损失为 h_w，各流段的沿程水头损失为 h_f，各局部区域的局部水头损失为 h_j，那么有

$$h_w = \sum h_f + \sum h_j \tag{4.1}$$

与 h_w 一样，h_f 和 h_j 也有长度量纲。

直径为 d 的等径圆管中单位重量液体流过距离 l 后所损失的机械能即沿程水头损失 h_f，可以用达西公式表示为

$$h_f = \lambda \frac{l}{d} \cdot \frac{v^2}{2g} \tag{4.2}$$

式中　v——管中的平均流速，λ 是一无量纲系数。

如果管内的流量为 Q，那么 $v = 4Q/\pi d^2$，沿程阻力系数 λ 与管中平均速度、液体黏性及管子内壁粗糙度等一系列因素有关，其确定方法是本章讨论的重点。

单位重量液体的局部水头损失 h_j 以下式计算：

$$h_j = \zeta \frac{v^2}{2g} \tag{4.3}$$

式(4.2)中，局部阻力系数 ζ 与引起损失的流道局部几何特性有关，一般以实验方法确定。

4.2　黏性流动的两种流态

流体在流动时可能出现两种性质有较大差别的流动状态，流体的机械能损失在两种不同的流态下有不同的发生规律。流体质点作规律的线状运动，彼此互不混掺的运动称为层流，如果流体质点在运动中出现不规则的互相混掺，质点运动方向随机变化，这种流动称为湍流（紊流）。英国科学家雷诺在1883年给出了判定两种流态的准则。

4.2.1　雷诺实验

雷诺实验装置如图4.1所示。实验时，溢水箱内水位保持稳定，保证了流动是恒定的。缓慢打开实验段玻璃管终端阀门 A 并打开颜色水杯阀门 B，颜色水将注入实验管的主流中。当阀门 A 开度不大，主流中平均速度较小时，颜色水流呈直线运动状态，表明实验管中水流作没有横向混杂的平行于管轴的水平直线运动，管中流动是层流。阀门 A 继续开大，实验管中平均流速增加，颜色水将出现弯曲、扭动。实验管中平均流速增大到某一值时，颜色水分裂形成小的旋涡体并与周围水流混杂，管内全部水流着色，显示质点在做轴向运动的同时横向随机脉动，管中流动转化为湍流。

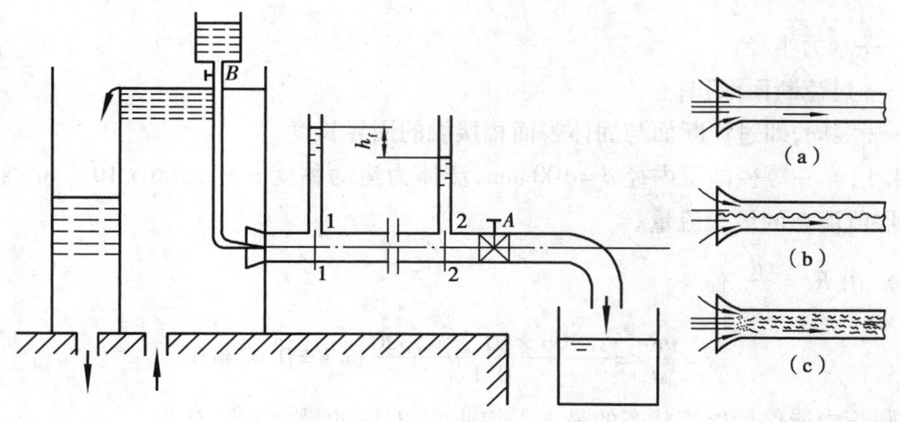

图4.1　雷诺实验装置图

这时,将阀门 A 关小,当实验管中平均流速减小到某一值时,管中水流从湍流状态恢复为层流状态。

4.2.2 雷诺判据

在雷诺实验中,当管中的水流因控制阀不断开大,平均流速不断增大。水流从层流完全变成湍流时的水流平均速度称为上临界速度 v_c',反之,水流因管中平均速度减小由湍流转变为层流时,对应的平均速度称为下临界速度 v_c。这两个临界速度并不相等,有 $v_c' > v_c$。

雷诺进一步发现,管中流态不仅与管中平均速度 v 有关,还与管径 d 和流体的运动黏度 ν 有关,它们之中任一个因子都不能单独决定流态。流态由这 3 个量组成的一个无量纲数,称为雷诺数 Re,有

$$Re = \frac{vd}{\nu} \tag{4.4a}$$

对应于上、下临界速度有上、下临界雷诺数:

$$Re_c' = \frac{v_c' d}{\nu} \tag{4.4b}$$

$$Re_c = \frac{v_c d}{\nu} \tag{4.4c}$$

雷诺通过测定得到对于圆管流动,有

$$Re_c' \approx 13\,800 \sim 40\,000, Re_c \approx 2\,320$$

以上说明圆管流动的下临界雷诺数为一定值,而上临界雷诺数与实验时所遇到的外界扰动有关。由于实际流动中扰动总是存在的,因此,上临界雷诺数对于判别流态无实际意义。一般以下临界雷诺数 Re_c 作为层流湍流流态的判别标准,即

$Re < 2\,320$ 时,管中的流动是层流;$Re > 2\,320$ 时,管中的流动是湍流。

对于非圆断面管道,通常以当量直径 d_e 计算雷诺数。当量直径 d_e 的计算公式为

$$d_e = 4R = 4\frac{A}{\chi} \tag{4.5}$$

式中 R——水力半径;

A——过流断面面积;

χ——湿周,即过流断面与固体表面相接触的周界长度。

【例 4.1】 一等径圆管内径 $d = 100$ mm,流体为运动黏度 $\nu = 1.306 \times 10^{-6}$ m²/s 的水,求管中保持层流流态的最大流量。

【解】 由 $Re = \dfrac{vd}{\nu}$,有

$$v = \frac{\nu Re}{d} = \frac{1.306 \times 10^{-6} \times 2\,320}{0.1} \text{ m/s} = 0.03 \text{ m/s}$$

此即圆管中能保持层流状态的最大平均速度,对应的最大流量 Q 为

$$Q = vA = 0.03 \times 0.1^2 \times \frac{\pi}{4} \text{ m}^3/\text{s} = 2.36 \times 10^{-4} \text{ m}^3/\text{s}$$

4.3　圆管中的层流流动

密度为常数 ρ，动力黏度 μ 为常数的不可压缩液体在一半径为 R 的水平放置等截面圆管中做恒定层流运动，现在分析这一流动的有关力学特征。

在圆管内取一半径为 r，长度为 l 的圆柱形液体块，圆柱轴心线与管道轴心线重合。这里假设水流方向由左向右，如图 4.2 所示。

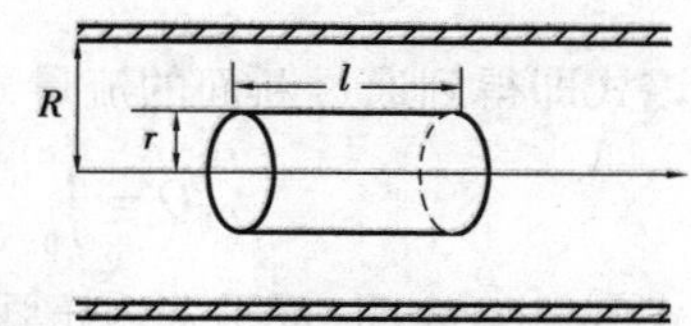

图 4.2　圆管层流

先考虑作用在圆柱体区域内流体的全部外力在管道轴线上投影。流体重力方向铅垂向下，投影为 0。这一流体块共有 3 个边界面：上、下游两个端面，一个圆柱形侧面。设上、下游端面上中心点压强分别为 p_1，p_2，则对应的端面压力分别为 $p_1\pi r^2$，$p_2\pi r^2$；设圆柱侧面切应力为 τ，则在圆柱表面上流体所受到的总摩擦力大小为 $2\pi\tau l$。

由于在等径圆管内作恒定流动的流体无加速度，因而作用于所讨论圆柱体区域流体的全部外力构成一平衡力系，各表面力在坐标轴上投影的代数和应为 0，即

$$(p_1 - p_2)\pi r^2 - 2\pi\tau r l = 0 \tag{4.6}$$

由牛顿内摩擦定律，式中 $\tau = -\mu\dfrac{\mathrm{d}u}{\mathrm{d}r}$，这里出现负号是因为假定大半径处流速较慢，$\dfrac{\mathrm{d}u}{\mathrm{d}r}$ 为负数，加上"－"后所得正值才代表了切应力的大小。将这一表达式代入式(4.6)，得

$$\frac{\mathrm{d}u}{\mathrm{d}r} = -\frac{(p_1 - p_2)r}{2\mu l} = -\frac{\Delta p r}{2\mu l} \tag{4.7}$$

式(4.7)中，$\Delta p = p_1 - p_2$，是一正常数。

4.3.1　圆管中速度分布

对式(4.7)积分得到

$$u = -\frac{\Delta p r^2}{4\mu l} + C$$

上式中积分常数 C 可以由边界条件计算。管壁上流体运动速度为 0，即 $r = R$ 时 $u = 0$，由此得

$$C = \frac{\Delta p}{4\mu l}R^2$$

故

$$u = \frac{\Delta p}{4\mu l}(R^2 - r^2) \tag{4.8}$$

式(4.8)即为圆管层流中速度 u 随半径 r 变化的函数关系。它表明，在圆管任一断面上速度沿半径按抛物线规律分布，在管壁($r = R$)处速度为 0，在轴线($r = 0$)处速度达到最大值，即

$$u_{\max} = \frac{\Delta p R^2}{4\mu l} \tag{4.9}$$

4.3.2 圆管流量计算

在圆管的任一断面上划分一半径为 r，宽度为 $\mathrm{d}r$ 的微小圆环，其面积为 $2\pi r\mathrm{d}r$，层流速度与这一微面积垂直。因 $\mathrm{d}r$ 为微量，圆环上各点速度的大小可视为不随半径变化的常数，这一常数可以取圆环内圆周上的速度，由式(4.8)得到通过微小圆环面的流量：

$$\mathrm{d}Q=\frac{\Delta p(R^2-r^2)}{4\mu l}2\pi r\mathrm{d}r$$

积分该式即得到通过断面的流量 Q

$$Q=\int_0^R\frac{\Delta p(R^2-r^2)}{4\mu l}2\pi r\mathrm{d}r=\frac{\pi\Delta pR^4}{8\mu l}=\frac{\pi\Delta pd^4}{128\mu l} \tag{4.10}$$

式(4.10)表明，水平管内压强差是保持流动的条件，如果圆管上、下游断面压强相等，即 $\Delta p=0$，圆管中液体将处于静止状态。

4.3.3 管中平均速度计算

断面的平均速度 v 定义为通过这一断面的流量 Q 与这一断面面积 A 的比值。对于圆管，显然 $A=\pi R^2$，Q 值由式(4.10)给出，于是有

$$v=\frac{\Delta pR^2}{8\mu l} \tag{4.11}$$

比较式(4.9)和式(4.11)，可以发现

$$v=\frac{u_{\max}}{2} \tag{4.12}$$

即圆管黏性层流中断面平均速度为轴线处最大流速的1/2。

4.3.4 管内切应力分布

前面提到，作用于圆柱体表面的切应力 $\tau=-\mu\frac{\mathrm{d}u}{\mathrm{d}r}$，将速度 u 表达式(4.8)代入，可以得到

$$\tau=\frac{\Delta pr}{2l} \tag{4.13}$$

式(4.13)为正值，它表明圆管层流中切应力大小与半径成正比。

4.3.5 圆管层流中沿程阻力系数

利用伯努利方程，得到水平放置的等截面圆管中流体沿程水头损失就是两断面间的压能差，即

$$h_{\mathrm{f}}=\frac{\Delta p}{\gamma} \tag{4.14}$$

断面平均速度表达式(4.11)也可以写成 $\Delta p=\frac{8\mu lv}{R^2}$，将此代入式(4.14)，结合达西公式(4.2)进行整理，得

$$h_{\mathrm{f}}=\frac{1}{\rho g}\frac{8\mu lv}{R^2}=\frac{32\mu lv^2}{\rho gd^2v}=\frac{64}{\left[\frac{vd}{\mu/\rho}\right]}\frac{l}{d}\frac{v^2}{2g}=\frac{64}{\frac{vd}{\upsilon}}\frac{l}{d}\frac{v^2}{2g}=\frac{64}{Re}\frac{l}{d}\frac{v^2}{2g}$$

得到层流沿程阻力系数

$$\lambda = \frac{64}{Re} \tag{4.15}$$

可以看出，层流流动中沿程阻力系数 λ 只是 Re 的函数，而与管子内壁的粗糙程度无关。此外，在管长、管径一定时，层流流动中流体的沿程水头损失与管中平均速度成正比。

4.4　湍流流动沿程水头损失的分析与计算

湍流流动的沿程水头损失 h_f 仍然使用达西公式(4.2)计算。式中平均速度 v 容易获得，因而工程问题中的重点是寻求公式中的沿程阻力系数 λ。

4.4.1　层流底层、水力光滑和水力粗糙

实验发现在湍流流动中紧贴固体边壁处，仍有一层很薄的层流层，称为层流底层(或黏性底层)。在层流层之外经过渡层后，便发展成为完全的湍流，称为湍流核心。因此，湍流断面上存在3种流态结构。在层流层中，固体边界的限制和流体的黏性效应消除了流体质点的互相混杂，流动没有湍流的特性。在垂直于固体壁面的方向上，流速在很短距离内从0变化到接近湍流核心，明显的速度变化率决定了层流底层中切应力值非常高。

在等径圆管中，层流底层的厚度 δ' 沿程不变，可用下式计算得

$$\delta' = \frac{32.8d}{Re\sqrt{\lambda}} \tag{4.16}$$

层流底层虽然很薄，但对湍流流动的能量损失以及流体与壁面的换热等物理现象却有着非常重要的影响。层流底层的厚度 δ' 是区分水力光滑和水力粗糙的条件之一。

固体表面不论看上去多光滑，事实上总是凸凹不平的。管道壁面上峰谷之间的平均距离 Δ 称为壁面的绝对粗糙度，Δ 与管道直径 d 或半径 r 的比值称为相对粗糙度。如果 $\delta' > \Delta$，管壁的粗糙突起将全部淹没在层流底层之中，核心湍流好像在一完全光滑管道中流动，这种管道称为水力光滑管，如图4.3(a)所示；当 $\delta' < \Delta$ 时，管壁的粗糙突起大部分暴露在层流底层之外，管壁粗糙对湍流核心流动能量损失有显著的影响，这种管道称为水力粗糙管，如图4.3(b)所示。由于湍流流动在两种管道中流动边界不同，达西表达式中的系数 λ 有不同的计算方法。

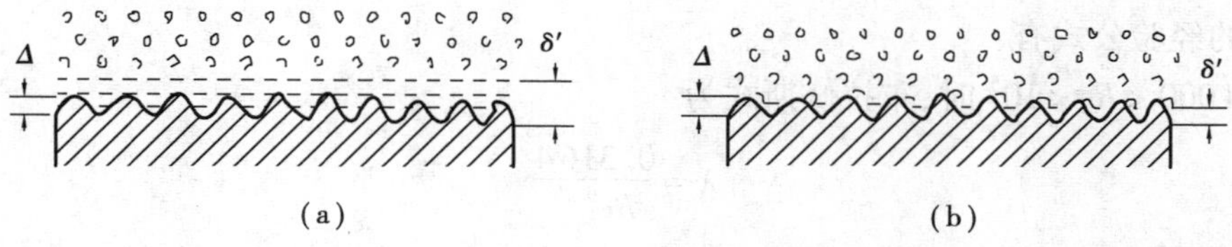

图4.3　水力光滑和水力粗糙

4.4.2 湍流沿程阻力系数 λ 的计算

湍流的沿程阻力系数 λ 不能像层流流动那样以理论方法获取。1933 年尼古拉兹在圆管内壁上粘贴均匀的砂粒形成人工粗糙管，不同管径、粒径和流量下的大量流动实验结果反映在图 4.4 中，图中横坐标为流动雷诺数 Re，纵坐标为沿程阻力系数 λ，对应每一相对粗糙度 Δ/d 有一条反映 λ 与 Re 关系的曲线，下面分析实验结果揭示的 λ 随 Re 和 Δ/d 变化的函数规律。

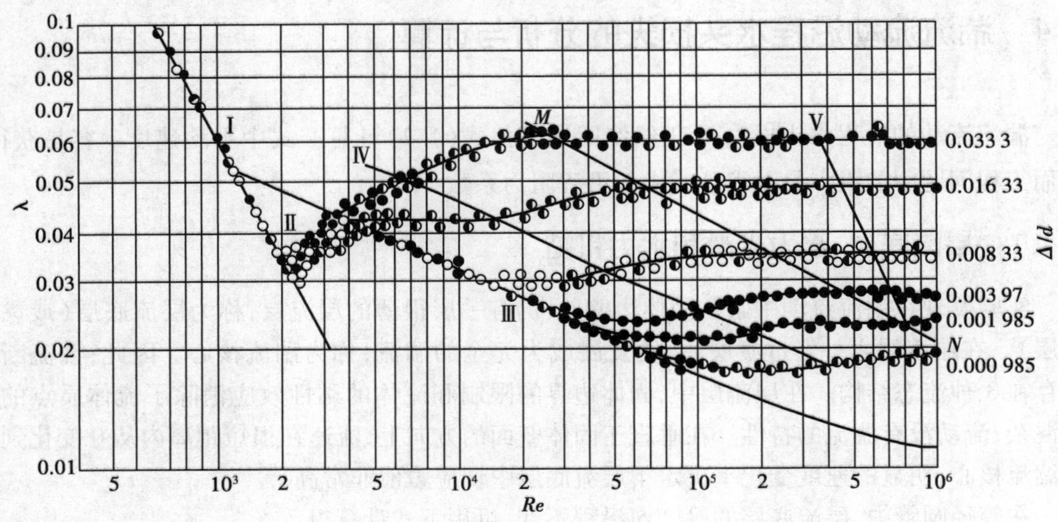

图 4.4　尼古拉兹实验曲线

(1) 层流区：$Re<2\,320$

这时不同相对粗糙度的实验点均落在同一直线Ⅰ上，表明 λ 只是 Re 的函数而与相对粗糙度无关。这一直线反映的函数关系为 $\lambda=64/Re$，与理论分析结果完全一致。

(2) 层流湍流过渡区：$2\,320<Re<4\,000$

这时，不同相对粗糙度的实验点落在曲线Ⅱ上，表明 λ 也只是 Re 的函数而与相对粗糙度无关。工程管道中的雷诺数落入这个区间的可能性较小，对这一区间研究也不充分。在计算涉及这一区间时，λ 值可按下面的湍流光滑区结论作近似计算。

(3) 湍流水力光滑区：$4\,000<Re<26.98(d/\Delta)^{8/7}$

此区中不同相对粗糙度的实验点都落在直线Ⅲ上，表明 λ 只与 Re 有关而与 Δ/d 无关。Δ/d 的值越大，实验点越早离开直线Ⅲ，在较小的 Re 条件下结束水力光滑区。计算此区的阻力系数 λ 的经验公式有：

①在 $4\,000<Re<10^5$ 时，布拉修斯式为

$$\lambda=\frac{0.316\,4}{Re^{0.25}} \tag{4.17}$$

②在 $10^5<Re<10^6$ 时，尼古拉兹式为

$$\lambda=0.003\,2+\frac{0.221}{Re^{0.237}} \tag{4.18}$$

以上两式再次表明，在湍流水力光滑区中 λ 只是 Re 的函数而与相对粗糙度无关。

(4)湍流水力过渡区:$26.98(d/\Delta)^{8/7} < Re < 4\,160(0.5d/\Delta)^{0.85}$

这时各实验点逐步脱离水力光滑直线Ⅲ而进入水力粗糙区Ⅳ。这一区域中层流底层变薄,管壁粗糙度对流动开始发生影响,因而 λ 与 Re 和 Δ/d 二者有关。λ 可用洛巴耶夫式计算:

$$\lambda = \frac{1.42}{\left\{\log\left[Re\frac{d}{\Delta}\right]\right\}^2} \tag{4.19}$$

λ 值也可以用柯罗布鲁克式计算:

$$\frac{1}{\sqrt{\lambda}} = -2\log\left(\frac{\Delta}{3.7d} + \frac{2.15}{Re\sqrt{\lambda}}\right) \tag{4.20}$$

(5)湍流水力粗糙区(阻力平方区):$4\,160(0.5d/\Delta)^{0.85} < Re$

在图4.4中,此区指 MN 直线右侧的区域Ⅴ。这时管壁粗糙度凸起对流动损失有决定性的影响,因而 λ 只与相对粗糙度Δ/d有关而与 Re 无关,其值可以用尼古拉兹式计算:

$$\lambda = \frac{1}{\left[1.74 + 2\log\frac{d}{2\Delta}\right]^2} \tag{4.21}$$

值得注意的是,工程中不少流动问题,如流体机械中的过流部件内的流动都在湍流水力粗糙区,因而提高这些过流部件表面质量对降低水力损失、提高机组效率有着十分重要的意义。

工业管道中的粗糙度不会像尼古拉兹实验管道内壁人工方法形成的凸凹那样均匀。在工程中计算 λ 值时,应使用管道当量粗糙度这一概念,当量粗糙度是指阻力效果与人工粗糙度相当的绝对粗糙度,仍以 Δ 表示,其值以实验方法确定。几种工业常用管道的当量粗糙度,见表4.1。

表4.1　常见管道的当量粗糙度

管道种类	Δ/mm	管道种类	Δ/mm
新氯乙烯管及玻璃管	0.001~0.002	焊接钢管(中度生锈)	0.5
铜　管	0.001~0.002	新铸铁管	0.2~0.4
钢　管	0.03~0.07	旧铸铁管	0.5~1.5
涂锌铁管	0.1~0.2	混凝土管	0.3~3.0

【例4.2】　内径 $d=0.2$ m 的钢管输送水流量 $Q=0.04\ \mathrm{m^3/s}$,水的运动黏度 $\nu=1.007\times10^{-6}\ \mathrm{m^2/s}$,求1000 m管道上的沿程损失 h_f,由表4.1可知,钢管内壁的绝对粗糙度 $\Delta=0.04$ mm。

【解】　首先确定管流的 Re

$$v = \frac{Q}{A} = \frac{0.04}{\pi 0.1^2}\ \mathrm{m/s} = 1.27\ \mathrm{m/s}$$

$$Re = \frac{vd}{\nu} = \frac{1.27\times0.2}{1.007\times10^{-6}} = 252\,234$$

由于 $Re>2\,320$,流动不属于层流。进一步计算可知,$4\,000 < Re < 26.98(d/\Delta)^{8/7}$,因而流动在湍流水力光滑区,$\lambda$ 应以尼古拉兹式,即式(4.18)计算:

$$\lambda = 0.003\,2 + \frac{0.221}{Re^{0.237}} = 0.014\,8$$

从而单位重量的水流经 1 000 m 管道的沿程水力损失为

$$h_f=\lambda\frac{l}{d}\frac{v^2}{2g}=0.0148\times\frac{1000}{0.2}\times\frac{1.27^2}{2\times9.8}\text{ m}=6.09\text{ m}$$

在计算工程中，广泛使用的钢管和铸铁管道的沿程阻力系数 λ 时，也可使用结构比较简单的舍维列夫表达式，即

$$\lambda=\frac{0.0179}{d}\left(1+\frac{0.867}{v}\right)^{0.3}\qquad(v<1.2\text{ m/s})$$

$$\lambda=\frac{0.021}{d^{0.3}}\qquad(v>1.2\text{ m/s})$$

上面两式中 d 和 v 分别指圆管内径和管内平均速度，单位分别为 m 和 m/s。

4.5 局部水头损失的分析与计算

当流体经过流程中的阀门、弯头、扩散段、收缩段等局部障碍时，具有黏性的水流将在这些障碍处脱离固体表面产生耗能严重的旋涡，这是产生局部水头损失的主要原因。另外，旋涡随主流下移也将引起下游一定范围内水流的机械能减少。这两种损失的机械能都不可逆地转化成为热能，它们的和构成了流体的局部损失。

实验表明，在湍流流动中局部水头损失 h_j 与断面平均速度 v 的平方成正比，即

$$h_j=\zeta\frac{v^2}{2g}$$

h_j 有长度的量纲。局部阻力系数 ζ 与局部障碍的几何特性有关，一般以实验方法确定；但是，对一些特殊情况，如圆管突然扩大的流动，则可以用理论方法导出。

如图 4.5 所示，水流从断面面积 A_1 的细圆管流入断面面积为 A_2 的粗圆管，两管共有轴心线与铅垂方向的夹角为 θ。现列 1—1 断面和 2—2 断面形心两点处伯努利方程，其中 1—1 断面在细管出口稍后的粗管中，2—2 断面位于粗管中旋涡结束、流线不再弯曲处，设两断面形心距离为 l，两形心到基准水平面垂直距离分别为 z_1 和 z_2，两断面平均速度为 v_1 和 v_2。由实验可知，1—1 断面和 2—2 断面上各点压强近似为常数 p_1 和 p_2。由此，可以得到伯努利方程

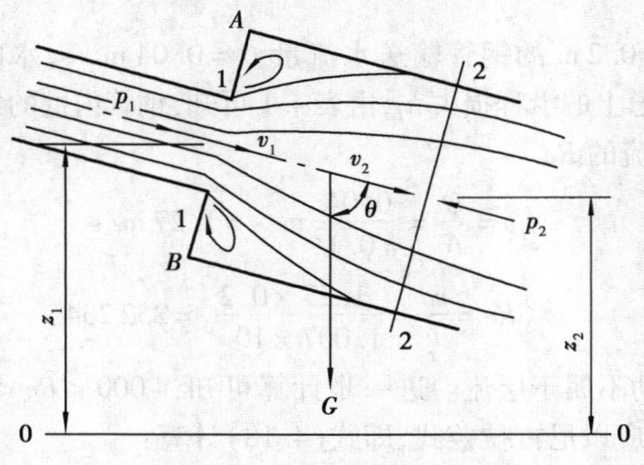

图 4.5 突然扩大局部损失

$$z_1+\frac{p_1}{\gamma}+\frac{\alpha_1 v_1^2}{2g}=z_2+\frac{p_2}{\gamma}+\frac{\alpha_2 v_2^2}{2g}+h_j \tag{4.22}$$

式(4.22)中，h_j 是由于流线不能突然转折，在管壁形成旋涡区而产生的机械能损失。湍流中各断面上速度分布比较均匀，令 $\alpha_1=\alpha_2=1$，得

$$h_j=\left(z_1+\frac{p_1}{\gamma}\right)-\left(z_2+\frac{p_2}{\gamma}\right)+\frac{v_1^2-v_2^2}{2g} \tag{4.23}$$

同时，对 A—B 断面和2—2断面及管壁所组成的控制体内的流体沿轴心线列出动量方程，如果略去管壁对液体的摩擦力，得

$$p_1A_2-p_2A_2+p_1(A_2-A_1)+\gamma lA_2\cos\theta=\rho Q(\beta_2 v_2-\beta_1 v_1) \tag{4.24}$$

同理，令 $\beta_1=\beta_2=1$，并考虑 $\cos\theta=(z_1-z_2)/l$，$v_2A_2=Q$，式(4.24)可变为

$$\left(z_1+\frac{p_1}{\gamma}\right)-\left(z_2+\frac{p_2}{\gamma}\right)=\frac{v_2}{g}(v_2-v_1)$$

将上式代入式(4.23)，得

$$h_j=\frac{(v_1-v_2)^2}{2g} \tag{4.25}$$

由连续方程，有 $v_1A_1=v_2A_2$，式(4.25)可以改写成

$$h_j=\left(1-\frac{A_1}{A_2}\right)^2\frac{v_1^2}{2g}=\zeta_1\frac{v_1^2}{2g}$$

或

$$h_j=\left(\frac{A_2}{A_1}-1\right)^2\frac{v_2^2}{2g}=\zeta_2\frac{v_2^2}{2g}$$

可见，对于突然扩大的湍流圆管，$\zeta_1=\left(1-\frac{A_1}{A_2}\right)^2$，$\zeta_1$ 对应于小截面管中的速度水头；或 $\zeta_2=\left(\frac{A_2}{A_1}-1\right)^2$，$\zeta_2$ 对应于大截面管中的速度水头。

如果管道与一充分大的容器相连，因为 $A_2>>A_1$，于是 $A_1/A_2\approx 0$，$\zeta_1=1$，这时 $h_j=v_1^2/2g$，即水由管道流入一充分大容器时，单位重量流体的动能全部耗散为热能。

下面讨论由实验所得的流体流经其他类型局部障碍时的局部阻力系数值。计算时，速度水头应用障碍后的断面平均速度。

管道截面面积突然缩小时的局部阻力系数 ζ 与比值 A_2/A_1 有关($A_1>A_2$，见图4.6)，见表4.2。在 A_1 趋于无限大的条件下，$A_2/A_1=0$，由实验可知，$\zeta=0.5$。这一值是直角入口条件下获得的，如果修圆相接处为直角，该值可减小。

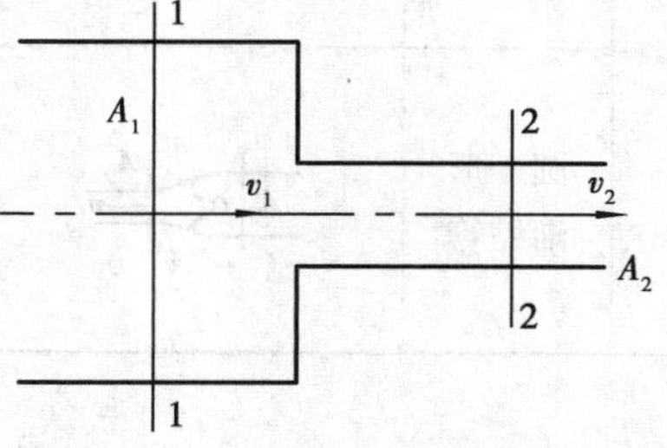

图4.6　截面面积突然收缩管

表4.2　截面面积突然收缩管的局部阻力系数

A_2/A_1	0.01	0.10	0.20	0.30	0.40	0.50	0.60	0.70	0.80	0.90	1.0
ζ	0.50	0.47	0.45	0.38	0.34	0.30	0.25	0.20	0.15	0.09	0

对工程中常见的其他局部装置,如扩散管、弯头等所产生的阻力系数ζ值,参见表4.3。

表4.3　局部阻力系数ζ

局部水头损失计算公式 $h_j=\zeta\dfrac{v^2}{2g}$　(式中v如图所示)

	名称	简图	局部阻力系数ζ
断面改变	断面突然扩大		$\zeta=\left(1-\dfrac{A_1}{A_2}\right)^2$
	出口		流入水库 $\zeta=1.0$
	出口		流入明渠 $\zeta=\left(1-\dfrac{A_1}{A_2}\right)^2$
	断面突然缩小		当 $A_2/A_1<0.10$ 时 $\zeta=0.5(1-A_2/A_1)$
	进口		斜角 $\zeta=0.5+0.303\sin\alpha+0.226(\sin\alpha)^2$ 从水库流入 $\zeta=0.5$
	进口		直角 $\zeta=0.5$
	进口		角稍加修圆 $\zeta=0.20\sim0.25$ 喇叭形 $\zeta=0.10$ 流线形(无分离绕流)$\zeta=0.05\sim0.06$
	进口		切角 $\zeta=0.25$
	圆形渐扩管		$\zeta=K(A_2/A_1-1)^2$
	圆形渐缩管		$\zeta=K_1K_2$

出口(流入明渠):

A_1/A_2	0.1	0.2	0.3	0.4	0.5	0.6	0.7	0.8	0.9
ζ	0.81	0.64	0.49	0.36	0.25	0.16	0.09	0.04	0.01

断面突然缩小:

A_1/A_2	0.01	0.10	0.20	0.30	0.40	0.50	0.60	0.70	0.80	0.90	1.00
ζ	0.50	0.47	0.45	0.38	0.34	0.30	0.25	0.20	0.15	0.09	0.00

圆形渐扩管:

α	8°	10°	12°	15°	20°	25°
K	0.14	0.16	0.22	0.30	0.42	0.62

圆形渐缩管:

α	10°	20°	40°	60°	80°	100°	140°
K_1	0.40	0.25	0.20	0.20	0.30	0.40	0.60

A_2/A_1	0	0.10	0.20	0.30	0.40	0.50	0.60	0.70	0.80	0.90	1.0
K_2	0.41	0.40	0.38	0.36	0.34	0.30	0.27	0.20	0.16	0.10	0

4.6　孔口、管嘴出流

在盛有液体的容器的底部或侧壁开一孔口,液体从孔口流出,得到孔口出流;在孔口处装一长度为3~4倍孔口直径的短管,液体通过短管并在出口断面满管流出的现象称为管嘴出流。

孔口出流与管嘴出流有一共同特点，即水流流出孔口或管嘴时局部损失起主导作用，沿程损失可以略去不计。

按孔口直径 d_0 与作用水头 H（液面到孔口中心垂直距离）的比值，可以把孔口分成小孔口和大孔口。当 $d_0/H<0.1$ 时，该孔口称小孔口；反之，则称大孔口。

按孔口边缘厚度是否影响孔口出流状态，孔口分成薄壁孔口与厚壁孔口。当壁厚 $\delta<\dfrac{d_0}{2}$ 时，称为薄壁孔口；反之，则称厚壁孔口。

按出流液体是直接排入大气或流入另一水体划分，孔口和管嘴出流可以分成自由出流或淹没出流。如果液体直接流入大气，得到自由出流；而在另一液面下的出流，称为淹没出流。

4.6.1 自由出流

如图 4.7 所示为一小孔口薄壁自由出流。现假定水头 H 为一常数，不随孔口流动而减小。这时流动是恒定的，因而流线不随时间而变化。由于流线不能突然改变方向，水流流出孔口后，经孔口边缘的流线会收缩，在孔口后不远处过流断面面积达到极小值 A_c，将这一断面称为收缩断面。

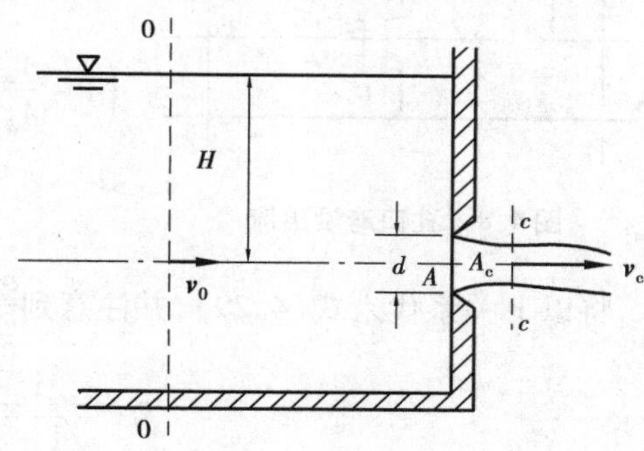

图 4.7 孔口自由出流

最小过水断面面积 A_c 与孔口面积 A 的比值称为收缩系数 ε，即 $\varepsilon=A_c/A$。如果孔口到容器任一侧壁的距离充分大，经过孔口周边流线都将收缩，实验表明，这种圆孔口的 $\varepsilon=0.64$。

下面以伯努利方程导出孔口处流速及流量。如图 4.7 所示，以通过孔口中心的水平面为基准面，对孔口上游 0—0 断面和收缩断面 c—c 列伯努利方程，上游断面计算点取在液面上，下游断面计算点取在断面形心处，由于在收缩断面上处处压强相等，且等于周边大气压强，有

$$H+\frac{\alpha_0 v_0^2}{2g}=\frac{\alpha_c v_c^2}{2g}+h_w \tag{4.26}$$

式中 h_w——水流从 0—0 断面流到 c—c 断面产生的水头损失，主要包括孔口处的局部水头损失，因此，$h_w=\zeta\dfrac{v_c^2}{2g}$，将此式代入式(4.26)并略去 v_0 项，式(4.26)可简化为

$$v_c=\frac{1}{\sqrt{\alpha_c+\zeta}}\sqrt{2gH}=\varphi\sqrt{2gH} \tag{4.27}$$

式(4.27)中，$\varphi=1/\sqrt{\alpha_c+\zeta}$，称为流速系数。由于收缩断面处流速比较均匀，$\alpha_c=1$，由实验可知，薄壁小孔口的 $\varphi=0.97$。

如果液体是理想的，由式(4.26)可知，$v_c=\sqrt{2gH}$，可见 φ 反映了流体黏性引起的局部水力损失对理想流体速度的影响。

自由出流的流量 $Q=v_cA_c$，由于 $A_c=\varepsilon A$，$v_c=\varphi\sqrt{2gH}$，因而

$$Q=\varepsilon\varphi A\sqrt{2gH}=\mu A\sqrt{2gH} \tag{4.28}$$

式(4.28)中，$\mu=\varepsilon\varphi$，称流量系数。代入薄壁圆形小孔口的 ε 和 φ 值，$\mu=0.62$。

4.6.2 孔口淹没出流

孔口淹没出流如图 4.8 所示，对断面 1—1 和 2—2 列伯努利方程，以下游水面为基准面，得

$$H+\frac{\alpha_1 v_1^2}{2g}=\frac{\alpha_2 v_2^2}{2g}+h_w \tag{4.29}$$

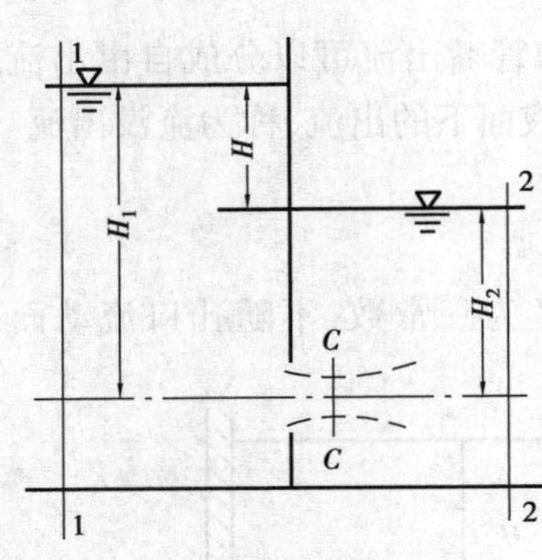

图 4.8 孔口淹没出流

式(4.29)中，断面 1—1 至 2—2 的水头损失为 $h_w=\zeta'\frac{v_c^2}{2g}$，可以看作断面 1—1 至 C—C 的水头损失与断面 C—C 至 2—2 的水头损失之和。前者与自由出流的水头损失相同，为 $\zeta\frac{v_c^2}{2g}$；后者可以近似地看作圆管突然扩大的水头损失 $\left(1-\frac{A_c}{A_2}\right)^2\frac{v_c^2}{2g}\approx\frac{v_c^2}{2g}$，因此

$$h_w=\zeta'\frac{v_c^2}{2g}=(1+\zeta)\frac{v_c^2}{2g}$$

将以上关系代入式(4.29)，并注意到 $\frac{\alpha_1 v_1^2}{2g}\approx\frac{\alpha_2 v_2^2}{2g}\approx 0$，整理得

$$v_c=\frac{1}{\sqrt{1+\zeta}}\sqrt{2gH}=\varphi'\sqrt{2gH} \tag{4.30}$$

式(4.30)中，$\varphi'=1/\sqrt{1+\zeta}$ 为淹没出流的流速系数，与自由出流的流速系数 φ 的表达式相同。

淹没出流的流量为

$$Q=v_c A_c=\varepsilon\varphi' A\sqrt{2gH}=\mu' A\sqrt{2gH} \tag{4.31}$$

实验表明，淹没出流的流量系数 μ' 与自由出流的流量系数 μ 几乎没有差别，即 $\mu'=\mu$。

4.6.3 管嘴出流

图 4.9 为工程中常用的圆柱形外管嘴，在自由出流的情况下，列断面 1—1 和 2—2 的伯努

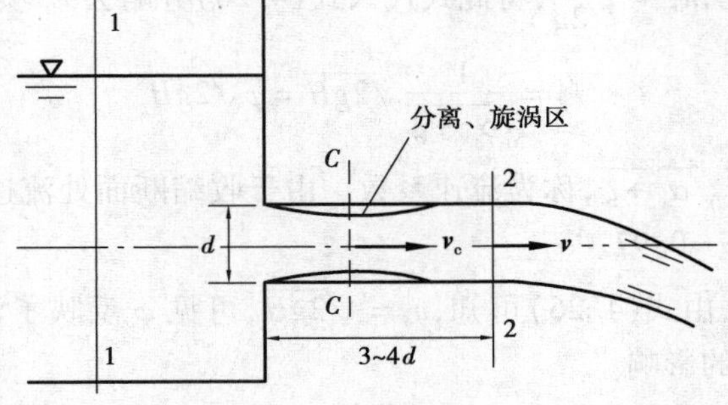

图 4.9 圆柱形外管嘴自由出流

利方程，得到管嘴的流速与流量公式与孔口出流类似，有

$$v=\varphi\sqrt{2gH}$$

$$Q=\mu A\sqrt{2gH}$$

式中，H 指液面到管嘴出口中心垂直距离，A 为管嘴出口面积。由实验可知，管嘴流速系数 $\varphi=0.82$，管嘴出流流线不会收缩，$\varepsilon=1.0$，因而流量系数 $\mu=0.82$。

管嘴淹没出流时的流速和流量公式依然是式(4.30)和式(4.31)。同样，管嘴淹没出流的流量系数 μ' 与自由出流的流量系数 μ 相同。

4.6.4　变水头孔口出流

容器中的液面因一孔口出流而下降时，流动不再是恒定流。但在一微小时间间隔 $\mathrm{d}t$ 内，液面下降很小，水头可认为不变，因而定水头的分析结果仍可以在这一微小时间间隔内应用。

图 4.10 为一断面面积为 S 的薄壁圆柱形容器，其侧面开有一面积为 A 的圆形孔。初始时刻小孔中心水深为 H，现计算水面因小孔出流下降到孔口中心所需时间 T。

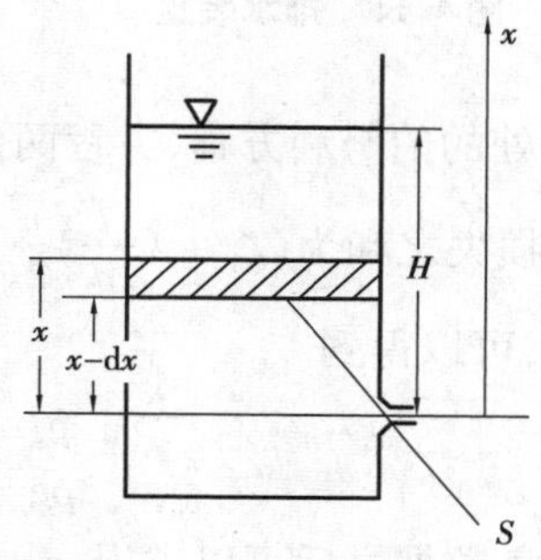

图 4.10　变水头孔口出流

建立 x 轴，正向向上，原点在孔口中心所在水平面上。在时刻 t，容器液面高于孔心 x；在时刻 $t+\mathrm{d}t$，液面高于孔心 $x-\mathrm{d}x$。在时刻 t，孔口流量为 $\mu A\sqrt{2gx}$，在 $\mathrm{d}t$ 间隔内，孔口作用水头和流量近似不变，因而 $\mathrm{d}t$ 内流出水的体积为 $\mu A\sqrt{2gx}\,\mathrm{d}t$。在 $\mathrm{d}t$ 时间间隔内容器中因水外流减少的体积为 $S\mathrm{d}x$。这两个体积应相等，于是得微分方程

$$\mu A\sqrt{2gx}\,\mathrm{d}t=S\mathrm{d}x$$

即

$$\mathrm{d}t=\frac{S}{\mu A\sqrt{2g}}\frac{\mathrm{d}x}{\sqrt{x}}$$

对上式积分，可以得到水面下降到孔口中心所需的时间为

$$T=\int\mathrm{d}t=\frac{S}{\mu A\sqrt{2g}}\int_0^H\frac{1}{\sqrt{x}}\mathrm{d}x=\frac{2S\sqrt{H}}{\mu A\sqrt{2g}}=\frac{2SH}{\mu A\sqrt{2gH}}\tag{4.32}$$

因 $\dfrac{SH}{\mu A\sqrt{2gH}}$ 为孔口恒定出流时泄放体积为 SH 的水体所需的时间，因此，式(4.32)表明非恒定流的泄水时间相当于相同水头作用下恒定泄放同体积水体所需时间的 2 倍。

4.7　管路的水力计算

管路系统的水力计算可分为简单管路的水力计算和复杂管路的水力计算。等径无分支的

管路系统称为简单管路。除简单管路外的管路系统为复杂管路。

4.7.1　简单管路的水力计算

简单管路的水力计算正是前面所介绍方法的应用,没有特殊的原则,下面给出一个例子。

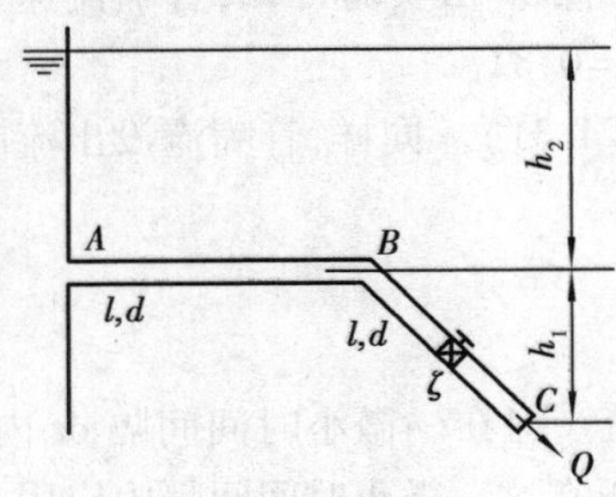

图 4.11　排水装置

【例 4.3】　水由具有不变水位的贮水池沿直径 $d=100$ mm的输水管排入大气,输水管由长度 l 均为 50 m 的水平段 AB 和倾斜段 BC 组成,$h_1=25$ m,$h_2=2$ m。为了输水管在 B 处的真空度不超过 7 m,阀门的局部阻力系数 ζ 应为多少?此时管道流量 Q 为多大?沿程阻力系数 λ 取 0.035,贮水池与水平管道相接入口处局部阻力系数 $\zeta_1=0.5$,不计两管相交处 B 点的局部水头损失。该排水装置如图 4.11 所示。

【解】　B 处管内绝对压强为 $p_a-7\rho g$。列液面一点与管内 B 处的伯努利方程,方程两侧压强项都取绝对压强,设管中平均速度为 v,那么局部和沿程水头损失之和为$(\zeta_1+\lambda\dfrac{l}{d})\dfrac{v^2}{2g}$。计算位能的基准水平面通过水平管的轴心线,略去液面水流速度,可以得到

$$\frac{p_a}{\rho g}+h_2=\frac{v^2}{2g}+\frac{p_a}{\rho g}-7+(\zeta_1+\lambda\frac{l}{d})\frac{v^2}{2g}$$

代入数据之后可以求得:$v=3.047$ m/s;流量 $Q=vA=0.0239$ m³/s。

下面列出液面与水管排出口处的伯努利方程,管道中的局部水头损失为$(\zeta_1+\zeta)\dfrac{v^2}{2g}$,沿程水头损失为 $\lambda\dfrac{2l}{d}\dfrac{v^2}{2g}$,将计算位能的基准水平面设置在管道出口,由此可得

$$h_1+h_2=\frac{v^2}{2g}+(\zeta_1+\zeta)\frac{v^2}{2g}+\lambda\frac{2l}{d}\frac{v^2}{2g}$$

上式仅有 ζ 是未知量,可求出其值为20.5。

4.7.2　串联管路

串联管路是由不同管径或不同内壁粗糙度的两段或更多段管道首尾相连形成的复杂管路系统。串联管路的流动特点是:各管路的流量相等,单位质量的液体产生的全部损失等于各管道损失之和。

【例 4.4】　一水平放置的供水管由两段长度 l 均为 100 m,管径分别为 $d_1=0.2$ m 和 $d_2=0.4$ m 的水管串联构成。输送水的运动黏度 $\nu=1\times10^{-6}$ m²/s,两管由同一材料制成,内壁绝对粗糙度 $\Delta=10.05$ mm。小管中平均流速 $v_1=2$ m/s,如果要求管道末端绝对压强 $p_{2abs}=98\,000$ Pa,求管段进口端应有的绝对压强。

【解】　利用连续方程计算大管平均流速 v_2

$$v_2=\frac{v_1d_1^2}{d_2^2}=0.5\text{ m/s}$$

计算两管的雷诺数 Re_1 和 Re_2：$Re_1=\dfrac{v_1d_1}{\nu}=400\,000$，$Re_2=\dfrac{v_2d_2}{\nu}=200\,000$。

针对小管，可以判定，$26.98(d_1/\Delta)^{8/7}$（即 352 925）$<Re_1<4\,160(0.5d_1/\Delta)^{0.85}$（即 2 660 534），因而小管内的流动属于湍流水力过渡区，以式(4.19)求得沿程阻力系数 λ_1 为 0.01676，于是得到小管全程的沿程水头损失 $h_{f1}=\lambda_2\dfrac{l}{d_1}\dfrac{v_1^2}{2g}=1.71$ m。

针对大管，可以判定，$4\,000<Re_2<26.98(d_2/\Delta)^{8/7}$（即 779 321），因而大管中的流动在湍流水力光滑区，沿程阻力系数 λ_2 只与雷诺数有关，以式(4.18)计算 $\lambda_2=0.015$，于是得到大管全程的沿程水头损失 $h_{f2}=\lambda_2\dfrac{l}{d_2}\dfrac{v_2^2}{2g}=0.048$ m。不计两管相接处的局部水头损失，管路全部水头损失为$h_w=h_{f1}+h_{f2}=1.758$ m。

设管路入口处绝对压强为 p_{1abs}，列管路进、出口两断面处的伯努利方程，有

$$\frac{p_{1abs}}{\rho g}+\frac{v_1^2}{2g}=\frac{v_2^2}{2g}+\frac{p_{2abs}}{\rho g}+h_w$$

得

$$p_{1abs}=11\ 3353\ \text{Pa}$$

4.7.3 并联管路

有共同分支点和汇合点的几段管道构成了并联管路，这是工程中常用的另一种复杂管路系统。并联管路的流动特征是：管路总流量等于各分路流量之和，各分路的水头损失相等。

并联管路的后一流动特征可以证明如下：单位重量的液体在分支处的总机械能与在汇合处总机械能之差，在流动状态一定时，是一确定值。单位重量的液体不论在哪一分管中流动，其损失的机械能都等于这常数值。

4.7.4 枝状管路

供水工程中使用的枝状管路是由多段不同的管道串联而成干管，干管上又分出若干支管共同构成的，如图 4.12 所示。枝状管路的特点是在管路中任一点处只可向一个方向供水。枝状管路设计的最终任务是要确定水源处的供水塔高或供水泵扬程。

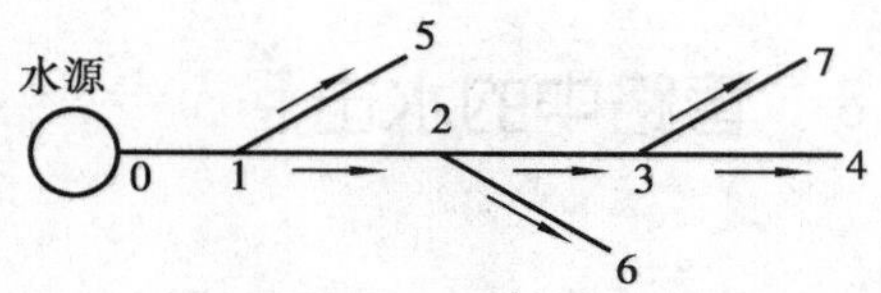

图 4.12 枝状管路

设计枝状管路时，首先应根据地形条件，建筑物分布及供水要求完成整体管路布置，确定每段管道的长度。由于各分支终端要求的流量是用户给定的，于是可以确定所有管道中的流量。

其次，应确定各段管路直径 d_i，它们是由各段已确定的流量 q_i 和选择的流速 v_i 确定的：$d_i=\sqrt{4q_i/(\pi v_i)}$。$v_i$ 应在各技术规范要求的最大和最小流速之间选取。这一选择值偏大，可以减小管道直径，降低水塔高度，节约初期投资，但在运行中水头损失将增大，提高运行成本。偏小选择这一速度值的优缺点正好相反。

为确定水源处供水塔高度或供水泵扬程，应找到系统中的最不利点。最不利点指从水源

到此全部水头损失、这点地形标高、这点要求的自由水头(相对压力水头)3 项之和为最大的点。应在地形高,距水源远的各支管终端中通过计算、比较确定这一点。最不利点上述 3 项能量指标之和就是供水塔应有高度或供水泵应有扬程。

4.7.5 环状管路

环状管路是由多段管道连接形成的闭合状复杂管路系统,如图 4.13 所示。

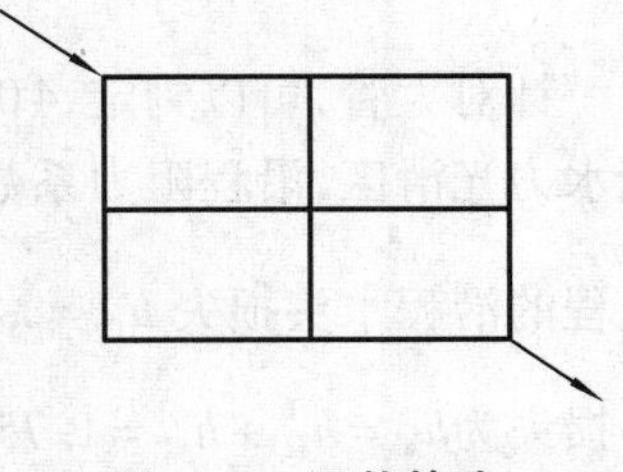

图 4.13 环状管路

设计环状管路时,首先也要根据工程要求布置管网及确定每段管道的长度。管网设计的最终目的,仍然是确定供水塔高或供水泵扬程。因此,应确定各管道的直径和流量,这两个量在计算时是同时完成的。

环状管路有两项值得注意的水力特征。

①几条管路的汇集点称为一个节点。水的不可压缩性决定了流向一个节点的流量必须等于流出同一节点的流量。

②任何一个闭合的环路结构都可视为分流点和汇合点之间的并联管路,并联管路的第二项流动特征可以在此应用:水流不论在哪一分支管路中流动,其水头损失是相等的。

基于以上两项特征,工程中常用的"解环方法"求解管网中各段管道的直径与流量的大体步骤如下:

首先,假定每一管道中的流向并分配其流量,分配流量时要用到上面提到的第一项水力特征。由假定的各段流量和选择的各段流速可以计算各段直径。

其次,由于各段管路的长度、直径、内壁粗糙度和假定流量都是已知的,因此,可以计算每段管路中的水头损失。这时,检查各个环的能量损失情况是否满足上面提到的环形管路第二项水力特征。如果不满足,则应按一定规律重新选择各管路的流向和流量,重复上述计算,直到问题收敛为止。最后一次假定的各管道的流量和直径就是问题的解。

4.8 管路中的水击

在有压管路流动中,由于阀门突然开启或关闭等原因,导致流速发生急剧变化,引起压强的剧烈波动,并在整个管长范围内传播的现象,称为水击或水锤。前面章节中都把液体的密度视为常数,但在水击发生时,必须考虑液体的可压缩性;同样,由于管壁的弹性特征,管道直径在水击过程中也可以扩张或收缩,不再是一常数值。水击是工程中的重大事故,会导致管道强烈的震动、噪声和气穴,有时甚至引起管道变形、爆裂或裂门的破坏。水击的危害不可轻视。因此,在工程设计中必须分析水击过程,寻找减少水击危害的方法。

4.8.1 水击的物理过程

图 4.14 为一引水管简图,引水管管长为 L,原始内径 D 和管壁厚 δ 沿管长不变。引水管末端装有一阀门。初始状态下阀门开启,管中平均流速为 v_0,水密度为 ρ_0,流动是定常的。以

下分析中，不计管中的水流的速度水头和水头损失。

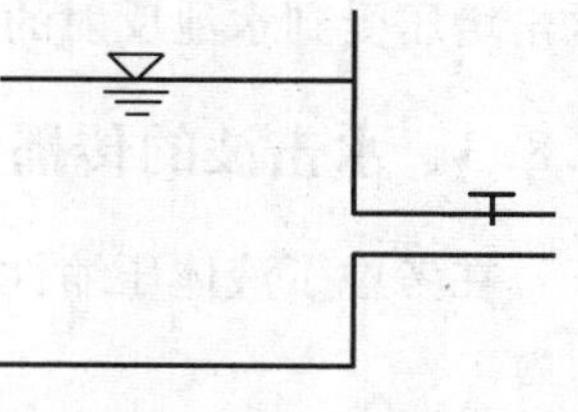

图 4.14 引水管简图

当阀门突然完全关闭，紧靠阀门处一段微小水体立即停止运动，速度降低为0，该水体的动量也发生相应变化，压强突然增大，水体受到压缩，密度增大，同时也使周围的管壁膨胀。接着紧靠这一水体的另一微小水体由于受到已经停止的水体的阻碍而停止流动，其流速也由 v_0 减小到0，水体受到压缩，周围管壁膨胀。水体的这一变化逐段向上游传播，直到管道进口处。此时全管流速均为0，压强、密度增加，管壁膨胀。

在上述过程中，从水击开始，管内就存在一高压、高密度水体与低压、低密度水体之间的分界面，这一分界面从阀门向管道进口不断移动，形成水击波。设这一分界面的移动速度，也即水击波的速度为 C，水击波从阀门到管道进口移动所需要时间为 L/C。从 $t=0$ 到 $t=L/C$ 称为水击波传播的第一阶段。水击发生后，管内水流运动不再是恒定的。

由于上游水池足够大，池中水位可以认为不受水击的影响。在第一阶段结束时，管道进口左侧压强为水池水的原始压强，这一压强不可能与右侧的高压相平衡。在这一压强差作用下，管中最上游一段微小水体向水池运动，该水体的压强、密度及周围管壁恢复原有状态。然后，紧接的另一微小水体发生同样的变化。这样水击波将从管道进口向阀门不断传播。由于水的压缩性和管壁弹性是确定的，因而水击波的速度，即高、低压水体分界面沿管的移动速度仍然是 C。在 $t=2L/C$，水击波到达阀门，水击波的第二阶段结束。这时，全管内水体的压强、密度及管壁恢复原始状态，全管水流以速度 v_0 流向水池。

管内水体向水池运动，因而水流有脱离关闭阀门的趋势，但根据连续性的要求，这是不可能的。因此，流动被迫停止，流速又从 v_0 减小到0。由于流速发生了变化，相应的动量也发生变化，使得压强减小，水体膨胀，密度减小，管壁收缩。这种状态从阀门逐段传递到管道进口。在 $t=3L/C$，即水击波的第三阶段结束时，全管内水体均处在静止状态，全部管壁收缩。

在 $t=3L/C$ 时，管道进口右侧为低压水体，左侧为池中保持原始压强水体，这两者不可能平衡。在这一压强差作用下，管道进口附近的微小水体又以速度 v_0 向阀门方向流动，压强、密度、管径恢复到初始值。这种变化从管道进口到阀门处逐段发生。从 $t=3L/C$ 到 $t=4L/C$ 的时段称为水击的第四阶段。在 $t=4L/C$ 时，全管水流恢复到水击发生之前的状态。

如果阀门这时仍是关闭的，水击波的传播将重复上述4个阶段，并不断反复进行。事实上，由于存在流动阻力，水击波将逐步衰减，最后消失。

4.8.2 水击的分类

水击波从阀门传播到管道进口再返回阀门所需的时间称为水击的相，以 t_r 表示，两相为一个周期。即

$$t_r=\frac{2L}{C} \tag{4.33}$$

实际上，阀门关闭总需要一定时间，用 t_s 表示。按照 t_r 和 t_s 的大小把水击分为两类。如果阀门的关闭时间 $t_s \leqslant t_r$，则水击波还没来得及从水池返回阀门，阀门已经关闭，那么阀门处的水击增压不受水池反射的减压波的削弱，而达到可能出现的最大值，这类水击称为直接水击。

如果阀门的关闭时间 $t_s > t_r$，即水击波从水池返回阀门过程中，关闭仍在进行，那么阀门处的水击增压受到水池反射的减压波的削弱，水击增压比直接水击小，这类水击称为间接水击。

4.8.3 水击波的传播速度

在考虑了液体压缩性和管壁弹性后，由理论分析可以得到薄壁管中的水击波传播速度 C 为

$$C = \frac{\sqrt{\dfrac{K}{\rho}}}{\sqrt{1 + \dfrac{Kd}{E\delta}}} \tag{4.34}$$

式中 K——液体体积模量，$K_{水} = 20.6 \times 10^8\ \text{N/m}^2$；

ρ——液体密度，kg/m^3；

d——管道内径，m；

E——管道材料弹性模量，N/m^2；

δ——管壁厚，m。

工业中常用的钢管、铸铁管和混凝土管的 E 值分别为 19.6×10^{10}，9.8×10^6，$20.58 \times 10^9\ \text{N/m}^2$。

由式(4.34)求得一内径为 0.2 m，壁厚为 0.01 m 的钢管中的水击波传播速度 $C = 1\,305$ m/s，表明水击波的传播速度是很高的。

4.8.4 间接水击最大压强的计算

间接水击引起的压强增量 Δp 要小一些，危害也要小一些。一般，Δp 可用下面近似公式计算

$$\Delta p = \rho C v_0 \frac{t_r}{t_s} \tag{4.35}$$

从式(4.35)可以看出，t_s 越大，则 Δp 越小。

4.8.5 减小水击危害的措施

水击现象无法完全避免，但可以采取以下措施减少水击危害。

从式(4.35)可以看出，延长阀门关闭时间 t_s，减少管路设计长度 L，均有利于减小水击引起的压强增加值。在管道中设置调压井或蓄能器有利于改变水击过程，降低水击压强。

在管道中设置水击消除器，这是一个具有一定泄水能力的安全阀，系统压强增大时，安全阀门打开，放走一部分高压水，从而保护管路系统。

习 题

4.1 黏性流体的两种流动状态是什么？其各自的定义是什么？

4.2 流态的判断标准是什么？

4.3　某管道直径 $d=50\ \text{mm}$，通过温度为 10 ℃的中等燃料油，其运动黏度 $\nu=5.06\times10^{-6}\ \text{m}^2/\text{s}$。试求：保持层流状态的最大流量 Q。

4.4　两种液体阻力及能量损失形式和它们的计算公式分别是什么？

4.5　利用毛细管测定油液黏度，已知毛细管直径 $d=4.0\ \text{mm}$，长度 $L=0.5\ \text{m}$，流量 $Q=1.0\ \text{cm}^3/\text{s}$，测压管落差 $h=15\ \text{cm}$。管中做层流流动，求油液的运动黏度 ν。

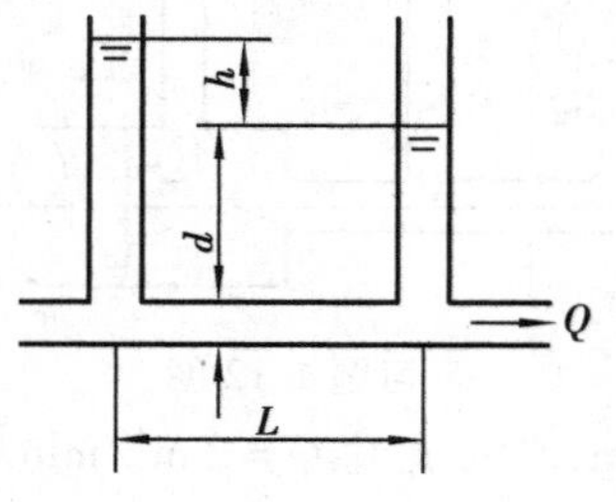

习题 4.5 图

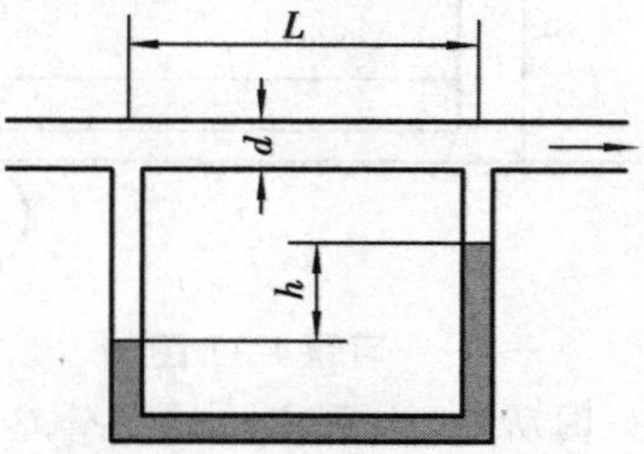

习题 4.6 图

4.6　如图所示，管径 $d=5\ \text{cm}$，管长 $L=6\ \text{m}$ 的水平管中有比重为 0.9 油液流动，水银差压计读数为 $h=14.2\ \text{cm}$，3 min 内流出的油液重量为 5 000 N。管中油液作层流流动，求油液的运动黏度 ν。

4.7　比重为 0.85，动力黏度为 $0.01g$ Pa·s 的润滑油，在 $d=3\ \text{cm}$的管道中流动。每米长管道的压强降落为 $0.15\times g\times10^4$ Pa，g 为重力加速度。管中润滑油作层流流动，求雷诺数。

4.8　如图所示，水从直径 d，长 L 的铅垂管路流入大气中，水箱液面高度为 h，管路局部阻力可忽略，沿程阻力系数为 λ。

①求管路起始断面 A 处的相对压强。

②h 等于多少时，可使 A 点的压强等于大气压。

4.9　如图所示，水管直径 10 mm，管中水的平均流速 $v=0.2\ \text{m/s}$，其运动黏度 $\nu=1.308\times10^{-6}\ \text{m}^2/\text{s}$。试判断其流态，管径改为 30 mm 时流态又如何？

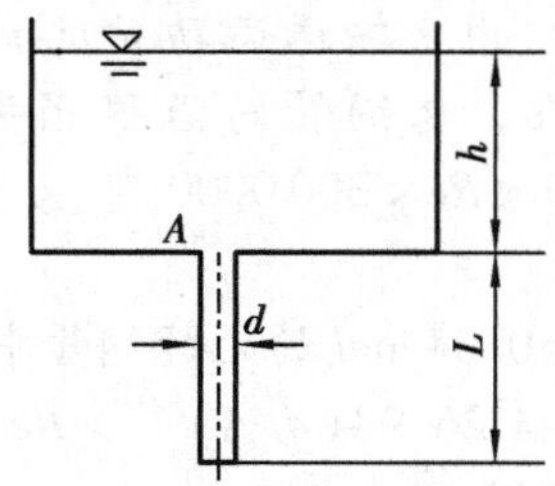

习题 4.8 图

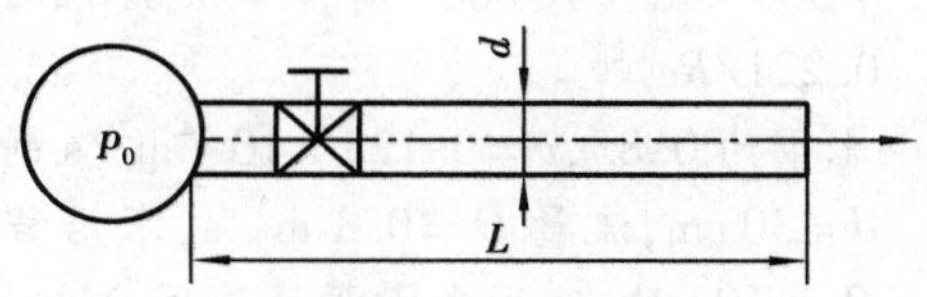

习题 4.10 图

4.10　从相对压强 $p_0=5.49\times10^5$ Pa 的水管处接出一个橡皮管，长 $L=18\ \text{m}$，直径 $d=1.2\ \text{cm}$，橡皮管的沿程阻力系数 $\lambda=0.024$，在橡皮管靠始端处接一阀门，阀门的局部阻力系数 $\zeta=7.5$，求出口水流速度。

4.11　如图所示，长管输送水只计沿程水头损失。当 H,L 一定时，沿程水头损失为 $H/3$ 时的管路输送功率为最大。已知 $H=127.4\ \text{m}$，$L=500\ \text{m}$，管路末端可用水头 $h=2H/3$，管路末端可用功率为1 000 kW，$\lambda=0.024$，求管路的输送流量与管路直径。

4.12　如图所示，水平管路直径由 $d_1 = 24$ cm 突然扩大为 $d_2 = 48$ cm，在突然扩大的前后各安装一测压管，读得局部阻力后的测压管比局部阻力前的测压管水柱高出 $h = 1$ cm。求管中的流量 Q。

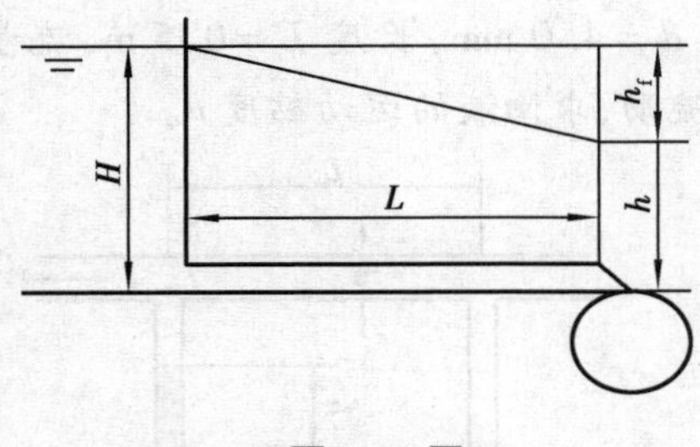

习题 4.11 图

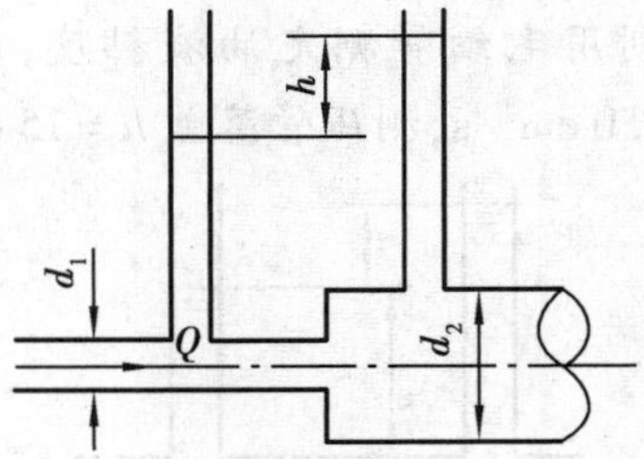

习题 4.12 图

4.13　如图所示，水平突然缩小管路的 $d_1 = 15$ cm，$d_2 = 10$ cm，水的流量 $Q = 2\ m^3/min$。用水银测压计测得 $h = 8$ cm。求突然缩小的水头损失。

4.14　如图所示，两水箱之间用 3 根直径不同直径但长度相同的水平管道 1,2,3 相连接。已知 $d_1 = 10$ cm，$d_2 = 20$ cm，$d_3 = 30$ cm，$Q_1 = 0.1\ m^3/s$，3 管沿程阻力系数相等，求 Q_2，Q_3。

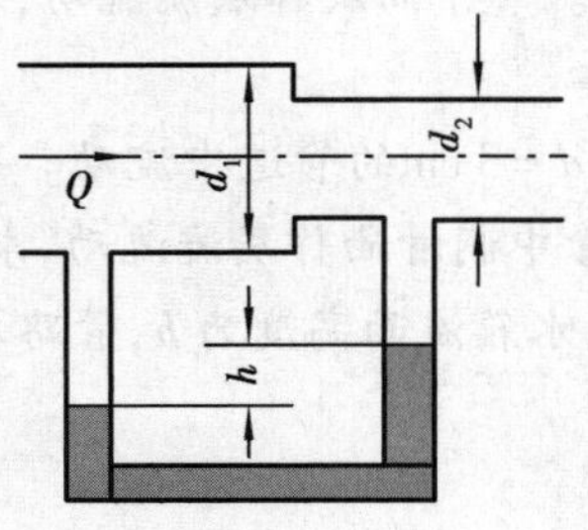

习题 4.13 图

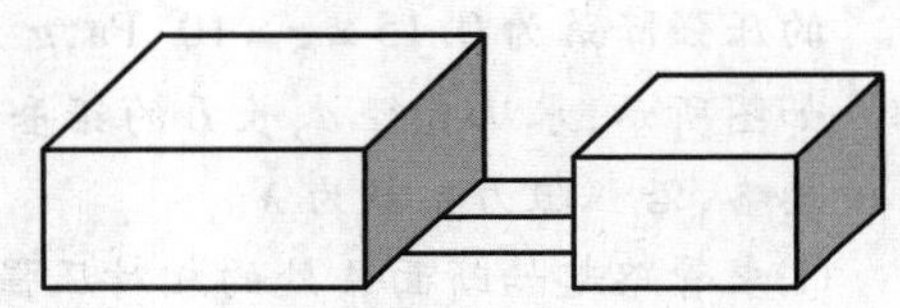

习题 4.14 图

4.15　用等直径水平直管输送液体，如果流量、管长、液体黏性均不变，将管道直径减小 1/2，求在层流状态下压强损失比原来增大多少倍。

4.16　长度 $L = 1\ 000$ m，内径 $d = 200$ mm 的普通镀锌钢管，用来输送运动黏度 $\nu = 0.355 \times 10^{-4}\ m^2/s$ 的重油，已经测得其流量 $Q = 0.038\ m^3/s$。求钢管的沿程损失。已知当 $4\ 000 < Re < 100000$ 时，$\lambda = 0.3164/Re^{0.25}$；当 $100000 < Re < 3000000$ 时，$\lambda = 0.0032 + 0.221/Re^{0.237}$。

4.17　比重为 0.85，$\nu = 0.125 \times 10^{-4}\ m^2/s$ 的油在粗糙度 $\Delta = 0.04$ mm 的无缝钢管中流动，管径 $d = 30$ cm，流量 $Q = 0.1\ m^3/s$，求沿程阻力系数（附：当 $26.98(d/\Delta)^{8/7} > Re > 4\ 000$，且 $Re > 10^5$ 时，使用光滑管紊流区公式：$\lambda = 0.0032 + 0.221/Re^{0.237}$）。

4.18　一输水管直径 $d = 250$ mm，管长 $L = 200$ m，管壁的切应力 $\tau = 46\ N/m^2$，求在 200 mm 长管上的水头损失及在圆管中心和 $r = 100$ mm 处的切应力（$\tau = \dfrac{\Delta p r}{2L}$）。

4.19　证明圆管层流通过断面的流速 $v = \dfrac{\Delta p}{4\mu L}(R^2 - r^2)$，其中 L 为管长，R 为管道半径，Δp 为压差，μ 为动力黏度。

4.20　减少水击压力的措施是什么？

4.21　什么叫孔口出流及管嘴出流？其共同特点是什么？

5 相似理论与量纲分析

实际工程中，由于流体黏性的存在和边界条件的多样性，流动现象极为复杂，往往难以通过解析的方法求解。此时，不得不依赖实验进行研究。

通常情况下，实际工程或实物(统称原型)的尺寸太大，直接进行实验会耗费大量的人力和物力，有时甚至难以实现。因此，大多数实验都是在比原型小的模型上进行的(称为模型实验)。通过模型实验，得出实验结果，进而预测原型中将要发生的流动现象。那么，怎样才能保证模型与原型有相同的流动规律呢？这就是相似理论要研究的问题。量纲分析则是在观测流动现象的基础上，建立流动各影响因素的正确关系。

5.1 相似理论

5.1.1 流动相似

为了保证模型流动(用下标 m 表示)与原型流动(用下标 p 表示)具有相同的流动规律，并能通过模型实验结果预测原型流动情况，模型与原型必须满足流动相似，即两个流动在对应时刻对应点上同名物理量具有各自的比例关系。具体地说，流动相似就是要求模型与原型之间满足几何相似、运动相似和动力相似。

1)几何相似

几何相似是指模型和原型流动流场的几何形状相似，即模型和原型对应边长成同一比例、对应角相等，如图 5.1 所示。

$$\frac{l_{m1}}{l_{p1}}=\frac{l_{m2}}{l_{p2}}=\frac{l_{m3}}{l_{p3}}=\cdots=\frac{l_m}{l_p}=k_l \tag{5.1}$$

$$\theta_{m1}=\theta_{p1},\theta_{m2}=\theta_{p2},\theta_{m3}=\theta_{p3} \tag{5.2}$$

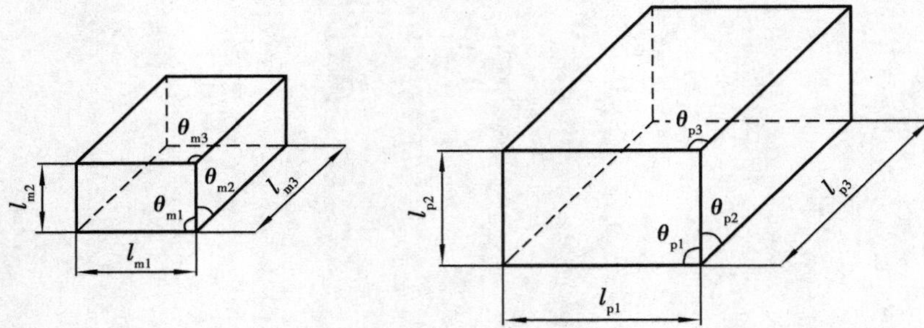

图 5.1　几何相似

式(5.1)中,k_l 称为长度比尺,则

面积比尺

$$k_A = \frac{A_m}{A_p} = \frac{l_m^2}{l_p^2} = k_l^2 \tag{5.3}$$

体积比尺

$$k_V = \frac{V_m}{V_p} = \frac{l_m^3}{l_p^3} = k_l^3 \tag{5.4}$$

2)运动相似

运动相似是指模型和原型流动的速度场相似,即两个流动在对应时刻对应点上的速度方向相同,大小成同一比例,如图 5.2 所示。

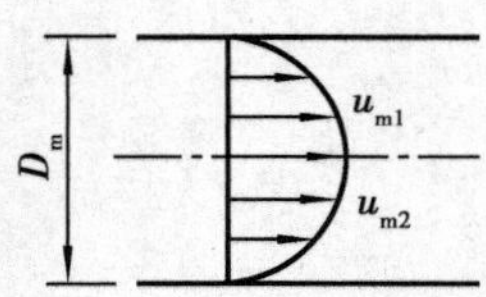

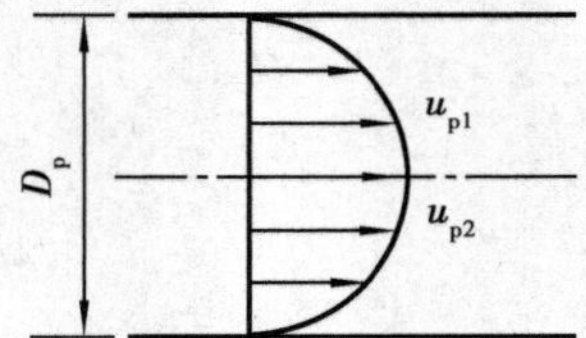

图 5.2　运动相似

$$\frac{u_{m1}}{u_{p1}} = \frac{u_{m2}}{u_{p2}} = \cdots = \frac{u_m}{u_p} = k_u \tag{5.5}$$

式(5.5)中,k_u 称为速度比尺。由于各对应点速度成同一比例,因此,相应断面的平均速度必然有同样的比尺,则

$$k_v = \frac{v_m}{v_p} = k_u \tag{5.6}$$

将 $v = l/t$ 代入式(5.6),得

$$k_v = \frac{v_m}{v_p} = \frac{\dfrac{l_m}{t_m}}{\dfrac{l_p}{t_p}} = \frac{l_m t_p}{l_p t_m} = \frac{k_l}{k_t} \tag{5.7}$$

式(5.7)中,$k_t = t_m / t_p$ 称为时间比尺。同样,其他运动学物理量的比尺也可以表示为长度比尺和时间比尺的不同组合形式。例如:

加速度比尺

$$k_a = \frac{k_v}{k_t} = k_l k_t^{-2} \tag{5.8}$$

流量比尺

$$k_Q = k_v k_A = k_l^3 k_t^{-1} \tag{5.9}$$

运动黏度比尺

$$k_\nu = k_l^2 k_t^{-1} \tag{5.10}$$

3)动力相似

动力相似是指模型和原型流动对应点处质点所受同名力的方向相同、大小成同一比例。所谓同名力,是指具有相同物理性质的力,如黏滞力 $\boldsymbol{T}$,压力 $\boldsymbol{P}$,重力 $\boldsymbol{G}$,弹性力 $\boldsymbol{E}$ 等。如图 5.3 所示,设作用在模型与原型流动对应流体质点上的外力分别为 $\boldsymbol{T}_m, \boldsymbol{P}_m, \boldsymbol{G}_m$ 和 $\boldsymbol{T}_p, \boldsymbol{P}_p, \boldsymbol{G}_p$,则有

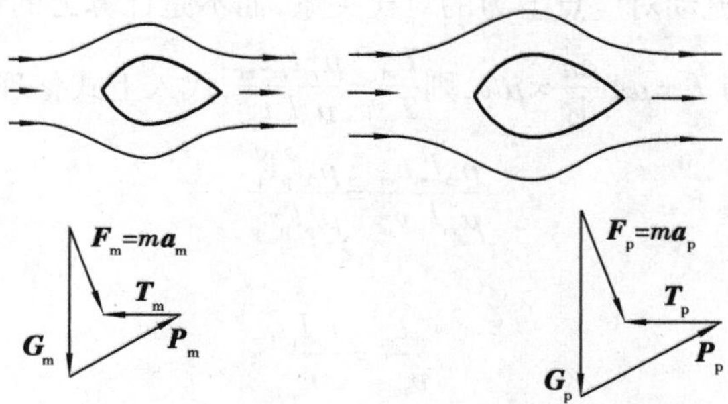

图 5.3 动力相似

$$\frac{\boldsymbol{T}_m}{\boldsymbol{T}_p} = \frac{\boldsymbol{P}_m}{\boldsymbol{P}_p} = \frac{\boldsymbol{G}_m}{\boldsymbol{G}_p} = \cdots = \frac{\boldsymbol{F}_m}{\boldsymbol{F}_p} = k_F \tag{5.11}$$

式(5.11)中,F 为流体质点所受的合外力,k_F 称为力的比尺。将 $\boldsymbol{F} = m\boldsymbol{a} = \rho V\boldsymbol{a}$ 代入上式,得

$$k_F = \frac{\boldsymbol{F}_m}{\boldsymbol{F}_p} = \frac{m_m \boldsymbol{a}_m}{m_p \boldsymbol{a}_p} = \frac{\rho_m V_m \boldsymbol{a}_m}{\rho_p V_p \boldsymbol{a}_p} = k_\rho k_V k_a = k_\rho k_l^3 k_a \tag{5.12}$$

因为 $k_a = k_l k_t^{-2}, k_v = k_l k_t^{-1}$,故

$$k_F = k_\rho k_l^2 k_v^2 \tag{5.13}$$

同样,其他力学物理量的比尺也可以表示为密度比尺、长度比尺和速度比尺的不同组合形式。例如:

力矩比尺

$$k_M = k_F k_l = k_\rho k_l^3 k_v^2 \tag{5.14}$$

压强比尺

$$k_p = k_F / k_A = k_\rho k_v^2 \tag{5.15}$$

动力黏度比尺

$$k_\mu = k_\rho k_l k_v \tag{5.16}$$

上述表明,要使模型与原型流动相似,两个流动必须满足几何相似、运动相似和动力相似。而动力相似又可以用相似准则(相似准数)的形式来表示,即:要使模型与原型流动相似,两个流动必须满足几何相似、运动相似和各相似准则。

5.1.2 相似准则

根据几何相似、运动相似和动力相似的定义,可得到长度比尺、速度比尺、力的比尺等。由力学基本定律可知,这些"比尺"之间具有一定的约束关系,这些约束关系称为相似准则。

下面分别介绍单项力作用下的相似准则。

1)雷诺相似准则

当流动受黏滞力 $\boldsymbol{T}$ 作用时,由动力相似条件式(5.11),有

$$\frac{\boldsymbol{T}_{\mathrm{m}}}{\boldsymbol{T}_{\mathrm{p}}}=\frac{\boldsymbol{F}_{\mathrm{m}}}{\boldsymbol{F}_{\mathrm{p}}}=k_F=k_\rho k_l^2 k_v^2=\frac{\rho_{\mathrm{m}} l_{\mathrm{m}}^2 v_{\mathrm{m}}^2}{\rho_{\mathrm{p}} l_{\mathrm{p}}^2 v_{\mathrm{p}}^2}$$

鉴于上式表示两个流动对应点上力的对比关系,而不是计算力的绝对量,所以式中的力可用运动的特征量表示,即 $\boldsymbol{T}=\mu A\dfrac{\mathrm{d}u}{\mathrm{d}y}\propto\mu l v$,则$\dfrac{\boldsymbol{T}_{\mathrm{m}}}{\boldsymbol{T}_{\mathrm{p}}}=\dfrac{\mu_{\mathrm{m}} l_{\mathrm{m}} v_{\mathrm{m}}}{\mu_{\mathrm{p}} l_{\mathrm{p}} v_{\mathrm{p}}}$,代入上式整理得

$$\frac{\rho_{\mathrm{m}} l_{\mathrm{m}}^2 v_{\mathrm{m}}^2}{\mu_{\mathrm{m}} l_{\mathrm{m}} v_{\mathrm{m}}}=\frac{\rho_{\mathrm{p}} l_{\mathrm{p}}^2 v_{\mathrm{p}}^2}{\mu_{\mathrm{p}} l_{\mathrm{p}} v_{\mathrm{p}}}$$

化简后得

$$\frac{v_{\mathrm{m}} l_{\mathrm{m}}}{\boldsymbol{v}_{\mathrm{m}}}=\frac{v_{\mathrm{p}} l_{\mathrm{p}}}{\boldsymbol{v}_{\mathrm{p}}} \tag{5.17}$$

式(5.17)中,$\dfrac{vl}{\boldsymbol{v}}$为无量纲数,即前已介绍过的雷诺数 Re。式(5.17)可用雷诺数表示为

$$Re_{\mathrm{m}}=Re_{\mathrm{p}} \tag{5.18}$$

式(5.18)称为雷诺相似准则。该式表明两流动的黏滞力相似时,模型与原型流动的雷诺数相等。

作用在流体上的黏滞力、重力、压力等总是企图改变流体的运动状态,而惯性力却企图维持流体原有的运动状态,流体运动的变化就是惯性力与其他各种力相互作用的结果。根据达朗贝尔原理,流体惯性力 $\boldsymbol{I}$ 的大小等于流体的质量与加速度的乘积,方向与流体加速度方向相反,即

$$\boldsymbol{I}=-m\boldsymbol{a}$$

故惯性力与黏滞力之比为

$$\frac{\boldsymbol{I}}{\boldsymbol{T}}=\frac{m\boldsymbol{a}}{\mu A\dfrac{\mathrm{d}u}{\mathrm{d}y}}=\frac{\rho V\boldsymbol{a}}{\mu A\dfrac{\mathrm{d}u}{\mathrm{d}y}}\propto\frac{\rho l^2 v^2}{\mu l v}=\frac{\rho v l}{\mu}=Re$$

由上式可知,雷诺数的物理意义在于它反映了流动中惯性力和黏滞力之比。

2)弗劳德相似准则

当流动受重力 $\boldsymbol{G}$ 作用时,由动力相似条件式(5.11),有

$$\frac{\boldsymbol{G}_{\mathrm{m}}}{\boldsymbol{G}_{\mathrm{p}}}=\frac{\boldsymbol{F}_{\mathrm{m}}}{\boldsymbol{F}_{\mathrm{p}}}=\frac{\rho_{\mathrm{m}}l_{\mathrm{m}}^{2}v_{\mathrm{m}}^{2}}{\rho_{\mathrm{p}}l_{\mathrm{p}}^{2}v_{\mathrm{p}}^{2}}$$

式中,重力 $\boldsymbol{G}=\rho gV\propto\rho gl^{3}$,则$\dfrac{G_{\mathrm{m}}}{G_{\mathrm{p}}}=\dfrac{\rho_{\mathrm{m}}g_{\mathrm{m}}l_{\mathrm{m}}^{3}}{\rho_{\mathrm{p}}g_{\mathrm{p}}l_{\mathrm{p}}^{3}}$,代入上式整理得

$$\frac{\rho_{\mathrm{m}}l_{\mathrm{m}}^{2}v_{\mathrm{m}}^{2}}{\rho_{\mathrm{m}}g_{\mathrm{m}}l_{\mathrm{m}}^{3}}=\frac{\rho_{\mathrm{p}}l_{\mathrm{p}}^{2}v_{\mathrm{p}}^{2}}{\rho_{\mathrm{p}}g_{\mathrm{p}}l_{\mathrm{p}}^{3}}$$

化简后得

$$\frac{v_{\mathrm{m}}^{2}}{g_{\mathrm{m}}l_{\mathrm{m}}}=\frac{v_{\mathrm{p}}^{2}}{g_{\mathrm{p}}l_{\mathrm{p}}}\tag{5.19}$$

式(5.19)中,$\dfrac{v^{2}}{gl}$为无量纲数,称为弗劳德数,以 Fr 表示,即

$$Fr=\frac{v^{2}}{gl}\tag{5.20}$$

式(5.19)可用弗劳德数表示为

$$Fr_{\mathrm{m}}=Fr_{\mathrm{p}}\tag{5.21}$$

式(5.21)称为弗劳德相似准则。该式表明两流动的重力相似时,模型与原型流动的弗劳德数相等。弗劳德数的物理意义在于它反映了流动中惯性力和重力之比。

3)欧拉相似准则

当流动受压力 $\boldsymbol{P}$ 作用时,由动力相似条件式(5.11),有

$$\frac{\boldsymbol{P}_{\mathrm{m}}}{\boldsymbol{P}_{\mathrm{p}}}=\frac{\boldsymbol{F}_{\mathrm{m}}}{\boldsymbol{F}_{\mathrm{p}}}=\frac{\rho_{\mathrm{m}}l_{\mathrm{m}}^{2}v_{\mathrm{m}}^{2}}{\rho_{\mathrm{p}}l_{\mathrm{p}}^{2}v_{\mathrm{p}}^{2}}$$

式中,压力 $\boldsymbol{P}=pA\propto pl^{2}$,则$\dfrac{\boldsymbol{P}_{\mathrm{m}}}{\boldsymbol{P}_{\mathrm{p}}}=\dfrac{\rho_{\mathrm{m}}l_{\mathrm{m}}^{2}}{pl_{\mathrm{p}}^{2}}$,代入上式整理得

$$\frac{p_{\mathrm{m}}l_{\mathrm{m}}^{2}}{\rho_{\mathrm{m}}l_{\mathrm{m}}^{2}v_{\mathrm{m}}^{2}}=\frac{p_{\mathrm{p}}l_{\mathrm{p}}^{2}}{\rho_{\mathrm{p}}l_{\mathrm{p}}^{2}v_{\mathrm{p}}^{2}}$$

整理后得

$$\frac{p_{\mathrm{m}}}{\rho_{\mathrm{m}}v_{\mathrm{m}}^{2}}=\frac{p_{\mathrm{p}}}{\rho_{\mathrm{p}}v_{\mathrm{p}}^{2}}\tag{5.22}$$

式(5.22)中,$\dfrac{p}{\rho v^{2}}$为无量纲数,称为欧拉数,以 Eu 表示,即

$$Eu=\frac{p}{\rho v^{2}}\tag{5.23}$$

在有压流动中,起作用的是压差 Δp,而不是压强的绝对值,所以欧拉数也可表示为

$$Eu=\frac{\Delta p}{\rho v^{2}}\tag{5.24}$$

式(5.22)可用欧拉数表示为

$$Eu_{m} = Eu_{p} \tag{5.25}$$

式(5.25)称为欧拉相似准则。该式表明两流动的压力相似时,模型与原型流动的欧拉数相等。欧拉数的物理意义在于它反映了流动中所受压力和惯性力之比。

欧拉相似准则不是独立的准则,当雷诺相似准则和弗劳德相似准则得到满足时,欧拉相似准则将自动满足。

4)韦伯相似准则

当流动受表面张力 $\boldsymbol{S}$ 作用时,由动力相似条件式(5.11),有

$$\frac{\boldsymbol{S}_{m}}{\boldsymbol{S}_{p}} = \frac{\boldsymbol{F}_{m}}{\boldsymbol{F}_{p}} = \frac{\rho_{m} l_{m}^{2} v_{m}^{2}}{\rho_{p} l_{p}^{2} v_{p}^{2}}$$

式中,表面张力 $\boldsymbol{S} = \sigma l$,则$\frac{\boldsymbol{S}_{m}}{\boldsymbol{S}_{p}} = \frac{\sigma_{m} l_{m}}{\sigma_{p} l_{p}}$,代入上式整理得

$$\frac{\rho_{m} l_{m}^{2} v_{m}^{2}}{\sigma_{m} l_{m}} = \frac{\rho_{p} l_{p}^{2} v_{p}^{2}}{\sigma_{p} l_{p}}$$

整理后得

$$\frac{\rho_{m} l_{m} v_{m}^{2}}{\sigma_{m}} = \frac{\rho_{p} l_{p} v_{p}^{2}}{\sigma_{p}} \tag{5.26}$$

式(5.26)中,$\frac{\rho l v^{2}}{\sigma}$为无量纲数,称为韦伯数,以 We 表示,即

$$We = \frac{\rho l v^{2}}{\sigma} \tag{5.27}$$

式(5.26)可用韦伯数表示为

$$We_{m} = We_{p} \tag{5.28}$$

式(5.28)称为韦伯相似准则。该式表明两流动的表面张力相似时,模型与原型流动的韦伯数相等。韦伯数的物理意义在于它反映了流动中惯性力和表面张力之比。

5)柯西相似准则与马赫相似准则

当流动受弹性力 $\boldsymbol{E}$ 作用时,由动力相似条件式(5.11),有

$$\frac{\boldsymbol{E}_{m}}{\boldsymbol{E}_{p}} = \frac{\boldsymbol{F}_{m}}{\boldsymbol{F}_{p}} = \frac{\rho_{m} l_{m}^{2} v_{m}^{2}}{\rho_{p} l_{p}^{2} v_{p}^{2}}$$

式中,$\boldsymbol{E} = K l^{2}$,则$\frac{\boldsymbol{E}_{m}}{\boldsymbol{E}_{p}} = \frac{K_{m} l_{m}^{2}}{K_{p} l_{p}^{2}}$,代入上式整理得

$$\frac{\rho_{m} l_{m}^{2} v_{m}^{2}}{K_{m} l_{m}^{2}} = \frac{\rho_{p} l_{p}^{2} v_{p}^{2}}{K_{p} l_{p}^{2}}$$

整理后得

$$\frac{\rho_{m} v_{m}^{2}}{K_{m}} = \frac{\rho_{p} v_{p}^{2}}{K_{p}} \tag{5.29}$$

式(5.29)中,$\rho v^2/K$ 为无量纲数,称为柯西数,以 Ca 表示,即

$$Ca=\frac{\rho v^2}{K} \tag{5.30}$$

式(5.29)可用柯西数表示为

$$Ca_{\rm m}=Ca_{\rm p} \tag{5.31}$$

式(5.31)称为柯西相似准则。该式表明两流动的弹性力相似时,模型与原型流动的柯西数相等。柯西数的物理意义在于它反映了流动中惯性力和弹性力之比。对于液体,柯西相似准则只应用在压缩性显著起作用的流动中,如水击现象。

对于可压缩气体,体积弹性模量:

$$K=\rho c^2$$

式中 c——微弱扰动在流体中的传播速度。

因此,式(5.29)可改写为

$$\frac{v_{\rm m}}{c_{\rm m}}=\frac{v_{\rm p}}{c_{\rm p}} \tag{5.32}$$

式(5.32)中,v/c 为无量纲数,称为马赫数,以 Ma 表示,即

$$Ma=\frac{v}{c} \tag{5.33}$$

式(5.32)可用马赫数表示为

$$Ma_{\rm m}=Ma_{\rm p} \tag{5.34}$$

式(5.34)称为马赫相似准则。当可压缩气流流速接近或超过声速时,弹性力成为影响流动的主要因素,实现流动相似要求相应的马赫数相等。

5.1.3 模型实验

模型实验是根据相似原理,制成与原型几何相似的模型进行实验研究,并以实验结果预测原型将要发生的流动现象。进行模型实验需要解决以下两个问题。

1)模型律的选择

要使模型和原型流动完全相似,要求各相似准则同时满足。但要同时满足各相似准则很困难,甚至是不可能的。例如,若满足雷诺相似准则

$$Re_{\rm m}=Re_{\rm p}$$

即

$$\frac{v_{\rm m}l_{\rm m}}{\nu_{\rm m}}=\frac{v_{\rm p}l_{\rm p}}{\nu_{\rm p}}$$

模型与原型的速度比尺

$$k_v=\frac{k_\nu}{k_l} \tag{5.35}$$

若满足弗劳德相似准则

$$Fr_{\rm m}=Fr_{\rm p}$$

即

$$\frac{v_m^2}{g_m l_m} = \frac{v_p^2}{g_p l_p}$$

由于 $g_m = g_p$，则模型与原型的速度比为

$$k_v = k_l^{\frac{1}{2}} \tag{5.36}$$

要同时满足雷诺相似准则和弗劳德相似准则，要求式(5.35)与式(5.36)必须同时成立，即

$$k_\nu = k_l^{\frac{3}{2}}$$

若模型与原型采用同种流体，温度也相同，则 $\nu_m = \nu_p$，$k_\nu = 1$，代入上式得

$$k_l = 1$$

即

$$l_m = l_p$$

显然，只有模型和原型的尺寸一样时，才能同时满足雷诺相似准则和弗劳德相似准则。此时，模型实验已失去了意义。

若模型和原型采用不同流体，$k_\nu \neq 1$，则

$$k_\nu = k_l^{\frac{3}{2}}$$

即

$$\nu_m = \nu_p k_l^{\frac{3}{2}}$$

如长度比尺 $k_l = 1/10$，则 $\nu_m = \nu_p/31.62$。若原型是水，模型就需选用运动黏度是水的1/31.62的流体作为实验流体，这样的流体是很难找到的。

由以上分析可知，模型实验要做到完全相似是比较困难的，一般只能达到近似相似，也就是说，只能保证对流动起主要作用的力相似。所谓模型律的选择，就是选择一个合适的相似准则来进行模型设计，模型律选择的原则就是保证对流动起主要作用的力相似，而忽略次要力的相似。例如，堰顶溢流、闸孔出流、明渠流动、自然界中的江、河、溪流等，重力起主要作用，应按弗劳德数相似准则设计模型；有压管流、潜体绕流及流体机械、液压技术中的流动，黏滞力起主要作用，应按雷诺数相似准则设计模型；对于可压缩流动，应按马赫相似准则设计模型。

2)模型设计

进行模型设计，通常是先根据原型要求的实验范围、现有实验场地的大小、模型制作和量测条件，定出长度比尺 k_l。再根据对流动受力情况的分析，满足对流动起主要作用的力相似，选择模型律，并按所选择的相似准则，确定流速比尺及模型的流量。

例如，模型和原型若采用相同的流体进行实验，则 $\nu_m = \nu_p$，$\rho_m = \rho_p$。由雷诺相似准则

$$\frac{v_m l_m}{\nu_m} = \frac{v_p l_p}{\nu_p}$$

得

$$\frac{v_m}{v_p} = \frac{l_p}{l_m}$$

$$k_v = k_l^{-1}$$

$$k_Q = k_v k_l^2 = k_l$$

则

$$k_t = k_l / k_v = k_l^2$$

$$k_a = k_v / k_t = k_l^{-3}$$

$$\vdots$$

同理,也可推导出按雷诺相似准则($k_v \neq 1$)和按弗劳德相似准则进行模型设计时,各物理量的相应比尺,见表5.1。

表5.1 雷诺相似准则与弗劳德相似准则的相应比尺

名称	比尺			名称	比尺		
	雷诺准则		弗劳德准则		雷诺准则		弗劳德准则
	$k_v=1$	$k_v \neq 1$			$k_v=1$	$k_v \neq 1$	
流速比尺 k_v	k_l^{-1}	$k_v k_l^{-1}$	$k_l^{1/2}$	力的比尺 k_F	k_ρ	$k_v^2 k_\rho$	$k_l^3 k_\rho$
加速度比尺 k_a	k_l^{-3}	$k_v^2 k_l^{-3}$	k_l^0	压强比尺 k_p	$k_l^{-2} k_\rho$	$k_v^2 k_l^{-2} k_\rho$	$k_l k_\rho$
流量比尺 k_Q	k_l	$k_v k_l$	$k_l^{5/2}$	功、能比尺 k_W	$k_l k_\rho$	$k_v^2 k_l k_\rho$	$k_l^4 k_\rho$
时间比尺 k_t	k_l^2	$k_v^{-1} k_l^2$	$k_l^{1/2}$	功率比尺 k_N	$k_l^{-1} k_\rho$	$k_v^3 k_l^{-1} k_\rho$	$k_l^{7/2} k_\rho$

【例5.1】 已知直径为15 cm的输油管,流量0.18 m³/s,油的运动黏度$\nu_p = 0.13\ \text{cm}^2/\text{s}$。现用水做模型实验,水的运动黏度$\nu_m = 0.013\ \text{cm}^2/\text{s}$。当模型的管径与原型相同时,要达到两流动相似,求水的流量Q_m。若测得5 m长输水管两端的压强水头差$\dfrac{\Delta p_m}{\rho_m g_m} = 5\ \text{cm}$,试求长100 m的输油管两端的压强差$\dfrac{\Delta p_p}{\rho_p g_p}$(用油柱高表示)。

【解】 ①因圆管中流动主要受黏滞力作用,所以应满足雷诺相似准则

$$\frac{v_m l_m}{\nu_m} = \frac{v_p l_p}{\nu_p}$$

因$l_m = l_p(k_l = 1)$,上式可简化为

$$\frac{v_m}{v_p} = \frac{\nu_m}{\nu_p}$$

流量比尺$k_Q = k_v k_l^2 = k_v = k_\nu$,所以模型中水的流量为

$$Q_m = \frac{\nu_m}{\nu_p} Q_p = \frac{0.013}{0.13} \times 0.18\ \text{m}^3/\text{s} = 0.018\ \text{m}^3/\text{s}$$

②流动的压降满足欧拉准则

$$\frac{\Delta p_m}{\rho_m v_m^2} = \frac{\Delta p_p}{\rho_p v_p^2}$$

$$\frac{\Delta p_p}{\rho_p g_p} = \frac{\Delta p_m}{\rho_m g_m} \frac{v_p^2}{v_m^2} \frac{g_m}{g_p}$$

因$v_p = \dfrac{0.18}{\dfrac{\pi}{4} \times 0.15^2}\ \text{m/s} = 10.19\ \text{m/s}$,$v_m = \dfrac{0.018}{\dfrac{\pi}{4} \times 0.15^2}\ \text{m/s} = 1.019\ \text{m/s}$,且$g_m = g_p$,则长5 m输

油管两端的压强差为

$$\frac{\Delta p_{\mathrm{p}}}{\rho_{\mathrm{p}} g_{\mathrm{p}}}=\frac{\Delta p_{\mathrm{m}}}{\rho_{\mathrm{m}} g_{\mathrm{m}}} \frac{v_{\mathrm{p}}^{2}}{v_{\mathrm{m}}^{2}}=0.05 \times \frac{10.19^{2}}{1.019^{2}} \mathrm{m}=5 \mathrm{~m} \qquad (油柱)$$

长 100 m 的输油管两端的压强差为

$$\frac{\Delta p_{\mathrm{p}}}{\rho_{\mathrm{p}} g_{\mathrm{p}}}=\frac{5}{5} \times 100 \mathrm{~m}=100 \mathrm{~m} \qquad (油柱)$$

5.2 量纲分析

5.2.1 量纲和谐原理

1)量纲分析的基本概念

(1)量纲

在流体力学中涉及许多物理量,如长度、时间、质量、速度、加速度、密度、压强、黏度、力等,所有这些物理量都由两个因素构成:一是自身的物理属性;二是量度单位。例如,长度为 2 m 的管道,可用 2 000 mm,200 cm 等不同单位表示,所选单位不同,数值也不同,但它们的物理属性是一样的,都是线性几何量;长度、宽度、高度、厚度、深度等名称虽不同,但都可以用单位“米”来度量,它们的物理属性也是一样的。

我们把物理量的属性称为量纲或因次,通常用$[x]$表示物理量 x 的量纲。显然,量纲是物理量的实质,不受人为因素的影响。

(2)基本量纲和导出量纲

物理量的量纲可分为基本量纲和导出量纲两大类。所谓基本量纲,是指具有独立性的、不能由其他基本量纲的组合来表示的量纲。流体力学的基本量纲共有 4 个:长度量纲 L,时间量纲 T,质量量纲 M 和温度量纲 Θ。对不可压缩流体,则只需 L,T,M 这 3 个基本量纲。可由基本量纲组合来表示的量纲称为导出量纲。除长度、时间、质量和温度外,其他物理量的量纲均为导出量纲。

流体力学中常用的物理量的量纲和单位,见表 5.2。

表 5.2 流体力学中常用的量纲和单位

物理量			量纲 LTM 制	单位(SI)
几何学量	长度	L	L	m
	面积	A	L^2	m^2
	体积	V	L^3	m^3
	水头	H	L	m
	坡度	J	L^0	m^0

续表

物理量			量纲 LTM 制	单位(SI)
运动学量	时间	t	T	s
	流速	v	LT^{-1}	m/s
	加速度	a	LT^{-2}	m/s^2
	角速度	ω	T^{-1}	rad/s
	流量	Q	L^3T^{-1}	m^3/s
	单宽流量	q	L^2T^{-1}	m^2/s
	环量	Γ	L^2T^{-1}	m^2/s
	流函数	Ψ	L^2T^{-1}	m^2/s
	速度势	Φ	L^2T^{-1}	m^2/s
	运动黏度	υ	L^2T^{-1}	m^2/s
动力学量	质量	m	M	kg
	力	F	MLT^{-2}	N
	密度	ρ	ML^{-3}	kg/m^3
	动力黏度	μ	$ML^{-1}T^{-1}$	Pa·s
	压强	p	$ML^{-1}T^{-2}$	Pa
	切应力	τ	$ML^{-1}T^{-2}$	Pa
	体积弹性模量	K	$ML^{-1}T^{-2}$	Pa
	动量	M	MLT^{-1}	kg·m/s
	功、能	W	ML^2T^{-2}	N·m
	功率	N	ML^2T^{-3}	W

由表5.2可以得出,任一物理量x的量纲都可以用L,T,M这3个基本量纲的指数乘积来表示,即

$$[x]=L^{\alpha}T^{\beta}M^{\gamma} \tag{5.37}$$

式(5.37)称为量纲公式。物理量x的性质由量纲指数α,β,γ决定:当$\alpha\neq0,\beta=0,\gamma=0$,$x$为几何学量;当$\alpha\neq0,\beta\neq0,\gamma=0$,$x$为运动学量;当$\alpha\neq0,\beta\neq0,\gamma\neq0$,$x$为动力学量。

(3)无量纲量

当式(5.37)中各量纲的指数为0,即$\alpha=\beta=\gamma=0$时,物理量$[x]=L^0T^0M^0=1$,则称x为无量纲量。无量纲量可由两个具有相同量纲的物理量相比得到,如水力坡度$J=h_w/l$,其量纲$[J]=L/L=1$;无量纲量也可由几个有量纲的物理量通过乘除组合而成,组合的结果为各基本量纲的指数均为零,如雷诺数$Re=\dfrac{vl}{\nu}$,其量纲$[Re]=\dfrac{LT^{-1}L}{L^2T^{-1}}=1$。

无量纲量具有以下特点:

①无量纲量的数值大小与所采用的单位制无关。如判别有压管道流态的临界雷诺数$Re=2\,300$,无论采用国际单位制还是英制,其数值保持不变。

②无量纲量可进行超越函数的运算。有量纲的量只能作简单的代数运算,进行对数、指数、三角函数的运算则是没有意义的,只有无量纲量才能进行超越函数的运算。如气体等温压缩所做的功W,可写成对数形式:

$$W = P_1 V_1 \ln\left(\frac{V_2}{V_1}\right)$$

式中，V_2/V_1 为压缩后和压缩前的体积比，是无量纲量，可进行对数运算。

2）量纲和谐原理

量纲和谐原理可简单表述为：凡正确反映客观规律的物理方程，其各项的量纲都必须是一致的。这是已被无数事实证实的客观原理。例如，总流的连续性方程为

$$v_1 A_1 = v_2 A_2$$

式中，各项的量纲一致，都是 L^3T^{-1}。又如黏性流体总流的伯努利方程：

$$z_1 + \frac{p_1}{\rho g} + \frac{\alpha_1 v_1^2}{2g} = z_2 + \frac{p_2}{\rho g} + \frac{\alpha_2 v_2^2}{2g} + h_w$$

式中，各项的量纲均为 L。其他凡正确反映客观规律的物理方程，其各项的量纲也一定是一致的。若某物理方程各项的量纲不完全一致，则此方程是不正确的。当然，这不包括工程技术中由实验或观测资料整理而得的经验公式。

5.2.2 量纲分析法

在量纲和谐原理基础上发展起来的量纲分析法有两种：一种为瑞利法，适用于比较简单的问题；另一种为 π 定理，是一种具有普遍性的方法。

1）瑞利法

若某一物理过程与 n 个物理量有关，即

$$f(x_1, x_2, \cdots, x_{i-1}, x_i, x_{i+1}, \cdots, x_n) = 0$$

由于所有物理量的量纲均可表示为基本量纲的指数乘积形式，因此，上式中任一物理量 x_i 可以表示为其他物理量的指数乘积形式，即

$$x_i = k x_1^{a_1} x_2^{a_2} \cdots x_{i-1}^{a_{i-1}} x_{i+1}^{a_{i+1}} \cdots x_n^{a_n}$$

式中，k 为常数，$a_1, a_2, \cdots, a_{i-1}, a_{i+1}, \cdots, a_n$ 为待定指数。上式的量纲式可表示为

$$[x_i] = [x_1^{a_1} x_2^{a_2} \cdots x_{i-1}^{a_{i-1}} x_{i+1}^{a_{i+1}} \cdots x_n^{a_n}]$$

将上式中各物理量的量纲按照量纲式（5.37）表示为基本量纲的指数乘积形式，并根据量纲和谐原理，确定待定指数 $a_1, a_2, \cdots, a_{i-1}, a_{i+1}, \cdots, a_n$，即可求得该物理过程的方程式。

【例 5.2】 试用瑞利法导出临界雷诺数 Re_c 的表达式。

【解】 ①确定有关物理量。由实验得出，恒定有压管流的下临界流速 v_k 与管径 d，流体的动力黏度 μ 和管内流体密度 ρ 有关，即

$$f(v_c, d, \mu, \rho) = 0$$

②写出指数乘积式。

$$v_c = k d^{a_1} \rho^{a_2} \mu^{a_3}$$

③写出量纲式。

$$[v_c] = [d^{a_1} \rho^{a_2} \mu^{a_3}]$$

④确定待定指数 a_1, a_2, a_3。根据量纲和谐原理，有

$$LT^{-1} = L^{a_1}(ML^{-3})^{a_2}(ML^{-1}T^{-1})^{a_3}$$

$L:1 = a_1 - 3a_2 - a_3$

$T: -1 = -a_3$

$M:0 = a_2 + a_3$

得 $a_1 = -1, a_2 = -1, a_3 = 1$。

⑤整理方程式。

$$v_c = kd^{-1}\rho^{-1}\mu = k\frac{\mu}{\rho d} = k\frac{\nu}{d}$$

$$k = \frac{v_c d}{\nu}$$

式中，无量纲数 k 称临界雷诺数，以 Re_c 表示，即

$$Re_c = \frac{v_c d}{\nu}$$

根据雷诺实验，该值为2300，可以用来判别层流与紊流。

由上例可知，用瑞利法推求物理过程的方程式，在有关物理量不超过4个，待求的量纲指数不超过3个时，可直接根据量纲和谐原理，求得各量纲指数，建立方程式。当有关物理量超过4个时，则需采用 π 定理进行分析。

2）π 定理

π 定理的基本内容是：若某一物理过程包含有 n 个物理量，存在函数关系：

$$f(x_1, x_2, \cdots, x_n) = 0$$

其中，有 m 个基本量（量纲独立，不能相互导出的物理量），则该物理过程可由 $(n-m)$ 个无量纲项所表达的关系式来描述。即

$$F(\pi_1, \pi_2, \cdots, \pi_{n-m}) = 0 \tag{5.38}$$

式(5.38)中，$\pi_1, \pi_2, \cdots, \pi_{n-m}$ 为 $(n-m)$ 个无量纲数，因为这些无量纲数是用 π 来表示的，所以称此定理为 π 定理。π 定理在1915年由美国物理学家布金汉提出，故又称为布金汉定理。

π 定理的应用步骤如下：

①确定物理过程的有关物理量：

$$f(x_1, x_2, \cdots, x_n) = 0$$

②从 n 个物理量中选取 m 个基本量。对于不可压缩流体运动，一般取 $m=3$。设 x_1, x_2, x_3 为所选的基本量，由量纲式(5.37)可得

$$[x_1] = L^{\alpha_1}T^{\beta_1}M^{\gamma_1}$$

$$[x_2] = L^{\alpha_2}T^{\beta_2}M^{\gamma_2}$$

$$[x_3] = L^{\alpha_3}T^{\beta_3}M^{\gamma_3}$$

满足 x_1, x_2, x_3 量纲独立的条件是量纲式中的指数行列式不等于零，即

$$\begin{vmatrix} \alpha_1 & \beta_1 & \gamma_1 \\ \alpha_2 & \beta_2 & \gamma_2 \\ \alpha_3 & \beta_3 & \gamma_3 \end{vmatrix} \neq 0$$

③基本量依次与其余物理量组成$(n-m)$个无量纲π项：

$$\pi_1 = x_1^{a_1} x_2^{b_1} x_3^{c_1} x_4$$

$$\pi_2 = x_1^{a_2} x_2^{b_2} x_3^{c_2} x_5$$

$$\vdots$$

$$\pi_{n-3} = x_1^{a_{n-3}} x_2^{b_{n-3}} x_3^{c_{n-3}} x_n$$

④根据量纲和谐原理，确定各π项基本量的指数a_i, b_i, c_i，求出$\pi_1, \pi_2, \cdots, \pi_{n-3}$。

⑤整理方程式$F(\pi_1, \pi_2, \cdots, \pi_{n-3}) = 0$。

【例5.3】 不可压缩黏性流体在水平圆管内流动，试用π定理导出其压强损失Δp的表达式。

【解】 ①确定有关物理量。根据实验可知，压强损失Δp与管径d，管长l，管壁粗糙度Δ，断面平均流速v，流体的动力黏度μ和管内流体密度ρ有关，即

$$f(\Delta p, d, l, \Delta, v, \mu, \rho) = 0$$

②选取基本量。在有关物理量中选取d, v, ρ为基本量，它们的指数行列式为

$$\begin{vmatrix} 1 & 0 & 0 \\ 1 & -1 & 0 \\ -3 & 0 & 1 \end{vmatrix} \neq 0$$

符合基本量条件。

③组成π项，应有$n-m=7-3=4$个π项，即

$$\pi_1 = d^{a_1} v^{b_1} \rho^{c_1} l$$

$$\pi_2 = d^{a_2} v^{b_2} \rho^{c_2} \mu$$

$$\pi_3 = d^{a_3} v^{b_3} \rho^{c_3} \Delta$$

$$\pi_4 = d^{a_4} v^{b_4} \rho^{c_4} \Delta p$$

④确定各π项基本量的指数，求$\pi_1, \pi_2, \pi_3, \pi_4$。

$$\pi_1 : [\pi_1] = [d^{a_1} v^{b_1} \rho^{c_1} l]$$

$$\mathrm{L^0 T^0 M^0} = (\mathrm{L})^{a_1} (\mathrm{LT^{-1}})^{b_1} (\mathrm{ML^{-3}})^{c_1} \mathrm{L} = \mathrm{L}^{a_1+b_1-3c_1+1} \mathrm{T}^{-b_1} \mathrm{M}^{c_1}$$

$$\mathrm{L}: a_1 + b_1 - 3c_1 + 1 = 0$$

$$\mathrm{T}: -b_1 = 0$$

$$\mathrm{M}: c_1 = 0$$

得 $a_1 = -1, b_1 = 0, c_1 = 0, \pi_1 = \dfrac{l}{d}$。

$$\pi_2 : [\pi_2] = [d^{a_2} v^{b_2} \rho^{c_2} \mu]$$

$$\mathrm{L^0 T^0 M^0} = (\mathrm{L})^{a_2} (\mathrm{LT^{-1}})^{b_2} (\mathrm{ML^{-3}})^{c_2} \mathrm{ML^{-1} T^{-1}} = \mathrm{L}^{a_2+b_2-3c_2-1} \mathrm{T}^{-b_2-1} \mathrm{M}^{c_2+1}$$

$$\mathrm{L}: a_2 + b_2 - 3c_2 - 1 = 0$$

$$\mathrm{T}: -b_2 - 1 = 0$$

$$\mathrm{M}: c_2 + 1 = 0$$

得 $a_2 = -1, b_2 = -1, c_2 = -1, \pi_2 = \dfrac{\mu}{\rho v d} = \dfrac{1}{Re}$。

同理可得

$$\pi_3=\frac{\Delta}{d},\pi_4=\frac{\Delta p}{\rho v^2}$$

⑤整理方程式。根据式(5.38)有

$$F\left(\frac{l}{d},\frac{1}{Re},\frac{\Delta}{d},\frac{\Delta p}{\rho v^2}\right)=0$$

则

$$\frac{\Delta p}{\rho v^2}=f\left(\frac{l}{d},Re,\frac{\Delta}{d}\right)$$

或

$$h_f=\frac{\Delta p}{\rho g}=2f\left(\frac{l}{d},Re,\frac{\Delta}{d}\right)\frac{v^2}{2g}$$

实验证明,沿程水头损失 h_f 与管长 l 成正比,与管径 d 成反比,故

$$h_f=\frac{\Delta p}{\rho g}=f_1\left(Re,\frac{\Delta}{d}\right)\frac{l}{d}\frac{v^2}{2g}$$

令 $\lambda=f_1\left(Re,\frac{\Delta}{d}\right)$,则

$$h_f=\frac{\Delta p}{\rho g}=\lambda\frac{l}{d}\frac{v^2}{2g}$$

上式即为有压管流压强损失的计算公式,又称为达西公式。式中,λ 称为沿程阻力系数,与雷诺数 Re 和相对粗糙度 Δ/d 有关,可由实验确定。

习 题

5.1 什么是几何相似?什么是运动相似?什么是动力相似?

5.2 写出速度、加速度、压强、密度、流量、力、运动黏度、动力黏度和力矩的量纲。

5.3 解释雷诺数、弗劳德数和欧拉数的物理意义。

5.4 量纲分析法的理论依据是什么?什么叫做量纲和谐性原理?

5.5 高2 m的汽车在空气的温度为20 ℃的公路上行驶,行驶速度为108 km/h。模型实验时,空气温度为0 ℃,气流速度为60 m/s。试求模型汽车的高度 h_m(温度为20 ℃和0 ℃时,空气的运动黏度分别为 $15.7\times10^{-6}\ m^2/s$ 和 $13.7\times10^{-6}\ m^2/s$)。

5.6 为研究输水管道上直径600 mm 阀门的阻力特性,采用直径300 mm,几何相似的阀门用气流做模型实验。已知输水管道的流量为 $0.283\ m^3/s$,水的运动黏度为 $1\times10^{-6}\ m^2/s$,空气的运动黏度为 $1.6\times10^{-5} m^2/s$,试求模型的气流量 Q_m。

5.7 如图所示,原型溢流坝的溢流量为 $120\ m^3/s$,现用模型溢流坝做泄流实验,实验室可供实验用的最大流量为 $0.75\ m^3/s$,试求允许的最大长度比尺 k_l;如在这样的模型上测得某一作用力为2.8 N,求原型相应的作用力 F_p。

5.8 如图所示,采用长度比尺 $k_l=0.05$ 的模型,做弧形闸门闸下泄流实验,现测得模型下游收缩断面的平均流速 $v_m=2$ m/s,流量 $Q_m=35$ L/s,水流作用在闸门上的总压力 $P_m=$

40 N,试求:原型收缩断面的平均速度 v_p,流量 Q_p 和闸门上的总压力 P_p。

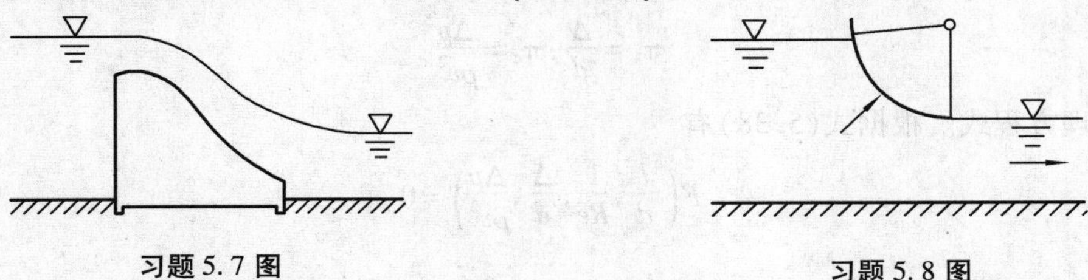

习题 5.7 图　　　　习题 5.8 图

5.9　如图所示,矩形堰单位宽度上的流量 $Q/B = kH^x g^y$,式中 k 为常数,H 为堰顶水头,g 为重力加速度,试用瑞利法确定指数 x,y。

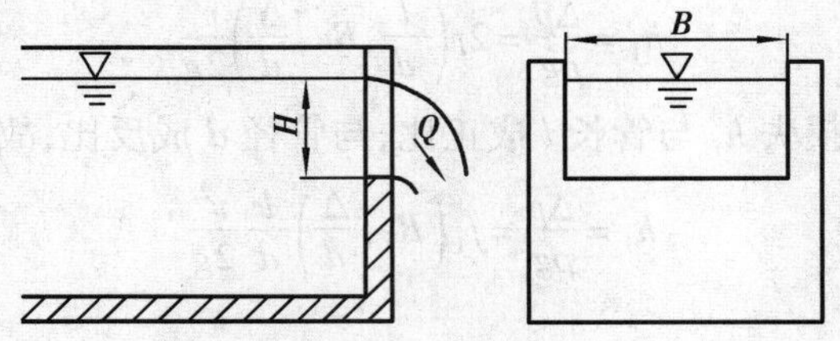

习题 5.9 图

5.10　水泵的轴功率 N 与泵轴的转矩 M、角速度 ω 有关,试用瑞利法导出轴功率表达式。

5.11　实验表明,影响液体边壁切应力 τ_w 的因素有断面平均流速 v,水力半径 R,管壁粗糙度 Δ,液体密度 ρ 和动力黏度 μ 等,试用 π 定理导出边壁切应力 τ_w 的表达式。

5.12　水流绕桥墩流动时,将产生绕流阻力 F,该阻力与桥墩的宽度 b,水流速度 v,水的密度 ρ,动力黏度 μ 和重力加速度 g 有关,试用 π 定理导出绕流阻力 F 的表达式。

6 理想流体动力学

工程实际问题中,事实上不存在无黏性的理想流体,但是在分析研究工程中的流动现象时,有时将流体视为理想流体以简化研究,由此得到的结果在适当修正后仍有相当高的工程精度,可用于实际流动情况。在本章以下讨论中,都将忽略流体的黏性。

本章同时假定研究的流动是恒定的,因而同一空间点的物理量都不随时间变化,物理量是空间坐标的连续函数,与时间无关。

6.1 流体微团的运动分析

6.1.1 亥姆霍兹速度分解定理

在恒定流动中,以欧拉法表示的流体质点速度的 3 个投影 u_x,u_y,u_z 都是质点所在位置的坐标 x,y,z 的连续函数。设一空间点 M_0 的坐标为 x,y,z,它邻域内另一空间点 M_1 的坐标为 $x+\mathrm{d}x,y+\mathrm{d}y,z+\mathrm{d}z$,$M_0$ 处流体质点的速度投影 u_x 是以这点坐标给出的函数值,位于 M_1 处流体质点速度,在 x 轴上投影 u_x'是 M_1 点坐标按同一函数确定的另一确定值。由于 u_x 是一多元函数,u_x'的近似值可以按泰勒级数展开,原则上以 u_x 及其导函数表示为

$$u_x' = u_x + \frac{\partial u_x}{\partial x}\mathrm{d}x + \frac{\partial u_x}{\partial y}\mathrm{d}y + \frac{\partial u_x}{\partial z}\mathrm{d}z$$

根据需要,将上式整理成为

$$u_x' = u_x + \frac{\partial u_x}{\partial x}\mathrm{d}x + \frac{1}{2}\left(\frac{\partial u_x}{\partial y} + \frac{\partial u_y}{\partial x}\right)\mathrm{d}y + \frac{1}{2}\left(\frac{\partial u_x}{\partial z} + \frac{\partial u_z}{\partial x}\right)\mathrm{d}z + \frac{1}{2}\left(\frac{\partial u_x}{\partial z} - \frac{\partial u_z}{\partial x}\right)\mathrm{d}z - \frac{1}{2}\left(\frac{\partial u_y}{\partial x} - \frac{\partial u_x}{\partial y}\right)\mathrm{d}y$$

或

$$u_x' = u_x + \varepsilon_{xx}\mathrm{d}x + \varepsilon_{xy}\mathrm{d}y + \varepsilon_{xz}\mathrm{d}z + \omega_y\mathrm{d}z - \omega_z\mathrm{d}y$$

同样,M_1 处流体质点的速度矢量在 y,z 轴上投影 u_y'和 u_z'也可以导出类似的表达式,现将 3 个投影表达式写出如下:

$$\left.\begin{aligned}u'_x &= u_x + \varepsilon_{xx}\mathrm{d}x + \varepsilon_{xy}\mathrm{d}y + \varepsilon_{xz}\mathrm{d}z + \omega_y\mathrm{d}z - \omega_z\mathrm{d}y\\ u'_y &= u_y + \varepsilon_{yx}\mathrm{d}x + \varepsilon_{yy}\mathrm{d}y + \varepsilon_{yz}\mathrm{d}z + \omega_z\mathrm{d}x - \omega_x\mathrm{d}z\\ u'_z &= u_z + \varepsilon_{zx}\mathrm{d}x + \varepsilon_{zy}\mathrm{d}y + \varepsilon_{zz}\mathrm{d}z + \omega_x\mathrm{d}y - \omega_y\mathrm{d}x\end{aligned}\right\}\tag{6.1}$$

式中

$\varepsilon_{xx} = \dfrac{\partial u_x}{\partial x}, \varepsilon_{yy} = \dfrac{\partial u_y}{\partial y}, \varepsilon_{zz} = \dfrac{\partial u_z}{\partial z}$——线变形速度；

$$\left.\begin{aligned}\varepsilon_{xy} &= \varepsilon_{yx} = \frac{1}{2}\left(\frac{\partial u_x}{\partial y} + \frac{\partial u_y}{\partial x}\right)\\ \varepsilon_{yz} &= \varepsilon_{zy} = \frac{1}{2}\left(\frac{\partial u_y}{\partial z} + \frac{\partial u_z}{\partial y}\right)\\ \varepsilon_{zx} &= \varepsilon_{xz} = \frac{1}{2}\left(\frac{\partial u_z}{\partial x} + \frac{\partial u_x}{\partial z}\right)\end{aligned}\right\}\text{——纯剪切变形速度；}$$

$$\left.\begin{aligned}\omega_x &= \frac{1}{2}\left(\frac{\partial u_z}{\partial y} - \frac{\partial u_y}{\partial z}\right)\\ \omega_y &= \frac{1}{2}\left(\frac{\partial u_x}{\partial z} - \frac{\partial u_z}{\partial x}\right)\\ \omega_z &= \frac{1}{2}\left(\frac{\partial u_y}{\partial x} - \frac{\partial u_x}{\partial y}\right)\end{aligned}\right\}\text{——旋转角速度。}$$

不难理解，由式(6.1)中的各个系数，在恒定流动中，都是空间坐标 x,y,z 的函数且应取 M_0 处的坐标值。该式表明，M_0 点邻域内 M_1 点处流体质点的速度投影可以用 M_0 处速度投影及它们在 M_0 处的导数近似表示，式(6.1)称为亥姆霍兹速度分解定理。

6.1.2 速度分解的物理意义

下面分析式(6.1)中各项的物理意义。为清楚说明问题，需要考查一结构较简单的平面流动。这种情况下，流体质点都在 xOy 平面上流动，速度矢量在 z 轴投影 $u_z=0$，在恒定流动的欧拉表达式中，速度在 x,y 轴上的投影 u_x,u_y 只是平面坐标 x,y 的函数。于是，式(6.1)中 $\varepsilon_{zz}=\varepsilon_{yz}=\varepsilon_{zy}=\varepsilon_{zx}=\varepsilon_{xz}=\omega_x=\omega_y=0$，式(6.1)简化为

$$\left.\begin{aligned}u'_x &= u_x + \varepsilon_{xx}\mathrm{d}x + \varepsilon_{xy}\mathrm{d}y - \omega_z\mathrm{d}y\\ u'_y &= u_y + \varepsilon_{yx}\mathrm{d}x + \varepsilon_{yy}\mathrm{d}y + \omega_z\mathrm{d}x\end{aligned}\right\}\tag{6.2}$$

在 xOy 平面上取一各边与坐标轴平行的矩形流体微团，通过分析这一平面流体微团的运动与变形，即可认识式(6.2)中各项的物理意义。这里应说明，流体微团与流体质点是两个不同的概念。流体质点指可以忽略尺寸的流体最小单元，大量连续分布的流体质点构成了一流体微团，流体微团在随流体运动中可以改变其空间位置和形状。

1)平移运动

图6.1(a)中，平面矩形流体微团4个顶点 A,B,C,D 所在点坐标为 (x,y)，$(x+\mathrm{d}x,y)$，$(x+\mathrm{d}x,y+\mathrm{d}y)$，$(x,y+\mathrm{d}y)$。$A$ 点处流体质点速度在 x,y 轴投影分别为 u_x,u_y，假设式(6.2)中 $\varepsilon_{xx}=\varepsilon_{yy}=\varepsilon_{xy}=\varepsilon_{yx}=\omega_z=0$，则可改写为

$$\left.\begin{aligned} u'_x &= u_x \\ u'_y &= u_y \end{aligned}\right\} \tag{6.3}$$

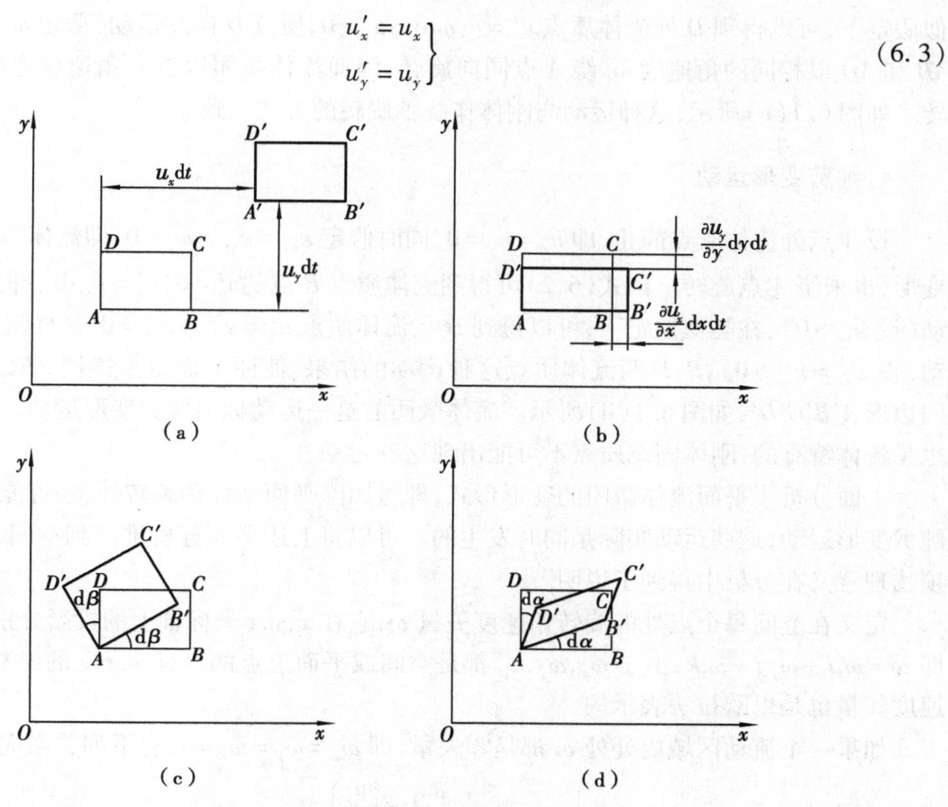

图 6.1 平面流体微团速度分解

这表明，矩形流体微团中任一流体质点与 A 点处流体质点运动速度完全相等，流体微团像刚体一样在自身平面作平移运动。

2）线变形运动

由于平面上 B 点与 A 点的 x,y 坐标差分别为 dx 和 0，由泰勒级数展开，B 点处流体质点速度 x 轴上的投影 u'_x 可以用 A 点处的投影值 u_x 及其导数表示：$u'_x = u_x + \frac{\partial u_x}{\partial x}dx + \frac{\partial u_x}{\partial y}dy = u_x + \varepsilon_{xx}dx$。经过 dt 时间段，A 处流体质点向右水平位移 $u_x dt$（假定 $u_x > 0$），B 处流体质点水平右移 $u'_x dt = (u_x + \varepsilon_{xx}dx)dt$，两质点在水平方向距离由原来的 dx 改变成为 $dx + \varepsilon_{xx}dxdt$，水平距离的改变量为 $\varepsilon_{xx}dxdt$。那么，在单位时间单位距离上两流体质点水平距离的改变量显然为 ε_{xx}，这就是 ε_{xx} 一项的物理意义。同样可以说明，ε_{yy} 是铅垂方向上两流体质点在单位时间、单位距离上距离的改变量。如果 ε_{xx} 和 ε_{yy} 都不等于0，原矩形 $ABCD$ 的长边与短边都将随时间伸长或缩短，变成一新的矩形 $AB'C'D'$，如图 6.1(b) 所示。矩形边的这种伸缩变形称为流体线变形运动。由于刚体的固体质点之间连线长度不会变化，因而刚体在运动中不存在这种线变形运动。

3）旋转运动

设 A 点处流体质点静止，即 $u_x = u_y = 0$，令 $\varepsilon_{xx} = \varepsilon_{yy} = 0$，即流体无线变形运动，再假定 $\varepsilon_{xy} = \varepsilon_{yx} = 0$，由式(6.2)可知，$B$ 点处流体质点 $u'_x = 0$，$u'_y = \omega_z dx$，即 B 点处流体质点向上运动；在类

似假定下,可以得到 D 处流体质点 $u'_x = -\omega_z \mathrm{d}y, u'_y = 0$,质点 D 向左运动(假定 $\omega_z > 0$),或者说,AB 和 AD 以相同的角速度 ω_z 绕 A 点同向旋转,因而流体微团以这一角速度逆时针绕 A 点旋转。如图 6.1(c)所示,这种运动与刚体作绕轴旋转的方式一致。

4)纯剪变形运动

设 A 点处流体质点静止,即 $u_x = u_y = 0$,同时假定 $\varepsilon_{xx} = \varepsilon_{yy} = \omega_z = 0$,即流体微团没有发生线变形,也未绕 A 点旋转。由式(6.2)可得到流体质点 B 点的$u'_x = 0, u'_y = \varepsilon_{yx}\mathrm{d}x$,即质点 B 向上运动(设 $\varepsilon_{yx} > 0$),在类似假定下,可以得到 D 点流体质点 $u'_x = \varepsilon_{xy}\mathrm{d}y, u'_y = 0$,$D$ 处流体质点向右运动(设 $\varepsilon_{xy} = \varepsilon_{yx} > 0$),$B$,$D$ 两流体质点这种运动的结果,使原平面矩形微团 $ABCD$ 变成一平行四边形 $A'B'C'D'$,如图 6.1(d)所示。流体微团的这一运动称为纯剪变形运动。这种变形运动也是流体特有的,刚体固态质点不可能出现这种运动。

上面分析了平面流体微团的变形形式,即微团除平面平移和旋转外,还可能发生线变形和纯剪变形运动,这些运动实际是同时发生的。可以将上述平面分析推广到空间,式(6.1)中各项物理意义在分析中得到了说明。

定义在空间每个点处的旋转角速度矢量 $\boldsymbol{\omega}$,它在 x,y,z 坐标轴上的投影分别是 $\omega_x,\omega_y,\omega_z$,即 $\boldsymbol{\omega} = \omega_x \boldsymbol{i} + \omega_y \boldsymbol{j} + \omega_z \boldsymbol{k}$,由于 $\omega_x,\omega_y,\omega_z$ 都是空间或平面上点的坐标 x,y,z 的函数,因而旋转角速度矢量也是以欧拉法表示的。

如果一个流动区域内处处 $\boldsymbol{\omega}$ 都是零矢量,即 $\omega_x = \omega_y = \omega_z = 0$,有下列关系成立:

$$\left.\begin{aligned} \frac{\partial u_z}{\partial y} &= \frac{\partial u_y}{\partial z} \\ \frac{\partial u_x}{\partial z} &= \frac{\partial u_z}{\partial x} \\ \frac{\partial u_y}{\partial x} &= \frac{\partial u_x}{\partial y} \end{aligned}\right\} \tag{6.4}$$

这一区域内的流动称为无旋或有势流,否则流动是有旋的。有旋流动与无旋流动是两类性质有较大差别的流动。

值得注意的是,从上面分析还可以看出,一点处的旋转角速度矢量是描述局部流体微团旋转特征的一个物理量,一点处这一矢量不为零矢量,说明这点处的流体微团围绕微团中某一点旋转。流动是有旋或无旋与流动的宏观流线或迹线是否弯曲无关。

6.2 速度势函数与流函数

6.2.1 速度势函数

在无旋的空间流动中,每点处的旋转角速度矢量 $\boldsymbol{\omega} = \omega_x \boldsymbol{i} + \omega_y \boldsymbol{j} + \omega_z \boldsymbol{k}$ 都是零矢量,这就要求 $\omega_x = \omega_y = \omega_z = 0$,即式(6.4)给出的关系成立。由数学分析可知,当 u_x,u_y,u_z 满足式(6.4)时,$u_x \mathrm{d}x + u_y \mathrm{d}y + u_z \mathrm{d}z$ 是某一个函数 $\varphi(x,y,z)$ 的全微分,即

$$d\varphi = u_x dx + u_y dy + u_z dz \tag{6.5}$$

另一方面,φ 的全微分 $d\varphi$ 又等于

$$d\varphi = \frac{\partial \varphi}{\partial x}dx + \frac{\partial \varphi}{\partial y}dy + \frac{\partial \varphi}{\partial z}dz \tag{6.6}$$

比较式(6.5)和式(6.6)可以得

$$\frac{\partial \varphi}{\partial x} = u_x, \frac{\partial \varphi}{\partial y} = u_y, \frac{\partial \varphi}{\partial z} = u_z \tag{6.7}$$

满足式(6.7)的由流动无旋条件确定的函数 $\varphi(x,y,z)$ 称为无旋流动的速度势函数。这是无旋流又称有势流的原因。对一个无旋流,如果求解出它的速度势函数,由式(6.7)就可以找到流场的速度分布,进一步可以得到流场的压强分布。寻求一个函数表达式显然要相对容易一些,这就是在无旋流中引入势函数的原因。

势函数有如下一些特征:

(1)不可压缩无旋流动的势函数是调和函数

不可压缩三维流动的连续性方程为

$$\frac{\partial u_x}{\partial x} + \frac{\partial u_y}{\partial y} + \frac{\partial u_z}{\partial z} = 0$$

将式(6.7)代入上式得

$$\frac{\partial}{\partial x}\left(\frac{\partial \varphi}{\partial x}\right) + \frac{\partial}{\partial y}\left(\frac{\partial \varphi}{\partial y}\right) + \frac{\partial}{\partial z}\left(\frac{\partial \varphi}{\partial z}\right) = 0$$

或

$$\frac{\partial^2 \varphi}{\partial x^2} + \frac{\partial^2 \varphi}{\partial y^2} + \frac{\partial^2 \varphi}{\partial z^2} = 0$$

该方程称为拉普拉斯方程,满足拉普拉斯方程的函数称为调和函数,不可压缩有势流动的势函数是一调和函数。

(2)存在势函数 $\varphi(x,y,z)$ 的流动是一无旋流动

流场中一点旋转角速度矢量在 x 轴上投影 ω_x,应为

$$\omega_x = \frac{1}{2}\left(\frac{\partial u_z}{\partial y} - \frac{\partial u_y}{\partial z}\right)$$

如果流动存在势函数中,那么 φ 必须满足式(6.7),将式(6.7)代入上式,得

$$\omega_x = \frac{1}{2}\left[\frac{\partial}{\partial y}\left(\frac{\partial \varphi}{\partial z}\right) - \frac{\partial}{\partial z}\left(\frac{\partial \varphi}{\partial y}\right)\right] = \frac{1}{2}\left(\frac{\partial^2 \varphi}{\partial y \partial z} - \frac{\partial^2 \varphi}{\partial z \partial y}\right) = 0$$

同样,可以证明 $\boldsymbol{\omega}$ 的另外两个投影 $\omega_y = \omega_z = 0$。这就表明,当流动存在势函数时,流动区域内处处旋转角速度矢量都是零矢量,流动是无旋的。

(3)等势面与流线正交

令一有势流动的势函数 $\varphi(x,y,z)$ 等于一常数 C,得到方程

$$\varphi(x,y,z) = C \tag{6.8}$$

该方程的几何意义是一张空间曲面(平面问题中得到一平面曲线),这一曲面称为势函数的等值面。等值面上每一点的坐标都满足式(6.8)。流场中显然有无穷多张等值面,它们对应于式(6.8)中的右边不同的常数。

在一等值面上取一点 A，并在其邻域内另取一曲面点 B，从 A 点到 B 点的矢量记为 $\mathrm{d}\boldsymbol{l}$，如图 6.2 所示。设矢量在 3 个坐标轴上投影分别为 $\mathrm{d}x,\mathrm{d}y,\mathrm{d}z$，于是 $\mathrm{d}\boldsymbol{l}$ 可写成 $\mathrm{d}\boldsymbol{l}=\mathrm{d}x\boldsymbol{i}+\mathrm{d}y\boldsymbol{j}+\mathrm{d}z\boldsymbol{k}$。$A$ 点处速度矢量 $\boldsymbol{u}$ 等于 $\boldsymbol{u}=u_x\boldsymbol{i}+u_y\boldsymbol{j}+u_z\boldsymbol{k}$。现计算上述两个矢量的点积

$$\mathrm{d}\boldsymbol{l}\,\boldsymbol{u}=(\mathrm{d}x\boldsymbol{i}+\mathrm{d}y\boldsymbol{j}+\mathrm{d}z\boldsymbol{k})(u_x\boldsymbol{i}+u_y\boldsymbol{j}+u_z\boldsymbol{k})=u_x\mathrm{d}x+u_y\mathrm{d}y+u_z\mathrm{d}z=\mathrm{d}\varphi$$

$\mathrm{d}\varphi$ 为 A,B 两点处势函数之差。由于 A,B 两点在同一等势面上，因而这两点势函数值相等，$\mathrm{d}\varphi=0$。这说明矢量 $\boldsymbol{u}$ 与 $\mathrm{d}\boldsymbol{l}$ 正交。B 点在等势面上的位置事实上是任意的，因此速度矢量 $\boldsymbol{u}$ 与过 A 点的曲面上任意一微线段正交，$\boldsymbol{u}$ 在 A 点与等势面正交。通过 A 点的流线与 A 点处速度矢量相切，由此可以得到流线与等势面正交的结论。

给定一无旋场速度投影 u_x,u_y,u_z 的欧拉表达式后，势函数 φ 可以通过积分方程式(6.5)获得。由于积分常数 C 对势函数 φ 表示的流场无影响，一般认为 $C=0$。

【例 6.1】 一平面恒定不可压缩流动的流线为通过原点的向外发射的射线，速度大小 u 反比于这点到原点距离 r，即 $u=q/2\pi r$（q 是正常数）。证明这一流动是有势的，求解势函数 φ，并证明所得势函数是一调和函数。

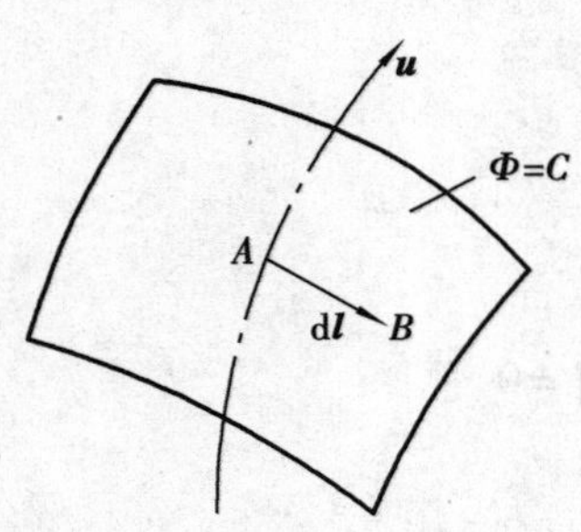

图 6.2 等势面与流线

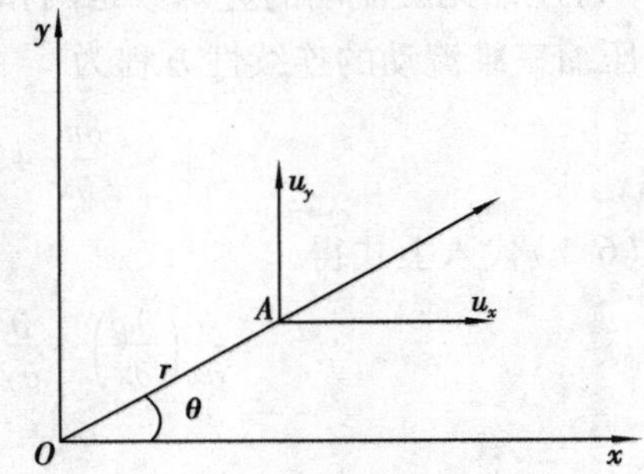

图 6.3 平面有势流动

【解】 速度 u 在 x,y 轴的投影表达为

$$u_x=\frac{q}{2\pi r}\cos\theta=\frac{q}{2\pi}\frac{x}{x^2+y^2}$$

$$u_y=\frac{q}{2\pi r}\sin\theta=\frac{q}{2\pi}\frac{y}{x^2+y^2}$$

$$\frac{\partial u_x}{\partial y}=\frac{\partial u_y}{\partial x}=-\frac{qxy}{2\pi(x^2+y^2)^2}$$

即

$$\omega_z=0$$

因此，流动是有势的。

$$\varphi=\int\mathrm{d}\varphi=\int u_x\mathrm{d}x+u_y\mathrm{d}y=\frac{q}{2\pi}\left(\int\frac{x}{x^2+y^2}\mathrm{d}x+\frac{y}{x^2+y^2}\mathrm{d}y\right)=\frac{q}{2\pi}\ln\sqrt{x^2+y^2}+C$$

令 $C=0$，得势函数为

$$\varphi=\frac{q}{2\pi}\ln\sqrt{x^2+y^2}$$

由于

$$\frac{\partial^2\varphi}{\partial x^2}+\frac{\partial^2\varphi}{\partial y^2}=\frac{q}{2\pi}\left[\frac{y^2-x^2}{(x^2+y^2)^2}+\frac{x^2-y^2}{(x^2+y^2)^2}\right]=0$$

因此，所得势函数 φ 是调和函数。

6.2.2 流函数

连续的平面流动存在流函数。应说明,空间三维流动并不与流函数这一概念相联系。不可压缩平面流动的连续性方程为

$$\frac{\partial u_x}{\partial x}+\frac{\partial u_y}{\partial y}=0$$

或

$$\frac{\partial u_x}{\partial x}=-\frac{\partial u_y}{\partial y} \tag{6.9}$$

由数学分析可知,当 u_x,u_y 满足式(6.9)时,$-u_y\mathrm{d}x+u_x\mathrm{d}y$ 是一个函数 $\psi(x,y)$ 的全微分,即

$$\mathrm{d}\psi=-u_y\mathrm{d}x+u_x\mathrm{d}y \tag{6.10}$$

另一方面,ψ 的全微分 $\mathrm{d}\psi$ 可以写成

$$\mathrm{d}\psi=\frac{\partial\psi}{\partial x}\mathrm{d}x+\frac{\partial\psi}{\partial y}\mathrm{d}y \tag{6.11}$$

比较式(6.10)和式(6.11)得

$$\frac{\partial\psi}{\partial x}=-u_y,\frac{\partial\psi}{\partial y}=u_x \tag{6.12}$$

满足式(6.12)的函数 $\psi(x,y)$ 称为二维连续流动的流函数。

流函数有如下性质:

1)有势平面流动的流函数是调和函数

平面流动无旋的条件是平面上处处 $\omega_z=0$,即$\frac{1}{2}\left(\frac{\partial u_y}{\partial x}-\frac{\partial u_x}{\partial y}\right)=0$,将式(6.12)代入,有

$$\frac{\partial}{\partial x}\left(-\frac{\partial\psi}{\partial x}\right)-\frac{\partial}{\partial y}\left(\frac{\partial\psi}{\partial y}\right)=0$$

或

$$\frac{\partial^2\psi}{\partial x^2}+\frac{\partial^2\psi}{\partial y^2}=0$$

这表明,有势平面流动的流函数 ψ 满足二维拉普拉斯方程,是一调和函数。

2)沿一条流线的流函数是常数

图6.4 中给出了平面流动的一条流线。在流线上取一微元线段矢量 d$\boldsymbol{s}$,设 d$\boldsymbol{s}$ 在 x,y 轴上投影分别为 dx,dy,那么 $\mathrm{d}\boldsymbol{s}=\mathrm{d}x\boldsymbol{i}+\mathrm{d}y\boldsymbol{j}$。微元线段上一点的速度矢量$\boldsymbol{u}=u_x\boldsymbol{i}+u_y\boldsymbol{j}$。由于速度矢量 $\boldsymbol{u}$ 与流线相切,因而 $\boldsymbol{u}$ 与 d$\boldsymbol{s}$ 是两个平行矢量,于是有

$$\frac{\mathrm{d}x}{u_x}=\frac{\mathrm{d}y}{u_y}$$

或

$$-u_y\mathrm{d}x+u_x\mathrm{d}y=0$$

将式(6.12)代入上式得

$$\frac{\partial\psi}{\partial x}\mathrm{d}x+\frac{\partial\psi}{\partial y}\mathrm{d}y=0$$

或

$$\mathrm{d}\psi=0$$

即

$$\psi=C$$

这说明,沿一条流线各点的流函数值相等。如果令流函数 $\psi(x,y)$ 等于一系列的常数值,所得各方程代表了平面上一系列流线。

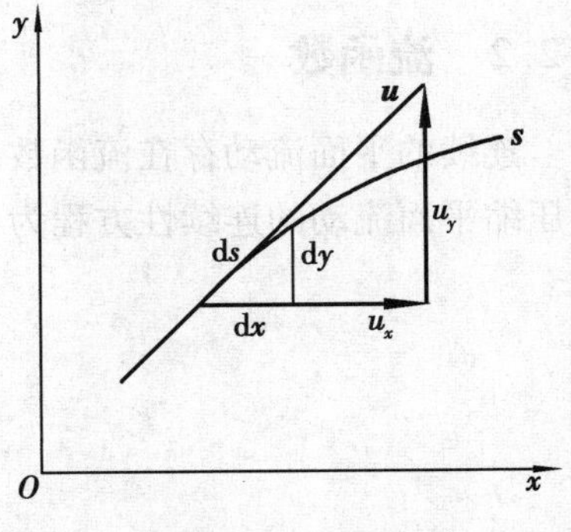

图 6.4　流函数性质 2 的推导

3)流函数值

平面流动中,通过连接平面上两给定点的曲线所代表的单位厚度曲面的流量等于两给定点处流函数值之差。

在图 6.5 中,平面上两给定点 A,B 处流函数值分别为常数 ψ_A,ψ_B。现考察流过连接 A,B 两点的任意曲线的流量 q。这一曲线实际代表了与平面正交的单位厚度的曲面。在曲线上取一微弧段 $\mathrm{d}s$,它在 x,y 轴上投影分别为 $\mathrm{d}x,\mathrm{d}y$。$\mathrm{d}s$ 上各点处的速度在两坐标轴上投影 u_x,u_y 可视为常数。由于流体不可压缩,通过微曲面 $\mathrm{d}s$ 的流量 $\mathrm{d}q$ 显然等于流体通过微直线段 $\mathrm{d}x$ 和 $\mathrm{d}y$ 的流量之和,即 $\mathrm{d}q=-u_y\mathrm{d}x+u_x\mathrm{d}y$,式中右边第一项出现了"$-$"是因为在图示情况下,$u_y$ 本身是负的,当 $\mathrm{d}x$ 为正时,加负号后才可表示正的流量值。代入式(6.12),上式变为 $\mathrm{d}q=\frac{\partial\psi}{\partial x}\mathrm{d}x+\frac{\partial\psi}{\partial y}\mathrm{d}y=\mathrm{d}\psi$,积分该式就得到通过给定曲线的流量 q,即

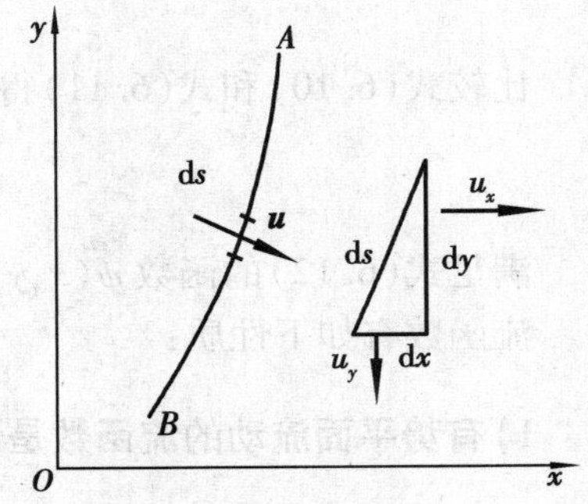

图 6.5　流函数性质 3 的证明

$$q=\int_B^A\mathrm{d}q=\int_{\psi_B}^{\psi_A}\mathrm{d}\psi=\psi_A-\psi_B$$

在以欧拉法给定了速度矢量两个分量 u_x,u_y 后,通过积分式(6.10)可得到流函数 $\psi(x,y)$。与求解势函数 φ 一样,积分常数同样可以视为零。

【例 6.2】　一平面恒定流动的流函数为 $\psi(x,y)=-\sqrt{3}x+y$,试求速度分布,写出通过 $A(1,0)$ 和 $B(2,\sqrt{3})$ 两点的流线方程,并计算这两点流线之间的通过流量。

【解】　由式(6.12)有

$$u_x=\frac{\partial\psi}{\partial y}=1\qquad u_y=-\frac{\partial\psi}{\partial x}=\sqrt{3}$$

平面上任一点处的速度矢量大小都为 $\sqrt{1^2+(\sqrt{3})^2}=2$,与 x 的正向夹角都是 $\arctan(\sqrt{3}/1)=60°$。这种速度分布不随地点变化的平面流称为平面均匀流。

A 点处流函数值为 $-\sqrt{3}\times1+0=-\sqrt{3}$,通过 A 点的流线方程为 $-\sqrt{3}x+y=-\sqrt{3}$。同样,

可以求解出通过 B 点的流线方程也是 $-\sqrt{3}x+y=-\sqrt{3}$。

可以看出，A，B 两点实际上是在同一流线上。通过 A，B 连线流量为 $-\sqrt{3}-(-\sqrt{3})=0$，该结果从 A，B 在同一流线上这一事实也可得到。

【例6.3】 计算例6.1中平面流动的流函数。

【解】 在例6.1中已得到了速度投影的以平面直角坐标表达的结果 u_x，u_y，将它们带入式(6.10)，有

$$\mathrm{d}\psi=-\frac{q}{2\pi}\frac{y}{x^2+y^2}\mathrm{d}x+\frac{q}{2\pi}\frac{x}{x^2+y^2}\mathrm{d}y$$

$$\psi=\int\mathrm{d}\psi=\int-\frac{q}{2\pi}\left(\frac{y}{x^2+y^2}\mathrm{d}x-\frac{x}{x^2+y^2}\mathrm{d}y\right)=\frac{q}{2\pi}\arctan\left(\frac{y}{x}\right)+C$$

令 $C=0$，得流函数为

$$\psi=\frac{q}{2\pi}\arctan\left(\frac{y}{x}\right)$$

6.2.3 平面有势流动的势函数与流函数的关系

由式(6.7)和式(6.12)可以看出，平面有势流动的势函数 φ 和流函数 ψ 有如下关系：

$$\frac{\partial\varphi}{\partial x}=\frac{\partial\psi}{\partial y}=u_x,\quad\frac{\partial\varphi}{\partial y}=-\frac{\partial\psi}{\partial x}=u_y\tag{6.13}$$

在讨论势函数的性质时，曾证明了势函数的等势面与流线正交。在平面恒定有势流动中，势函数 φ 只是 x，y 的二元函数，令其等于一常数后，所得方程代表一平面曲线，称为二维有势流动的等势线。平面流动中，平面上的等势线与流线正交。平面上若干等势线与流线构成了正交曲线网。

6.2.4 平面极坐标下的势函数和流函数

在分析一些工程平面流动问题时，有时使用极坐标更方便。在平面极坐标中，点的位置由 r，θ 两个坐标决定。r 指点到极坐标原点的距离，θ 指从原点出发经过讨论点的射线与极轴夹角，以逆时针方向为正。如果规定 $-\pi<\theta\leqslant\pi$，平面上的点与一对有序数 (r,θ) 显然是一一对应的。经过平面上每点处都有两条互相正交的坐标轴：r 轴从原点出发经过讨论点，向外为正；θ 轴为以原点为圆心且通过讨论点的圆周，逆时针方向为正。平面上任意一点的流体质点的速度矢量在经过这一点所在位置的两坐标轴上的投影 u_r，u_θ，当流动恒定且以欧拉法表示时，显然都是 r，θ 的函数。同样，平面恒定有势流动的势函数 φ 与流函数 ψ 也是点的坐标 r，θ 的函数，且有与式(6.7)和式(6.12)类似的关系：

$$\frac{\partial\varphi}{\partial r}=\frac{1}{r}\frac{\partial\psi}{\partial\theta}=u_r,\quad\frac{1}{r}\frac{\partial\varphi}{\partial\theta}=-\frac{\partial\psi}{\partial r}=u_\theta\tag{6.14}$$

势函数与流函数的全微分为

$$\mathrm{d}\varphi=\frac{\partial\varphi}{\partial r}\mathrm{d}r+\frac{\partial\varphi}{\partial\theta}\mathrm{d}\theta=u_r\mathrm{d}r+ru_\theta\mathrm{d}\theta\tag{6.15}$$

$$\mathrm{d}\psi=\frac{\partial\psi}{\partial r}\mathrm{d}r+\frac{\partial\psi}{\partial\theta}\mathrm{d}\theta=-u_\theta\mathrm{d}r+ru_r\mathrm{d}\theta\tag{6.16}$$

如果平面直角坐标系原点与极坐标系原点重合且平面直角坐标系的 x 轴与极坐标系的极轴重合,一个点的平面直角坐标 (x,y) 与极坐标 (r,θ) 有如下关系:

$$x = r\cos\theta,\quad y = r\sin\theta \tag{6.17}$$

$$r = \sqrt{x^2 + y^2},\quad \theta = \arctan\frac{y}{x} \tag{6.18}$$

6.3 几种基本平面势流

工程中一些复杂的平面有势流动可以由几个简单的平面势流叠加得到,本节将首先分析一些简单的平面恒定有势流动的特点。

6.3.1 平面均匀流

平面均匀流是指在同一时刻,所有流体质点的速度矢量的大小与方向都相同的平面流动。流动恒定时,速度矢量的这两个要素既不随时间变化,也不随地点变化。

设流动速度大小为 u_∞,速度方向与 xOy 坐标系的 x 轴正向一致,于是,平面上各点上的速度分量为:$u_x = u_\infty$,$u_y = 0$。这一流动显然是有势的,流动的势函数 $\varphi(x,y)$ 满足式(6.5):

$$\mathrm{d}\varphi = u_x\mathrm{d}x + u_y\mathrm{d}y = u_\infty\mathrm{d}x$$

对上式积分即可得到流动势函数:

$$\varphi = u_\infty x \tag{6.19}$$

流动的流函数 $\psi(x,y)$ 满足式(6.10):

$$\mathrm{d}\psi = -u_y\mathrm{d}x + u_x\mathrm{d}y = u_\infty\mathrm{d}y$$

对上式积分,即可得到流动的流函数:

$$\psi = u_\infty y \tag{6.20}$$

令势函数等于一系列常数得到等势线的方程,等势线是流动平面上与 y 轴平行的直线簇;令流函数等于一系列常数得到等流线方程,流线是流动平面上与 x 轴平行的直线簇。这两组直线显然是互相正交的。

6.3.2 点源与点汇

如果流体从某点向四周径向流出,这种流动称为点源,这个点称为原点;如果流体从四周往某点成直线均匀径向流入,这种流动称为点汇,这个点称为汇点,如图6.6所示。

可以证明,这两种流动都是有势的。

将点源或点汇置于坐标原点,设平面上一点到原点距离为 r,通过这点的一圆心在原点的圆周事实上代表了一高度为单位长度的柱面,其面积为 $2\pi r$,由于流体不可压缩,通过这一柱面的流量应为源或汇的流量 q。柱面上各点的速度矢量与柱面正交,在圆周方向投影 $u_\theta = 0$,在径向速度矢量的投影 u_r 在柱面上均匀分布,因此,它与柱面面积之积应等于通过这一柱面的流量 q,即 $2\pi r u_r = q$。由此得到极坐标系下速度矢量的两个投影:

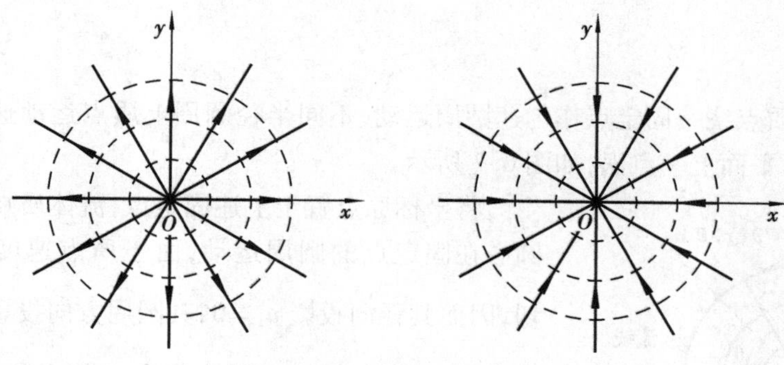

图 6.6　点源与点汇

$$u_r = \pm\frac{q}{2\pi r}$$
$$u_\theta = 0 \tag{6.21}$$

式(6.21)及以下各式中,正、负号分别对应于点源与点汇,流量 q 称为点源与点汇的强度。

流动的势函数 $\varphi(r,\theta)$ 的全微分 $\mathrm{d}\varphi$ 满足式(6.15):

$$\mathrm{d}\varphi = u_r\mathrm{d}r + ru_\theta\mathrm{d}\theta = \pm\frac{q}{2\pi r}\mathrm{d}r$$

积分上式即可得到流动的势函数:

$$\varphi = \pm\frac{q}{2\pi}\ln r \tag{6.22}$$

流动的流函数 $\psi(x,y)$ 的全微分 $\mathrm{d}\psi$ 满足式(6.16):

$$\mathrm{d}\psi = -u_\theta\mathrm{d}r + ru_r\mathrm{d}\theta = \pm\frac{q}{2\pi}\mathrm{d}\theta \tag{6.23}$$

积分上式即可得到流动的流函数:

$$\psi = \pm\frac{q}{2\pi}\theta \tag{6.24}$$

令势函数等于一系列常数得到等势线方程,等势线是半径不同的同心圆;令流函数等于一系列常数得到流线方程,流线是通过原点极角不同的射线。显然,等势线与流线在交点处是正交的。

由式(6.18)可以写出平面直角坐标系下位于坐标原点的点源与点汇的势函数与流函数:

$$\varphi = \pm\frac{q}{2\pi}\ln\sqrt{x^2+y^2} \tag{6.25}$$

$$\psi = \pm\frac{q}{2\pi}\arctan\frac{y}{x} \tag{6.26}$$

当点源或点汇不在坐标原点而在平面上 (x_0,y_0) 处时,势函数与流函数的直角坐标表达式分别为

$$\varphi = \pm\frac{q}{2\pi}\ln\sqrt{(x-x_0)^2+(y-y_0)^2} \tag{6.27}$$

$$\psi = \pm\frac{q}{2\pi}\arctan\frac{y-y_0}{x-x_0} \tag{6.28}$$

6.3.3 点涡

平面上流体质点绕一固定点作匀速圆周运动,不同半径圆周上质点运动速度反比于圆周半径,这就形成了平面上一点涡,如图 6.7 所示。

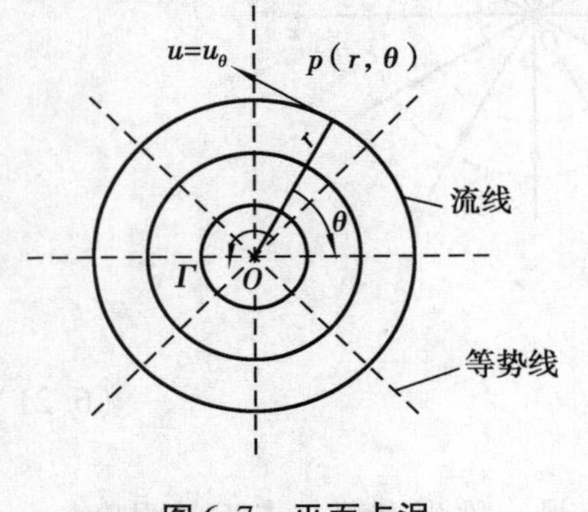

图 6.7 平面点涡

将坐标原点置于上述固定点,流体质点绕一半径为 r、圆心在固定点的圆周运动,由于质点速度矢量与圆周相切,因而其径向投影 $u_r=0$,其圆周方向投影 $u_\theta=\dfrac{\Gamma}{2\pi r}$,由于 Γ 在任一圆周上是一常数,称为点涡的强度,当 $\Gamma>0$ 时,表示质点作逆时针转动。极坐标系下,速度分量为

$$\left.\begin{aligned} u_r &= 0 \\ u_\theta &= \frac{\Gamma}{2\pi r} \end{aligned}\right\} \tag{6.29}$$

可以证明,这一流动是有势的。

流动的势函数 $\varphi(r,\theta)$ 的全微分 $\mathrm{d}\varphi$ 满足式(6.15):

$$\mathrm{d}\varphi = u_r\mathrm{d}r + ru_\theta\mathrm{d}\theta = \frac{\Gamma}{2\pi}\mathrm{d}\theta$$

积分上式即可得到流动的势函数:

$$\varphi = \frac{\Gamma}{2\pi}\theta \tag{6.30}$$

流动的流函数 $\psi(r,\theta)$ 的全微分 $\mathrm{d}\psi$ 满足式(6.16):

$$\mathrm{d}\psi = -u_\theta\mathrm{d}r + ru_r\mathrm{d}\theta = -\frac{\Gamma}{2\pi}\frac{1}{r}\mathrm{d}r$$

积分上式即可得到流动的流函数:

$$\psi = -\frac{\Gamma}{2\pi}\ln r \tag{6.31}$$

令势函数与流函数等于常数,得到的等势线是通过原点的极角不同的射线,流线是以坐标原点为圆心的同心圆。

由式(6.18)可以写出平面直角坐标系下位于坐标原点的点涡的势函数和流函数:

$$\left.\begin{aligned} \varphi &= \frac{\Gamma}{2\pi}\arctan\frac{y}{x} \\ \psi &= -\frac{\Gamma}{2\pi}\ln\sqrt{x^2+y^2} \end{aligned}\right\} \tag{6.32}$$

当点涡不在平面直角坐标系的原点而在平面上(x_0,y_0)处时,势函数和流函数流动的直角坐标表达式分别为

$$\left.\begin{aligned} \varphi &= \frac{\Gamma}{2\pi}\arctan\frac{y-y_0}{x-x_0} \\ \psi &= -\frac{\Gamma}{2\pi}\ln\sqrt{(x-x_0)^2+(y-y_0)^2} \end{aligned}\right\} \tag{6.33}$$

式中,Γ 称为点涡的强度。

6.4 势流的叠加

6.4.1 势流的叠加原理

设想有 n 个简单平面势流，它们的势函数分别为 $\varphi_1,\varphi_2,\cdots,\varphi_n$，流函数分别为 $\psi_1,\psi_2,\cdots,\psi_n$。现将 n 个平面流动叠加得到一个新的平面流动，新的流动仍然是一有势流动，其势函数 φ 可由下式求出：

$$\varphi=\varphi_1+\varphi_2+\cdots+\varphi_n$$

同样，叠加后流动的流函数 ψ 为

$$\psi=\psi_1+\psi_2+\cdots+\psi_n$$

在获得了流动的势函数与流函数后，可由式(6.7)与式(6.12)及式(6.14)求出流场的速度矢量，进一步以伯努利方程求出压强分布，完成流场分析。

6.4.2 点汇与点涡——螺旋线

平面坐标原点有一强度为 q 的点汇和一强度为 Γ 的点涡 $(q>0,\Gamma>0)$，如图6.8所示。由点汇与点涡共同产生的平面势流的势函数应为它们二者的势函数[式(6.22)和式(6.30)]的叠加，即

$$\varphi=-\frac{q}{2\pi}\ln r+\frac{\Gamma}{2\pi}\theta$$

同样，可以由式(6.24)和式(6.31)得到合成流动的流函数：

$$\psi=-\frac{q}{2\pi}\theta-\frac{\Gamma}{2\pi}\ln r$$

令 $\varphi=C_1$，经计算可以得到 $r=C_1\mathrm{e}^{(\Gamma\theta/q)}$，在平面极坐标系下，这一方程代表的等势线是一条平面对数螺旋线，同样可以得到流线也是平面对数螺旋线 $r=C_2\mathrm{e}^{(-q\theta/\Gamma)}$。这两条曲线是正交的。

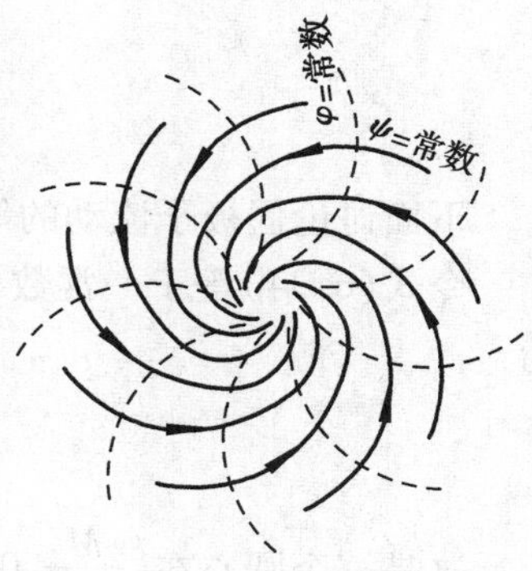

图6.8 点汇与点涡

6.4.3 偶极子流

在平面直角坐标系的 $(-a,0)$ 和 $(a,0)$ 两点处分别设一强度均为 q 的源和汇 $(a>0,q>0)$，由式(6.27)和式(6.28)及势流叠加原理，合成势流的势函数和流函数分别为

$$\varphi=\frac{q}{2\pi}\left[\ln\sqrt{(x+a)^2+y^2}-\ln\sqrt{(x-a)^2+y^2}\right]$$

$$\psi=\frac{q}{2\pi}\left(\arctan\frac{y}{x+a}-\arctan\frac{y}{x-a}\right)$$

设点源与点汇沿 x 轴无限接近，即令 $2a\to0$，同时设 q 无限增长，这样就能保证乘积 $2aq$ 始终保持为一常数 M：$M=2aq$。这一极限状态下源、汇合成的平面流动称为偶极子流，M 称为偶极子强度 $(M>0)$。

在 $a\to 0$ 和 $q\to\infty$ 条件下，偶极子流动的势函数与流函数成为

$$\varphi=\lim_{\substack{a\to 0\\ q\to\infty}}\frac{2aq}{2\pi}\lim_{a\to 0}\frac{\ln\sqrt{(x+a)^2+y^2}-\ln\sqrt{(x-a)^2+y^2}}{2a}$$

$$=\frac{M}{2\pi}\frac{\mathrm{d}}{\mathrm{d}x}\ln\sqrt{x^2+y^2}$$

$$=\frac{M}{2\pi}\frac{x}{x^2+y^2}\tag{6.34}$$

$$\psi=\lim_{\substack{a\to 0\\ q\to\infty}}\frac{2aq}{2\pi}\lim_{a\to 0}\frac{\arctan\dfrac{y}{x+a}-\arctan\dfrac{y}{x-a}}{2a}$$

$$=\frac{M}{2\pi}\frac{\mathrm{d}}{\mathrm{d}x}\arctan\frac{y}{x}$$

$$=-\frac{M}{2\pi}\frac{y}{x^2+y^2}\tag{6.35}$$

利用平面直角坐标与极坐标的关系，即式(6.17)和式(6.18)，可以得到偶极子流动的势函数与流函数的极坐标表达式：

$$\varphi=\frac{M}{2\pi}\frac{\cos\theta}{r}\tag{6.36}$$

$$\psi=-\frac{M}{2\pi}\frac{\sin\theta}{r}\tag{6.37}$$

下面讨论偶极子流动的等势线和流线的特征。

令式(6.34)等于一常数 C，所得方程代表了平面上一条等势线。经计算，这一方程可简化为

$$\left(x-\frac{M}{4\pi C}\right)^2+y^2=\left(\frac{M}{4\pi C}\right)^2$$

这是一个圆心在$\left(\dfrac{M}{4\pi C},0\right)$，半径为$\dfrac{M}{4\pi|C|}$，与 y 轴相切于原点的圆，$C>0$ 时，圆位于 y 轴右侧；否则，位于 y 轴左侧。

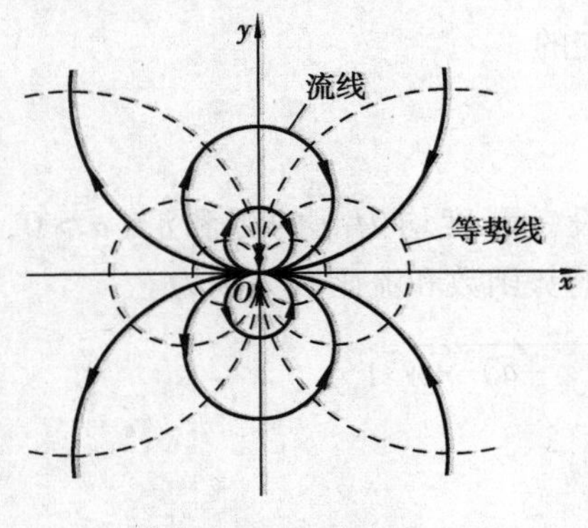

图 6.9　偶极子流

令式(6.35)等于常数 D，方程简化后可以得到流线方程为

$$x^2+\left(y+\frac{M}{4\pi D}\right)^2=\left(\frac{M}{4\pi D}\right)^2$$

流线是圆心在$\left(0,-\dfrac{M}{4\pi D}\right)$，半径为$\dfrac{M}{4\pi|D|}$的圆，圆与 x 轴相切于原点。当 $D>0$ 时，圆位于 x 轴下方，否则位于 x 轴上方。

这样所得到的等势线与流线是正交的，如图 6.9 所示。

6.5 圆柱体绕流

6.5.1 圆柱体无环量绕流

在一流动速度为 u_∞ 的恒定均匀流中设置一半径为 r_0，轴心线与原均匀流流动方向垂直的无穷长静止直圆柱体，由于圆柱体对原均匀流的干扰，均匀流的流线不再是直线，在距圆柱体越近处这种变化越明显。由于圆柱体无穷长，在每个与圆柱体轴心线垂直的平面上流动是一样的，流动具有二维流动的特征，如图6.10所示。

将平面直角坐标系的原点设置在圆柱轴心线与平面交点处，x 轴正向与均匀流流动方向一致。现设想将圆柱体从流场中抽去，然后在坐标原点处设置一强度 $M=2\pi u_\infty r_0^2$ 的偶极子，如图6.11所示。下面分析由均匀流和偶极子流叠加而成的平面流动的流动特征。

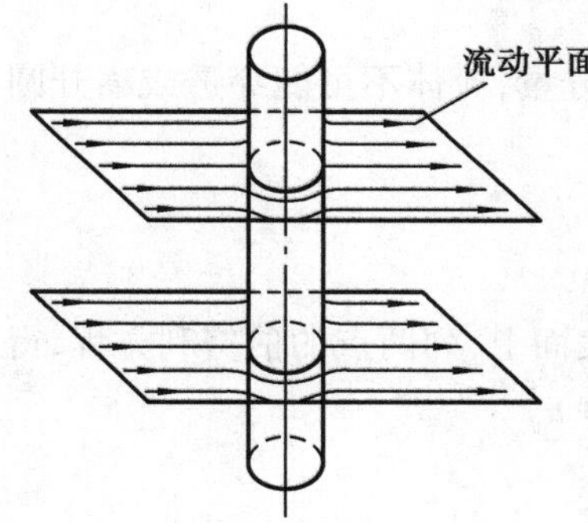

图6.10 无穷长圆柱体绕流

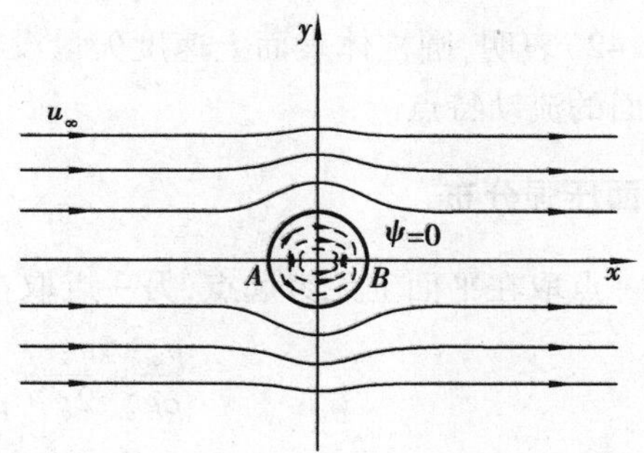

图6.11 均匀流绕流圆柱体

1）势函数与流函数

由平面均匀流与偶极子流合成后的流动仍然是有势的，其势函数与流函数分别等于两个有势流的势函数与流函数的代数和，即

$$\varphi = u_\infty x + \frac{M}{2\pi}\frac{x}{x^2+y^2} = u_\infty x + \frac{u_\infty r_0^2 x}{x^2+y^2} \tag{6.38}$$

$$\psi = u_\infty y - \frac{M}{2\pi}\frac{y}{x^2+y^2} = u_\infty y - \frac{u_\infty r_0^2 y}{x^2+y^2} \tag{6.39}$$

由直角坐标与极坐标的关系，上面两个函数的极坐标表达式为

$$\varphi = r u_\infty \cos\theta\left(1+\frac{r_0^2}{r^2}\right) \tag{6.40}$$

$$\psi = r u_\infty \sin\theta\left(1-\frac{r_0^2}{r^2}\right) \tag{6.41}$$

方程 $\psi=0$ 代表的流线称为零流线。零流线方程为

$$u_\infty y\left(1-\frac{r_0^2}{x^2+y^2}\right)=0$$

由此得到 $y=0$ 和 $x^2+y^2=r_0^2$。这表明，x 轴和一半径为 r_0，圆心位于坐标原点的圆周是两条零流线，流线上流体质点的速度矢量与流线相切，不可能穿越流线，因而理想的流线可以与固体壁面互换。可以看出，均匀流与一偶极子叠加后相当于均匀流绕流圆柱体的流动结果，二者在圆柱体外部流动是相同的，这是可以以两个势流叠加代替原绕流物理模型的原因。

2）速度分布

流动的速度分布的极坐标系的表达式为

$$u_r=\frac{\partial\varphi}{\partial r}=\frac{1}{r}\frac{\partial\psi}{\partial\theta}=u_\infty\cos\theta\left(1-\frac{r_0^2}{r^2}\right)$$

$$u_\theta=-\frac{\partial\psi}{\partial r}=\frac{1}{r}\frac{\partial\varphi}{\partial\theta}=-u_\infty\sin\theta\left(1+\frac{r_0^2}{r^2}\right)$$

圆柱体表面即零流线圆上各点 $r=r_0$，代入上式，得到圆柱体表面速度分布为

$$u_r=0 \tag{6.42}$$

$$u_\theta=-2u_\infty\sin\theta \tag{6.43}$$

式(6.42)表明，圆柱体表面上速度矢量没有径向分量，流体不可能穿透或离开圆柱体，符合固态物面的流动特点。

3）柱面压强分布

现将一点取在平面上无穷远点，另一点取在圆柱表面上，列两点的伯努利方程，得

$$\frac{p_\infty}{\rho g}+\frac{u_\infty^2}{2g}=\frac{p}{\rho g}+\frac{u_r^2+u_\theta^2}{2g}$$

或

$$p=p_\infty+\frac{\rho u_\infty^2}{2}(1-4\sin^2\theta) \tag{6.44}$$

速度大小为0的点称为驻点。式(6.42)和式(6.43)表明，在圆柱表面 $\theta=0$ 和 $\theta=\pi$，即圆柱体与 x 轴两个交点都是驻点。式(6.44)表明，这两点压强达到极大值。在圆柱表面 $\theta=\pm\frac{\pi}{2}$ 处，即圆柱表面与 y 轴两个交点处，速度达到极大值，是无穷远处速度的2倍，但压强降到最低。

4）柱面合力

在式(6.44)中，以 $-\theta_0$ 代替 θ_0，压强 p 值不变，说明圆柱体表面压强分布对称于 x 轴，圆柱表面压强不产生 y 方向的合力。以 $\pi-\theta_0$ 代替 θ_0，压强值也不变，说明圆柱体表面压强分布对称于 y 轴，圆柱表面压强不产生 x 方向的合力。这样，圆柱表面流体压强的合力为零。

均匀流绕流任意静止翼型时，翼型表面所受到的总作用力与均匀流动方向一致的分量和与均匀流动方向垂直的分量分别称翼型所受的阻力 D 和升力 L。现在可以看出，理想均匀流绕流圆柱体时，圆柱体的阻力 D 和升力 L 都等于0。

6.5.2 圆柱体有环量绕流

在速度大小为 u_∞ 的定常均匀流中置入一半径为 r_0 的无穷长的圆柱体,这一圆柱体也与均匀流方向垂直,与上面分析不同处在于,圆柱体以均角速度绕其轴心线旋转。圆柱体外的流动同样是一有势平面流动。分析中,仍假定将圆柱体从流场中抽出,在坐标原点设置强度 $M=2\pi u_\infty r_0^2$ 的偶极子,另外再设置一强度 $\Gamma(\Gamma>0)$ 的涡。下面分析由均匀流、偶极子流和点涡合成的平面流动特性。

1)势函数与流函数

合成的平面流的势函数和流函数应为 3 个流动对应的势函数、流函数叠加,得

$$\varphi=u_\infty x+\frac{u_\infty r_0^2 x}{x^2+y^2}+\frac{\Gamma}{2\pi}\arctan\frac{y}{x} \tag{6.45}$$

$$\psi=u_\infty y-\frac{u_\infty r_0^2 y}{x^2+y^2}-\frac{\Gamma}{2\pi}\ln\sqrt{x^2+y^2} \tag{6.46}$$

势函数和流函数的极坐标表达式为

$$\varphi=u_\infty r\cos\theta+\frac{u_\infty r_0^2}{r}\cos\theta+\frac{\Gamma}{2\pi}\theta \tag{6.47}$$

$$\psi=u_\infty r\sin\theta-\frac{u_\infty r_0^2}{r}\sin\theta-\frac{\Gamma}{2\pi}\ln r \tag{6.48}$$

2)速度分布

在极坐标下,流动速度分布由式(6.14)给出:

$$u_r=\frac{1}{r}\frac{\partial\psi}{\partial\theta}=\frac{\partial\varphi}{\partial r}=u_\infty\cos\theta\left(1-\frac{r_0^2}{r^2}\right) \tag{6.49}$$

$$u_\theta=\frac{1}{r}\frac{\partial\varphi}{\partial\theta}=-\frac{\partial\psi}{\partial r}=-u_\infty\sin\theta\left(1+\frac{r_0^2}{r^2}\right)+\frac{\Gamma}{2\pi}\frac{1}{r} \tag{6.50}$$

圆柱体表面上 $r=r_0$,速度分布为

$$u_r=0,\quad u_\theta=-2u_\infty\sin\theta+\frac{\Gamma}{2\pi r_0} \tag{6.51}$$

可以看出,柱面上流体质点速度没有径向分量,流体只能沿圆周方向流动,可见圆柱表面是一条流线。在圆心处设置一半径为 r_0 的固态圆柱也有这样的流动效果,这是可以以合成 3 个简单平面势流代替流旋转圆柱体物理模型的原因。

下面讨论圆柱面上驻点的位置。由于柱面上处处 $u_r=0$,驻点应出现在能使 $u_\theta=0$ 的位置。由式(6.51)可知,得到驻点处的 θ 满足:

$$\sin\theta=\frac{\Gamma}{4\pi u_\infty r_0}$$

如果 $\Gamma=4\pi u_\infty r_0$,则 $\theta=\pi/2$,驻点出现在圆柱表面与正 y 轴相交处。如果 $\Gamma<4\pi u_\infty r_0$,驻点出现在圆柱表面的 1,2 界限中并对称于 y 轴。如果 $\Gamma>4\pi u_\infty r_0$,柱面上将没有驻点,出现的自由驻点位于圆柱体外的正 y 轴上。

3)柱面压强分布

列一无穷远点和圆柱表面上一点的伯努利方程,有

$$\frac{u_\infty^2}{2g}+\frac{p_\infty}{\rho g}=\frac{p}{\rho g}+\frac{v_r^2+v_\theta^2}{2g}$$

将式(6.51)代入上式,得

$$p=p_\infty+\frac{\rho}{2}\left[u_\infty^2-\left(-2u_\infty\sin\theta+\frac{\Gamma}{2\pi r_0}\right)^2\right] \tag{6.52}$$

4)柱面合力

以 θ_0 和 $(\pi-\theta_0)$ 代入式(6.52)所得值不变,表明作用在旋转圆柱表面压强关于 y 轴是对称的,流体作用于圆柱表面合力没有 x 方向的分量,阻力 $D=0$。但是,流体作用于旋转圆柱表面压强关于 x 轴并不对称,圆柱体上作用有一与流动方向垂直的升力 L。这一升力可按如下方法分析计算。

在圆柱体表面上取一长 $r_0\mathrm{d}\theta$ 的微元弧段,这一微弧段事实上代表了一单位高度的微元面积。这一面积上压强 p 随微元弧段的 θ 坐标按式(6.52)给出规律变化。微面积上所受压强大小为 $pr_0\mathrm{d}\theta$,方向与柱面正交(即沿半径方向指向圆心),它在 y 轴投影为 $-pr_0\sin\theta\mathrm{d}\theta$。流体作用于圆柱表面压力在 y 轴方向投影即圆柱体所受升力 L 为

$$\begin{aligned}L&=\int_0^{2\pi}-pr_0\sin\theta\mathrm{d}\theta=-\int_0^{2\pi}r_0\sin\theta\left\{p_\infty+\frac{\rho}{2}\left[u_\infty^2-\left(-2u_\infty\sin\theta+\frac{\Gamma}{2\pi r_0}\right)^2\right]\right\}\mathrm{d}\theta\\&=-\rho u_\infty\Gamma\end{aligned}$$

上式称为库塔公式,式中负号表明圆柱体所受流体升力方向沿 y 轴负向。库塔公式表明,放置在均匀流中与流动方向垂直单位长度的旋转圆柱体所受升力大小与来流大小 u_∞,流体密度 ρ 和旋转圆柱引起的环量 Γ 成正比,升力方向应将来流方向沿圆柱旋转方向反向旋转90°,如图6.12所示。

库塔公式在轴流式水泵、水轮机叶片设计中有重要应用。

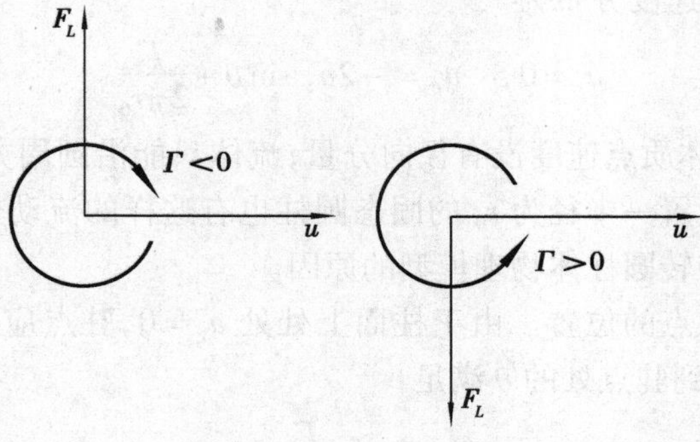

图6.12 圆柱升力方向

6.5.3 卡门涡街

前面分析中指出，当一均匀流绕流经一静止圆柱体时，流体作用于圆柱体的合力为0，固态圆柱体不会随流下漂。这一结果是在假定流体理想的条件下导出的，有黏性的实际流体显然不会产生这一结果。真实流体绕流一静止圆柱时，如果来流速度较小，流线分布和圆柱体表面压强分布与理想流体绕流情况类似。随来流速度增加，流体将在圆柱后半部分分离，来流速度越高，圆柱体上的分离点越向前移，如图6.13所示。

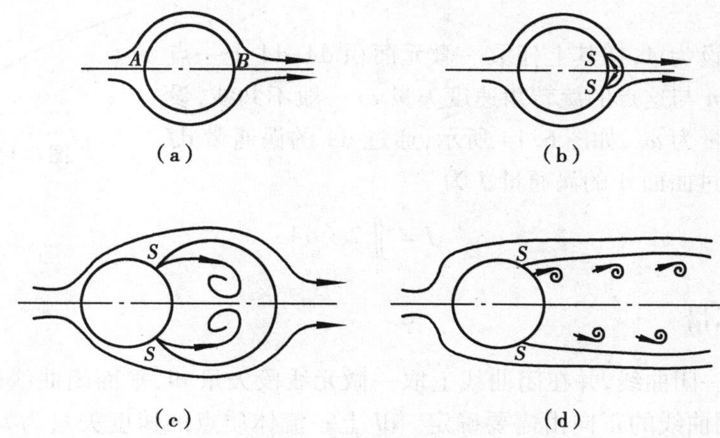

图6.13 卡门涡街

水流在圆柱体表面分离后，将形成旋转方向相反的排列规则的双排旋涡流向下游，形成卡门涡街。这一旋涡区中水流耗能严重，压强降低，加之水流在分离前的摩擦阻力，致使圆柱体将受到一指向下游的合力，这是河水能冲动水中石块等物体的原因。

6.6 理想流体的旋涡运动

在一流场中，如果一个区域内处处旋转角速度矢量 $\boldsymbol{\omega}$ 都为0，这一区域内的流动是无旋的即有势的。理想流体的流动可以是有势的，也可以是有旋的。但黏性流体的流动一般是有旋的，表明黏性流体的微观流体微团在随主流作宏观运动的同时，还在绕微团内一点旋动。

6.6.1 涡线和涡管

涡线是有旋流场中的一条曲线，曲线上各点处的旋转角速度矢量都与这一曲线相切。

设流场中各点旋转角速度矢量的直角坐标表达式为：$\boldsymbol{\omega}=\omega_x\boldsymbol{i}+\omega_y\boldsymbol{j}+\omega_z\boldsymbol{k}$，式中3个投影分量由式(6.2)定义，因而它们都是 x,y,z 的函数。与流线方程一样，涡线方程可以表示为

$$\frac{\mathrm{d}x}{\omega_x}=\frac{\mathrm{d}y}{\omega_y}=\frac{\mathrm{d}z}{\omega_z} \tag{6.53}$$

恒定流动中涡线形状不随时间变化。

在有旋流场中取一非涡线的闭曲线,通过这一闭曲线上每点处都有一涡线,这些涡线形成了一封闭管状曲面,称为涡管。恒定流动的涡管不随时间变化。涡管内充满了互不相交的涡线。涡管中任一与所有涡线都正交的曲面,称为涡管断面。

涡管内充满着做旋转运动的流体称为涡束,微元涡管中的涡束称为微元涡束。

涡通量是指通过任一曲面的旋转角速度矢量的通量的2倍。如果把旋转角速度矢量比拟成速度矢量,通过曲面的涡通量与流量相类似。

一曲面面积设为A,在其上任取一微元面积$\mathrm{d}A$,$\mathrm{d}A$上一点处的单位法矢量$\boldsymbol{n}$与这点的旋转角速度矢量$\boldsymbol{\omega}$一般不共线,设$\boldsymbol{\omega}$在$\boldsymbol{n}$上投影数量为ω_n,如图6.14所示,通过$\mathrm{d}A$的涡通量$\mathrm{d}\boldsymbol{J}=2\omega_n\mathrm{d}A$,从而通过曲面$A$的涡通量$\boldsymbol{J}$为

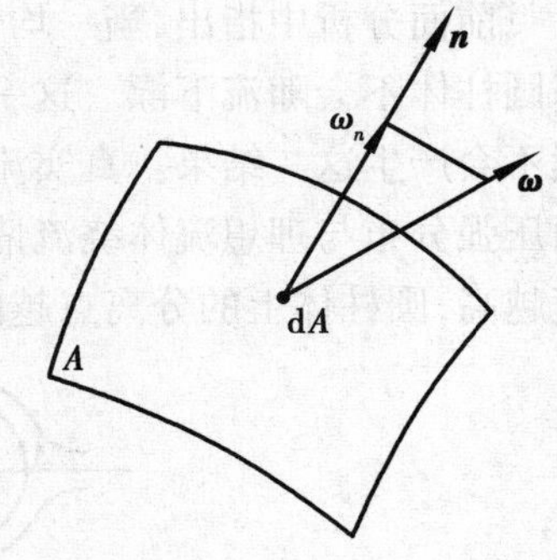

图6.14　涡通量

$$\boldsymbol{J}=\iint_A 2\omega_n\mathrm{d}A \tag{6.54}$$

6.6.2　速度环量

在流场中取一闭曲线,并在闭曲线上取一微元线段矢量$\mathrm{d}\boldsymbol{l}$,平面闭曲线的正向规定为逆时针方向,空间闭曲线的正向由需要确定。$\mathrm{d}\boldsymbol{l}$上一流体质点的速度矢量为$\boldsymbol{u}$,速度矢量在$\mathrm{d}\boldsymbol{l}$上的环量$\mathrm{d}\boldsymbol{\Gamma}$,$\mathrm{d}\boldsymbol{\Gamma}=\boldsymbol{u}\cdot\mathrm{d}\boldsymbol{l}$,如果速度矢量与$\mathrm{d}\boldsymbol{l}$正向间夹角为$\alpha$,那么$\boldsymbol{u}\cdot\mathrm{d}\boldsymbol{l}=u\mathrm{d}l\cos\alpha$。速度矢量的环量可以是正的或负的,由$\alpha$角是锐角或钝角决定。

沿闭曲线的速度环量Γ为

$$\Gamma=\int_l \mathrm{d}\Gamma=\int_l u_x\mathrm{d}x+u_y\mathrm{d}y+u_z\mathrm{d}z \tag{6.55}$$

6.6.3　斯托克斯定理

对于有旋流动,其流动空间既是速度场,又是旋涡场。这两个场之间的关系即是斯托克斯定理的内容。斯托克斯定理指出:沿有旋场中的一闭曲线由速度矢量产生的环量Γ等于该闭曲线内所有涡通量之和。

现就该定理进行证明。在流动平面上取一边长为$\mathrm{d}x$,$\mathrm{d}y$的矩形,矩形的四边分别平行于x,y轴,如图6.15所示。

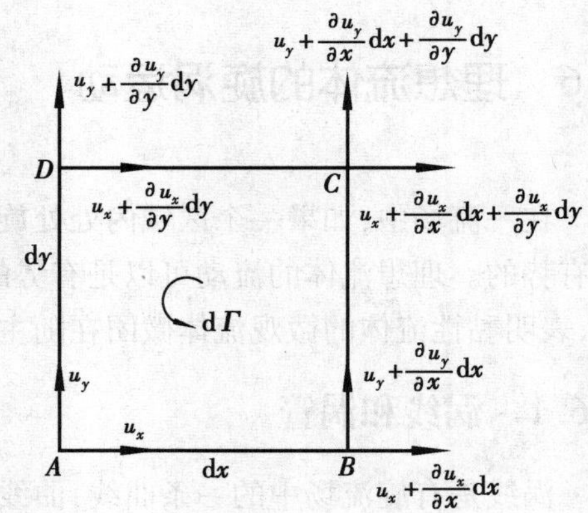

图6.15　微元矩形边界环量

四边形4个顶点A,B,C,D的坐标分别为(x,y),$(x+\mathrm{d}x,y)$,$(x+\mathrm{d}x,y+\mathrm{d}y)$,$(x,y+\mathrm{d}y)$。$A$点处流体质点的速度矢量的两个分量分别为$u_x$,$u_y$,由二元函数的泰勒级数展开,其余3点处的速度分量如下:

B点:

$$u_x+\frac{\partial u_x}{\partial x}\mathrm{d}x, u_y+\frac{\partial u_y}{\partial x}\mathrm{d}x$$

C 点：

$$u_x+\frac{\partial u_x}{\partial x}\mathrm{d}x+\frac{\partial u_x}{\partial y}\mathrm{d}y, u_y+\frac{\partial u_y}{\partial x}\mathrm{d}x+\frac{\partial u_y}{\partial y}\mathrm{d}y$$

D 点：

$$u_x+\frac{\partial u_x}{\partial y}\mathrm{d}y, u_y+\frac{\partial u_y}{\partial y}\mathrm{d}y$$

现将每边两端点上的速度投影的平均值作为这一边上各点速度投影值，AB 边上各点水平方向速度 $u_{xAB}=\frac{1}{2}\left(2u_x+\frac{\partial u_x}{\partial x}\mathrm{d}x\right)$，$BC$ 边上各点垂直方向速度 $u_{yBC}=\frac{1}{2}\left(2u_y+2\frac{\partial u_y}{\partial x}\mathrm{d}x+\frac{\partial u_y}{\partial y}\mathrm{d}y\right)$，$CD$ 边上各点水平方向速度 $u_{xCD}=\frac{1}{2}\left(2u_x+2\frac{\partial u_x}{\partial y}\mathrm{d}y+\frac{\partial u_x}{\partial x}\mathrm{d}x\right)$，$DA$ 边上各点垂直方向速度 $u_{yDA}=\frac{1}{2}\left(2u_y+\frac{\partial u_y}{\partial y}\mathrm{d}y\right)$。

由式(6.55)，沿四边形边界逆时针方向速度环量：

$$\begin{aligned}\mathrm{d}\Gamma &= \int_{AB}u_{xAB}\mathrm{d}x+\int_{BC}u_{yBC}\mathrm{d}y-\int_{CD}u_{xCD}\mathrm{d}x-\int_{DA}u_{yDA}\mathrm{d}y=\frac{1}{2}\left(2u_x+\frac{\partial u_x}{\partial x}\mathrm{d}x\right)\mathrm{d}x+\\ &\frac{1}{2}\left(2u_y+2\frac{\partial u_y}{\partial x}\mathrm{d}x+\frac{\partial u_y}{\partial y}\mathrm{d}y\right)\mathrm{d}y-\frac{1}{2}\left(2u_x+2\frac{\partial u_x}{\partial y}\mathrm{d}y+\frac{\partial u_x}{\partial x}\mathrm{d}x\right)\mathrm{d}x-\frac{1}{2}\left(2u_y+\frac{\partial u_y}{\partial y}\mathrm{d}y\right)\mathrm{d}y\\ &=\left(\frac{\partial u_y}{\partial x}-\frac{\partial u_x}{\partial y}\right)\mathrm{d}x\mathrm{d}y\end{aligned}$$

在 xOy 平面流动中，任一点处的旋转角速度矢量的两个投影 $\omega_x=\omega_y=0$，$\omega_z=\frac{1}{2}\left(\frac{\partial u_y}{\partial x}-\frac{\partial u_x}{\partial y}\right)$，在微矩形内各点处 ω_z 相等，$\left(\frac{\partial u_y}{\partial x}-\frac{\partial u_x}{\partial y}\right)\mathrm{d}x\mathrm{d}y$ 正是通过微元矩形面的涡通量。因此，沿微元矩形边界的速度环量等于通过该微元矩形面的涡通量。这就证明了平面流动中斯托克斯定理对一微元面积的正确性。

在有限大的平面区域中，可以用两组互相垂直的平行线将区域划分成若干微元矩形，然后在每个微矩形应用斯托克斯定理并将结果相加。在相加环量时，应注意沿两个相邻微矩形的公共边的速度环量相互抵消，所余正是沿外封闭曲线的速度环量，该环量等于通过各微元矩形面的通量总和，即

$$\Gamma_K=2\iint_A\omega_n\mathrm{d}A$$

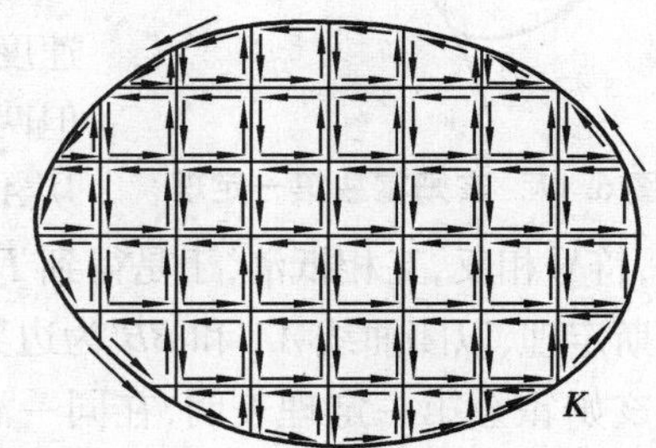

图 6.16 有限平面区域的斯托克斯定理

这就是平面上的有限单连通区域的斯托克斯定理的表达式。它说明沿包围平面上有限单连通域的封闭周线的速度环量等于通过该区域的涡通量。

6.7 理想流体旋涡运动的基本定理

下面几个定理中要涉及流线体这一基本概念。流线体是指由相同流体质点组成的线状体。流线体随主流一起运动,流动中其位置与形状均可能发生变化,但构成它的流体质点始终不变。后面提到的正压流体指密度仅随压强变化的流体,液体可以视为正压流体。

6.7.1 汤姆逊定理

汤姆逊定理可叙述为:理想的不可压缩流体在有势质量力作用下沿一封闭流线体的速度环量不随时间变化。

这里不证明这一定理。作用于流体的重力是一有势力,因而在重力场中的理想正压流体将满足汤姆逊定理。

静止理想流体中,沿一闭曲线的速度环量显然为0,各点处的旋转角速度矢量也显然是零矢量。流体开始运动后的任一时刻,沿相同流体质点构成的流线体的速度环量,根据汤姆逊定理,仍然是0,由斯托克斯定理可知,以这一闭曲线为边界的任一曲面的涡通量也为0,这一曲面上各处旋转角速度矢量等于零矢量,流动仍然是无旋的。这里需要说明的是,理想流体如果开始做无旋流动,流动将永远是有势的。

6.7.2 亥姆霍兹旋涡定理

亥姆霍兹第一定理:在同一时刻,通过涡管任意涡管断面的涡通量不变。

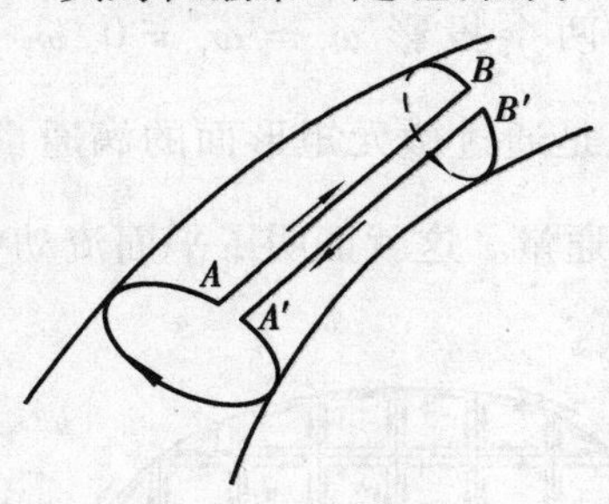

图6.17 亥姆霍兹第一定理

这一定理可以证明如下:在图6.17中,A,B处是同一涡管的两个涡管断面,在涡管表面取两条无限接近的曲线AB和$A'B'$,于是可以得到一条分布在涡管表面的闭曲线$ABB'A'A$,由于涡管表面上各点处旋转角速度矢量都与涡管表面相切,因此通过这一闭曲线的涡通量为0。由斯托克斯定理,沿闭曲线的速度环量也为0。在AB和$B'A'$两曲线上各点速度矢量相同,但两曲线正向相反:在图6.17中,曲线AB,$B'A'$的正向分别是从A到B和从B'到A'。沿两条相邻曲线的速度曲线积分大小相等,符号相反,互相抵消,于是得到$\Gamma_{ABB'A'A}=\Gamma_{BB'}+\Gamma_{A'A}=0$,即$\Gamma_{BB'}=-\Gamma_{A'A}$或$\Gamma_{AA'}=\Gamma_{BB'}$。由斯托克斯定理,以闭曲线$AA'$和$BB'$为边界的两个涡管断面涡通量相等。

亥姆霍兹第一定理表明,在同一涡管上,涡管断面面积较小的断面上各点处旋转角速度矢量有较大的值,这与沿流管过水断面面积较小处速度矢量有较大值相类似。涡管断面面积不能减小到0,否则这里的旋转角速度矢量的大小将趋近于无穷大,而这是不可能的。因此,流场中的涡管首尾断面只能终止于液面或固壁处,或者涡管成为环状。

亥姆霍兹第二定理:正压的理想流体在有势质量力作用下,组成涡管的流体质点将始终组成涡管。这一定理表明,涡管在随流流动中可以改变其位置与形状,但涡管内的流体质点不会变化。

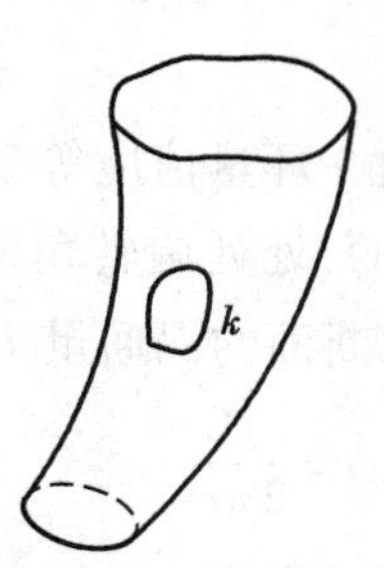

图 6.18 亥姆霍兹第二定理

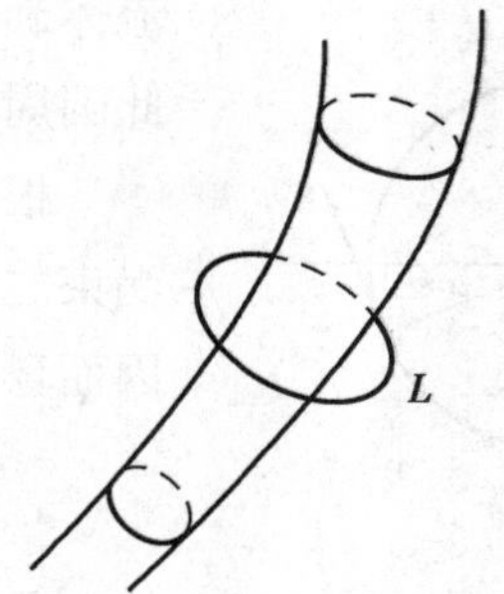

图 6.19 亥姆霍兹第三定理

这一定理可以证明如下:在图 6.18 的涡管表面取一闭曲线 k,由于涡管表面上各处旋转角速度矢量与涡管表面相切而无与之正交的分量,通过封闭曲线 k 所围涡管表面的涡通量为 0,由斯托克斯定理,速度矢量沿这一闭曲线的环量也为 0。到下一时刻,由汤姆逊定理,沿在新位置由相同流体质点构成的封闭曲线的环量不变化,仍然是 0。沿这一闭曲线为边界的曲面的涡通量也将为 0,表明曲面上旋转角速度矢量没有与曲面正交的分量,处于与曲面相切位置,这一曲面仍然是涡管表面的一部分,即构成涡管表面的流体质点始终构成涡管表面。

亥姆霍兹第三定理:正压的理想流体在有势质量力作用下,涡管强度不随时间而变化。

这一定理可以证明如下:亥姆霍兹第一定理已经证明,在同一时刻,通过一涡管任一涡管断面的涡通量不变,下面说明,这一常数也不随时间变化。在图 6.19 中,在涡管表面取一闭曲线,速度矢量沿这一闭曲线的环量是一确定值。到下一时刻,涡管运动到新位置,涡管壁上由相同流体质点构成的封闭曲线的环量,由汤姆逊定理可知,它是一个不变量;由斯托克斯定理,前后位置涡管内的涡通量也是常数,它们都等于这一不变的环量。

在使用上述定理时应注意它们的应用条件。工程中实际不存在理想流体,但在短时间内可以认为流体运动满足这些条件,从而简化研究过程。

6.8 旋涡诱导速度

6.8.1 直线涡束的诱导速度

设流场中有一无穷长的直涡束,这一涡束可以理解为一半径充分小的圆柱体,圆柱体内流体质点像刚体一样绕圆柱轴心线以常角速度旋转。不难证明,这一圆柱体中流体运动是有旋的,且各点处的旋转角速度矢量大小相等,方向与柱体轴心线平行。显然在任一与圆柱体轴心线垂直的断面上的涡通量是常数,这一结果也与亥姆霍兹第一定理内容一致。设这一常数为 Γ,下面考察这一涡束在流场中各点产生的诱导速度。

在一与涡束垂直的任一平面上取一半径为 r,圆心在涡束中心的圆周,如图 6.20 所示。诱导速度没有沿半径方向和平行于涡束方向的速度分量,速度矢量将与圆周相切,方向与涡束内

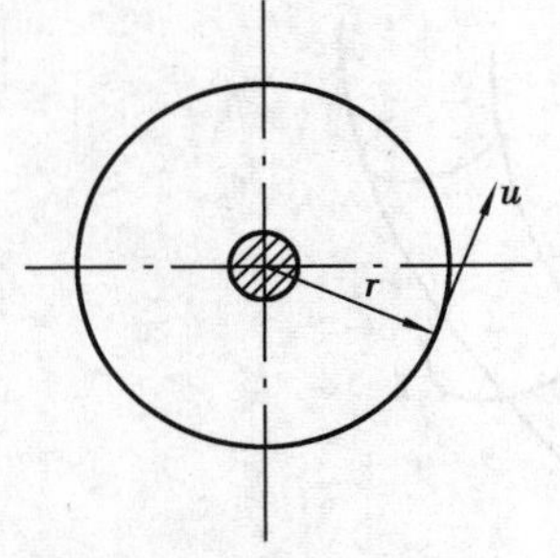

图 6.20 涡束产生的诱导速度

流体旋转方向一致。设速度大小为常数 u,那么速度矢量沿此圆周速度环量为 $2\pi ru$。

根据斯托克斯定理,这一环量值应等于圆周内的涡通量。涡束之外区域流动是有势的,处处旋转角速度矢量大小为 0,因而环量 $2\pi ru$ 应等于涡束断面的涡通量 Γ,即

$$u = \frac{\Gamma}{2\pi r} \tag{6.56}$$

式(6.56)表明,包围涡束的任一圆周上由诱导速度产生的环量为常数,速度大小反比于这点到涡束中心的距离。

现在可以看出,涡束外流场中流体不可能处于静止状态,因为静止流体沿一圆周的环量为 0,不可能等于涡束断面涡通量 Γ,与斯托克斯定理矛盾。不难验证,当涡束外流体的质点速度按式(6.56)分布时,流动是无旋的,这是上文中肯定涡束外流动有势的原因。

6.8.2 平面涡层的诱导速度

在一无限水体中布置一涡列,这一涡列由无穷多个无限长涡束无间隔地直线排列而成。这一涡列将在流场中每点处产生一诱导速度,这一速度实际是各涡束产生的诱导速度的合成速度。在任一与涡层(列)垂直的平面上速度分布是一样的,流动是一二维流动,如图 6.21 所示。现假定各涡束内水体逆时针方向旋转。

环量密度是一在轴流式流体机械设计中有重要应用的概念。在涡层中取一微段 ΔS,ΔS 含一讨论点。$\Delta\Gamma$ 为包围 ΔS 的任意闭曲线上的速度环量,这些速度是涡层产生的诱导速度,如图 6.22 所示。$\Delta\Gamma/\Delta S$ 显然是微弧段 ΔS 上的平均环量密度。当 ΔS 在始终含有讨论点的条件下缩短为 0,这一比值的极限值就是讨论点处的环量密度 γ。现假定 γ 沿涡层为一常数,这意味着涡层中所有涡束强度是相等的。

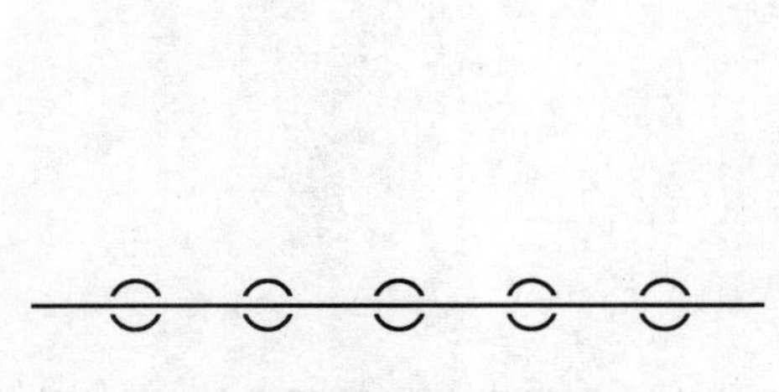

图 6.21 涡层结构

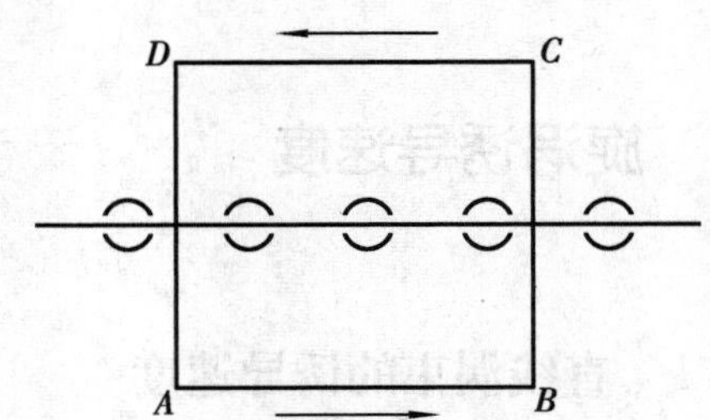

图 6.22 涡层诱导速度

下面讨论涡层在平面中任一点处产生的诱导速度的特征。由于涡层向左、右无限伸延,平面上任一点诱导速度的垂直分量互相抵消,且在任一与涡层平行的直线上的诱导速度的水平分量大小为一常数。在平面上作一矩形 $ABCD$,其 $AB = CD = L$,由于 AB,CD 关于涡层是对称的,AB,CD 上各点速度大小都为 u,但速度方向相反。诱导速度沿这一矩形的环量为 $\Gamma_{AB} + \Gamma_{BC} + \Gamma_{CD} + \Gamma_{DA}$。因为速度矢量呈水平方向,所以 $\Gamma_{BC} = \Gamma_{DA} = 0$,$\Gamma_{AB} = \Gamma_{CD} = uL$,因而沿矩形四边诱导速度环量为 $2uL$。另一方面,单位长度涡层的环量密度为 γ,那么,长为 L 的涡层在包

围它的闭曲线上产生的环量为 γL,由此有 $2uL=\gamma L$,即 $u=\gamma/2$。可见,平面上任一点处诱导速度矢量都平行于涡层,大小为一常数,而与点的位置无关。

6.9 平面有势流动的复势

不可压缩连续平面有势流动存在势函数 φ 和流函数 ψ,它们都是满足拉普拉斯方程的关于地点坐标的函数,同时它们的关系满足式(6.13)。

现在以势函数 φ 和流函数 ψ 作为实部和虚部构造一复变函数 $W(z)$:

$$W(z)=\varphi(x,y)+\psi(x,y)i \tag{6.57}$$

由于 φ 和 ψ 满足式(6.13),即柯西—黎曼条件,因而所得复变函数是一解析函数。$W(z)$ 称为它所代表的平面有势流动的复势,式中 $z=x+yi$。

平面流场上任一点处流体质点速度可由其复势方便地计算:

$$\frac{\mathrm{d}W}{\mathrm{d}z}=\frac{\partial\varphi}{\partial x}+\frac{\partial\psi}{\partial x}i=\frac{\partial\psi}{\partial y}-\frac{\partial\varphi}{\partial y}i=u_x-u_yi=V$$

即复势的导数的实部和虚部分别为速度在 x 轴上投影和 y 轴上投影的负值,这里 u_x,u_y 仍然是以欧拉方法表达的 x,y 的函数。其中,V 称为复速度,V 的模显然等于速度的大小。

两个平面有势流动叠加后的复势等于代表原来两个流动的复势相加。

由式(6.57)和本章介绍的一些主要平面有势流动的势函数及流函数,可以计算它们的复势表达式。

平面均匀流:

$$W(z)=\varphi+\psi i=u_\infty x+u_\infty yi=u_\infty z$$

点源和点汇:

$$W(z)=\varphi+\psi i=\pm\frac{q}{2\pi}\ln\sqrt{(x-x_0)^2+(y-y_0)^2}\pm\frac{q}{2\pi}\arctan\frac{y-y_0}{x-x_0}i=\pm\frac{q}{2\pi}\ln(z-z_0)$$

这里,$z_0=x_0+y_0i$ 为点源或点汇所在平面点。

点涡:

$$W(z)=\varphi+\psi i=\frac{\Gamma}{2\pi}\arctan\frac{y-y_0}{x-x_0}-\frac{\Gamma}{2\pi}\ln\sqrt{(x-x_0)^2+(y-y_0)^2}\,i=\frac{\Gamma}{2\pi i}\ln(z-z_0)$$

这里,$z_0=x_0+y_0i$ 为点涡所在平面点。

坐标原点处的偶极子:

$$W(z)=\varphi+\psi i=\frac{M}{2\pi}\frac{x}{x^2+y^2}-\frac{M}{2\pi}\frac{y}{x^2+y^2}i=\frac{M}{2\pi}\frac{1}{z}$$

习 题

6.1 平面不可压缩流体速度分布：

$$u_x = 4x + 1; u_y = -4y$$

①该流动是否满足连续性方程？②是否有势函数 φ、流函数 ψ 存在？③求 φ,ψ。

6.2 平面不可压缩流体速度分布：

$$u_x = x^2 - y^2 + x; \qquad u_y = -(2xy + y)$$

①流动是否满足连续性方程？②是否有势函数 φ、流函数 ψ 存在？③求 φ,ψ。

6.3 平面不可压缩流体速度势函数 $\varphi = x^2 - y^2 - x$，求流场上 $A(-1,-1)$，$B(2,2)$ 点处的速度及流函数。

6.4 已知平面流动速度势函数 $\varphi = -\dfrac{q}{2\pi}\ln r$，写出速度分量 u_r, u_θ, q 为常数。

6.5 已知平面流动速度势函数 $\varphi = -m\theta + C$，写出速度分量 u_r, u_θ, m 为常数。

6.6 已知平面流动流函数 $\psi = x + y$，计算其速度、加速度、线变形率 $\varepsilon_{xx}, \varepsilon_{yy}$，求出速度势函数 φ。

6.7 已知平面流动流函数 $\psi = x^2 - y^2$，计算其速度、加速度，求出速度势函数 φ。

6.8 已知流函数 $\psi = u_\infty(y\cos\alpha - x\sin\alpha)$，计算其速度、加速度，角变形率 $\varepsilon_{xy} = \varepsilon_{yx} = \dfrac{1}{2}\left(\dfrac{\partial u_y}{\partial x} + \dfrac{\partial u_x}{\partial y}\right)$，求速度势函数 φ。

6.9 已知流函数 $\psi = -\dfrac{q}{2\pi}\theta$，计算流场速度。

6.10 平面不可压缩流体速度势函数 $\varphi = ax(x^2 - 3y^2)$，$a < 0$，试确定流速及流函数，并求通过连接 $A(0,0)$ 及 $B(1,1)$ 两点的连线的流体流量。

6.11 平面不可压缩流体流函数 $\psi = \ln(x^2 + y^2)$，试确定该流动的势函数 φ。

6.12 试写出沿 y 方向流动的均匀流（$u = u_y = C = u_\infty$）的速度势函数 φ，流函数 ψ。

6.13 平面不可压缩流体速度分布：$u_x = x - 4y$；$u_y = -y - 4x$。试证：①该流动满足连续性方程，求 ψ；②该流动是有势的，求 φ。

6.14 已知平面流动流函数 $\psi = \arctan\dfrac{y}{x}$，试确定该流动的势函数 φ。

6.15 证明以下两流场是等同的，①$\varphi = x^2 + x - y^2$；②$\psi = 2xy + y$。

6.16 已知两个点源布置在 x 轴上相距为 a 的两点，第一个强度为 $2q$ 的点源在原点，第二个强度为 q 的点源位于 $(a,0)$ 处，求流动的速度分布（$q > 0$）。

6.17 如图所示，平面上有一对等强度为 $\Gamma(\Gamma > 0)$ 的点涡，其方向相反，分别位于 $(0,h)$，$(0,-h)$ 两固定点处，同时平面上有一无穷远平行于 x 轴的来流 u_∞，试求合成速度在原点的值。

6.18 如图所示，将速度为 u_∞ 的平行于 x 轴的均匀流和在原点强度为 q 的点源叠加，求叠加后流场中驻点位置。

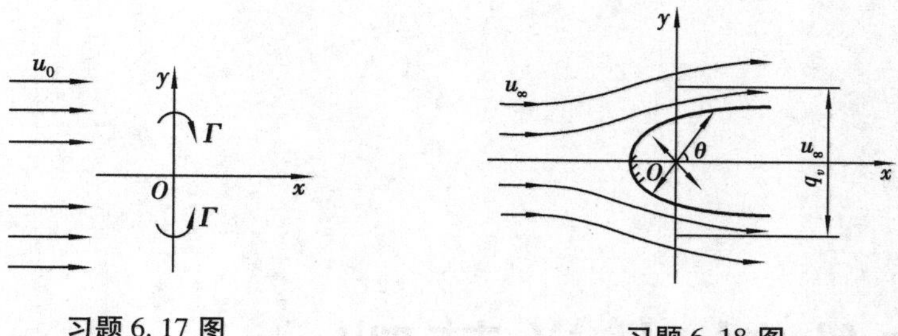

习题 6.17 图　　　　习题 6.18 图

6.19 求出题 6.18 中经过驻点的流线方程。

6.20 一强度为 10 的点源与强度为 −10 的点汇分别放置于(1,0)和(−1,0)，并与速度为 25 的沿 x 轴负向的均匀流合成，求流场中驻点位置。

6.21 如图所示，相距 $t=2$ 的两平行平板之间有一二维流动，速度分布为 $u_x=10(1-y^2)$，$u_y=0$。x 轴与两平板中心线重合，求两板间流函数及通过的单宽流量。

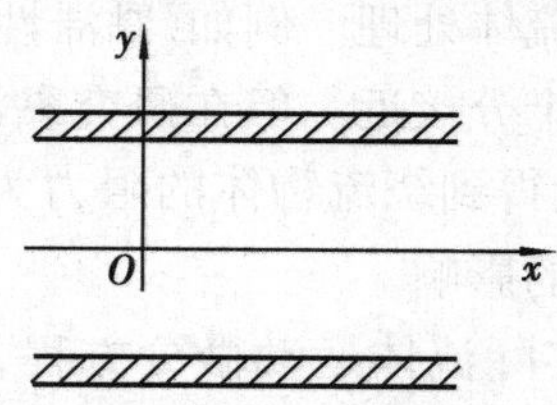

习题 6.21 图

6.22 一平面均匀流速度大小为 u_∞，速度方向与 x 轴正向夹角为 α，求流动的势函数 φ 和流函数 ψ。

7 实际流体动力学基础

实际流体都具有黏滞性,而在研究黏滞性较小的流体的某些流动现象时,可将有黏滞性的实际流体近似地按无黏滞性的理想流体处理。例如,黏滞性小的流体在大雷诺数情况下,其流速和压强分布等均与理想流体理论十分接近。但在研究黏滞性小的流体的另一些问题时,与实际情况不符,如按照理想流体理论得到绕流物体的阻力为零。产生矛盾的主要原因是未考虑实际流体所具有的黏滞性对流动的影响。

本章,首先建立具有黏滞性的实际流体运动微分方程,并介绍该方程在特定条件下的求解。由于固体边界对流体与固体的相互作用有重要的影响,本章后面将主要介绍边界层的一些基本概念、基本原理和基本的分析方法。

7.1 纳维—斯托克斯方程

7.1.1 实际流体的应力

实际流体具有黏滞性,运动时会产生切应力,它的力学性质不同于理想流体,在作用面上的表面应力既有压应力,又有切应力。

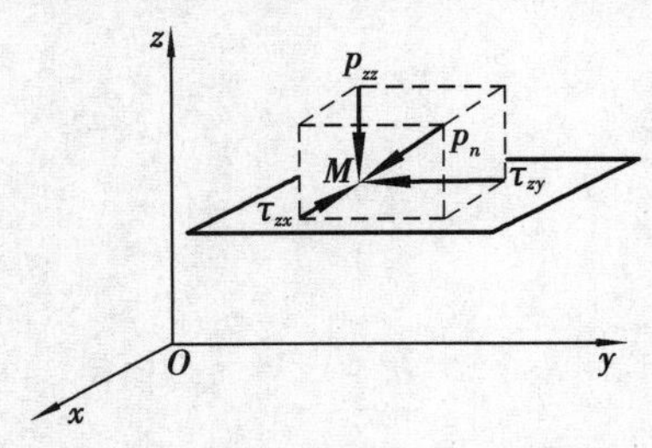

图 7.1 作用于水平面的表面应力

在运动流场中任取一点 M,过该点作一垂直于 z 轴的水平面,如图 7.1 所示。过 M 点作用于水平面上的表面应力 p_n 在 x,y,z 轴上的分量为一个垂直于水平面的压应力 p_{zz} 和两个与水平面相切的切应力 τ_{zx}, τ_{zy}。压应力和切应力的下标中第一个字母表示作用面的法线方向,第二个字母表示应力的作用方向。显然,通过 M 点在 3 个相互垂直的作用面上的表面应力共有 9 个分量,其中 3 个是压应力 p_{xx},p_{yy},p_{zz},6 个是切应力 τ_{xy}, τ_{xz}, τ_{yx}, τ_{yz}, τ_{zx}, τ_{zy}, 将应力分量写成矩阵形式：

$$\begin{vmatrix} p_{xx} & \tau_{xy} & \tau_{xz} \\ \tau_{yx} & p_{yy} & \tau_{yz} \\ \tau_{zx} & \tau_{zy} & p_{zz} \end{vmatrix} \tag{7.1}$$

9 个应力分量中，由于 $\tau_{xy}=\tau_{yx}$，$\tau_{yz}=\tau_{zy}$，$\tau_{zx}=\tau_{xz}$，黏性流体中任意一点的应力分量只有 6 个独立分量，即 τ_{xy}，τ_{yz}，τ_{zx}，p_{xx}，p_{yy}，p_{zz}。

7.1.2　应力形式的运动方程

在实际流体的流场中，取一以点 M 为中心的微元直角六面体，其边长分别为 $\mathrm{d}x$，$\mathrm{d}y$，$\mathrm{d}z$。设 M 点的坐标为 (x,y,z)，流体在 M 点处的速度分量为 u_x，u_y，u_z，密度为 ρ。根据泰勒级数展开，并略去级数中二阶以上的各项，六面体各表面上中心点的应力如图 7.2 所示。六面体很小，各表面上的应力可看成是均匀分布的，各表面力通过相应面的中心。先讨论六面体内流体在 x 轴方向受力和运动情况。

作用于六面体的力有质量力和表面力两种，x 轴方向上的表面力有

$$\left(p_{xx}-\frac{1}{2}\frac{\partial p_{xx}}{\partial x}\mathrm{d}x\right)\mathrm{d}y\mathrm{d}z-\left(p_{xx}+\frac{1}{2}\frac{\partial p_{xx}}{\partial x}\mathrm{d}x\right)\mathrm{d}y\mathrm{d}z$$

$$\left(\tau_{yx}+\frac{1}{2}\frac{\partial \tau_{yx}}{\partial y}\mathrm{d}y\right)\mathrm{d}x\mathrm{d}z-\left(\tau_{yx}-\frac{1}{2}\frac{\partial \tau_{yx}}{\partial y}\mathrm{d}y\right)\mathrm{d}x\mathrm{d}z$$

$$\left(\tau_{zx}+\frac{1}{2}\frac{\partial \tau_{zx}}{\partial z}\mathrm{d}z\right)\mathrm{d}x\mathrm{d}y-\left(\tau_{zx}-\frac{1}{2}\frac{\partial \tau_{zx}}{\partial z}\mathrm{d}z\right)\mathrm{d}x\mathrm{d}y$$

将以上 3 式相加，得

$$-\left(\frac{\partial p_{xx}}{\partial x}-\frac{\partial \tau_{yx}}{\partial y}-\frac{\partial \tau_{zx}}{\partial z}\right)\mathrm{d}x\mathrm{d}y\mathrm{d}z$$

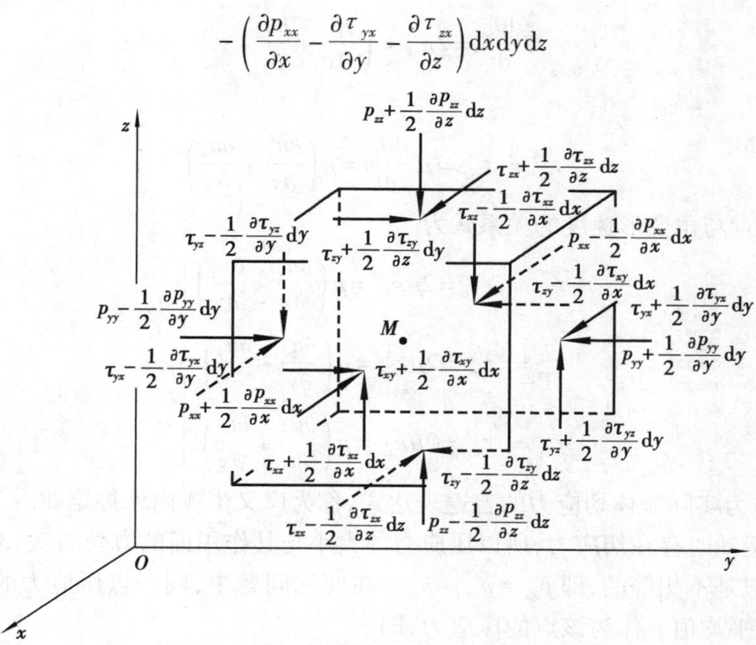

图 7.2　作用于六面体的表面应力

设作用于六面体的单位质量力在 x 轴上的分量为 f_x，则 x 方向上作用于六面体的质量力为 $\rho f_x \mathrm{d}x\mathrm{d}y\mathrm{d}z$。根据牛顿第二定律有

$$\left(\rho f_x - \frac{\partial p_{xx}}{\partial x} + \frac{\partial \tau_{yx}}{\partial y} + \frac{\partial \tau_{zx}}{\partial z}\right)\mathrm{d}x\mathrm{d}y\mathrm{d}z = \rho \mathrm{d}x\mathrm{d}y\mathrm{d}z \frac{\mathrm{d}u_x}{\mathrm{d}t}$$

化简上式；同理，在 y，z 轴方向上得

$$\left.\begin{aligned} f_x + \frac{1}{\rho}\left(-\frac{\partial p_{xx}}{\partial x} + \frac{\partial \tau_{yx}}{\partial y} + \frac{\partial \tau_{zx}}{\partial z}\right) = \frac{\mathrm{d}u_x}{\mathrm{d}t} \\ f_y + \frac{1}{\rho}\left(-\frac{\partial p_{yy}}{\partial y} + \frac{\partial \tau_{xy}}{\partial x} + \frac{\partial \tau_{zy}}{\partial z}\right) = \frac{\mathrm{d}u_y}{\mathrm{d}t} \\ f_z + \frac{1}{\rho}\left(-\frac{\partial p_{zz}}{\partial z} + \frac{\partial \tau_{xz}}{\partial x} + \frac{\partial \tau_{yz}}{\partial y}\right) = \frac{\mathrm{d}u_z}{\mathrm{d}t} \end{aligned}\right\} \tag{7.2}$$

式(7.2)就是以应力表示的黏滞性流体的运动微分方程。式中，单位质量力的分量 f_x，f_y，f_z 通常是已知的，对于不可压缩均质流体而言，密度 ρ 是常数，所以上式中包含 6 个应力分量和 3 个速度分量，共 9 个未知量。而式(7.2)中只有 3 个方程式，加上连续性微分方程也只有 4 个方程式，无法求解，因此必须找出其他的补充关系式。这些关系式可以从对流体质点的应力分析中得到。

7.1.3 实际流体应力与变形速度的关系

根据第 1 章讨论过的牛顿内摩擦定律，切应力：

$$\tau = \mu \frac{\mathrm{d}\theta}{\mathrm{d}t} \tag{7.3}$$

流体微团运动时的角变形速度与纯剪切变形速度的关系为

$$\frac{\mathrm{d}\theta_{xy}}{\mathrm{d}t} = 2\varepsilon_{xy} = \left(\frac{\partial u_y}{\partial x} + \frac{\partial u_x}{\partial y}\right)$$

从而有

$$\tau_{xy} = \tau_{yx} = \mu \frac{\mathrm{d}\theta_{xy}}{\mathrm{d}t} = \mu\left(\frac{\partial u_y}{\partial x} + \frac{\partial u_x}{\partial y}\right)$$

因此，切应力分量与角变形速度的关系式为

$$\left.\begin{aligned} \tau_{xy} = \tau_{yx} = 2\mu\varepsilon_{xy} = \mu\left(\frac{\partial u_y}{\partial x} + \frac{\partial u_x}{\partial y}\right) \\ \tau_{yz} = \tau_{zy} = 2\mu\varepsilon_{yz} = \mu\left(\frac{\partial u_z}{\partial y} + \frac{\partial u_y}{\partial z}\right) \\ \tau_{zx} = \tau_{xz} = 2\mu\varepsilon_{zx} = \mu\left(\frac{\partial u_x}{\partial z} + \frac{\partial u_z}{\partial x}\right) \end{aligned}\right\} \tag{7.4}$$

式(7.4)即为实际流体切应力的普遍表达式，称为广义牛顿内摩擦定律。

实际流体运动时存在切应力，所以压应力的大小与其作用面的方位有关，3 个相互垂直方向的压应力一般是不相等的，即 $p_{xx} \neq p_{yy} \neq p_{zz}$。在实际问题中，同一点压应力的各向差异并不是很大，可以用平均值 p 作为该点的压应力，即

$$p = \frac{1}{3}(p_{xx} + p_{yy} + p_{zz})$$

这样，实际流体各个方向的压应力可以等于这个平均值加上一个附加压应力，即

$$\left.\begin{aligned}p_{xx}&=p+p'_{xx}\\p_{yy}&=p+p'_{yy}\\p_{zz}&=p+p'_{zz}\end{aligned}\right\}\tag{7.5}$$

这些附加压应力可认为是由于黏滞性所引起的。由于流体的易流动性，流体微团除了发生角变形外，同时也发生线变形，即在流体微团的法线方向上有相对的线变形速度$\frac{\partial u_x}{\partial x}$，$\frac{\partial u_y}{\partial y}$，$\frac{\partial u_z}{\partial z}$，从而使压应力的大小有所改变，产生附加压应力。在理论上可以证明，对于不可压缩均质流体，附加压应力与线变形速度之间关系类似式(7.4)。将切应力的广义牛顿内摩擦定律推广应用，可得附加压应力等于流体的动力黏度与2倍的线变形速度的乘积，得

$$\left.\begin{aligned}p'_{xx}&=-\mu 2\varepsilon_{xx}=-2\mu\frac{\partial u_x}{\partial x}\\p'_{yy}&=-\mu 2\varepsilon_{yy}=-2\mu\frac{\partial u_y}{\partial y}\\p'_{zz}&=-\mu 2\varepsilon_{zz}=-2\mu\frac{\partial u_z}{\partial z}\end{aligned}\right\}\tag{7.6}$$

式(7.6)中的“-”是因为当$\frac{\partial u_x}{\partial x}$为正值时，流体微团发生伸长变形，压应力$p_{xx}$减小，$p'_{xx}$应为负值；反之，当$\frac{\partial u_x}{\partial x}$为负值时，流体微团发生压缩变形，压应力$p_{xx}$增大，$p'_{xx}$应为正值。因此，压应力与线变形速度的关系式为

$$\left.\begin{aligned}p_{xx}&=p-2\mu\frac{\partial u_x}{\partial x}\\p_{yy}&=p-2\mu\frac{\partial u_y}{\partial y}\\p_{zz}&=p-2\mu\frac{\partial u_z}{\partial z}\end{aligned}\right\}\tag{7.7}$$

不可压缩均质流体的连续性方程为

$$\frac{\partial u_x}{\partial x}+\frac{\partial u_y}{\partial y}+\frac{\partial u_z}{\partial z}=0$$

将式(7.7)中3个式子相加后平均，得

$$\frac{1}{3}(p_{xx}+p_{yy}+p_{zz})=\frac{1}{3}\left[3p-2\mu\left(\frac{\partial u_x}{\partial x}+\frac{\partial u_y}{\partial y}+\frac{\partial u_z}{\partial z}\right)\right]=p$$

上式正好验证了前述$p=\frac{1}{3}(p_{xx}+p_{yy}+p_{zz})$的关系。

根据以上分析，黏性流体中任一点的应力状态可以由压应力p和3个切应力τ_{xy}，τ_{yz}，τ_{zx}来表示。

7.1.4 纳维—斯托克斯方程

将式(7.4)和式(7.7)代入以应力形式表示的黏性流体的运动微分方程式(7.2),写出 x 轴方向的方程式为

$$f_x+\frac{1}{\rho}\left[-\frac{\partial}{\partial x}\left(p-2\mu\frac{\partial u_x}{\partial x}\right)+\mu\frac{\partial}{\partial y}\left(\frac{\partial u_y}{\partial x}+\frac{\partial u_x}{\partial y}\right)+\mu\frac{\partial}{\partial z}\left(\frac{\partial u_x}{\partial z}+\frac{\partial u_z}{\partial x}\right)\right]=\frac{\mathrm{d}u_x}{\mathrm{d}t}$$

整理得

$$f_x+\frac{1}{\rho}\left[-\frac{\partial p}{\partial x}+\mu\left(\frac{\partial^2 u_x}{\partial x^2}+\frac{\partial^2 u_x}{\partial y^2}+\frac{\partial^2 u_x}{\partial z^2}\right)+\mu\frac{\partial}{\partial x}\left(\frac{\partial u_x}{\partial x}+\frac{\partial u_y}{\partial y}+\frac{\partial u_z}{\partial z}\right)\right]=\frac{\mathrm{d}u_x}{\mathrm{d}t}$$

因不可压缩均质流体的连续性方程为

$$\frac{\partial u_x}{\partial x}+\frac{\partial u_y}{\partial y}+\frac{\partial u_z}{\partial z}=0$$

引入拉普拉斯算符,得

$$\nabla^2=\frac{\partial^2}{\partial x^2}+\frac{\partial^2}{\partial y^2}+\frac{\partial^2}{\partial z^2}$$

代入上式,并将加速度项展开,得

$$\left.\begin{aligned}
f_x-\frac{1}{\rho}\frac{\partial p}{\partial x}+\nu\nabla^2 u_x&=\frac{\partial u_x}{\partial t}+u_x\frac{\partial u_x}{\partial x}+u_y\frac{\partial u_x}{\partial y}+u_z\frac{\partial u_x}{\partial z}\\
f_y-\frac{1}{\rho}\frac{\partial p}{\partial y}+\nu\nabla^2 u_y&=\frac{\partial u_y}{\partial t}+u_x\frac{\partial u_y}{\partial x}+u_y\frac{\partial u_y}{\partial y}+u_z\frac{\partial u_y}{\partial z}\\
f_z-\frac{1}{\rho}\frac{\partial p}{\partial z}+\nu\nabla^2 u_z&=\frac{\partial u_z}{\partial t}+u_x\frac{\partial u_z}{\partial x}+u_y\frac{\partial u_z}{\partial y}+u_z\frac{\partial u_z}{\partial z}
\end{aligned}\right\}\tag{7.8}$$

式(7.8)即为不可压缩均质实际流体的运动微分方程,即纳维—斯托克斯方程,简称 N-S 方程。如果流体是理想流体,上式则成为理想流体的运动微分方程;如果流体为静止流体,上式则成为欧拉平衡微分方程。所以,N-S 方程是不可压缩均质流体的普遍方程。

N-S 方程中未知量有 p,u_x,u_y,u_z 共 4 个,加上连续性方程共有 4 个方程式,从理论上讲,任何不可压缩均质流体的 N-S 方程,在一定的初始和边界条件下,是可以求解的。但是,N-S 方程是二阶非线性偏微分方程组,要进行求解是很困难的,只有在某些简单的或特殊的情况下,才能求得精确解。目前,一般采用数值计算方法利用计算机求解,得到近似解,这部分内容可参阅有关计算流体力学的教材或参考书。

N-S 方程的精确解,虽然为数不多,但能揭示实际流体的一些本质特征,其中有些还有重要的实用意义。它可以作为检验和校核其他近似方法的依据,探讨复杂问题和新的理论问题的参照点和出发点。下面介绍求解精确解的例题。

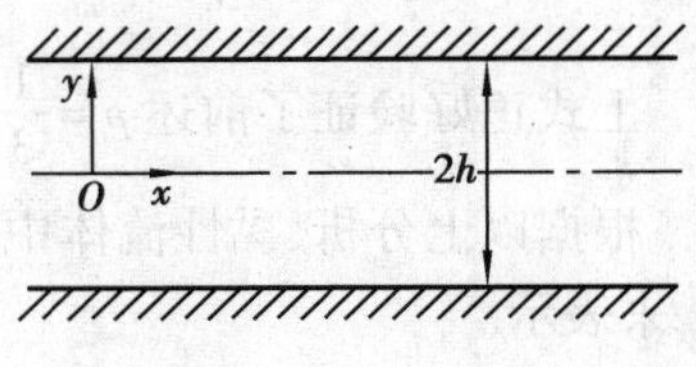

图 7.3

【例 7.1】 设实际流体在两块无限长的水平平板间作恒定层流流动,上平板移动速度为 U_1,下平板移动速度为 U_2,如图 7.3 所示。已知两板间的距离为 $2h$,质量力可忽略不计,试求两平板间的速度分布。

【解】 由题意知,两平板间的流动特点如下:任一点处

速度 u 只有 x 轴方向分量，$u_y=u_z=0$；由于平板很大，速度与 x 和 z 坐标无关，即 $u_x=u_x(y)$；另外，由于在 y，z 轴方向无流动，压强 p 与 y 和 z 无关，即 $p=p(x)$。

流动的方程简化为

$$-\frac{1}{\rho}\frac{\mathrm{d}p}{\mathrm{d}x}+\upsilon\frac{\mathrm{d}^2u_x}{\mathrm{d}y^2}=0\qquad \text{或}\qquad \frac{\mathrm{d}^2u_x}{\mathrm{d}y^2}-\frac{1}{\mu}\frac{\mathrm{d}p}{\mathrm{d}x}=0$$

因为 $\mathrm{d}p/\mathrm{d}x$ 是 x 的函数，与 y 无关，上式积分两次得

$$u_x(y)=\frac{1}{\mu}\frac{\mathrm{d}p}{\mathrm{d}x}\frac{y^2}{2}+C_1y+C_2$$

边界条件为 $y=h$ 时，$u_x=U_1$；$y=-h$ 时，$u_x=U_2$。

得到积分常数 $C_1=\dfrac{U_1-U_2}{2}$，$C_2=\dfrac{U_1+U_2}{2}-\dfrac{1}{2\mu}\dfrac{\mathrm{d}p}{\mathrm{d}x}h^2$。

最后，得到速度分布式：

$$u_x=-\frac{h^2}{2\mu}\frac{\mathrm{d}p}{\mathrm{d}x}\left[1-\left(\frac{y}{h}\right)^2\right]+\frac{U_1-U_2}{2}\left(\frac{y}{h}\right)+\frac{U_1+U_2}{2}$$

如果两平板固定不动，$u_x=-\dfrac{h^2}{2\mu}\dfrac{\mathrm{d}p}{\mathrm{d}x}\left[1-\left(\dfrac{y}{h}\right)^2\right]$，这种流动称为二维泊肃叶流动。

7.2　边界层的基本概念

实际流体的运动微分方程(N-S 方程)，目前只有对最简单边界条件下的少数问题才能求得精确解。如对于小雷诺数情况，可以略去全部惯性力项，得到简化的线性方程，求得近似解。但是，在实际工程中，大多数是大雷诺数情况，求解很困难，所以必须寻找新的方法。1904 年普朗特对此进行研究，结合实验提出了边界层理论，对解决大雷诺流动问题提供了求解方法。

实际流体流经固体时，固体边界上的流体质点黏附在固体表面边界上，与边界没有相对运动，称为无滑移条件。在固体边界的外法线方向上流速从零迅速增大，在边界附近的流区存在着相当大的速度梯度。在这个流区内黏滞性作用不能忽略，边界附近的这个流区就称为边界层(或附面层)。边界层以外的流区，黏滞性的作用可以略去，可看成是理想流体。这样，就将大雷诺数流动情况视为由两个性质不同的流动所组成：一是固体边界附近的边界层流动，黏滞性作用不能忽略；二是边界层以外的流动，按理想流体来处理。因此，边界层外的流动用前一章的势流理论来求解，而边界层内的流动，以 N-S 方程为依据，根据问题的物理特点，给予简化处理来求解。

通过一个典型的例子来看边界层内的流动特征。设在速度为 v_0 的二维恒定均匀流场中，放置一块与流动方向平行的厚度极薄且光滑的平板，可认为平板不会引起流动的改变，如图 7.4 所示。现讨论平板一侧的情况。由于平板不动，根据无滑移条件和黏滞性作用，与紧贴平板的一层流体质点流速为 0，沿平板外法线方向上流体速度迅速增大至来流速度 v_0。从平板前缘开始形成的流速不均匀区域就是边界层。

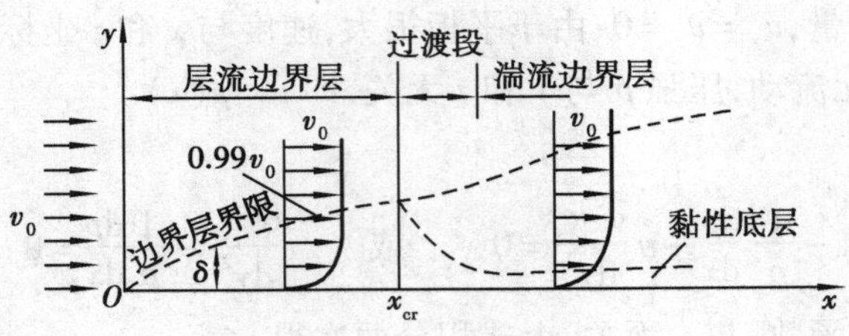

图 7.4 平板边界层

这里要注意边界层的厚度 δ。从理论上讲，边界层厚度应该是由平板表面流速为零的地方，沿平板表面外法线方向一直到流速达到外界主流速度 v_0 的地方。严格意义上，流速应在无穷远处才能真正达到 v_0。但是，根据实验观察，在离平板表面一定距离后，流速就非常接近来流速度。一般规定 $u_x = 0.99v_0$ 的地方可看成是边界层外边缘，可以认为边界层厚度 δ 是沿固体表面外法线方向从 $u_x = 0$ 到 $u_x = 0.99v_0$ 的一段距离。从图 7.4 可以看出，在平板的前端，流速为 0，边界层的厚度也为 0，在流动方向上沿着固体表面，边界层厚度不断增加，边界层厚度 δ 是 x 的函数。

边界层内的流态也有层流和湍流两种。在边界层的前部，由于 δ 较小，流速梯度很大，黏性切应力也很大，边界层内流动属于层流，称为层流边界层。边界层内流动的雷诺数表示为

$$Re_x = \frac{v_0 x}{\nu} \tag{7.9}$$

沿流动方向，随着 x 增加，雷诺数增大，当其达到一定数值后，边界层内流动经过一过渡段后转变为湍流，成为湍流边界层。由层流边界层转变为湍流边界层的点 x_{cr} 设为转捩点，对应的雷诺数称为临界雷诺数 $Re_{x,cr}$。对于光滑平板而言，$Re_{x,cr}$ 范围为

$$3 \times 10^5 < Re_{x,cr} < 3 \times 10^6 \tag{7.10}$$

一般取 $Re_{x,cr} = 5 \times 10^5$。

在湍流边界层中，紧贴平板表面也有一层极薄的黏性底层。

边界层概念也适用于管流和明渠流动，如图 7.5 和图 7.6 所示。由于受壁面阻滞的影响，靠近管壁或渠壁的流体在进口附近形成边界层，其厚度 δ 随离进口的距离的增加而加大。当边界层发展到管轴或渠道自由表面后，流体的运动都处于边界层内，此后流速分布不再变化，形成均匀流动。从进口发展到均匀流的长度，称为进口段长度，用 L' 表示。对于圆管层流，$L' = 0.065Re \cdot d$；对于圆管紊流，$L' = (50 \sim 100)d$。

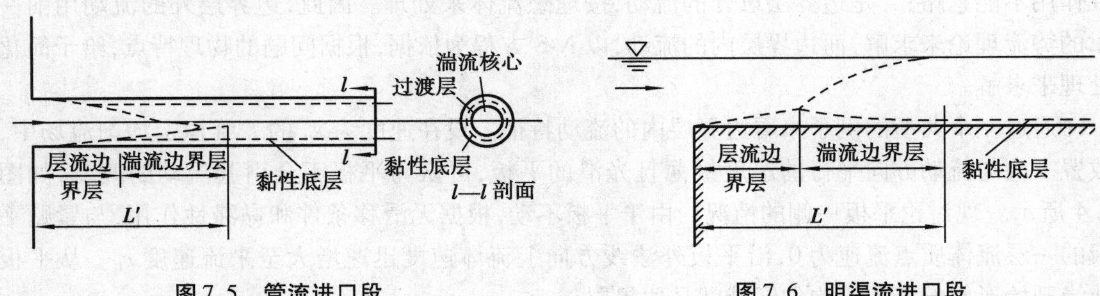

图 7.5 管流进口段

图 7.6 明渠流进口段

7.3 边界层的动量方程

这里介绍的是积分形式的边界层动量方程。设二维恒定匀速流动绕经一固体,如图 7.7 所示。沿固体表面取为 x 轴,沿固体表面的外法线方向取为 y 轴,在固体表面取单宽微段 $ABCD$为控制体,对它建立 x 方向的动量方程。

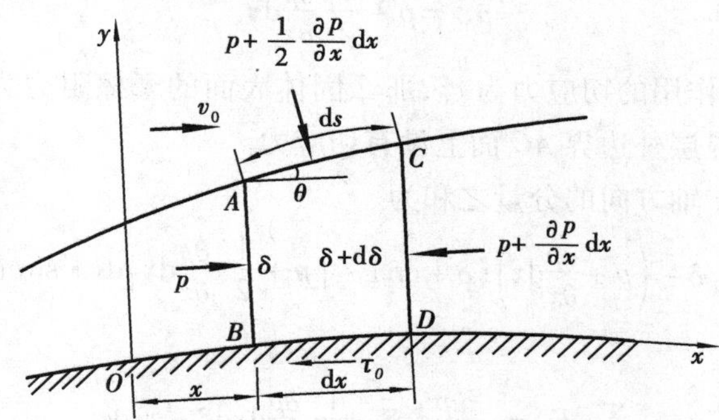

图 7.7　曲面上的边界层

假设:

①不计质量力;

②dx 无限小,所以 BD,AC 可视为直线。

根据动量方程得

$$M_{CD}-M_{AB}-M_{AC}=\sum F_x \tag{a}$$

式中　M_{CD},M_{AB},M_{AC}——单位时间通过 CD,AB,AC 面的流体动量在 x 轴上的分量;

$\sum F_x$——作用在控制体 $ABCD$ 上所有外力的合力在 x 轴上的分量。

首先,讨论通过各面的动量。单位时间通过 AB,CD,AC 面的质量分别为

$$\rho q_{AB}=\int_0^\delta \rho u_x dy$$

$$\rho q_{CD}=\rho q_{AB}+\frac{\partial(\rho q_{AB})}{\partial x}dx=\int_0^\delta \rho u_x dy+\frac{\partial}{\partial x}\left(\int_0^\delta \rho u_x dy\right)dx$$

$$\rho q_{AC}=\rho q_{CD}-\rho q_{AB}=\frac{\partial}{\partial x}\left(\int_0^\delta \rho u_x dy\right)dx$$

单位时间通过 AB,CD,AC 面的动量分别为

$$M_{AB}=\int_0^\delta \rho u_x^2 dy \tag{b}$$

$$M_{CD}=M_{AB}+\frac{\partial M_{AB}}{\partial x}dx=\int_0^\delta \rho u_x^2 dy+\frac{\partial}{\partial x}\left(\int_0^\delta \rho u_x^2 dy\right)dx \tag{c}$$

$$M_{AC}=\rho q_{AC}v_0=v_0\frac{\partial}{\partial x}\left(\int_0^\delta \rho u_x dy\right)dx \tag{d}$$

式中　v_0——边界层外边界上的流速在 x 轴上的分量,并认为在 AC 面上各点相等。

其次,对控制体进行受力分析。作用在 $ABCD$ 的外力只有表面力。理论证明,沿固体表面的外法线方向压强不变,即$\frac{\partial p}{\partial y}=0$,因而 AB,CD 面上压强是均匀分布的。设 AB 面上的压强为 p,则作用在 CD 面上的压强,由泰勒级数展开为 $p_{CD}=p+\frac{\partial p}{\partial x}\mathrm{d}x$。作用在 AC 面上的压强是不均匀的,现已知 A 点压强为 p,C 点压强为 $p=p+\frac{\partial p}{\partial x}\mathrm{d}x$,取其平均值为作用在 AC 面上的压强:

$$p_{AC}=p+\frac{1}{2}\frac{\partial p}{\partial x}\mathrm{d}x$$

设固体表面对流体作用的切应力为 τ_0,那么固体表面的摩擦阻力为 $\tau_0\mathrm{d}x$。由于边界层外可看成是理想流体,边界层外边界 AC 面上没有切应力。

因此,各表面力在 x 轴方向的分量之和为

$$\sum F_x=p\delta-\left(p+\frac{\partial p}{\partial x}\mathrm{d}x\right)(\delta+\mathrm{d}\delta)+\left(p+\frac{1}{2}\frac{\partial p}{\partial x}\mathrm{d}x\right)\mathrm{d}s\cdot\sin\theta-\tau_0\mathrm{d}x$$

因为 $\mathrm{d}s\cdot\sin\theta=\mathrm{d}\delta$,故

$$\sum F_x=-\frac{\partial p}{\partial x}\mathrm{d}x\delta-\frac{1}{2}\frac{\partial p}{\partial x}\mathrm{d}x\mathrm{d}\delta-\tau_0\mathrm{d}x$$

略去高阶微量,并考虑$\partial p/\partial y=0$,即 p 仅是 x 的函数,用全微分代替偏微分,则上式为

$$\sum F_x=-\frac{\mathrm{d}p}{\mathrm{d}x}\mathrm{d}x\delta-\tau_0\mathrm{d}x \tag{e}$$

将式(b)~式(e)代入式(a),得

$$v_0\frac{\mathrm{d}}{\mathrm{d}x}\int_0^\delta\rho u_x\mathrm{d}y-\frac{\mathrm{d}}{\mathrm{d}x}\int_0^\delta\rho u_x^2\mathrm{d}y=\delta\frac{\mathrm{d}p}{\mathrm{d}x}+\tau_0 \tag{7.11}$$

式(7.11)即为边界层动量积分方程,也称为卡门动量积分方程。它适用于层流边界层和湍流边界层。

当ρ 为常数时,式(7.11)有 v_0,p,δ,u_x, τ_0 这 5 个未知量。其中,v_0 可由势流理论得到,p 可由伯努利方程求出,剩下 δ,u_x, τ_0 这 3 个未知量。因此,要求解边界层动量积分方程,还必须补充两个方程。通常是边界层内流速分布关系式 $u_x=u_x(y)$ 和切应力 τ_0 与边界层厚度 δ 的关系式 $\tau_0=\tau_0(\delta)$。而 $\tau_0=\tau_0(\delta)$ 可根据边界层内流速分布关系式求得。通常在求解边界层动量积分方程时,先假定 $u_x=u_x(y)$,这个假定越接近实际,所得结果越正确。

下面将应用边界层动量积分方程求解一些典型的壁面边界层的计算问题。

7.4 平板边界层计算

由于许多流体流经物体的绕流问题可看成是流体绕平板的流动,因此,研究平板上的边界层有重要意义。设有一较薄的静止光滑平板顺流放置在二维恒定均速流场中,如图 7.8 所示。

平板首端设为坐标原点,取平板表面为 x 轴,来流速度为 v_0 且平行于 x 轴。因为平板较薄,可认为对流场没有影响,因此边界层外边界上的速度 v_0 处处相等,且等于来流速度

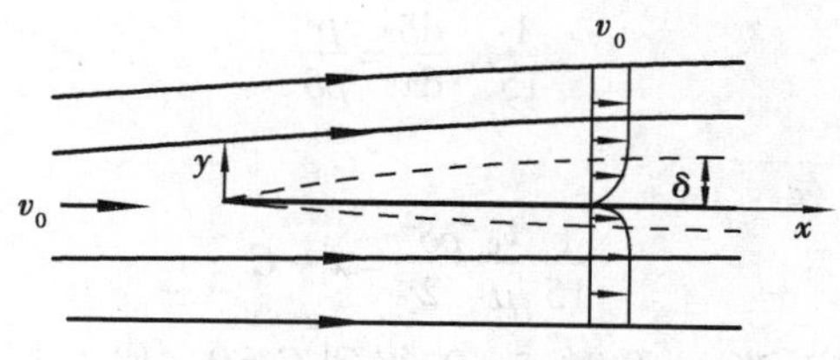

图 7.8　顺流绕流平板

v_0，$\dfrac{dv_0}{dx}=0$。根据伯努利方程，由于流速不变，边界层外边界上的压强处处相等，即$\dfrac{dp}{dx}=0$。对于不可压缩均质流体而言，密度 ρ 是常数，可以提到积分符号外，式(7.11)可改写成

$$v_0\frac{d}{dx}\int_0^\delta u_x dy-\frac{d}{dx}\int_0^\delta u_x^2 dy=\frac{\tau_0}{\rho} \tag{7.12}$$

式(7.12)为计算平板边界层的基本方程，适用于层流和湍流边界层。下面依次予以介绍。

7.4.1　平板层流边界层

在上一节里已经提到，要求解边界层动量积分方程，首先要补充两个关系式。第一个关系式为边界层内流速分布关系式 $u_x=u_x(y)$。这里假定层流边界层内流速分布和管流中的层流速度分布相同，即

$$u=u_{max}\left(1-\frac{r^2}{r_0^2}\right)$$

将其应用于层流边界层，管流中的 r_0 对应于边界层的厚度 δ，r 对应于$(\delta-y)$，v_{max}对应于 v_0，v 对应于 u_x。这样，上式可写为

$$u_x=v_0\left[1-\frac{(\delta-y)^2}{\delta^2}\right] \tag{7.13}$$

或

$$u_x=\frac{2v_0}{\delta}\left(y-\frac{y^2}{2\delta}\right) \tag{7.14}$$

第二个补充关系式为切应力与边界层厚度的关系式 $\tau_0=\tau_0(\delta)$。因为是层流，符合牛顿内摩擦定律，求平板上的切应力，令 $y=0$，得

$$\tau_0=\mu\frac{du_x}{dy}\bigg|_{y=0}=\mu\frac{d}{dy}\left[\frac{2v_0}{\delta}\left(y-\frac{y^2}{2\delta}\right)\right]\bigg|_{y=0}$$

整理简化得

$$\tau_0=\mu\frac{2v_0}{\delta} \tag{7.15}$$

将式(7.14)和式(7.15)代入式(7.12)，得

$$v_0\frac{d}{dx}\int_0^\delta\frac{2v_0}{\delta}\left(y-\frac{y^2}{2\delta}\right)dy-\frac{d}{dx}\int_0^\delta\left[\frac{2v_0}{\delta}\left(y-\frac{y^2}{2\delta}\right)\right]^2dy=\frac{2\mu v_0}{\rho\delta}$$

上式左端边界层厚度 δ 对固定断面是定值，可提到积分符号外，但 δ 沿 x 轴方向是变化的，不能提到对 x 的全导数符号外；v_0 沿 x 轴方向是不变的，可以移到对 x 的全导数符号外。这样，上式可简化为

$$\frac{1}{15}v_0\frac{\mathrm{d}\delta}{\mathrm{d}x}=\frac{\mu}{\rho\delta}$$

积分得

$$\frac{1}{15}\frac{v_0}{\mu}\frac{\rho\delta^2}{2}=x+C$$

积分常数 C 由边界条件确定，当 $x=0$ 时，$\delta=0$，得到 $C=0$。代入上式得

$$\frac{1}{15}\frac{v_0}{\mu}\frac{\rho\delta^2}{2}=x$$

化简后得

$$\delta=5.477\sqrt{\frac{\mu x}{\rho v_0}}=5.477\sqrt{\frac{\nu x}{v_0}} \tag{7.16}$$

式(7.16)即为平板层流边界层厚度沿 x 轴方向的变化关系。

将式(7.16)代入式(7.15)，化简后可得

$$\tau_0=0.365\sqrt{\frac{\mu\rho v_0^3}{x}} \tag{7.17}$$

式(7.17)即为平板层流边界层的切应力沿 x 轴方向的变化关系。

作用在平板上一面的摩擦阻力 D_{f} 为

$$D_{\mathrm{f}}=\int_0^L\tau_0 b\mathrm{d}x$$

式中 b——平板的宽度；

L——平板的长度。

将式(7.17)代入上式，积分后得

$$D_{\mathrm{f}}=\int_0^L 0.365\sqrt{\frac{\mu\rho v_0^3}{x}}b\mathrm{d}x=0.73b\sqrt{\mu\rho v_0^3 L} \tag{7.18}$$

如求平板两面的总摩擦阻力时，将上式乘以 2 即可。

通常将绕流摩擦阻力写成如下形式：

$$D_{\mathrm{f}}=C_{\mathrm{f}}\frac{\rho v_0^2}{2}A \tag{7.19}$$

式中 C_{f}——摩阻系数；

ρ——流体密度；

v_0——流体的来流速度；

A——切应力作用的面积，这里指平板面积，$A=bL$。

由式(7.18)和式(7.19)可得

$$C_{\mathrm{f}}=1.46\sqrt{\frac{\mu}{\rho v_0 L}}=1.46\sqrt{\frac{\nu}{v_0 L}}=\frac{1.46}{\sqrt{Re_l}} \tag{7.20}$$

式中 Re_l——以板长 L 为特征长度的雷诺数，$Re_l=\dfrac{v_0 L}{\nu}$。

7.4.2 平板湍流边界层

在实际工程中,遇到的大多数是湍流边界层。一般情况下,只有在边界层开始形成的极短距离内才是层流边界层。对于湍流边界层的计算,同样要补充两个关系式。这里假定从平板首端开始就是湍流边界层,并且不考虑平板壁面粗糙度的影响。

借用圆管湍流水力光滑区的流速分布公式:

$$u=u_{\max}\left(\frac{y}{r_0}\right)^{\frac{1}{7}}$$

将其应用于平板湍流边界层,管流中的 r_0 对应于边界层的厚度 δ,$u_{\max}$ 对应于 v_0,u 对应于 u_x。这样,上式可写为

$$u_x=v_0\left(\frac{y}{\delta}\right)^{\frac{1}{7}} \tag{7.21}$$

第二个补充关系式为切应力与边界层厚度的关系式 $\tau_0=\tau_0(\delta)$,同样借用管流的关系式

$$\tau_0=0.022\,5\rho v_0^2\left(\frac{\nu}{v_0\delta}\right)^{\frac{1}{4}} \tag{7.22}$$

将式(7.21)和式(7.22)代入式(7.12),得

$$v_0\frac{\mathrm{d}}{\mathrm{d}x}\int_0^\delta v_0\left(\frac{y}{\delta}\right)^{\frac{1}{7}}\mathrm{d}y-\frac{\mathrm{d}}{\mathrm{d}x}\int_0^\delta v_0^2\left(\frac{y}{\delta}\right)^{\frac{2}{7}}\mathrm{d}y=\frac{\tau_0}{\rho}$$

积分得

$$\left(\frac{7}{72}\right)\left(\frac{4}{5}\right)\delta^{\frac{5}{4}}=0.022\,5\left(\frac{\nu}{v_0}\right)^{\frac{1}{4}}x+C$$

积分常数 C 由边界条件确定。当 $x=0$ 时,$\delta=0$,得到 $C=0$。

化简后得

$$\delta=0.37\left(\frac{\nu}{v_0x}\right)^{\frac{1}{5}}x=0.37\frac{x}{Re_x^{\frac{1}{5}}} \tag{7.23}$$

式(7.23)即为平板湍流边界层厚度沿 x 轴方向的变化关系。

将上式代入式(7.22),可得

$$\tau_0=0.029\,6\rho v_0^2\left(\frac{\nu}{v_0x}\right)^{\frac{1}{5}} \tag{7.24}$$

式(7.24)即为平板湍流边界层的切应力沿 x 轴方向的变化关系。它说明切应力 τ_0 与 $(1/x)^{1/5}$ 成正比,在沿长度方向,切应力的减小要比层流边界层慢一些。

作用在平板上一面的摩擦阻力 D_f 为

$$D_f=\int_0^L\tau_0b\,\mathrm{d}x$$

将式(7.24)代入上式,积分后得

$$D_f=0.036\rho v_0^2bL\left(\frac{\nu}{v_0L}\right)^{\frac{1}{5}} \tag{7.25}$$

如果用绕流摩擦阻力的通用形式(7.19)表示,摩阻系数为

$$C_{\mathrm{f}}=0.072\left(\frac{\nu}{v_0 L}\right)^{\frac{1}{5}}=\frac{0.072}{\sqrt[5]{Re_l}} \tag{7.26}$$

与层流边界层比较，当 Re_l 增加时，湍流的 C_{f} 要比层流的 C_{f} 减小得慢些。实验表明，式(7.26)中的 0.072 改为 0.074，则与实验的结果更接近。

7.4.3 平板混合边界层

前面讨论的是假定整个平板上的边界层都处于湍流状态，但实际上，平板的前部是层流边界层，当雷诺数增加到某一数值后，而且平板长度 $L > x_{\mathrm{cr}}$ 时，后部是湍流边界层，在层流和湍流边界层之间还有过渡段，这种边界层称为混合边界层。

由于混合边界层内流动情况较复杂，在进行计算时做了两个假设：一是层流边界层转变为湍流边界层是在 x_{cr} 处突然发生的，没有过渡段；二是混合边界层的湍流边界层可以看成是从平板首端开始的湍流边界层的一部分。

根据上述假设，整个平板混合边界层的摩擦阻力，由转捩点 x_{cr} 前层流边界层的摩擦阻力和转捩点 x_{cr} 后湍流边界层的摩擦阻力两部分组成，即

$$C_{\mathrm{f,m}}\frac{\rho v_0^2}{2}bL=C_{\mathrm{f,t1}}\frac{\rho v_0^2}{2}bL-C_{\mathrm{f,t2}}\frac{\rho v_0^2}{2}bx_{\mathrm{cr}}+C_{\mathrm{f,l}}\frac{\rho v_0^2}{2}bx_{\mathrm{cr}}$$

式中 $C_{\mathrm{f,m}}, C_{\mathrm{f,t}}, C_{\mathrm{f,l}}$——混合边界层、湍流边界层、层流边界层的摩阻系数，这里用 $C_{\mathrm{f,t1}}$，$C_{\mathrm{f,t2}}$ 分别表示整个平板都是湍流边界层和平板首端到转捩点这段距离是湍流边界层的情况。

由上式得

$$C_{\mathrm{f,m}}=C_{\mathrm{f,t1}}-(C_{\mathrm{f,t2}}-C_{\mathrm{f,l}})\frac{x_{\mathrm{cr}}}{L}=C_{\mathrm{f,t1}}-(C_{\mathrm{f,t2}}-C_{\mathrm{f,l}})\frac{Re_{x,\mathrm{cr}}}{Re_l} \tag{7.27}$$

将式(7.20)和式(7.26)代入式(7.27)，得平板混合边界层的摩阻系数为

$$C_{\mathrm{f,m}}=\frac{0.074}{\sqrt[5]{Re_l}}-\left(\frac{0.074}{\sqrt[5]{Re_{x,\mathrm{cr}}}}-\frac{1.46}{\sqrt{Re_{x,\mathrm{cr}}}}\right)\frac{Re_{x,\mathrm{cr}}}{Re_l}$$

或

$$C_{\mathrm{f,m}}=\frac{0.074}{\sqrt[5]{Re_l}}-\frac{A}{Re_l} \tag{7.28}$$

式(7.28)中，$A=0.074Re_{x,\mathrm{cr}}^{\frac{4}{5}}-1.46Re_{x,\mathrm{cr}}^{\frac{1}{2}}$，$A$ 值见表 7.1。

表 7.1 A 的取值

$Re_{x,\mathrm{cr}}$	10^5	3×10^5	5×10^5	10^6	3×10^6
A	320	1 050	1 700	3 300	8 700

【例 7.2】 设有一平板长 5 m，宽 2 m，顺流放置在二维恒定匀速流场中。已知水流以速度 $v_0=0.1$ m/s 绕流平板，平板长边与水流方向一致，水的运动黏度 $\nu=1.139\times10^{-6}$ m²/s，密度 $\rho=999.1$ kg/m³。求：①距平板首端 1 m 和 4 m 处边界层厚度；②平板一面所受的摩擦阻力。

【解】 首先判别流态

$$Re_l=\frac{v_0L}{\nu}=\frac{0.1\times5}{1.139\times10^{-6}}=4.39\times10^5<5\times10^5$$

整个平板的边界层为层流边界层。

在 $x=1$ m 和 $x=4$ m 时，边界层的厚度分别为

$$\delta_1=5.477\sqrt{\frac{\nu x}{v_0}}=5.477\sqrt{\frac{1.139\times10^{-6}\times1}{0.1}}\text{ cm}=1.85\text{ cm}$$

$$\delta_2=5.477\sqrt{\frac{\nu x}{v_0}}=5.477\sqrt{\frac{1.139\times10^{-6}\times4}{0.1}}\text{ cm}=3.7\text{ cm}$$

平板一面所受的摩擦阻力为

$$D_f=C_f\frac{\rho v_0^2}{2}bL=\frac{1.46}{\sqrt{Re_l}}\frac{\rho v_0^2}{2}bL=\frac{1.46}{\sqrt{4.39\times10^5}}\frac{999.1\times0.1^2}{2}\times10\text{ N}=0.11\text{ N}$$

【例 7.3】 一块面积为 2 m×8 m 的矩形平板放在速度 $v_0=3$ m/s 的水流中，水的运动黏度 $\nu=10^{-6}$ m²/s，平板放置的方法有两种：以长边顺着流速方向，摩擦阻力为 F_1；以短边顺着流速方向，摩擦阻力为 F_2。试求比值 F_1/F_2。

【解】 设定转捩雷诺数 $Re_{x,cr}=5\times10^5$，那么 $x_{cr}=\frac{Re_{x,cr}\nu}{v_0}=\frac{5\times10^5\times10^{-6}}{3}$ m=0.17 m。

长边顺着流速方向时，$b_1=2$ m，$L_1=8$ m，$L_1>x_{cr}$，整个平板边界层为混合边界层，那么摩擦阻力为

$$F_1=C_{f,m1}\frac{\rho v_0^2}{2}b_1L_1$$

短边顺着流速方向时，$b_2=8$ m，$L_2=2$ m，$L_2>x_{cr}$，整个平板边界层也为混合边界层，那么摩擦阻力为

$$F_2=C_{f,m2}\frac{\rho v_0^2}{2}b_2L_2$$

这里

$$C_{f,m1}=\frac{0.074}{\sqrt[5]{Re_{l1}}}-\left(\frac{0.074}{\sqrt[5]{Re_{x,cr}}}-\frac{1.46}{\sqrt{Re_{x,cr}}}\right)\frac{Re_{x,cr}}{Re_{l1}}=2.56\times10^{-3}$$

$$C_{f,m2}=\frac{0.074}{\sqrt[5]{Re_{l2}}}-\left(\frac{0.074}{\sqrt[5]{Re_{x,cr}}}-\frac{1.46}{\sqrt{Re_{x,cr}}}\right)\frac{Re_{x,cr}}{Re_{l2}}=3.54\times10^{-3}$$

故

$$\frac{F_1}{F_2}=\frac{C_{f,m1}}{C_{f,m2}}=0.723$$

7.5 边界层的分离现象

在某些情况下，边界层内的流体被迫向边界层以外流动，这种现象称为边界层从固体边界上的分离。如流体绕过非流线型钝头物体时，会脱离物体表面，在物体后部形成尾流区。

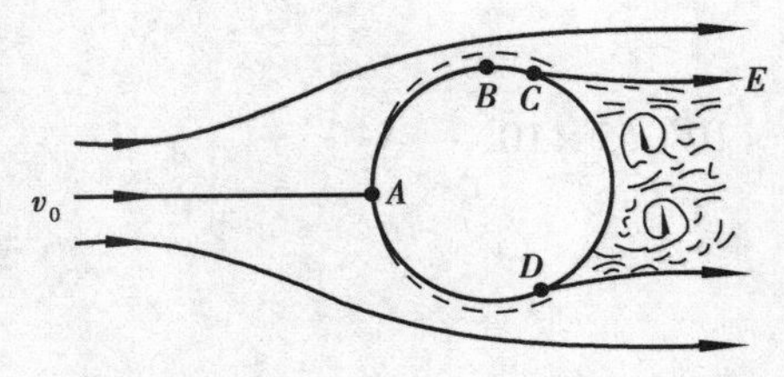

图 7.9　黏性流体绕流圆柱

下面以液体绕圆柱的流动来说明边界层的分离现象。设二维恒定匀速流绕经表面光滑且静止圆柱的流动,如图 7.9 所示。由伯努利方程可知,越接近圆柱,流速越小,压强越大,在贴近圆柱表面的 A 点处流速降低为 0,压强增加到最大。流速为 0,压强最大的点,称为停滞点或驻点。液体质点到达停滞点后,便停滞不前了。由于液体不可压缩,继续流来的液体质点在较圆柱两侧压强为大的驻点的压强作用下,只好将压能部分地转变为动能,以改变原来的运动方向,并沿着圆柱面两侧继续向前流动。观察流线,可以看到流线在停滞点呈现分歧现象。

当液体从停滞点 A 向两侧面流去时,由于圆柱面的阻滞作用,在圆柱面上产生边界层。从 A 点经过 1/4 圆周到达 B 点以前,由于圆柱面外凸,流线趋于密集,边界层内液体处在加速减压的情况,即 $\partial p/\partial x<0$;这时,压能的减小部分还能补偿动能的增加和克服流动阻力所消耗的能量损失,边界层内液体的流速不会为 0。但是,过了 B 点以后,由于流线的疏散,边界层内液体处在减速增压的情况,即 $\partial p/\partial x>0$;这时,动能的一部分转换为压能,另外一部分转换为用以克服流动阻力所消耗的能量损失。因此,边界层内的液体质点速度迅速降低,到贴近圆柱面的 C 点,流速将为 0。液体质点在 C 点停滞下来,形成新的停滞点。由于液体不可压缩,继续流来的液体质点被迫脱离原来的流线,沿着另一条流线流去,如图 7.9 中的 CE 线,从而使边界层脱离了圆柱面,这种现象即为边界层的分离现象,C 点称为分离点。

边界层分离后,在边界层与圆柱面之间,由于分离点下游的压强大,从而使液体发生反向回流,形成旋涡区。在绕流物体边界层分离点下游形成的旋涡区称为尾流。分离点的位置是不固定的,它与流体所绕物体的形状、粗糙程度、流动的雷诺数等有关。如流体遇到固体表面的锐缘时,分离点就在锐缘处。另外,边界层的分离还与来流和物体的相对方向有关。如前述的流体绕经极薄平板的流动,当平板与来流方向平行放置时,边界层不会发生分离。但当平板与来流方向垂直放置时,则必然在平板两端产生分离,如图 7.10 所示。

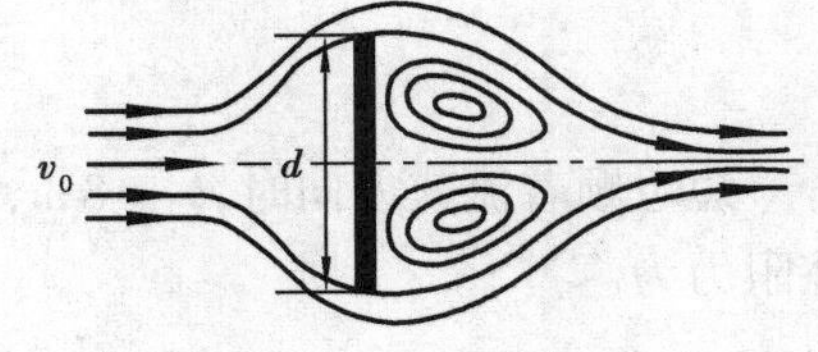

图 7.10　垂直绕流平板

可以说,边界层的分离是减速增压 $\partial p/\partial x>0$ 和物面黏性阻滞作用的综合结果。

7.6　绕流阻力

7.6.1　绕流阻力的基本概念

实际流体绕流物体,作用在物体上的力可以分解为绕流阻力 D 和升力 L,如图 7.11 所示。

绕流阻力 D 包括摩擦阻力 D_f 和压差阻力 D_p 两部分,$D=D_f+D_p$。摩擦阻力是由于流体的黏滞性引起的,可用前述的边界层理论计算。压差阻力对于非流线型物体而言,是由于边界层的分离,在物体尾部形成的旋涡区的压强较物体前部的低,因而在流动方向上产生压强差,形成作用于物体上的阻力。压差阻力主要取决于物体的形状,所以又称为形状阻力。

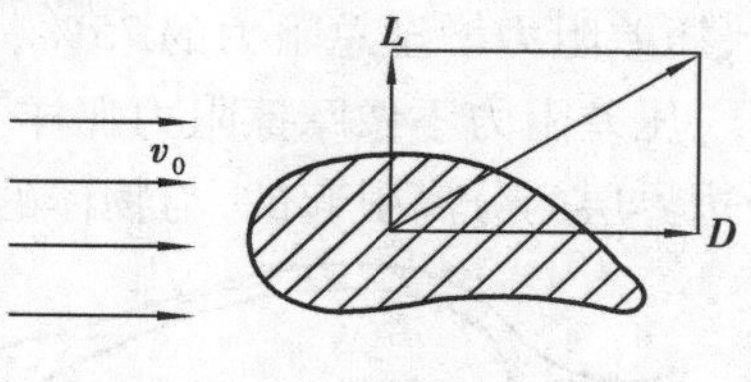

图 7.11 绕流阻力

摩擦阻力和压差阻力的计算公式分别为

$$D_f = C_f \frac{\rho v_0^2}{2} A_f \tag{7.29}$$

$$D_p = C_p \frac{\rho v_0^2}{2} A_p \tag{7.30}$$

式中 D_f, D_p——摩擦阻力系数和压差阻力系数;

A_f——切应力作用的面积;

A_p——物体与流速方向垂直的迎流投影面积。

绕流阻力计算公式可写为

$$D = (C_f A_f + C_p A_p) \frac{\rho v_0^2}{2} = C_D \frac{\rho v_0^2}{2} A \tag{7.31}$$

式中 C_D——绕流阻力系数;A 与 A_p 一致,即 $A = A_p$。

绕流阻力系数 C_D 主要取决于雷诺数,并与物体的形状、表面粗糙度以及来流的紊动强度等有关。一般而言,C_D 尚无法由理论计算得出,多由实验确定。图 7.12 为圆球、圆盘及无限长圆柱的阻力系数的实验曲线。

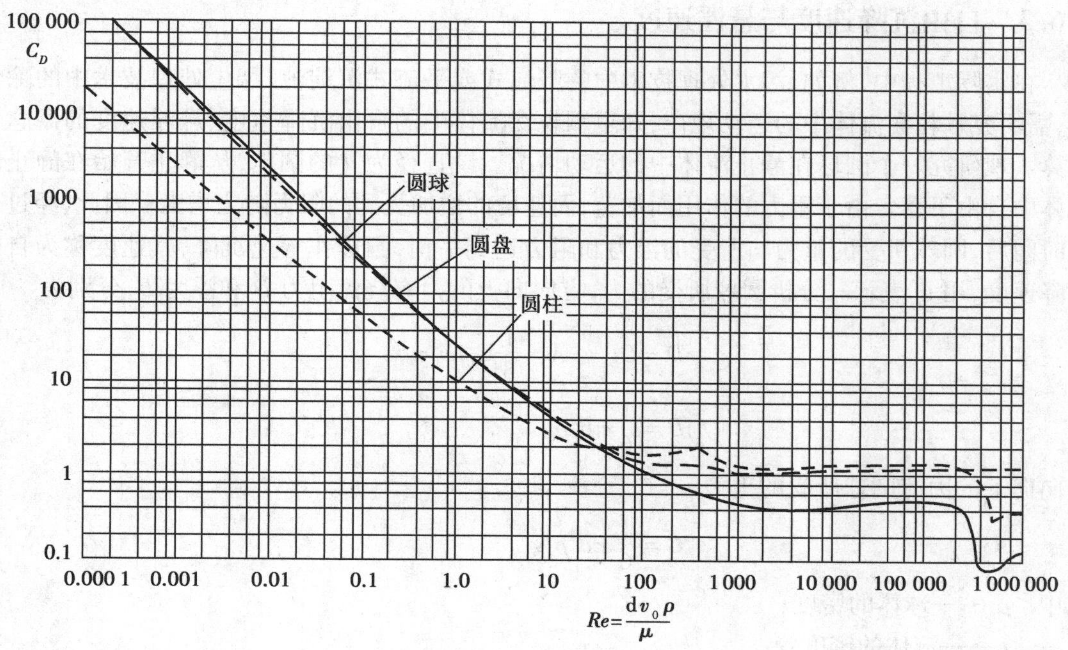

图 7.12 阻力系数实验曲线

7.6.2 减阻措施

绕流阻力中的压差阻力和摩擦阻力的主次取决于雷诺数。对于流体绕流圆柱体,当雷诺数较小时,压差阻力占总阻力的 1/3;当雷诺数增大时,压差阻力占总阻力的 1/2;当 $Re = 200$

时,压差阻力增至总阻力的75%;当 $Re=10^4\sim10^5$ 时,总阻力主要是压差阻力。

压差阻力不像摩擦阻力那样不可避免,在不同情况下,压差阻力差别很大。压差阻力是由于边界层的分离引起的,与物体的形状关系密切。物体后部曲率越大,分离越早,尾流越粗,压差阻力相应越大;反之,就越小。对于流线型物体,边界层的分离点接近尾端,绕流阻力基本上是表面摩擦力,如图7.13所示。从减阻角度看,采用圆头尖尾的物体效果很好。

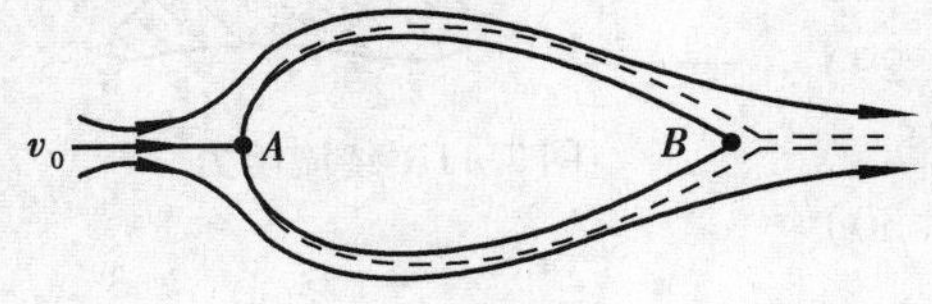

图7.13 绕流流线型物体

摩擦阻力与边界层的流态有很大的关系。一般来说,层流边界层的摩擦阻力比湍流边界层小,是湍流时的1/5~1/6。为了减小摩擦阻力,应使物面上的层流边界层尽可能长,并使壁面光滑。

通常减小阻力的措施如下:

①采用流线型外形,用以阻止或推迟边界层的分离,从而达到减小压差阻力的目的。

②控制边界层,也是减小压差阻力的方法。对于一些剖面形状或尺寸有特殊要求的物体,在加工制造过程中采取一定的措施以控制边界层,避免边界层分离。如航空上采用的前缘缝翼措施等。

③采用小的物面粗糙度,这是为了延长层流边界层,从而达到减小摩擦阻力的目的。

7.6.3 自由沉降速度与悬浮速度

在实际工程中,例如,污水处理技术中的竖流式或平流式沉淀池、烟尘处理技术中的除尘等,需研究颗粒在流体中的运动规律,知道颗粒在流体中的自由沉降速度、悬浮速度的概念和计算。现研究一个圆球在静止流体中的运动情况。设直径为 d 的圆球,从静止开始在静止的流体中自由下落。由于重力的作用而加速,而速度的增加受到的阻力随之增大。因此,经过一段时间后,圆球所受的重力与所受的浮力和阻力达到平衡,圆球作等速沉降,其速度称为自由沉降速度,用 v_f 表示。分析圆球所受的力,方向向上的力有绕流阻力 D 和浮力 B,分别为

$$D=C_D\frac{\rho v_f^2}{2}A=\frac{1}{8}C_D\rho v_f^2\pi d^2$$

$$B=\frac{1}{6}\pi d^3\rho g$$

方向向下的力有圆球所受的重力

$$G=\frac{1}{6}\pi d^3\rho_s g$$

式中 ρ_s——球体的密度;

ρ——流体的密度;

C_D——绕流阻力系数。

圆球所受的力平衡关系为

$$G=B+D$$

即

$$\frac{1}{6}\pi d^3\rho_s g=\frac{1}{8}C_D\rho v_f^2\pi d^2+\frac{1}{6}\pi d^3\rho g$$

由此求得圆球的自由沉降速度为

$$v_{\mathrm{f}}=\sqrt{\frac{4}{3C_D}\left(\frac{\rho_{\mathrm{s}}-\rho}{\rho}\right)gd} \tag{7.32}$$

式(7.32)中，绕流阻力系数 C_D 与雷诺数 Re 有关，可由图 7.12 查得。也可根据 Re 的范围，采用下列公式进行近似计算：

当 $Re<1$ 时，圆球基本上沿铅垂线下沉，绕流属于层流状态，$C_D=\frac{24}{Re}$。代入式(7.32)，得

$$v_{\mathrm{f}}=\frac{1}{18\mu}d^2(\rho_s-\rho)g \tag{7.33}$$

当 $Re=10\sim10^3$ 时，圆球呈摆动状态下沉，绕流属于过渡状态，$C_D\approx\frac{13}{\sqrt{Re}}$。

当 $Re=10^3\sim2\times10^5$ 时，圆球脱离铅垂线，盘旋下沉，绕流属于湍流状态，$C_D\approx0.45$。

计算自由沉降速度，因为 v_{f} 与 Re 有关，而 Re 中又包含待求值 v_{f}，所以一般要经过多次试算才能求得。在实际计算时，可以先假定 Re 的范围，然后再验算 Re 是否与假定的一致；如果不一致，则需重新假定后计算，直至与假定的一致。

如果圆球被以速度为 v 的垂直上升的流体带走，则圆球的绝对速度 v_{s} 为

$$v_{\mathrm{s}}=v-v_{\mathrm{f}}$$

当 $v=v_{\mathrm{f}}$ 时，$v_{\mathrm{s}}=0$，则圆球悬浮在流体中，呈悬浮状态，这时流体上升的速度 v 称为圆球的悬浮速度，它的数值与 v_{f} 相等，但意义不同。自由沉降速度是圆球自由下降时所能达到的最大速度，而悬浮速度是流体上升速度能使圆球悬浮所需的最小速度。如果流体的上升速度大于圆球的自由沉降速度，圆球将被带走；反之，则必定下降。一般流体中所含的固体颗粒或液体微粒，如水中的泥沙、气体中的尘粒或水滴等，均可按小圆球计算。

【例 7.4】　已知炉膛中烟气流的上升速度 $v=0.5$ m/s，烟气的密度 $\rho=0.2$ kg/m³，运动黏度 $\nu=230\times10^{-6}$ m²/s。试求烟气中直径 $d=0.1$ mm 的煤粉颗粒是否会沉降，煤的密度 $\rho_{\mathrm{s}}=0.2\times10^3$ kg/m³。

【解】　烟气流的雷诺数 $Re=\frac{vd}{\nu}=0.217<1$，由式(7.33)计算自由沉降速度为

$$v_{\mathrm{f}}=\frac{1}{18\mu}d^2(\rho_{\mathrm{s}}-\rho)g=\frac{1}{18\rho\nu}d^2(\rho_{\mathrm{s}}-\rho)g=0.154\ \mathrm{m/s}$$

因为 $v=0.5\ \mathrm{m/s}>v_{\mathrm{f}}=0.154\ \mathrm{m/s}$，所以煤粉颗粒将被烟气流带走，不会沉降。

习　题

7.1　流体以速度 $v_0=0.6$ m/s 绕一块长 $L=2$ m 的平板流动，如果流体分别是水（$\nu_1=10^{-6}$ m²/s）和油（$\nu_2=8\times10^{-5}$ m²/s），试求平板末端的边界层厚度。

7.2　水的来流速度 $v_0=0.2$ m/s 纵向绕过一块平板。已知水的运动黏度 $\nu=1.145\times10^{-6}$ m²/s，试求距平板前缘 5 m 处的边界层厚度，以及在该处与平板面垂直距离为 10 mm 的点的水流速度 v_x。

7.3　边长为 1 m 的正方形平板放在速度 $v_0 = 1\ \mathrm{m/s}$ 的水流中，求边界层的最大厚度及摩擦阻力，分别按全板是层流或是湍流两种情况进行计算，水的运动黏度 $\nu = 10^{-6}\ \mathrm{m^2/s}$。

7.4　水渠底面是一块长 $l = 30\ \mathrm{m}$，宽 $b = 3\ \mathrm{m}$ 的平板，水流速度 $\nu_0 = 6\ \mathrm{m/s}$，水的运动黏度 $\nu = 10^{-6}\ \mathrm{m^2/s}$，试求：①平板前面 $x = 3\ \mathrm{m}$ 一段板面的摩擦阻力；②长 $l = 30\ \mathrm{m}$ 的板面的摩擦阻力。

7.5　一块面积为 $8\ \mathrm{m} \times 10\ \mathrm{m}$ 的平板放置在速度为 $v_\infty = 20\ \mathrm{m/s}$ 的气流中，气体的运动黏度为 $\nu = 15 \times 10^{-6}\ \mathrm{m^2/s}$，平板的放置方法有两种：①长边顺着流向，阻力为 F_1；②短边顺着流向，阻力为 F_2。试求比值 F_1/F_2（设 $Re_{x,\mathrm{cr}} = 5 \times 10^5$）。

7.6　平底船的底面可视为宽 $b = 10\ \mathrm{m}$，长 $l = 50\ \mathrm{m}$ 的平板，船速 $v_0 = 4\ \mathrm{m/s}$，水的运动黏度 $\nu = 10^{-6}\ \mathrm{m^2/s}$，如果平板边界层转捩临界雷诺数 $Re_{x,\mathrm{cr}} = 5 \times 10^5$，试求克服边界层阻力所需的功率。

7.7　高速列车以速度 200 km/h 行驶，空气的运动黏度 $\nu = 15 \times 10^{-6}\ \mathrm{m^2/s}$。每节车厢可视为长 25 m，宽 3.4 m，高 4.5 m 的立方体。试计算为了克服 10 节车厢的顶部和两侧面的边界层阻力所需的功率。设 $Re_{x,\mathrm{cr}} = 5 \times 10^5$，$\rho = 1.25\ \mathrm{kg/m^3}$。

7.8　有 45 kN 的重物从飞机上投下，要求落地速度不超过 10 m/s，重物挂在一张阻力系数 $C_D = 2$ 的降落伞下面，不计伞重，设空气密度为 $\rho = 1.2\ \mathrm{kg/m^3}$，求降落伞应有的直径。

7.9　炉膛的烟气以速度 $v = 0.5\ \mathrm{m/s}$ 向上腾升，气体的密度为 $\rho = 0.25\ \mathrm{kg/m^3}$，动力黏度 $\mu = 5 \times 10^{-5}\ \mathrm{Pa \cdot s}$，粉尘的密度 $\rho' = 1\,200\ \mathrm{kg/m^3}$，试估算此烟气能带走多大直径的粉尘。

7.10　煤粉炉膛中，烟气上升的速度 $v_\infty = 0.5\ \mathrm{m/s}$，烟气密度 $\rho = 0.2\ \mathrm{kg/m^3}$，运动黏度 $\nu = 230 \times 10^{-6}\ \mathrm{m^2/s}$，煤粉密度 $\rho' = 1\,300\ \mathrm{kg/m^3}$，直径 $d = 0.1\ \mathrm{mm}$，问煤粉将沉降下来还是被上升的烟气带走？

7.11　汽车以 80 km/h 的时速行驶，其迎风面积为 $A = 2\ \mathrm{m^2}$，阻力系数为 $C_D = 0.4$，空气的密度为 $\rho = 1.25\ \mathrm{kg/m^3}$，试求汽车克服空气阻力所消耗的功率。

8 明渠流

在环境工程、给水排水工程、水利工程、交通运输等工程领域中，有许多明渠流的问题。明渠是一种人工修建或自然形成的渠槽，当水流通过渠槽时，将形成与大气相接触的自由表面，表面上各点压强均为大气压强，称为明渠流或无压流。输水渠道、无压隧道、渡槽、涵洞及天然河道中的流动均属于明渠流。

当明渠中水流的运动要素不随时间改变时，称为明渠恒定流，否则称为明渠非恒定流。明渠恒定流中，如果流线是一簇平行直线，则水深、断面平均流速及流速分布均沿程不变，称为明渠恒定均匀流；如果流线不是平行直线，则称为明渠恒定非均匀流。本章仅对明渠恒定流的基本知识和水力计算进行阐述。

8.1 明渠的几何特性及分类

由于明渠的断面形状、尺寸、底坡等几何要素对水流形态有重要影响，下面将阐述明渠的几何要素和类型。

8.1.1 明渠的横断面与过流断面

垂直于渠道中心线的铅直面与渠底及渠壁的交线，构成明渠的横断面。人工渠道的横断面一般为规则的几何形状，常见的有矩形、梯形、三角形、圆形等，如图 8.1(a) ~ 图 8.1(d)所示。天然河道的横断面多为不规则形状，而且一条河道各处横断面的形状和尺寸往往差别很大，如图8.1(e)所示。有时流量小水位低，水流集中于主槽中；当流量增大时，水位上涨，漫至边滩，横断面由主槽和边滩两部分组成。

当明渠修在土质地基上时，往往做成梯形断面，其两侧的倾斜程度用边坡系数 m 表示，$m = \cot\alpha$。m 的大小应根据土的种类或护面情况而定，见表 8.1。矩形断面常用于岩石中开凿或两侧用条石砌筑而成，混凝土渠或土渠也常做成矩形。圆形断面常用于无压隧洞。

这里讲的明渠横断面是指渠道的轮廓，与过流断面不同。后者是指与流向垂直的断面，除

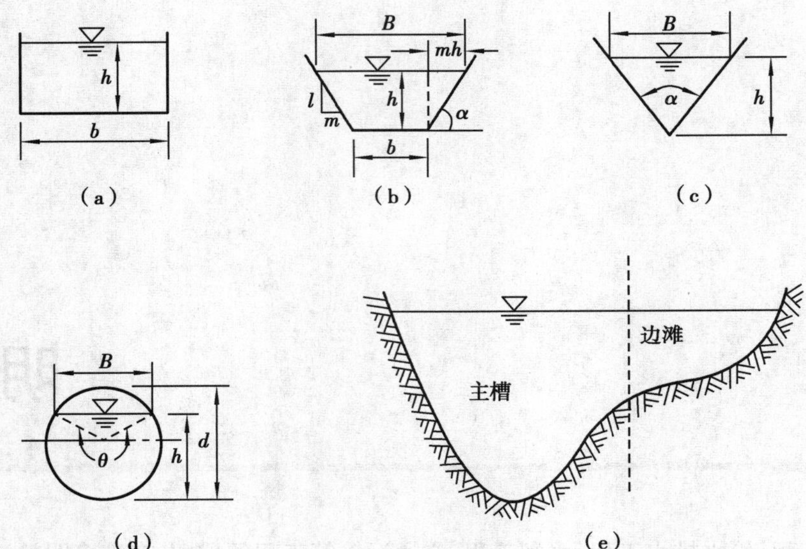

图 8.1　明渠的横断面

了包括渠道轮廓外,还包括水面轮廓。一般来说,过流断面与渠底垂直,因而与铅直面之间有一夹角 θ,如图 8.2 所示。

表 8.1　梯形渠道的边坡系数

土壤种类	m
细　沙	3.0 ~ 5.3
沙壤土	1.5 ~ 2.0
黏壤土、黄土或黏土	1.25 ~ 1.5
卵石和砌石	1.25 ~ 1.5
风化的岩石	0.25 ~ 0.5
未风化的岩石	0 ~ 0.25

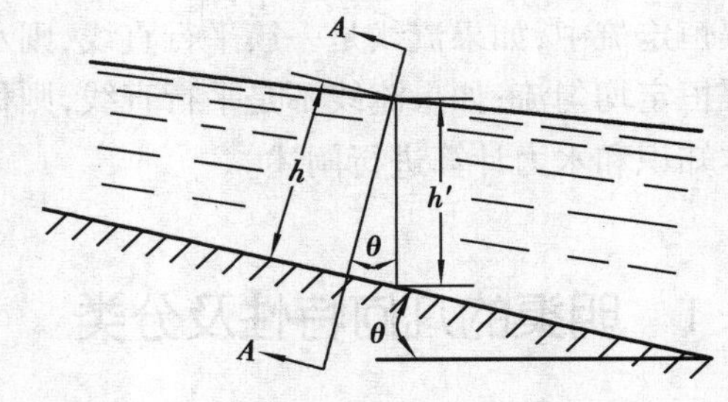

图 8.2　明渠的横断面与过流断面

现以工程中应用最广的梯形断面为例,说明计算中常用到的过流断面的水力要素。

①水深:指过流断面上渠底最低点到水面的距离,用 h 表示。但由于量测水深 h 不方便,因此,常垂直地量取水深 h',一般情况,θ 角很小,以 h' 代替 h 引起的误差不大。

②水面宽度:一般用 B 表示,$B = b + 2mh$,这里 b 为渠底宽度。

③过流断面面积:

$$A = (b + mh)h \tag{8.1}$$

④湿周:

$$\chi = b + 2h\sqrt{1 + m^2} \tag{8.2}$$

⑤水力半径:

$$R = \frac{A}{\chi} = \frac{(b + mh)h}{b + 2h\sqrt{1 + m^2}} \tag{8.3}$$

对于矩形和圆形断面,其过流断面的水力要素见表 8.2。

表 8.2　矩形、梯形、圆形过流断面的水力要素

断面形状	B	A	χ	R
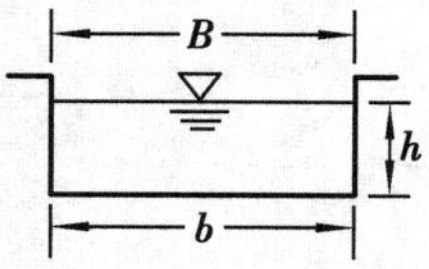	b	bh	$b+2h$	$\frac{bh}{b+2h}$
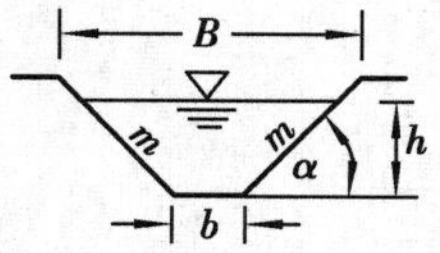	$b+mh$	$(b+mh)h$	$b+2h\sqrt{1+m^2}$	$\frac{(b+mh)h}{b+2h\sqrt{1+m^2}}$
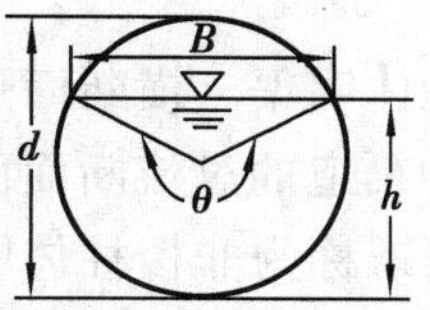	$2\sqrt{h(d-h)}$	$\frac{d^2}{8}(\theta-\sin\theta)^*$	$\frac{1}{2}\theta d$	$\frac{d}{4}\left(1-\frac{\sin\theta}{\theta}\right)$

注:* 式中 θ 以 rad 计。

8.1.2　明渠的底坡

沿渠道中心线所做的铅垂面与渠底的交线称为底坡线(渠底线、河底线)。明渠渠底纵向倾斜的程度称为底坡,用 i 表示,i 等于渠底线与水平线夹角 θ 的正弦,如图 8.3 所示。

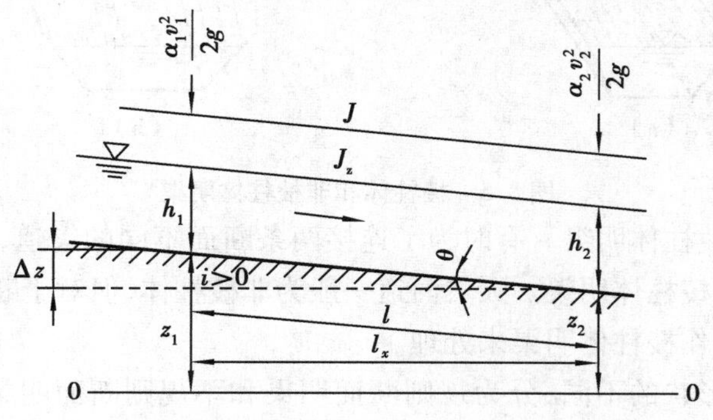

图 8.3　明渠的底坡

$$i=\sin\theta=\frac{z_1-z_2}{l}=\frac{\Delta z}{l} \tag{8.4}$$

一般情况下,θ 角很小,在实际应用中可以认为渠底线 l 与其水平投影长度 l_x 相等,$\sin\theta\approx\tan\theta$,即

$$i=\frac{\Delta z}{l_x}=\tan\theta \tag{8.5}$$

当明渠渠底沿程下降时,称为顺(正)坡渠道,如图8.4(a)所示,此时 $i>0$;当渠底水平时,称为平坡渠道,如图 8.4(b)所示,此时 $i=0$;当渠底沿程升高时,称为逆(负)坡渠道,如图 8.4(c)所示,此时$i<0$。人工渠道中 3 种底坡均可能出现。天然河道的河底是起伏不平的,底坡沿流要变化,通常在一定段落上取底坡的平均值作为计算值。

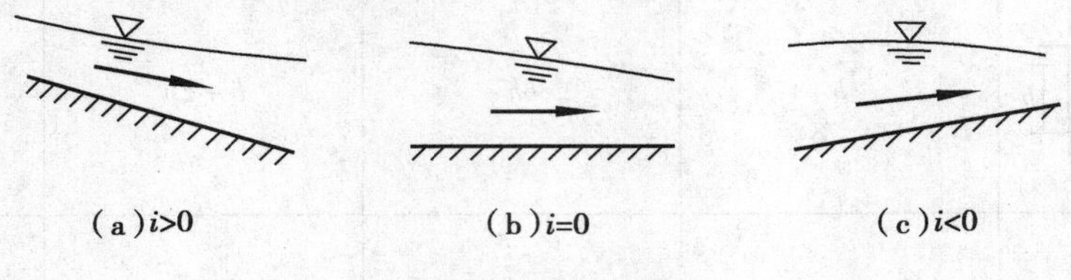

图 8.4　底坡的类型

8.1.3　明渠的分类

在实际工程中,渠道的形式很多,可以按不同的特征加以分类。

①按渠道横断面形状和尺寸是否沿程变化,分为棱柱体明渠和非棱柱体明渠。横断面形状和尺寸均沿程不变的长直渠道称为棱柱体明渠,如图 8.5(a)所示。这种渠道的过流断面面积 A 仅是水深 h 的函数,即 $A=f(h)$。横断面形状和尺寸沿程要变化的渠道称为非棱柱体明渠,如图 8.5(b)所示。这种渠道的过流断面面积 A 是水深 h 和流程 s 两个变量的函数,即 $A=f(h,s)$。

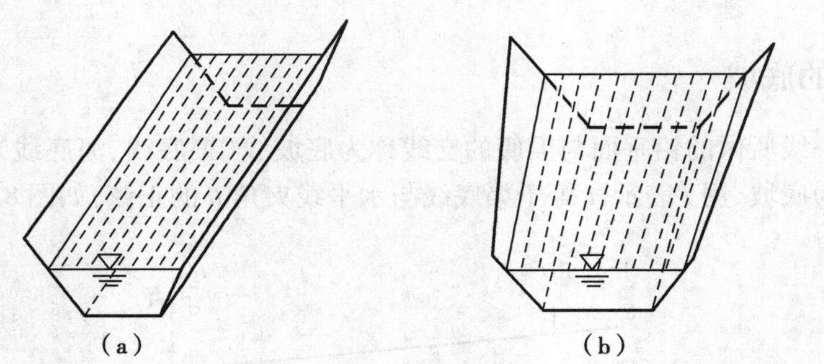

图 8.5　棱柱体和非棱柱体明渠

人工渠道大多为棱柱体明渠。有时为了连接两条断面不同的渠道,在其间设置断面逐渐变化的过渡渠段,是非棱柱体明渠。天然河道一般为非棱柱体,但对于断面变化不大又比较平顺的河段,可以近似当作棱柱体明渠来处理。

②按渠道横断面形状的不同,分为规则断面明渠和不规则断面明渠。各水力要素(如过流断面面积、湿周、水力半径、水面宽度等)在水深 h 的全部变化范围内,均为水深的连续函数的渠道称为规则断面明渠,如图 8.1 所示中的矩形、梯形、三角形、圆形等横断面的渠道。反之,各水力要素不为水深的连续函数的渠道称为不规则断面明渠,如图 8.1 所示中的复式断面渠道。

③按渠道底坡的不同,分顺(正)坡、平坡和逆(负)坡明渠。

8.2 明渠均匀流

8.2.1 明渠均匀流的特性

明渠均匀流是水深、断面平均流速、断面流速分布均沿程不变的流动,如图 8.3 所示。因此,渠底线、水面线(测压管水头线)、总水头线相互平行;同时,它们在单位距离内的降落值均相同:即底坡 i、水面坡度(测压管坡度)J_P、水力坡度 J 三者相等,有 $i = J_P = J$。

对任意两过流断面列伯努利方程,得到 $\Delta z = h_f$,即在一定距离上水流单位势能的减少恰好等于克服沿程阻力的单位能量损失。

在明渠均匀流中对 1,2 断面间的水体进行受力分析,如图 8.6 所示。设此流段水体重力为 G,渠道表面的摩擦阻力为 T,流段两端的动水压力 P_1,P_2。因为均匀流是等速直线运动,没有加速度,则作用于流段上所有外力在流动方向的分量必然相互平衡,即

$$P_1 + G\sin\theta - P_2 - T = 0$$

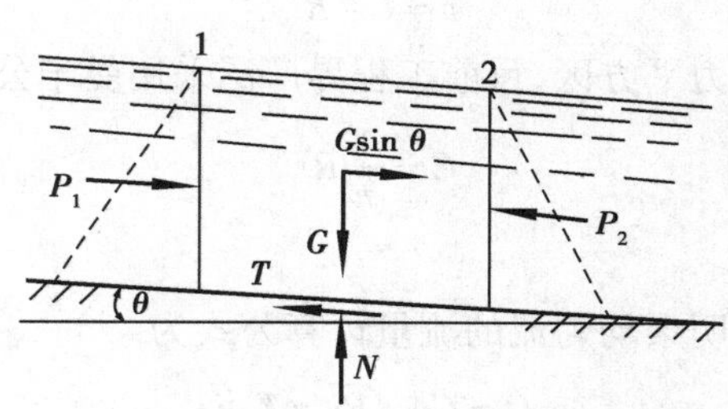

图 8.6 明渠均匀流段受力分析

因为均匀流中过流断面的压强符合静水压强分布规律,水深又不变,所以 P_1 和 P_2 大小相等。上式可写成

$$G\sin\theta = T \tag{8.6}$$

这表明,明渠均匀流是重力沿水流方向的分力和阻力相平衡的流动。

8.2.2 明渠均匀流的发生条件

由于明渠均匀流有上述特性,它的形成就需要有一定的条件,具体如下:

①水流应为恒定流,流量沿程不变。

②渠道是长直的棱柱体顺坡明渠,糙率沿程不变。

③渠道中无闸、坝等建筑物的局部干扰。

显然,实际工程中的渠道大都不满足上述要求,流动多为非均匀流。但是,在顺直棱柱体渠道中的恒定流,当流量沿程不变时,只要渠道有足够的长度,在离开渠道进口、出口或建筑物有一定的距离时,其水流可近似看成是均匀流,如图 8.7 所示。至于天然河道,一般不会产生均匀流,但对于较为平顺、整齐的河段,也常按均匀流处理。

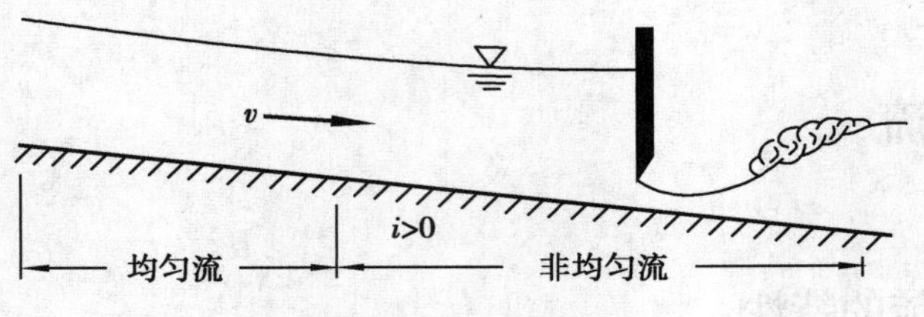

图 8.7　明渠流动

8.2.3　明渠均匀流的基本公式

明渠均匀流的基本公式是谢才公式,即

$$v = C\sqrt{RJ} \tag{8.7}$$

式中　v——过流断面平均流速;

R——水力半径;

J——水力坡度;

C——谢才系数。

因为明渠均匀流的水力坡度与底坡相等,所以式(8.7)可改写为

$$v = C\sqrt{Ri} \tag{8.8}$$

明渠中的水流多处于阻力平方区,目前工程界广泛采用曼宁公式计算谢才系数 C,即

$$C = \frac{1}{n}R^{\frac{1}{6}} \tag{8.9}$$

式中　n——渠道的糙率。

根据连续性方程可得明渠均匀流的流量计算公式为

$$Q = CA\sqrt{Ri} = K\sqrt{i} \tag{8.10}$$

式(8.10)中,$K = CA\sqrt{R}$,称为流量模数,单位是 m^3/s,它综合反映明渠断面形状、尺寸和粗糙程度对过水能力的影响。

一般称明渠均匀流水深为正常水深,用 h_0 表示。相应于正常水深的过流断面面积、水力半径、谢才系数等下标均为“0”,表示为 A_0,R_0,C_0。在实际使用时,为了简便起见,常省去下标“0”。

上述公式中的谢才系数 C 与断面形状、尺寸和壁面糙率有关。从曼宁公式可知,它是 n 和 R 的函数。但分析表明,R 对 C 的影响远小于 n 对 C 的影响。因此,根据实际情况正确地选定糙率,对明渠的计算有重要意义。在设计通过已知流量的渠道时,如果 n 值选得偏小,计算所得的断面也偏小,过水能力将达不到设计要求,容易发生水流漫溢渠道造成事故,对挟带泥沙的水流还会形成淤积。如果 n 值偏大,不仅因断面尺寸偏大而造成浪费,还会因实际流速过大而引起冲刷。对于人工渠道,在长期的实践中积累了丰富的资料,实际应用时可参照这些资料选择糙率值,见表 8.3。

表 8.3　各种材料明渠的糙率 n 值

明渠壁面材料情况及描述		表面粗糙情况		
		较　好	中　等	较　差
土渠	清洁、形状正常	0.020	0.0225	0.025
	不通畅、有杂草	0.027	0.030	0.035
	渠线略有弯曲、有杂草	0.025	0.030	0.033
	挖泥机挖成的土渠	0.0275	0.030	0.033
	沙砾渠道	0.025	0.027	0.030
	细砾石渠道	0.027	0.030	0.033
	土底、石砌坡岸渠	0.030	0.033	0.035
	不光滑的石底、有杂草的土坡渠	0.030	0.035	0.040
石渠	清洁的、形状正常的凿石渠	0.030	0.033	0.035
	粗糙的断面不规则的凿石渠	0.040	0.045	—
	光滑而均匀的石渠	0.025	0.035	0.040
	精细开凿的石渠	—	0.020 ~ 0.025	—
各种材料护面的渠道	三合土(石灰、沙、煤渣)护面	0.014	0.016	—
	浆砌砖护面	0.012	0.015	0.017
	条石砌面	0.013	0.015	0.017
	浆砌块石护面	0.017	0.0225	0.030
	干砌块石护面	0.023	0.032	0.035
混凝土渠道	抹灰的混凝土或钢筋混凝土护面	0.011	0.012	0.013
	无抹灰的混凝土或钢筋混凝土护坡	0.013	0.014 ~ 0.015	0.017
	喷浆护面	0.016	0.018	0.021
木质	刨光木板	0.012	0.013	0.014
	未刨光的板	0.013	0.014	0.015

对于天然河道，n 值多采用实际量测确定，也可参照表 8.4 进行初步选择。

表 8.4　天然河道糙率 n 值

河槽类型及特征	最小值	正常值	最大值
第一类：小河（洪水期水面宽＜30 m）			
1. 平原河道			
①清洁、顺直、无沙滩或深潭	0.025	0.030	0.033
②同①，但多乱石及杂草	0.030	0.035	0.040
③清洁、弯曲、有些浅滩和潭坑	0.033	0.040	0.045
④同③，但有些杂草及乱石	0.035	0.045	0.050
⑤同④，水深较浅，底坡多变，洄流较多	0.040	0.048	0.055
⑥同④，但较多乱石	0.045	0.050	0.060
⑦有滞流河段，多杂草、有深潭	0.050	0.070	0.080
⑧杂草很多的河段，有深潭或林木滩地上的过洪河段	0.075	0.100	0.150
2. 山区河流（河槽无植物，河岸较陡，高水位时岸坡上树木淹没）			
①河床：砾石、卵石及少许孤石	0.030	0.040	0.050
②河床：卵石和大孤石	0.040	0.050	0.070
第二类：大河（洪水期水面宽＞30 m）由于河岸阻力较小，n 值略小于前述同样情况的河道			
1. 断面较整齐，无孤石或丛木	0.025		0.060
2. 断面不整齐，河床粗糙	0.035		0.100
第三类：洪水期滩地漫流			
1. 草滩地，无丛木			
①有矮杂草	0.025	0.030	0.035
②有高杂草	0.030	0.035	0.050
2. 耕种的滩地			
①未熟的农作物	0.020	0.030	0.040
②已熟的成行农作物	0.025	0.035	0.045
③已熟的密植农作物	0.030	0.040	0.050
3. 矮丛木			
①稀疏，多杂草	0.035	0.050	0.070
②不甚密，夏季	0.040	0.060	0.080
③较密，夏季	0.070	0.100	0.160
4. 树木			
①平整过的土地，有树木，但未抽新枝	0.030	0.040	0.050
②同上，树干多新枝	0.050	0.060	0.080
③密林，树下少植物，洪水位在树枝下	0.080	0.100	0.120
④密林，树下少植物，洪水位淹没树枝	0.100	0.120	0.160

8.2.4 水力最佳断面及允许流速

1)水力最佳断面

设计渠道时,底坡一般依地形条件或其他技术要求而定;糙率主要取决于渠道选用的建筑材料。在底坡和糙率已定的前提下,渠道的过水能力则决定于渠道的横断面形状及尺寸。从经济观点出发,总是希望所选定的横断面形状在通过已知的设计流量时面积最小,或者是过流面积一定时通过的流量最大。满足上述条件的断面,其工程量最小,称为水力最佳断面。

把曼宁公式代入明渠均匀流的基本公式,得

$$Q = AC\sqrt{Ri} = \frac{1}{n}Ai^{\frac{1}{2}}R^{\frac{2}{3}} = \frac{1}{n}\frac{A^{\frac{5}{3}}i^{\frac{1}{2}}}{\chi^{\frac{2}{3}}} \tag{8.11}$$

由式(8.11)可以看出,当渠道的底坡 i、糙率 n 及过流断面面积 A 一定时,湿周 χ 越小,通过的流量 Q 越大;或者说,当 i,n,Q 一定时,湿周 χ 越小,所需的过流断面面积也越小。在所有面积相等的几何图形中,圆形具有最小的周边,因而圆形断面是水力最佳的。但圆形断面不易施工,在天然土壤中开挖的渠道,一般都采用梯形断面。下面就梯形水力最佳断面进行分析。

由式(8.1)得到 $b=\frac{A}{h}-mh$,代入 $\chi=b+2h\sqrt{1+m^2}$,得

$$\chi = \frac{A}{h} - mh + 2h\sqrt{1+m^2} = f(h) \tag{a}$$

将 χ 对 h 求导

$$\begin{aligned}\frac{d\chi}{dh} &= -\frac{A}{h^2} - m + 2\sqrt{1+m^2}\\ &= -\frac{(b+mh)h}{h^2} - m + 2\sqrt{1+m^2}\\ &= -\frac{b}{h} - 2m + 2\sqrt{1+m^2}\end{aligned} \tag{b}$$

再求二阶导数

$$\frac{d^2\chi}{dh^2} = \frac{b}{h^2} > 0 \tag{c}$$

故有极小值 χ_{min} 存在。令式(b)等于0,取极小值,并代入 $A=(b+mh)h$,得

$$\beta_g = \frac{b}{h} = 2\left(\sqrt{1+m^2} - m\right) \tag{8.12}$$

β_g 为梯形水力最佳断面宽深比,β_g 只与 m 有关。对于矩形断面而言,$m=0$,由式(8.12)得 $\beta_g=2$,说明矩形水力最佳断面的底宽为水深的2倍。不同 m 值的水力最佳断面宽深比 β_g 值列于表8.5。

表8.5 梯形渠道的最佳宽深比 β_g 值

m	0	0.25	0.5	0.75	1.00	1.25	1.50	1.75	2.00	2.50	3.00
β_g	2.00	1.56	1.24	1.00	0.83	0.70	0.61	0.53	0.47	0.39	0.32

将式(8.12)依次代入式(8.1)和式(8.2)中,得梯形水力最佳断面的面积和湿周满足下列关系

$$A_g=\left(2\sqrt{1+m^2}-m\right)h^2$$

$$\chi_g=2\left(2\sqrt{1+m^2}-m\right)h$$

所以,梯形水力最佳断面的水力半径为

$$R_g=\frac{A_g}{\chi_g}=\frac{h}{2} \tag{8.13}$$

式(8.13)表明梯形水力最佳断面的水力半径等于水深的1/2。

应当指出,在实际工程中还必须依据造价、施工技术、管理要求和养护条件等来综合考虑和比较,选择最经济合理的断面形式。对于小型渠道,工程造价主要取决于土方量,因此,水力最佳断面可以是渠道的经济断面,按水力最佳断面设计是合理的。对于较大型渠道,按水力最佳断面设计的渠道断面往往是窄而深。这类渠道的施工、养护较困难,因而不宜采用。

2)允许流速

渠道的流速过大,会引起渠道的冲刷和破坏;流速过小,又会导致水流中悬浮的泥沙沉淀而产生淤积,降低渠道的过水能力。因此,在设计渠道时,应使过流断面的平均流速在各种允许流速的范围内,这样的渠道流速称为允许流速,即

$$v_{\min}<v<v_{\max} \tag{8.14}$$

式中 $v_{\max}$——渠道的最大允许流速,又称为不冲流速;

$v_{\min}$——渠道的最小允许流速,又称为不淤流速。

最大允许流速取决于渠道表面的土质和加固情况以及水深。最小允许流速取决于悬浮泥沙的性质。

最大、最小允许流速的取值可参照相关规范。这里摘录部分规定、数值,以供参考。

(1)最大允许流速

水深 $h=0.4\sim1.0$ m 时,见表8.6所列数值。当水深在 $0.4\sim1.0$ m 以外时,将表中的流速乘以系数 k 值后作为该水深下的最大允许流速。$h<0.4$ m 时取 $k=0.85$;$1.0\text{ m}<h<2.0$ m 时取 $k=1.25$;$h\geqslant2.0$ m 时取 $k=1.4$。

表8.6 渠道最大允许流速 $v_{\max}$

序号	渠道壁面材料性质	最大允许流速/(m·s^{-1})
1	粗砂或低塑性粉质黏土	0.8
2	粉质黏土	1.0
3	黏土	1.2
4	石灰岩或中砂岩	4.0
5	草皮护面	1.0
6	干砌块石	2.0
7	浆砌块石或浆砌砖	3.0
8	混凝土	4.0

(2)最小允许流速

可以根据经验公式确定

$$v_{\min} = e\sqrt{R} \tag{8.15}$$

式中 R——水力半径；

e——与悬浮泥沙直径、水力粗度(泥沙颗粒在静水中的沉降速度)、渠壁糙率有关的系数。对于黏土、砂土渠道,如取 $n=0.025$,悬浮泥沙直径不大于 0.25 mm 时,$e=0.50$。另外,在排水工程中,$v_{\min}=0.4$ m/s;对于北方寒冷地区,为防止冬季渠水结冰,$v_{\min}=0.6$ m/s。

8.2.5 明渠均匀流的水力计算

应用式(8.8)和式(8.10),可解决工程实际中常见的明渠均匀流的计算问题。下面以梯形断面为例,说明经常遇到的几种问题的计算方法。

由式(8.10)可以看出,各水力要素间存在以下的函数关系：

$$Q = CA\sqrt{Ri} = f(b,h,m,n,i) \tag{8.16}$$

式中包含 Q,b,h,m,n,i 这 6 个变量。一般情况下,边坡系数 m 及糙率 n 是根据渠壁材料确定的。因此,梯形断面渠道均匀流的水力计算,实际上是根据渠道所担负的生产任务、施工条件、地形及地质状况等,预先选定 Q,b,h,i 这 4 个变量中的 3 个,然后,应用基本公式求另一个变量。

工程实践中所提出的明渠均匀流的水力计算,主要有以下类型：

①已知渠道的断面尺寸 b,h 及渠底坡度 i,糙率 n,求通过的流量或流速。这一类型的问题大多属于对已成渠道进行校核性的水力计算。

【例 8.1】 设有一梯形断面的黏土渠道,已知渠道底宽 $b=5$ m,水深 $h=2.5$ m,边坡系数 $m=1.5$,渠底坡度 $i=0.0004$,糙率 $n=0.025$。试求水渠中流量 Q,并校核是否会产生冲刷或淤积。

【解】 计算梯形断面的水力要素

$$A = h(b+mh) = 21.875\ \text{m}^2,\ \chi = b + 2h\sqrt{1+m^2} = 14.01\ \text{m},\ R = \frac{A}{\chi} = 1.56\ \text{m}$$

$$C = \frac{1}{n}R^{\frac{1}{6}} = 43.08\ \text{m}^{0.5}/\text{s}$$

由 $Q = CA\sqrt{Ri} = 23.54\ \text{m}^3/\text{s}$,得 $v = \dfrac{Q}{A} = 1.08$ m/s。

根据相应规范要求,$v_{\min}=0.4$ m/s,$v_{\max}=1.2\times1.4=1.68$ m/s,得到 $v_{\min}<v<v_{\max}$,满足允许流速要求,不会产生冲刷或淤积。

②已知渠道的设计流量 Q,渠底坡度 i,底宽 b,边坡系数 m 和糙率 n,求水深 h。

【例 8.2】 有一梯形断面渠道,已知渠底坡度 $i=0.0006$,边坡系数 $m=1.0$。糙率 $n=0.03$,底宽 $b=1.5$ m,求通过流量 $Q=1\ \text{m}^3/\text{s}$ 时的正常水深。

【解】 $K = \dfrac{Q}{\sqrt{i}} = 40.82\ \text{m}^3/\text{s}$

$$A=h(b+mh)=1.5h+h^2$$

$$\chi=b+2h\sqrt{1+m^2}=1.5+2h\sqrt{1+1.0^2}$$
$$=1.5+2.83h$$

假定一系列 h 值,由基本公式:

$$K=CA\sqrt{R}=\frac{1}{n}A^{5/3}\chi^{-2/3}=f(h)$$

可得对应的 K 值。计算结果列于表内,并绘出 $K=f(h)$ 曲线,如图8.8所示。当 $K=40.82\ \mathrm{m^3/s}$ 时,得 $h=0.80\ \mathrm{m}$。这种方法为试算-图解法。

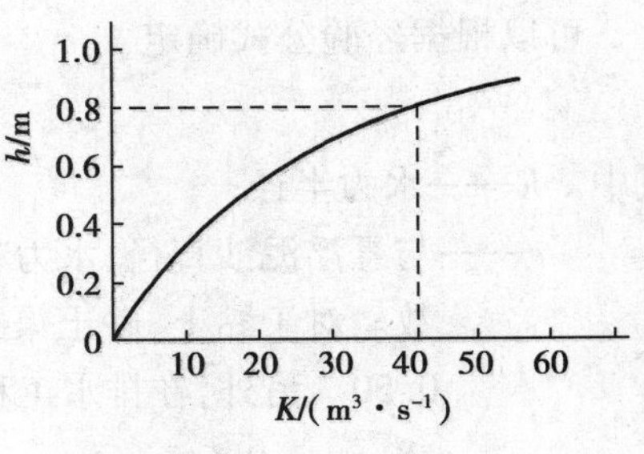

图8.8　h-K 曲线

h/m	0	0.2	0.4	0.6	0.8	1.0
$K/(\mathrm{m^3\cdot s^{-1}})$	0	6.08	14.62	25.92	40.22	57.78

也可用查图法,算出$\frac{b^{2.67}}{nK}=2.41$,$m=1.0$,根据附录I的曲线图,找到 $h/b=0.54$,所以 $h=0.54\times1.5\ \mathrm{m}=0.81\ \mathrm{m}$。

③已知渠道的设计流量 Q,渠底坡度 i,水深 h,边坡系数 m 及糙率 n,求渠道底宽 b。这一类问题的计算方法与前一类求解的方法类似,也是采用试算-图解法或查图法。

④已知渠道的设计流量 Q,底宽 b,水深 h,边坡系数 m 及糙率 n,求渠底坡度 i。

【例8.3】　有一矩形断面引水渡槽,底宽 $b=1.5\ \mathrm{m}$,槽长 $l=116.5\ \mathrm{m}$,进口处槽底高程 $z_{01}=52.06\ \mathrm{m}$,槽身为普通混凝土。通过设计流量 $Q=7.65\ \mathrm{m^3/s}$ 时,槽中水深 $h=1.7\ \mathrm{m}$,如图8.9所示。求渡槽出口处底部高程 z_{02}。

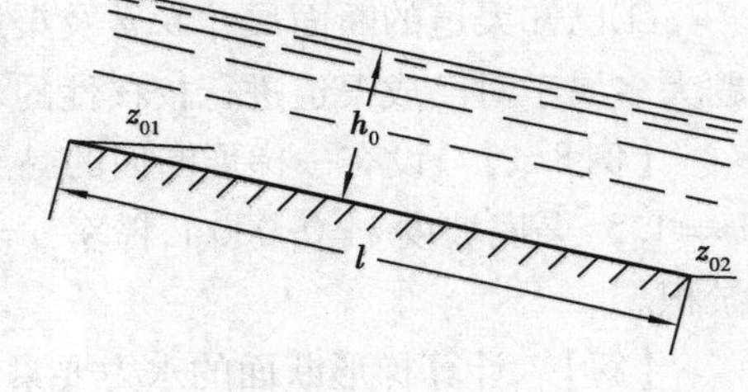

图8.9

【解】　若能求得渡槽底坡 i,则出口高程 $z_{02}=z_{01}-il$

$$i=\frac{Q^2}{K^2}=\frac{Q^2}{C^2A^2R}$$

根据已知条件求出断面水力要素

$$A=bh=1.5\ \mathrm{m}\times1.7\ \mathrm{m}=2.55\ \mathrm{m^2}$$

$$\chi=b+2h=1.5\ \mathrm{m}+2\times1.7\ \mathrm{m}=4.9\ \mathrm{m}$$

$$R=\frac{A}{\chi}=\frac{2.55\ \mathrm{m^2}}{4.9\ \mathrm{m}}=0.52\ \mathrm{m}$$

选择糙率 $n=0.014$,则

$$C=\frac{1}{n}R^{\frac{1}{6}}=64.1\ \mathrm{m^{0.5}/s}$$

算出

$$i=\frac{Q^2}{C^2A^2R}=0.00421$$

所以槽底高程：$z_{02}=z_{01}-il=(52.06-0.00421\times116.5)\,\mathrm{m}=51.57\,\mathrm{m}$

⑤已知渠道的设计流量 Q，渠底坡度 i，边坡系数 m 和糙率 n，设计渠道过流断面尺寸。

这一类问题中有水深 h，底宽 b 两个未知量，可能有多组 h 与 b 的组合同时满足方程的解。为了使问题有唯一确定的解，须结合工程要求和经济条件，先定出其中一个的数值，有时还可以根据渠道的最大允许流速 $v_{\max}$ 来进行设计。

【例 8.4】 有一梯形断面渠道，通过流量 $Q=3\,\mathrm{m^3/s}$，渠底坡度 $i=0.0036$，$m=1.0$，$n=0.025$。①按最大允许流速 $v_{\max}=1.4\,\mathrm{m/s}$，设计渠道断面尺寸 b 和 h；②按水力最佳断面设计渠道断面尺寸 b 和 h。

【解】 ①按允许流速设计

$$A=\frac{Q}{v_{\max}}=\frac{3}{1.4}\,\mathrm{m^2}=2.14\,\mathrm{m^2}$$

$$\chi=\left(\frac{i^{\frac{1}{2}}A^{\frac{2}{3}}}{nv_{\max}}\right)^{\frac{3}{2}}=\left(\frac{0.0036^{\frac{1}{2}}\times2.14^{\frac{2}{3}}}{0.025\times1.4}\right)^{\frac{3}{2}}\,\mathrm{m}=4.81\,\mathrm{m}$$

由梯形断面条件得

$$A=h(b+mh)=h(b+h)=2.14\,\mathrm{m^2}$$

$$\chi=b+2h\sqrt{1+m^2}=b+2h\sqrt{1+1.0^2}=b+2.83h=4.81\,\mathrm{m}$$

联立解以上两式得：$b=3.2\,\mathrm{m}$，$h=0.57\,\mathrm{m}$。

从而渠道有水部分断面尺寸得以确定，渠道的总高度应为正常水深加保护高度（规范规定的超过水面的高度）。

②按水力最佳断面设计

$$\beta_g=\frac{b}{h}=2(\sqrt{1+m^2}-m)=0.83$$

$$b=0.83h$$

$$A=h(b+mh)=h(0.83h+h)=1.83h^2$$

$$\chi=b+2h\sqrt{1+m^2}=0.83h+2h\sqrt{1+1.0^2}=3.66h$$

$$R=0.5h$$

将上述数值代入 $Q=\frac{1}{n}AR^{\frac{2}{3}}i^{\frac{1}{2}}$ 有

$$3=\frac{1}{0.025}\times(1.83h^2)\times(0.5h)^{\frac{2}{3}}\times0.0036^{\frac{1}{2}}$$

解得

$$h=1.03\,\mathrm{m},\ b=0.83h=0.85\,\mathrm{m}$$

以上介绍的是单式断面的水力计算。在实际工程中，经常会遇到复式断面问题，如图8.10所示。在复式断面渠道中，由于各部分粗糙度和水深均不同，所以断面上各部分流速相差较大，此外，断面面积和湿周都不是水深的单一函数。对于复式断面采取分别计算的方法，即将复式断面划分为若干个单式断面（如图中铅垂线 a—a 和 b—b 将断面分为主槽Ⅰ和边滩Ⅱ，Ⅲ），分别计算各部分的过流断面面积、湿周、水力半径、谢才系数、流速、流量等。复式断面的流量为各部分流量的总和，即

$$Q = \sum_{i=1}^{n} A_i v_i = \sum_{i=1}^{n} Q_i = \sum_{i=1}^{n} K_i \sqrt{i} \tag{8.17}$$

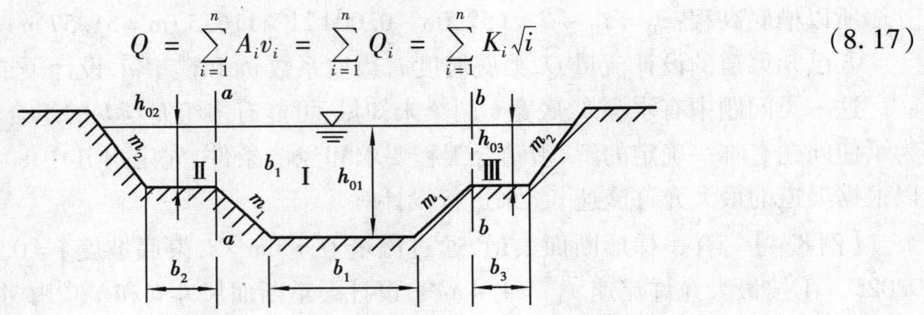

图 8.10　复式断面图

在计算中必须遵循下列原则：

①作为同一条渠道，渠道整体和各部分的水力坡度、水面坡度、渠底坡度均相等，即

$$J_1 = J_2 = \cdots = J_{z1} = J_{z2} = \cdots = i_1 = i_2 = \cdots = i$$

②各部分的湿周仅考虑水流与固壁接触的周界，两相邻部分水流的交界线，如图 8.10 中的a—a和 b—b，在计算时不计入。

【例 8.5】　一复式断面渠道，如图 8.10 所示。已知 $b_2 = b_3 = 25$ m，$b_1 = 50$ m；$h_{01} = 4$ m，$h_{02} = h_{03} = 1.5$ m；$m_2 = m_3 = 2$，$m_1 = 3$；主槽糙率 $n = 0.025$，滩地糙率 $n_2 = n_3 = 0.03$；渠底坡度 $i = 0.0004$。求渠道通过流量 Q。

【解】　分别计算各个部分断面的流量。

主槽部分：

$$A_1 = b_1 h_{01} + \frac{1}{2}(h_{01} + h_{02}) \times m_1(h_{01} - h_{02}) \times 2 = 241.25\ \text{m}^2$$

$$\chi_1 = b_1 + 2\sqrt{(h_{01} - h_{02})^2 + [m_1(h_{01} - h_{02})]^2} = 65.81\ \text{m}$$

$$R_1 = \frac{A_1}{\chi_1} = 3.67\ \text{m}$$

$$C_1 = \frac{1}{n} R_1^{\frac{1}{6}} = 49.7\ \text{m}^{0.5}/\text{s}$$

$$Q_1 = A_1 C_1 \sqrt{R_1 i} = 459.4\ \text{m}^3/\text{s}$$

左边滩部分：

$$A_2 = b_2 h_{02} + \frac{1}{2} m_2 h_{02}^2 = 39.75\ \text{m}^2$$

$$\chi_2 = b_2 + \sqrt{h_{02}^2 + (m_2 h_{02})^2} = 28.35\ \text{m}$$

$$R_2 = \frac{A_2}{\chi_2} = 1.40\ \text{m}$$

$$C_2 = \frac{1}{n_2} R_2^{\frac{1}{6}} = 35.26\ \text{m}^{0.5}/\text{s}$$

$$Q_2 = A_2 C_2 \sqrt{R_2 i} = 33.2\ \text{m}^3/\text{s}$$

右边滩部分：

$$Q_3 = Q_2 = 33.2\ \text{m}^3/\text{s}$$

$$Q = Q_1 + Q_2 + Q_3 = (459.4 + 2 \times 33.2)\ \text{m}^3/\text{s} = 525.8\ \text{m}^3/\text{s}$$

8.3 明渠流动状态

在明渠中,由于水工建筑物的修建、渠底坡度的改变或渠道断面的变化等,都会导致均匀流条件的破坏,而发生非均匀流。人工渠道或天然河道中的水流绝大多数是非均匀流。明渠非均匀流的特点是底坡线、水面线、总水头线彼此不平行,如图 8.11 所示。在继续讨论明渠非均匀流之前,需要进一步认识明渠流动状态。

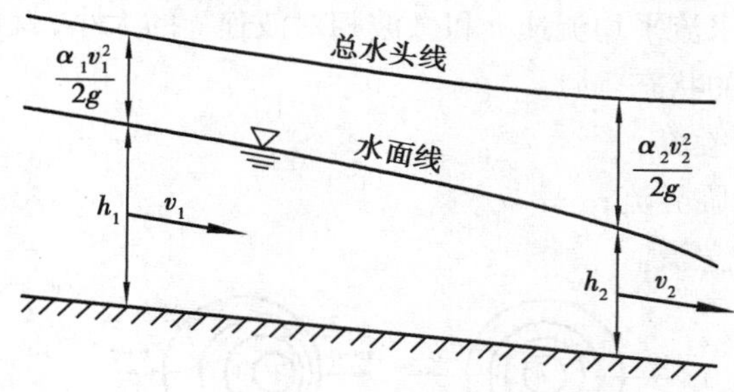

图 8.11 明渠非均匀流

8.3.1 缓流和急流

观察明渠水流在遇到障碍物之后的流动现象,可以发现,在不同条件下的明渠流有两种不同的状态。在底坡陡峻,水流湍急的溪涧中,遇到障碍物(如大块孤石)阻水,则水流或是跳跃而过,或因跳跃过高而激起浪花,孤石的存在对上游的水流没有影响,如图 8.12(a)所示,这是一种状态;在底坡平坦、水流徐缓的河道中,遇到障碍物阻水,则障碍物前水面壅高,逆流动方向向上游传播,如图 8.12(b)所示。障碍物的影响只能对附近水流引起局部扰动,不能向上游传播的明渠水流称为急流;障碍物的影响能向上游传播又能向下游传播的明渠水流称为缓流。

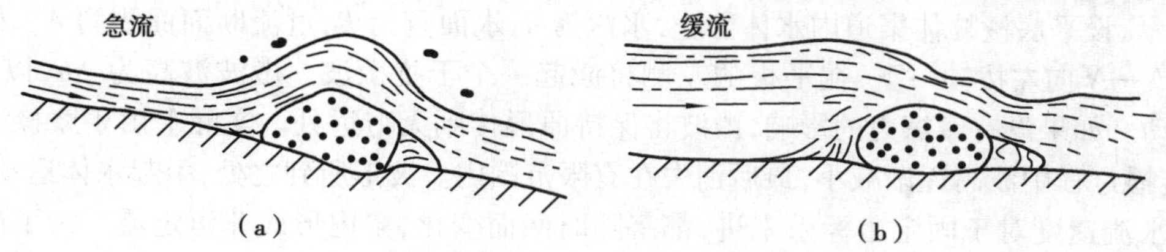

图 8.12 明渠的流态

掌握不同流态的实质,对认识明渠流动现象,分析明渠流动的运动规律,有重要意义。下面从运动学和能量的角度来分析明渠水流的流动状态。

8.3.2 微波的波速和弗劳德数

1)微波的波速

任何障碍物的存在都干扰着运动水流,这种干扰以微波的形式向各个方向传播。下面用一个简单的实验来看干扰波的传播。

若在静水中沿铅垂方向丢下一块石子,水面将产生一个微小波动,这个波动以石子落点为中心,以一定的速度 c 向四周传播,平面上的波形是一串同心圆,如图 8.13(a)所示。这种在静水中传播的微波速度 c 称为相对波速。若把石子投入到流动着的明渠水流中,则微波传播的绝对速度值应是水流平均流速 v 与相对波速 c 的代数和,即绝对速度值 $c'=v\pm c$。当 $v<c$ 时,$c_1'=v-c<0$,表示微波向上游传播,同时 $c_2'=v+c>0$,表示微波还要向下游传播,如图 8.13(b)所示,这种水流称为缓流。当$v=c$时,微波向上游传播的绝对速度 $c_1'=0$,而向下游传播的绝对速度$c_2'=2c$,如图 8.13(c)所示,这种水流称为临界流。当 $v>c$ 时,$c_1'=v-c>0$,$c_2'=v+c>0$,微波都是向下,而对上游水流没有任何影响,如图 8.13(d)所示,这种水流称为急流。

由此可见,只要比较水流平均流速 v 和微波相对波速 c 的大小,就可以判断微波是否会往上游传播,从而判断水流的状态。

①当 $v<c$ 时,水流为缓流;

②当 $v=c$ 时,水流为临界流;

③当 $v>c$ 时,水流为急流。

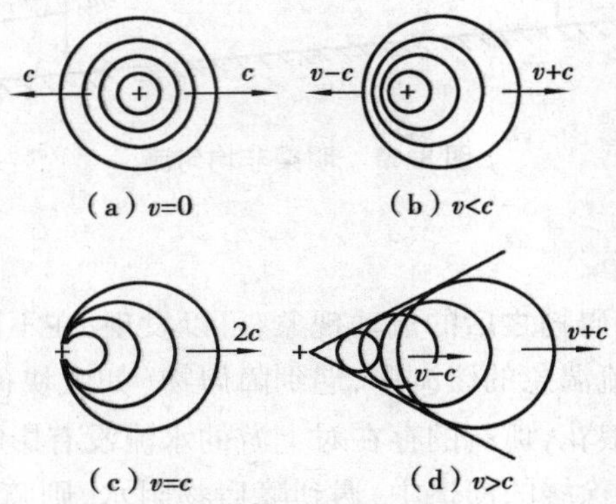

图 8.13　干扰波的传播

要判断流态,必须先确定微波传播的相对波速 c,下面将推导相对波速的计算公式。如图 8.14 所示,设平底棱柱体渠道内水体静止,水深为 h,水面宽为 B,过流断面面积为 A。如用直立薄板 N—N 向左拨动一下,在平板的左侧将激起一个干扰微波。微波波高为 Δh,以速度 c 向左移动。如果没有摩擦力的影响,微波将保持原形传到无穷远处。实际上由于摩擦力的存在,在传播过程中波高逐渐减小,最后消失在有限范围内。波形所到之处,引起水体运动,各空间点的水流速度对于固定坐标系来讲,都将随时间而变化,渠内形成非恒定流。为了简化问题,不考虑摩擦力,把坐标系取在微波上,该坐标系随波做匀速直线运动。对于这个动坐标系而言,渠内水体以波速 c 从左向右运动,这时水流转化为恒定流。

以渠底为基准面,取相距很近的 1—1,2—2 断面,因为 $v_1=c$,由连续性方程得 $v_2=c\dfrac{A}{A+\Delta A}$。对断面 1—1,2—2 建立伯努利能量方程,并令 $\alpha_1=\alpha_2=1$,得

$$h+\frac{c^2}{2g}=h+\Delta h+\frac{c^2}{2g}\left(\frac{A}{A+\Delta A}\right)^2$$

将 $\Delta A\approx B\Delta h$ 代入上式,经整理得到静水中干扰微波的波速为

$$c=\pm\sqrt{\frac{2g(A/B+\Delta h)^2}{2A/B+\Delta h}}=\pm\sqrt{\frac{2g(\bar{h}+\Delta h)^2}{2\bar{h}+\Delta h}} \tag{8.18}$$

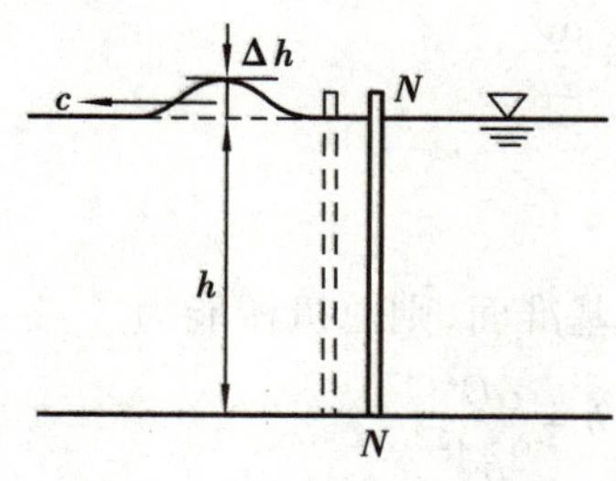

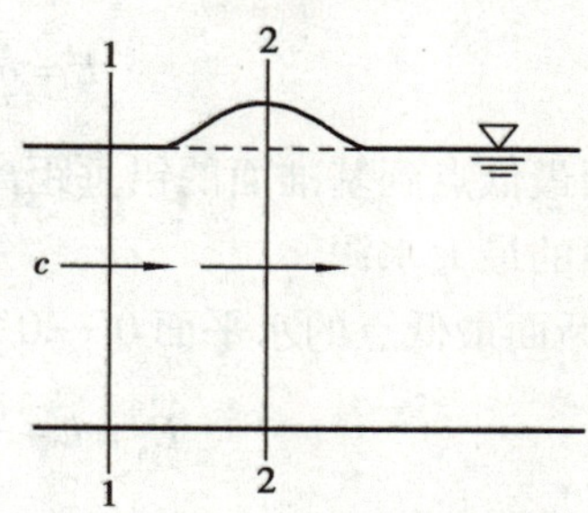

图 8.14 静水中干扰微波的传播

式(8.18)中,$\bar{h}=A/B$ 为断面平均水深。因微波波高 $\Delta h \ll h$,故上式可简化为

$$c = \pm\sqrt{g\bar{h}} \tag{8.19}$$

对于矩形断面,$A=Bh$,则

$$c = \pm\sqrt{g\bar{h}} \tag{8.20}$$

在实际渠道中,如果水体不是处于静止状态而是具有速度 v 时,微波的绝对速度为

$$c' = v \pm \sqrt{g\bar{h}} \tag{8.21}$$

式(8 …示微波顺流传播的绝对速度;取“-”号则表示微波逆流传播的绝对速度 …

… 与微波波速相比较来判别流态的原理,取二者之比,正是以平均水深为特 … 弗劳德数:

$$\frac{v}{c} = \frac{v}{\sqrt{g\bar{h}}} = Fr \tag{8.22}$$

所以,弗劳德数也可作为流态的判断标准:

①当 $Fr<1$ 时,水流为缓流;

②当 $Fr=1$ 时,水流为临界流;

③当 $Fr>1$ 时,水流为急流。

8.3.3 断面单位能量和临界水深

1)断面单位能量

上面是从运动学的角度来分析和判别流态的,此外,还可以从能量的角度来分析。如图 8.15 所示,在明渠流的任一过流断面上,单位重量的液体相对于某一基准面 0—0 的总机械能为

$$E = z + \frac{p}{\rho g} + \frac{\alpha v^2}{2g} \tag{8.23}$$

或

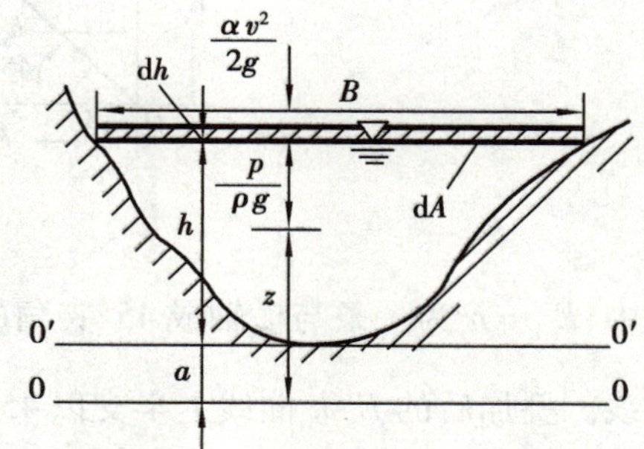

图 8.15 断面单位能量

$$E = a + h + \frac{\alpha v^2}{2g} \tag{8.24}$$

式中　a——断面最低点到基准面的铅垂距离；

h——断面的最大水深。

如果将通过断面最低点的水平面 $0'$—$0'$ 作为基准面，则总机械能为

$$E_s = h + \frac{\alpha v^2}{2g} = h + \frac{\alpha Q^2}{2gA^2} \tag{8.25}$$

式中　E_s——断面单位能量或比能，它是相对于过流断面最低点而言的总流的单位重量的液体所具有的能量。

断面单位能量 E_s 和单位总机械能 E 是两个不同的概念，它们的区别在于：

①E_s 只是 E 中反映了水流运动状况的那一部分能量，二者相差一个渠底高程。计算各断面的 E 值时，应取同一基准面，而计算 E_s 时则以各断面的最低点为基准。

②由于有能量损失，E 总是沿程减小，即 $\mathrm{d}E/\mathrm{d}s<0$；而 E_s 却不同，可以沿程减小、不变甚至增加。如明渠均匀流的水深及流速均沿程不变，E_s 为常量。

当流量及明渠横断面形状尺寸不变时，过流断面面积 A 就仅仅是水深 h 的函数，因此，断面单位能量 E_s 也是 h 的函数，即 $E_s = f(h)$。

$$E_s = E_{s1} + E_{s2} = f(h)$$

式中　E_{s1}——断面单位势能，$E_{s1} = h$；

E_{s2}——断面单位动能，$E_{s2} = \frac{\alpha Q^2}{2gA^2}$。

依次将 E_{s1}，E_{s2} 的函数关系绘在以水深 h 为纵坐标的坐标纸上，而后将两线叠加便得到 E_s-h 曲线，如图 8.16 所示。

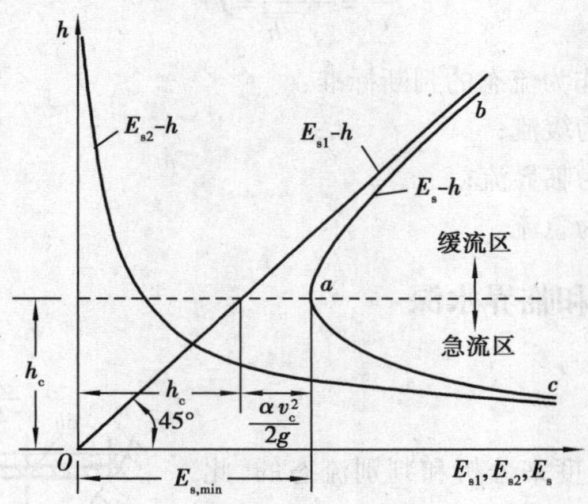

图 8.16　E_s-h 曲线

其中，$E_{s1} = h$ 为一条与横轴成 45°夹角的直线，$E_{s2} = \frac{\alpha Q^2}{2gA^2}$是两端分别以横轴和纵轴为渐近线的曲线。叠加后的 E_s-h 曲线上半支以 45°夹角直线为渐近线，下半支以横轴为渐近线。在水深从小到大的变化过程中，E_s 值相应地从∞逐渐变小，到达某一最小值 $E_{s,\min}$，然后又逐渐增大。断面单位能量为最小时对应的水深，称为临界水深，用 h_c 表示。

临界水深 h_c 将 E_s-h 曲线分成了上、下两支。为了说明上、下两支曲线不同的水流特性，将式(8.25)对 h 求导，得

$$\frac{\mathrm{d}E_s}{\mathrm{d}h}=\frac{\mathrm{d}}{\mathrm{d}h}\left(h+\frac{\alpha Q^2}{2gA^2}\right)=1-\frac{\alpha Q^2}{gA^3}\frac{\mathrm{d}A}{\mathrm{d}h} \tag{8.26}$$

在过流断面上 $\frac{\mathrm{d}A}{\mathrm{d}h}=B$，$B$ 为过流断面的水面宽度，代入式(8.26)，得

$$\frac{\mathrm{d}E_s}{\mathrm{d}h}=1-\frac{\alpha Q^2}{gA^3}B=1-\frac{\alpha v^2}{g\frac{A}{B}} \tag{8.27}$$

如果取 $\alpha=1$，上式可写为

$$\frac{\mathrm{d}E_s}{\mathrm{d}h}=1-\frac{v^2}{g\bar{h}}=1-Fr^2 \tag{8.28}$$

式(8.28)说明，断面单位能量随水深的变化率与弗劳德数有关，也就是与水流流态有关。对于曲线的上支 ab，斜率 $\frac{\mathrm{d}E_s}{\mathrm{d}h}>0$，所以 $1-Fr^2>0$，即 $Fr<1$，水流属于缓流；对于曲线的下支 ac，斜率 $\frac{\mathrm{d}E_s}{\mathrm{d}h}<0$，所以 $1-Fr^2<0$，即 $Fr>1$，水流属于急流；a 点处，$\frac{\mathrm{d}E_s}{\mathrm{d}h}=0$，$Fr=1$，即 $h=h_c$ 时的流动为临界流。

由上述分析可知，临界水深也可作为明渠水流流态的判别标准，具体如下：

①当 $h>h_c$ 时，水流为缓流；

②当 $h=h_c$ 时，水流为临界流；

③当 $h<h_c$ 时，水流为急流。

2)临界水深的计算

根据临界水深的定义，令式(8.27)等于零，就可以求解临界水深，即

$$\frac{\mathrm{d}E_s}{\mathrm{d}h}=1-\frac{\alpha Q^2}{gA^3}B=0 \tag{8.29}$$

现将对应于临界水深的水力要素均加以下标 c，得到临界水深的计算公式为

$$\frac{\alpha Q^2}{g}=\frac{A_c^3}{B_c} \tag{8.30}$$

(1)矩形断面明渠临界水深的计算

令矩形断面底宽为 b，则 $B_c=b$，$A_c=bh_c$，代入式(8.30)解出临界水深为

$$h_c=\sqrt[3]{\frac{\alpha Q^2}{gb^2}} \tag{8.31}$$

或

$$h_c=\sqrt[3]{\frac{\alpha q^2}{g}} \tag{8.32}$$

式中　q——单宽流量，$\mathrm{m^2/s}$；$q=\frac{Q}{b}$。

(2)断面为任意形状时临界水深的计算

若明渠断面形状不规则,过流断面面积与水深之间的函数关系比较复杂,不能直接通过式(8.30)求出。在一般情况下,用试算法或图解法求解。

①试算法。当流量及明渠横断面形状尺寸确定后,式(8.30)的左端为定值,右端仅为水深的函数。可以假定若干个水深 h,算出与之对应的 A^3/B 值,然后将这些值点绘成 h-(A^3/B) 关系曲线图,如图 8.17 所示。在该图的 A^3/B 轴上量取其值为 $\alpha Q^2/g$ 的长度,由此引铅垂线与曲线相交于 C 点,C 点所对应的 h 值即为临界水深。

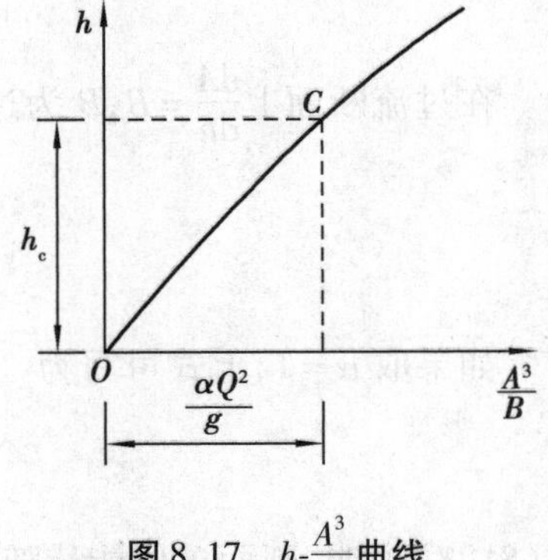

图 8.17 h-$\frac{A^3}{B}$曲线

②图解法。可应用众多已制成的图求解。对于梯形断面可用附录Ⅱ,在横坐标上找到数值为$\frac{\alpha}{g}(Q/b)^2(m/b)^3$ 的点,过该点引铅垂线与曲线的交点的纵坐标值 mh_c/b 可以确定,因而算出 h_c。

8.3.4 临界底坡

由明渠均匀流的基本公式可知,在横断面形状、尺寸、壁面糙率、流量一定的棱柱体渠道中,正常水深 h_0 的大小只取决于渠道的底坡 i,不同的底坡 i 有相应的正常水深 h_0。i 越大,h_0 越小,如图 8.18 所示。若正常水深恰好等于该流量下的临界水深,相应的渠道底坡称为临界底坡,用 i_c 表示,即 $h_0=h_c$ 时,$i=i_c$。

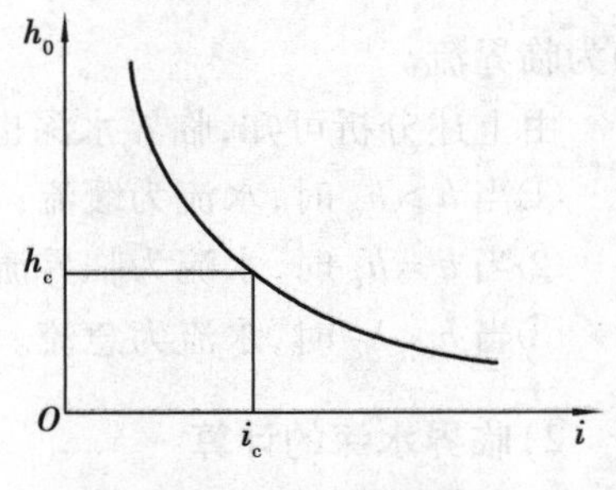

图 8.18 临界底坡

因此,在临界底坡时,明渠中的水流同时满足均匀流基本公式和临界水深公式,即

$$\left.\begin{aligned} Q &= C_c A_c \sqrt{R_c i_c} \\ \frac{\alpha Q^2}{g} &= \frac{A_c^3}{B_c} \end{aligned}\right\}$$

联立求解得

$$i_c = \frac{g}{\alpha C_c^2}\frac{\chi_c}{B_c} \tag{8.33}$$

式中 C_c, χ_c, B_c——临界水深对应的谢才系数、湿周和水面宽度。

临界底坡是为了便于分析明渠流动而引入的特定坡度。渠道的实际底坡与临界底坡相比,有3 种情况:$i>i_c$ 为陡坡、$i=i_c$ 为临界坡、$i<i_c$ 为缓坡。在3 种底坡的渠道中,明渠均匀流分别为3 种流态:

①当 $i<i_c, h_0>h_c$,水流为缓流;

②当 $i=i_c, h_0=h_c$,水流为临界流;

③当 $i>i_c, h_0<h_c$,水流为急流。

综上所述,本节讨论了明渠流动的状态以及判别方法,用波速 c,弗劳德数 Fr,临界水深 h_c 作为判断标准时,对均匀流和非均匀流都适用;而临界底坡 i_c 作为专属的判断标准,只适用于均匀流。

【例 8.6】 设有一梯形断面渠道,底宽 $b=5$ m,边坡系数 $m=1.0$,当通过流量 $Q=20$ m³/s 时,试求渠道的临界水深 h_c。

【解】 由临界水深的计算公式

$$\frac{A_c^3}{B_c}=\frac{\alpha Q^2}{g}=\frac{1.0\times 20^2}{9.8}\ \mathrm{m}^5=40.8\ \mathrm{m}^5$$

假设 $h=1.5$ m,则 $A=h(b+mh)=1.5\times(5+1.0\times1.5)\ \mathrm{m}^2=9.75\ \mathrm{m}^2$

$$B=b+2mh=(5+2\times1.0\times1.5)\ \mathrm{m}=8.0\ \mathrm{m}$$

$$\frac{A^3}{B}=\frac{9.75^3}{8}\mathrm{m}^5=115.86\ \mathrm{m}^5>40.8\ \mathrm{m}^5$$

另设 $h=1.2,1.09,1.0,0.8$ m,相应的 $A,B,A^3,A^3/B$ 值列入表 8.7 内。

h/m	A/m²	B/m	A^3/m⁶	$A^3\cdot B^{-1}$/m⁵
1.5	9.75	8.00	926.86	115.86
1.2	7.44	7.40	411.83	55.65
1.09	6.64	7.18	292.75	40.77
1.0	6.00	7.00	216.0	30.86
0.8	4.64	6.60	99.9	15.14

根据表 8.7 的数值绘制 h-(A^3/B) 曲线,如图 8.19 所示。由曲线可求得相应于 $A_c^3/B_c=\alpha Q^2/g=40.8\ \mathrm{m}^5$ 的值 $h_c=1.09$ m。

本题也可用图解法,根据附录Ⅱ,找到临界水深值。

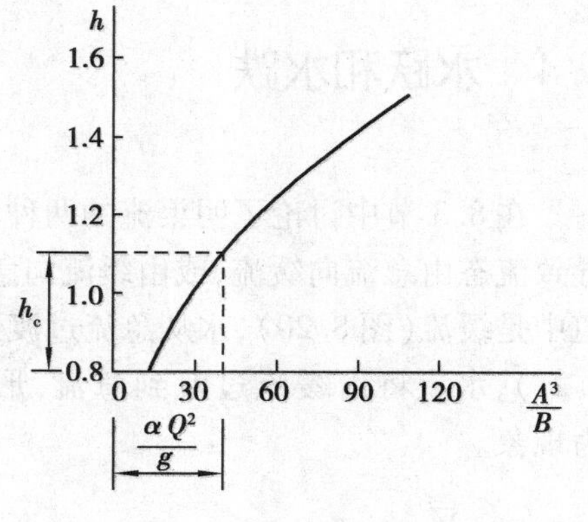

图 8.19

【例 8.7】 长直的矩形断面渠道,底宽 $b=1$ m,糙率 $n=0.014$,底坡 $i=0.0004$,渠内均匀流正常水深 $h_0=0.6$ m,试判别水流的流动状态。

【解】 ①用波速判别

断面平均流速

$$v=C\sqrt{Ri}$$

式中,$R=\dfrac{A}{\chi}=\dfrac{bh_0}{b+2h_0}=0.273$ m,$C=\dfrac{1}{n}R^{\frac{1}{6}}=57.5\ \mathrm{m}^{0.5}/\mathrm{s}$。

得到

$$v=57.5\times\sqrt{0.273\times0.0004}\ \mathrm{m/s}=0.601\ \mathrm{m/s}$$

微波速度

$$c=\sqrt{gh_0}=2.43\ \mathrm{m/s}$$

由于 $v<c$,水流为缓流。

②用弗劳德数判别。

弗劳德数

$$Fr=\frac{v}{c}=0.25$$

由于 $Fr<1$,水流为缓流。

③用临界水深判别。

临界水深

$$h_c=\sqrt[3]{\frac{\alpha q^2}{g}}=\sqrt[3]{\frac{\alpha(vh_0)^2}{g}}=0.237$$

由于 $h_0>h_c$,水流为缓流。

④用临界底坡判别。

临界底坡

$$i_c=\frac{g}{\alpha C_c^2}\frac{\chi_c}{B_c}$$

式中,$B_c=b=1\ \mathrm{m}$,$\chi_c=b+2h_c=1.474\ \mathrm{m}$,$R_c=\dfrac{bh_c}{\chi_c}=0.1608\ \mathrm{m}$,$C_c=\dfrac{1}{n}R_c^{\frac{1}{6}}=52.7\ \mathrm{m^{0.5}/s}$

得

$$i_c=0.0052$$

由于 $i<i_c$,因此水流为缓流。

8.4 水跃和水跌

在8.3节中讨论了明渠流的两种流动状态,在工程中往往由于明渠沿程流动边界的变化,导致流态由急流向缓流,或由缓流向急流过渡。如闸下出流,水冲出闸孔后是急流,而下游渠道中是缓流(图8.20),水从急流过渡到缓流,形成水跃;渠道从缓坡变为陡坡或形成跌坎(图8.21),水流将由缓流过渡到急流,形成水跌。水跃和水跌是明渠流流态转换时的局部水力现象。

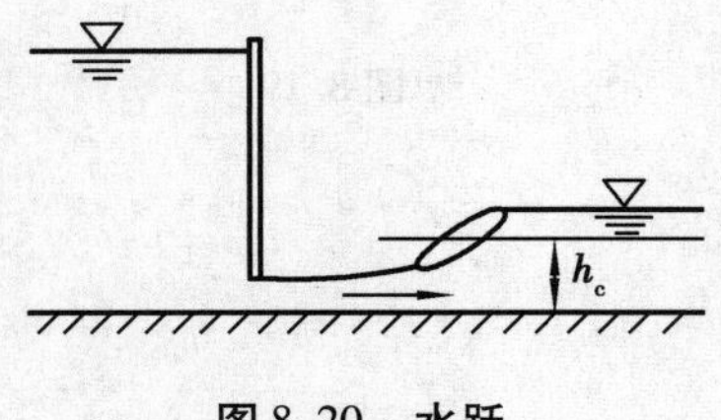

图8.20 水跃

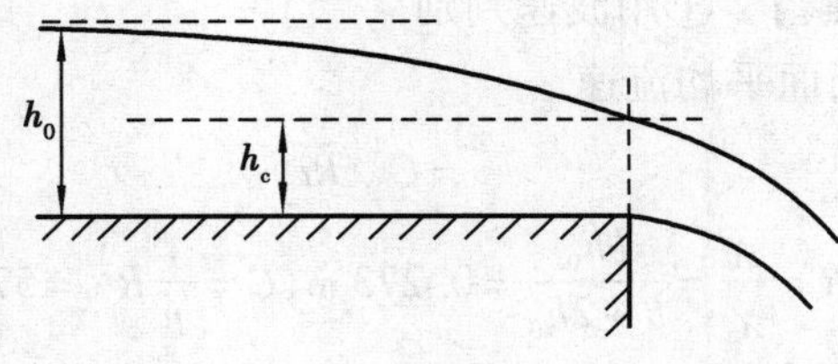

图8.21 水跌

8.4.1 水跃

1)水跃现象

水跃是明渠水流从急流状态过渡到缓流状态时，水面突然跃起的局部水力现象。如图8.20所示的闸下出流，靠近闸门附近是急流($h<h_c$)，下游河道多为缓流($h>h_c$)，闸下出流在下泄过程中，水流通过水跃将上游的急流和下游的缓流连接起来。

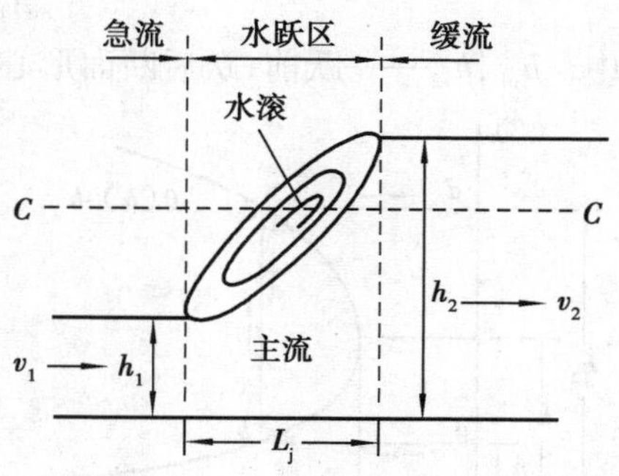

图8.22 水跃区结构

水跃区的结构如图8.22所示。上部是急流冲入缓流时所激起的表面旋滚，翻腾涌动，掺有大量气泡，很不透明，称为“表面水滚”；下部是断面急剧扩散的主流。主流与表面水滚间无明显的分界，二者不断进行着质量交换，主流质点被卷入表面水滚；同时，表面水滚内的质点又不断回到主流中。通常将表面水滚的首端称为跃前(或跃首)，其水深为跃前水深，用 h_1 表示；表面水滚的尾端称为跃后(或跃尾)，其水深为跃后水深，用 h_2 表示。首尾间的距离称为跃长，用 L_j 表示。跃前与跃后的高差称为跃高，用 a 表示，$a=h_2-h_1$。

由于水跃过程中水体剧烈旋转、掺混和高度紊动，使得水流内部摩擦加剧，因而损失了大量的机械能。根据实验可知，跃前断面的单位机械能经水跃后减少45%~60%。因此，在工程中常利用水跃消能，以达到保护下游河床免受冲刷的目的。

2)水跃方程

用动量方程推导平坡棱柱体明渠恒定流的水跃方程式，如图8.23所示，做以下假设：

①水跃发生在很短距离内，因此摩擦阻力 T 可以忽略不计；

②跃前、跃后断面为渐变流断面，断面上的动水压强分布按静水压强分布考虑；

③跃前、跃后断面的动量修正系数 $\beta_1=\beta_2=1$。

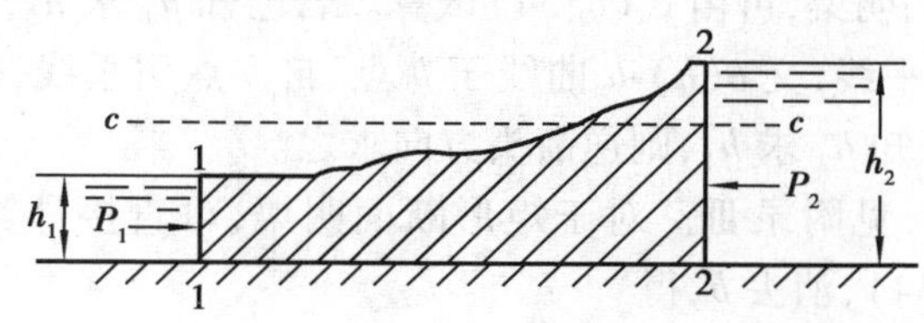

图8.23 水跃区受力分析

取跃前断面1—1，跃后断面2—2之间的水体为控制体，写出流动方向上的总流动量方程：

$$\sum F=\rho Q(\beta_2 v_2-\beta_1 v_1)$$

由假设①知，作用在控制体上的外力只有前后两个断面上的动水压力，$P_1=\rho g h_{c1} A_1$，$P_2=\rho g h_{c2} A_2$，代入上式，得

$$\rho g h_{c1} A_1 - \rho g h_{c2} A_2 = \rho Q\left(\frac{Q}{A_2} - \frac{Q}{A_1}\right)$$

移项后得

$$\frac{Q^2}{gA_1} + h_{c1}A_1 = \frac{Q^2}{gA_2} + h_{c2}A_2 \tag{8.34}$$

式中　h_{c1}, h_{c2}——跃前、跃后断面形心点的水深。

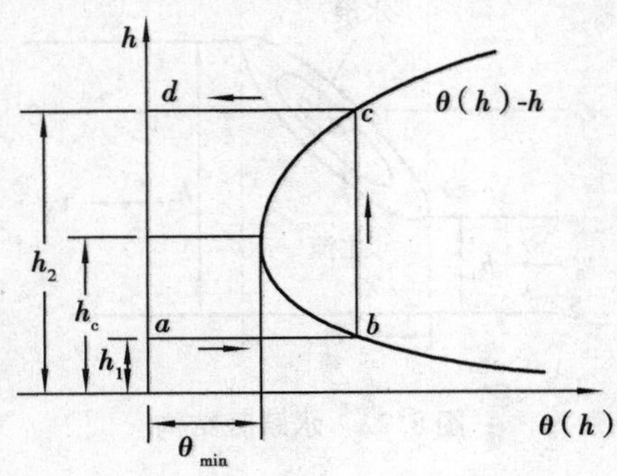

图 8.24　$\theta(h)$-h 曲线

式(8.34)即为平坡棱柱体渠道水跃的基本方程式。这说明:水跃区单位时间内,流入跃前断面的动量与该断面动水总压力之和,等于流出跃后断面的动量与该断面动水总压力之和。

式(8.34)两边的形式完全相同,当流量和明渠的断面形状尺寸一定时,$Q^2/(gA)+h_cA$ 仅是水深 h 的函数,称为水跃函数,用 $\theta(h)$ 表示。式(8.34)可简写为

$$\theta(h_1) = \theta(h_2) \tag{8.35}$$

式(8.35)表明,平坡棱柱体明渠中,水跃前后两个断面水跃函数值相等。因此,跃前、跃后水深称为共轭水深。跃前水深 h_1 称为第一共轭水深,跃后水深 h_2 称为第二共轭水深。

绘制水跃函数随水深的变化关系曲线,如图8.24所示。当 $h\to 0$ 时,$\theta(h)\to\infty$;当 $h\to\infty$ 时,$\theta(h)\to\infty$。h 在 $0\sim\infty$ 中必有一个极小值 $\theta(h)_{\min}$。可以证明,$\theta(h)_{\min}$对应的水深恰好是断面单位能量为极小值 $E_{s,\min}$时的水深,即临界水深 h_c。由图 8.24 可以看出,跃前水深越小,对应的跃后水深越大;反之,跃前水深越大,对应的跃后水深越小。

3)水跃的水力计算

(1)共轭水深的计算

已知流量、明渠断面形状尺寸及共轭水深中的一个,可求出另一个共轭水深。

对于任意形状断面的明渠,可由式(8.34)试算。若已知 h_1 求 h_2,如图 8.24 所示,从纵坐标等于 h_1 的点 a 处作水平线,交 $\theta(h)$-h 曲线于 b 点,自 b 点引垂线,交曲线于 c 点,c 点的纵坐标即为所求的 h_2;若已知 h_2 求 h_1,则逆箭头方向求之。

另外,还可用图解法,见附录Ⅲ。对于矩形断面明渠,可直接计算求解。将 $A=bh, h_c=h/2, q=Q/b$,代入式(8.34),消去 b,得

$$\frac{q^2}{gh_1} + \frac{h_1^2}{2} = \frac{q^2}{gh_2} + \frac{h_2^2}{2} \tag{8.36}$$

经过整理,得二次方程式

$$h_2 h_1^2 + h_1 h_2^2 - \frac{2q^2}{g} = 0$$

分别以跃后水深 h_2 或跃前水深 h_1 为未知量,解上式得

$$h_2 = \frac{h_1}{2}\left(\sqrt{1+\frac{8q^2}{gh_1^3}} - 1\right) \tag{8.37a}$$

$$h_1 = \frac{h_2}{2}\left(\sqrt{1 + \frac{8q^2}{gh_2^3}} - 1\right) \tag{8.37b}$$

式中

$$\frac{q^2}{gh_1^3} = \frac{v_1^2}{gh_1} = Fr_1^2, \quad \frac{q^2}{gh_2^3} = \frac{v_2^2}{gh_2} = Fr_2^2$$

式(8.37a)和式(8.37b)可写为

$$h_2 = \frac{h_1}{2}(\sqrt{1 + 8Fr_1^2} - 1) \tag{8.38a}$$

$$h_1 = \frac{h_2}{2}(\sqrt{1 + 8Fr_2^2} - 1) \tag{8.38b}$$

式中　Fr_1, Fr_2——跃前、跃后断面的弗劳德数。

(2)水跃长度的计算

水跃长度是泄水建筑物消能设计的主要依据之一。由于水跃现象的复杂性,目前水跃长度的确定无理论公式,多为根据经验公式估算,现介绍用于计算平坡矩形渠道水跃长度的常用经验公式。

①吴持恭公式:

$$L_j = 10(h_2 - h_1)Fr_1^{-0.32} \tag{8.39}$$

②欧勒弗托斯基公式:

$$L_j = 6.9(h_2 - h_1) \tag{8.40}$$

③陈椿庭公式:

$$L_j = 9.4(Fr_1 - 1)h_1 \tag{8.41}$$

式中　Fr_1——跃前断面的弗劳德数。

(3)消能计算

平坡明渠中,水跃的能量损失可用跃前、跃后两断面单位能量之差表示,即

$$\Delta E_s = E_{s1} - E_{s2} = \left(h_1 + \frac{\alpha_1 v_1^2}{2g}\right) - \left(h_2 + \frac{\alpha_2 v_2^2}{2g}\right) \tag{8.42}$$

对于矩形断面渠道,将 $v_1 = q/h_1, v_2 = q/h_2$ 代入,得

$$\Delta E_s = h_1 - h_2 + \frac{q^2}{2g}\left(\frac{\alpha_1}{h_1^2} - \frac{\alpha_2}{h_2^2}\right) \tag{8.43}$$

由式(8.36)可得$\frac{q^2}{2g} = \frac{h_2 h_1^2 + h_1 h_2^2}{4}$,令 $\alpha_1 = \alpha_2 = 1$,代入式(8.43),整理得

$$\Delta E_s = \frac{(h_2 - h_1)^3}{4h_1 h_2} \tag{8.44}$$

式(8.44)为平坡矩形断面渠道水跃单位能量损失的计算公式。由于设 $\alpha_1 = \alpha_2 = 1$,所以用上式计算的能量损失比水跃中实际的能量损失稍大些。

水跃的能量损失与跃前断面的单位能量之比,称为水跃的消能系数,用 K_j 表示,即

$$K_j = \frac{\Delta E_s}{E_{s1}} \tag{8.45}$$

K_j 值越大,水跃消能效率越高。

【例 8.8】 一矩形断面平坡渠道,底宽 $b=2.0\ \text{m}$,流量 $Q=10\ \text{m}^3/\text{s}$,当渠中发生水跃时,跃前水深 $h_1=0.65\ \text{m}$,求跃后水深 h_2,水跃长度 L_j 及消能系数 K_j。

【解】 跃前断面平均流速

$$v_1=\frac{Q}{bh_1}=\frac{10}{2\times 0.65}\ \text{m/s}=7.69\ \text{m/s}$$

跃前断面弗劳德数

$$Fr_1=\frac{v_1}{\sqrt{gh_1}}=\frac{7.69}{\sqrt{9.8\times 0.65}}=3.05$$

代入式(8.38a),求得跃后水深

$$h_2=\frac{h_1}{2}\left(\sqrt{1+8Fr_1^2}-1\right)=\frac{0.65}{2}\left(\sqrt{1+8\times 3.05^2}-1\right)\text{m}=2.5\ \text{m}$$

按式(8.41)计算水跃长度为

$$L_j=9.4(Fr_1-1)h_1=9.4(3.05-1)\times 0.65\ \text{m}=12.5\ \text{m}$$

按式(8.44)计算水跃能量损失

$$\Delta E=\frac{(h_2-h_1)^3}{4h_1h_2}=0.974\ \text{m}$$

跃前断面的单位机械能

$$E_1=h_1+\frac{\alpha_1 v_1^2}{2g}=\left(0.65+\frac{1.0\times 7.69^2}{2\times 9.8}\right)\text{m}=3.66\ \text{m}$$

按式(8.45)计算消能系数为

$$K_j=\frac{\Delta E}{E_1}=\frac{0.974}{3.66}=0.266$$

4)水跃发生的位置和水跃的形式

以如图 8.25 所示的溢流坝下游为例,说明水跃发生的位置和水跃的形式。当水流沿坝面下泄时,势能不断转换为动能,越往下流速越大。到达坝趾某断面,流速最大,水深最小,该断面称为收缩断面,所对应的水深称为收缩断面水深,用 h_{c0} 表示。收缩断面可看成是渐变流断面,水流为急流状态。

从收缩断面的急流通过水跃过渡到下游缓流,水跃发生的位置有 3 种形式,如图 8.25 所示。图 8.25(a)中,跃前断面与收缩断面重合,这种形式的水跃称为临界水跃;图 8.25(b)中,水跃发生在收缩断面的下游,这种形式的水跃称为远离水跃;图 8.25(c)中,收缩断面被水跃淹没,这种形式的水跃称为淹没水跃。

判别水跃发生的位置,先假设收缩断面水深 h_{c0} 和下游水深 h_t 已知。当发生临界水跃时,收缩断面水深 h_{c0} 等于跃前水深 h_1,临界水跃的跃前水深用 h_{c01} 表示,可求得跃后水深 h_{c02}。因为下游水深 h_t 是实际发生的水跃的跃后水深,所以用下游水深 h_t 和跃后水深 h_{c02} 进行比较可以判别水跃发生的位置及相应的水跃形式。

当 $h_t=h_{c02}$ 时,跃前断面在收缩断面处,发生临界水跃。

当 $h_t<h_{c02}$ 时,由共轭水深的关系可知,较小的跃后水深 h_t 对应的跃前水深较大,水流要

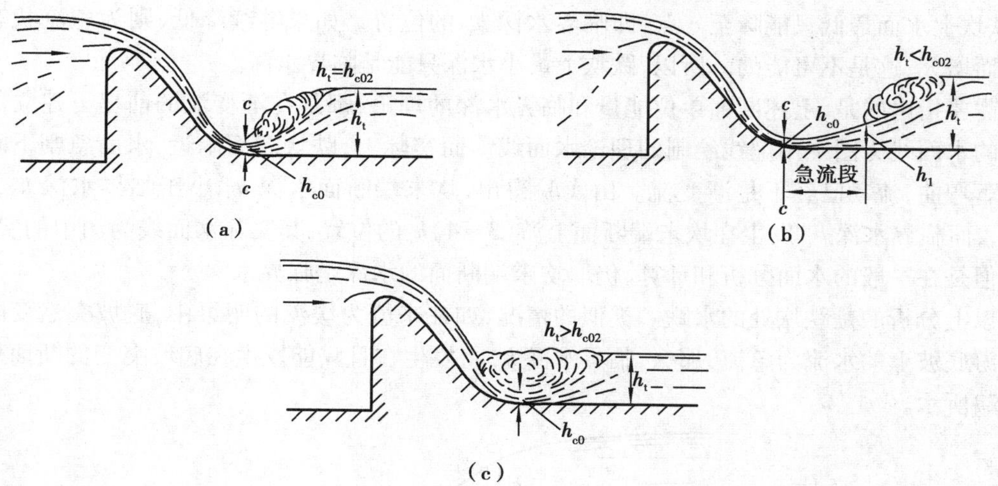

图 8.25 水跃的形式

从收缩断面起经过一段急流后,使水深由 h_{c0} 增至 h_1(h_1 相应于跃后水深 h_t 的跃前水深)才发生水跃,这种水跃称为远离水跃。

当 $h_t>h_{c02}$ 时,实际发生的水跃的跃前水深 h_1 比收缩断面水深 h_{c0} 要小,而收缩断面水深 h_{c0} 是建筑物下游最小的水深,不可能找到比 h_{c0} 更小的水深。因此,要满足上述关系,水跃只能淹没收缩断面,发生淹没水跃。

8.4.2 水跌

水跌是明渠水流从缓流过渡到急流,水面急剧降落的局部水力现象。这种现象常见于渠道底坡由缓坡突然变为陡坡或下游渠道断面形状突然扩大。现以平坡渠道末端为跌坎的水流为例来说明水跌现象,如图 8.26(a)所示。

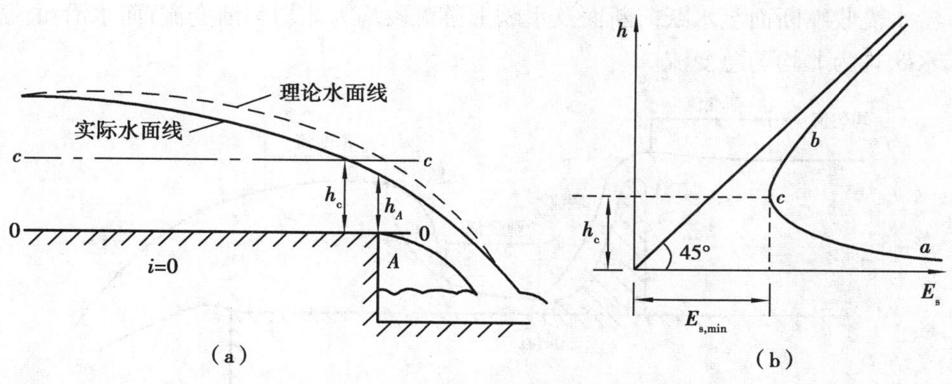

图 8.26 跌坎处的水跌

平底明渠中的缓流,在 A 处突遇一跌坎,明渠对水流的阻力在跌坎处消失,水流在重力作用下,自由跌落,水面急剧下降。那么跌坎上的水面会降低到什么位置呢?取 0—0 为基准面,断面单位能量 E_s 等于水流单位机械能 E。根据 E_s-h 曲线知,缓流状态下,水深减小时,E_s 减小,当跌坎上水面降落时,水流断面单位能量将沿着 E_s-h 曲线从 b 向 c 减小。在重力作用下,跌坎上水面最低只能降至 c 点,即临界水深 h_c 的位置。如果继续降低,则为急流状态,能量反而增大,这是不可能的。所以,跌坎上最小水深只能是临界水深。

需要指出的是,上述断面单位能量和临界水深的理论,都是在渐变流的前提下建立的,跌坎上的水面线为图中用虚线绘制的理论水面线。而实际上,跌坎断面附近,水面急剧下降,流线显著弯曲,流动已经不是渐变流。由实验得出,坎末端断面水深 h_A 小于临界水深 h_c,$h_c \approx 1.4h_A$,而临界水深 h_c 发生在坎末端断面上游 $(3 \sim 4)h_c$ 的位置,其实际水面线为图中的实线所示。但是在一般的水面分析和计算,仍取坎末端断面的水深是临界水深。

以上分析的是跌坎处的水跌。类似的情况,如在来流为缓流的明渠中,底坡突然变陡,致使下游底坡上的水流为急流,那么,临界水深 h_c 将发生在且只能发生在底坡突变的断面处,如图8.27所示。

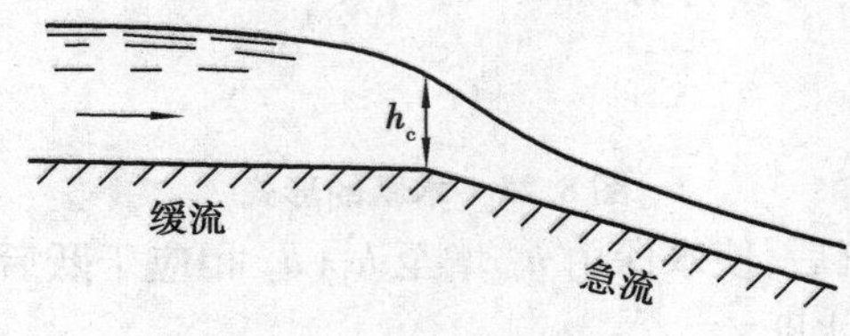

图 8.27　陡坡的水跌

8.5　棱柱体明渠非均匀渐变流水面曲线的分析

人工渠道或天然河道中的水流绝大部分是非均匀流。在明渠非均匀流中,若流线是接近于相互平行的直线,或流线间夹角很小、流线的曲率半径很大,这种水流称为明渠非均匀渐变流,反之称为明渠非均匀急变流。如在缓坡渠道中,设有顶部泄流的溢流坝,渠道末端为跌坎,如图 8.28 所示。此时,坝上游形成水库,水位抬高,这一段为非均匀渐变流,再远可视为均匀流;坝下游水流收缩断面至水跃前断面及水跌上游流段均为非均匀渐变流;而水沿溢流坝下泄及水跌、水跃均为非均匀急变流。

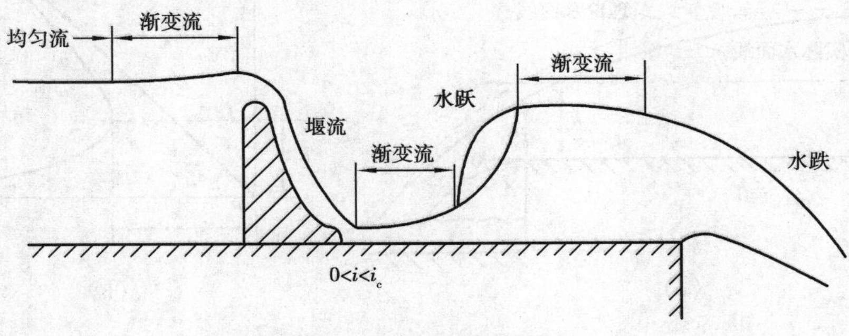

图 8.28　明渠水流流动状态

坝上游渐变流段的水面线是工程中十分关心的问题。例如,坝上游水面抬高,将涉及上溯到何处、水库的淹没范围、移民数量、耕地及厂矿损失等。为此,必须对该段的水面线进行分析。本节定性分析水面曲线,给出水深变化的趋势,8.6 节将定量分析,具体计算并绘出水面曲线。

8.5.1　棱柱体明渠非均匀渐变流微分方程

根据能量方程建立水深沿程的变化规律，以便进一步分析水面曲线。

如图8.29所示为明渠恒定非均匀渐变流段，取过流断面1—1，2—2，相距ds。列1—1，2—2断面伯努利方程，令 $\alpha_1 = \alpha_2 = \alpha$：

$$(z+h)+\frac{\alpha v^2}{2g}=(z+\mathrm{d}z+h+\mathrm{d}h)+\frac{\alpha(v+\mathrm{d}v)^2}{2g}+\mathrm{d}h_{\mathrm{w}}$$

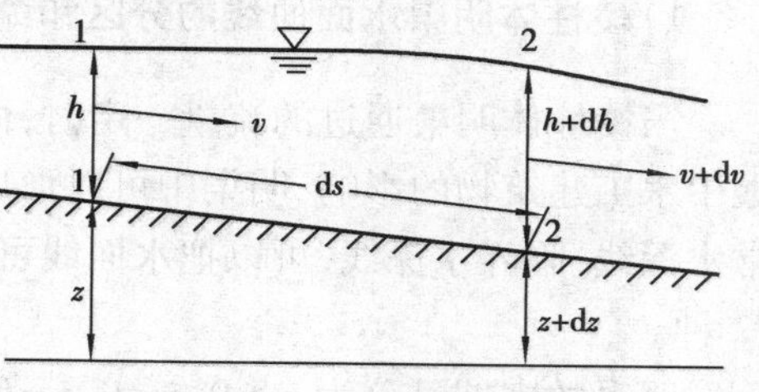

图8.29　明渠非均匀渐变流段

式中，$\frac{(v+\mathrm{d}v)^2}{2g}=\frac{v^2}{2g}+\mathrm{d}\left(\frac{v^2}{2g}\right)+\frac{(\mathrm{d}v)^2}{2g}$，略去二阶微量 $(\mathrm{d}v)^2$，另外，在渐变流中局部损失很小可以忽略不计，则 $\mathrm{d}h_{\mathrm{w}}=\mathrm{d}h_{\mathrm{f}}$。将这些关系代入上式，整理得

$$\mathrm{d}z+\mathrm{d}h+\mathrm{d}\left(\frac{\alpha v^2}{2g}\right)+\mathrm{d}h_{\mathrm{f}}=0$$

上式两边同时除以ds，即

$$\frac{\mathrm{d}z}{\mathrm{d}s}+\frac{\mathrm{d}h}{\mathrm{d}s}+\frac{\mathrm{d}}{\mathrm{d}s}\left(\frac{\alpha v^2}{2g}\right)+\frac{\mathrm{d}h_{\mathrm{f}}}{\mathrm{d}s}=0 \tag{8.46}$$

分别讨论上式中的各项：

①$\frac{\mathrm{d}z}{\mathrm{d}s}=-\frac{z_1-z_2}{\mathrm{d}s}=-i$

②$\frac{\mathrm{d}}{\mathrm{d}s}\left(\frac{\alpha v^2}{2g}\right)=\frac{\mathrm{d}}{\mathrm{d}s}\left(\frac{\alpha Q^2}{2gA^2}\right)=-\frac{\alpha Q^2}{gA^3}\frac{\mathrm{d}A}{\mathrm{d}s}$，由于 $\mathrm{d}A=B\mathrm{d}h$，故

$$\frac{\mathrm{d}}{\mathrm{d}s}\left(\frac{\alpha v^2}{2g}\right)=-\frac{\alpha Q^2}{gA^3}\frac{\mathrm{d}A}{\mathrm{d}s}=-\frac{\alpha Q^2B}{gA^3}\frac{\mathrm{d}h}{\mathrm{d}s}=-Fr^2\frac{\mathrm{d}h}{\mathrm{d}s}$$

③$\frac{\mathrm{d}h_{\mathrm{f}}}{\mathrm{d}s}$为单位距离的水头损失，即水力坡度。渐变流的水力坡度近似地可用谢才公式计算：

$$\frac{\mathrm{d}h_{\mathrm{f}}}{\mathrm{d}s}=J=\frac{Q^2}{K^2}$$

将以上3个关系式代入式(8.46)，得

$$-i+\frac{\mathrm{d}h}{\mathrm{d}s}-Fr^2\frac{\mathrm{d}h}{\mathrm{d}s}+\frac{Q^2}{K^2}=0$$

整理得

$$\frac{\mathrm{d}h}{\mathrm{d}s}=\frac{i-\frac{Q^2}{K^2}}{1-Fr^2} \tag{8.47}$$

式(8.47)为棱柱体明渠恒定非均匀渐变流微分方程式，它表示水深沿程的变化规律。尽管该式是在顺坡($i>0$)渠道情况下推导出来的，但是对于平坡、逆坡也适用。

8.5.2　棱柱体明渠水面曲线分析

1)棱柱体明渠水面曲线的分区和命名

当棱柱体明渠通过的流量一定时,由于渠底坡度不同、明渠进出流边界条件的差异以及明渠中水工建筑物的影响,明渠中可以形成多种形式的水面曲线。根据不同的底坡及相应的正常水深线、临界水深线,可以把水面线可能发生的区域划分为12种,对应的水面线形式也就有12种。

明渠的底坡可分为:$i>0$,$i<0$,$i=0$,而顺坡又可分为:$i>i_c$,$i<i_c$,$i=i_c$。在给定流量、断面形状尺寸后,可计算出相应的临界水深h_c。在棱柱体明渠中h_c值的大小沿程不变。在明渠中可以做出一条平行于明渠底坡线的临界水深线$C—C$,其与底坡线的铅垂距离为h_c。对于顺坡渠道,还可产生均匀流,因此,也可做出一条平行于明渠底坡线的正常水深线$N—N$,其与底坡线的铅垂距离为h_0。依据5种底坡和$C—C$线、$N—N$线之间的相对位置,将水面线可能发生的12个区域绘于图8.30中。

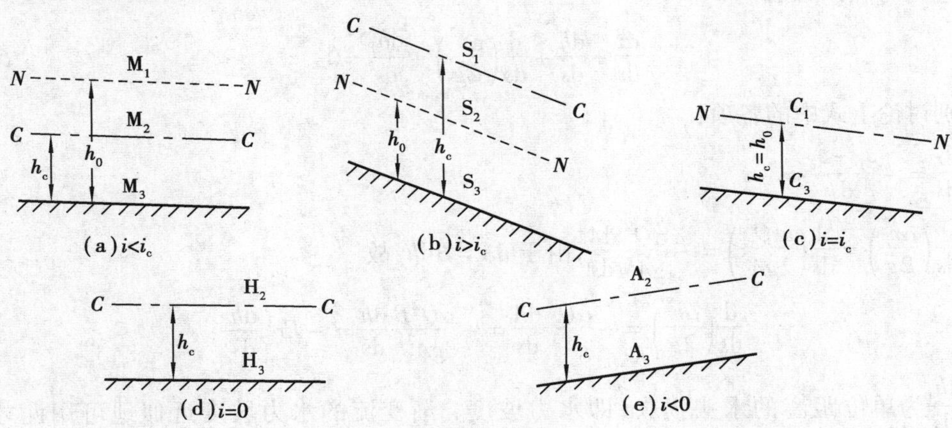

图8.30　水面线的分区及命名

下面对这12个区域及12个区域上的水面线命名。

①底坡的符号。缓坡上用M,陡坡上用S,临界坡上用C,平坡上用H,逆坡上用A。

②对于各种底坡上的水面线,因其水深变化范围不同,用不同下标表示:水深h大于h_0和h_c,在相应的底坡符号下加下标"1";在h_0和h_c之间,加下标"2";小于h_0和h_c,加下标"3"。

注意,在临界坡上$h_0=h_c$,没有C_2区;在平坡和逆坡上不存在$N—N$线,没有H_1和A_1区。以上12种水面曲线,处于缓流状态的有M_1,M_2,S_1,C_1,H_2,A_2;处于急流状态的有M_3,S_2,S_3,C_3,H_3,A_3。

2)棱柱体明渠水面曲线形状分析简介

(1)$i>0$顺坡渠道中的水面曲线

顺坡渠道产生均匀流的流量$Q=K_0\sqrt{i}$,式(8.47)可以改写成

$$\frac{\mathrm{d}h}{\mathrm{d}s}=i\frac{1-\left(\frac{K_0}{K}\right)^2}{1-Fr^2} \tag{8.48}$$

应用式(8.48)分析顺坡渠道 $\mathrm{d}h/\mathrm{d}s$ 可能出现的情况。因为顺坡又分为缓坡、陡坡和临界坡3种,所以分别对3种底坡上不同形式水面曲线进行分析。

①$i<i_c$,缓坡明渠。缓坡上,$h_0>h_c$,即 N—N 线在 C—C 线之上,有3个区,其相应的水面曲线为 M_1 型、M_2 型、M_3 型,如图8.31所示。

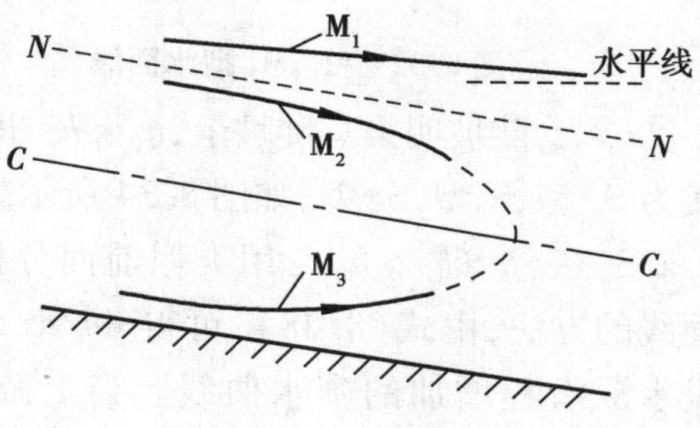

图8.31 M型水面线

a. M_1 区($h>h_0>h_c$):因 $h>h_0$,故 $K>K_0$,$K_0/K<1$,故式(8.48)右边分子 $1-(K_0/K)^2>0$;又因水流处于缓流状态,故 $Fr<1$,则式(8.48)右边分母 $1-Fr^2>0$。因此得到 $\mathrm{d}h/\mathrm{d}s>0$,表示水深沿程增加,$M_1$ 型水面线是壅高曲线。

两端的趋势为:上游 $h\to h_0$,$K\to K_0$,$1-(K_0/K)^2\to 0$;$h\to h_0>h_c$,$Fr<1$,$1-Fr^2>0$,所以 $\mathrm{d}h/\mathrm{d}s\to 0$,上游水深沿程不变,水面线以 N—N 线为渐近线。下游 $h\to\infty$,$K\to\infty$,$1-(K_0/K)^2\to 1$;$h\to\infty$,$Fr\to 0$,$1-Fr^2\to 1$,所以 $\mathrm{d}h/\mathrm{d}s\to i$,单位距离上水深等于渠底高程的降低,水面线是水平线。

综合以上分析,M_1 型水面线是上游以 N—N 线为渐近线,下游为水平线,形状下凹的壅水曲线。

b. M_2 区($h_0>h>h_c$):因 $h<h_0$,故 $K<K_0$,$K_0/K>1$,故式(8.48)右边分子 $1-(K_0/K)^2<0$;又因水流处于缓流状态,故 $Fr<1$,则式(8.48)右边分母 $1-Fr^2>0$。因此得到 $\mathrm{d}h/\mathrm{d}s<0$,表示水深沿程降低,$M_2$ 型水面线是降水曲线。

两端的趋势为:上游 $h\to h_0$,与分析 M_1 型曲线类似,得 $\mathrm{d}h/\mathrm{d}s\to 0$,上游水深沿程不变,水面线以 N—N 线为渐近线。下游 $h<h_0$,$K<K_0$,$1-(K_0/K)^2<0$;$h\to h_c$,$Fr\to 1$,$1-Fr^2\to 0$,所以 $\mathrm{d}h/\mathrm{d}s\to-\infty$,这表明理论上,水面线与 C—C 线正交,此处已不再是渐变流,而式(8.48)应用的前提是渐变流。所以,水面线在趋向 C—C 线时,并不是垂直,而是水面坡度变陡,出现水跌现象。

综合以上分析,M_2 型水面线是上游以 N—N 线为渐近线,下游发生水跌,形状下凸的降水曲线。

c. M_3 区($h<h_c<h_0$):因 $h<h_0$,故式(8.49)右边分子 $1-(K_0/K)^2<0$;因 $h<h_c$,水流处于急流状态,故 $Fr>1$,则式(8.48)右边分母 $1-Fr^2<0$。因此,得到 $\mathrm{d}h/\mathrm{d}s>0$,表示水深沿程增加,$M_3$ 型水面线是壅水曲线。

两端的趋势为:上游由出流条件确定,下游 $h<h_0$,$K<K_0$,$1-(K_0/K)^2<0$;$h\to h_c$,$Fr\to 1$,$1-Fr^2\to 0$,所以 $\mathrm{d}h/\mathrm{d}s\to\infty$,水面线在趋向 C—C 线时,出现水跃现象。

综合以上分析,M_3 型水面线是上游由出流条件控制,下游发生水跃,形状下凹的壅水曲线。

在缓坡渠道上修建溢流坝,抬高水位的控制水深 h 超过该流量的正常水深 h_0,在上游将

出现 M_1 型水面线；溢流坝下泄水流的收缩水深小于临界水深 h_c，形成 M_3 型水面线，如图8.32所示。缓坡渠道末端为跌坎，渠道内为 M_2 型水面线，如图 8.33 所示。

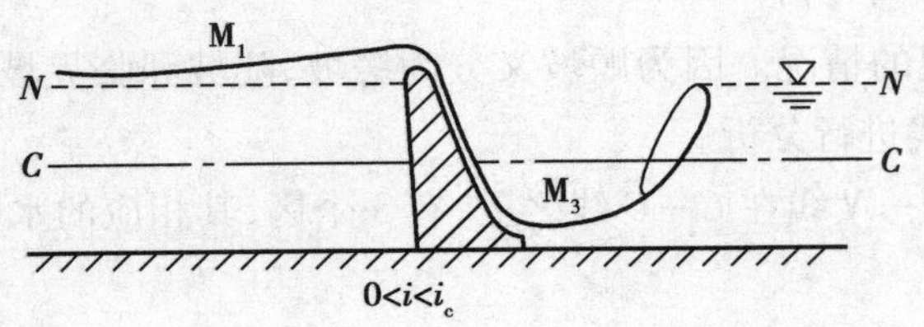

图 8.32　M_1，M_3 型水面线

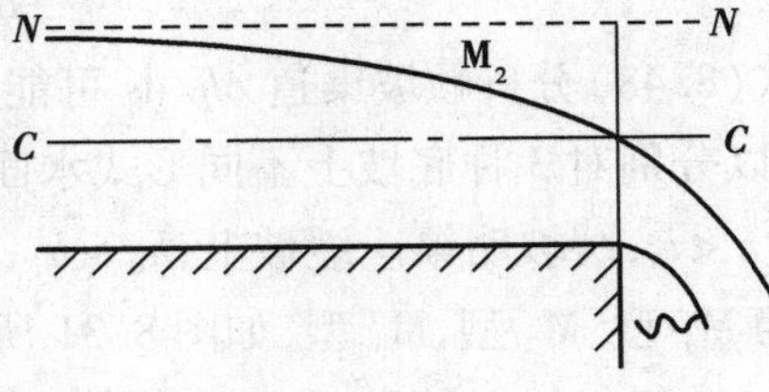

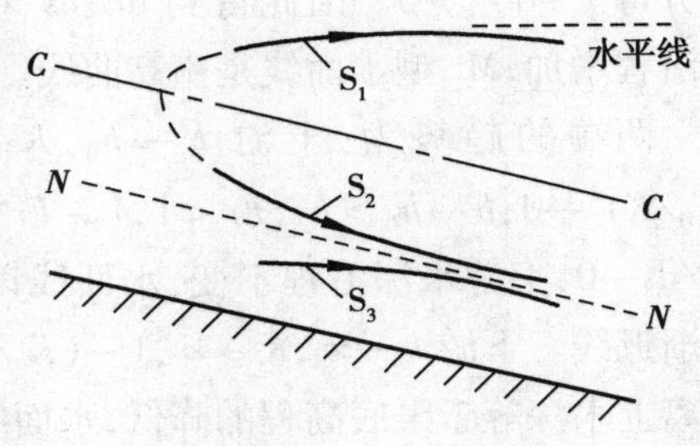

图 8.33　M_2 型水面线

②$i>i_c$，陡坡明渠。陡坡上，$h_0<h_c$，即 $N—N$ 线在 $C—C$ 线之下有 3 个区，其相应的水面曲线为 S_1 型、S_2型、S_3 型，如图 8.34 所示。

a. S_1 区（$h>h_c>h_0$）：用类似前面分析缓坡渠道水面线的方法，由式（8.48），可得 $dh/ds>0$，S_1 型曲线是水深沿程增加的壅水曲线。当上游 $h\to h_c$ 时，$dh/ds\to\infty$，发生水跃；当下游 $h\to\infty$ 时，$dh/ds\to i$，水面线为水平线。

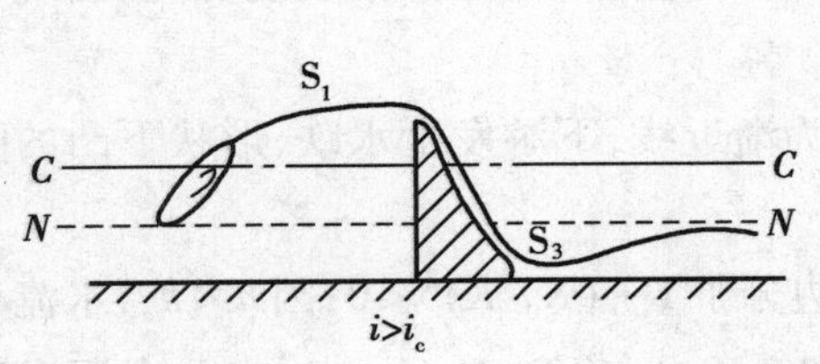

图 8.35　S_1，S_3 型水面线

b. S_2 区（$h_c>h>h_0$）：由式（8.48）可得 $dh/ds<0$，S_2 型曲线是水深沿程减小的降水曲线。当上游 $h\to h_c$时，$dh/ds\to-\infty$，发生水跃；当下游 $h\to h_0$ 时，$dh/ds\to0$，下游水深沿程不变，水面线以 $N—N$ 线为渐近线。

图 8.34　S 型水面线

c. S_3 区（$h<h_0<h_c$）：由式（8.48），可得 $dh/ds>0$，S_3 型曲线是水深沿程增加的壅水曲线。上游水深由出流条件控制；当下游 $h\to h_0$ 时，$dh/ds\to0$，下游水深沿程不变，水面线以 $N—N$ 线为渐近线。

在陡坡渠道中修建溢流坝，上游形成 S_1 型水面线，下游形成 S_3 型水面线，如图 8.35 所示。水流由缓坡渠道流入陡坡渠道，在缓坡渠道中为 M_2 型水面线，在变坡断面水深降至临界水深，发生水跃，与下游的 S_2 型水面线衔接，如图 8.36 所示。

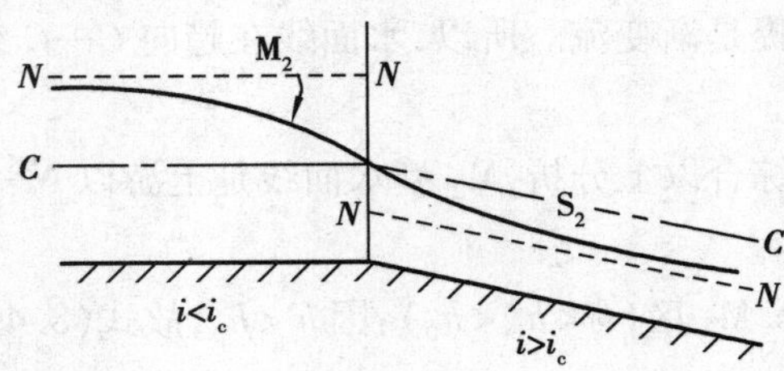

图 8.36　M_2，S_2 型水面线

③$i=i_c$，临界坡渠道。临界坡上，$h_0=h_c$，$N—N$ 线与 $C—C$ 线重合，有 1，3 两个区，其相应的水面曲线为 C_1 型、C_3 型，如图 8.37 所示。两种水面线都是壅水曲线，且均为水平线（证明从略）。

在临界坡渠道泄水闸门上、下游，可形成 C_1，C_3 型水面线，如图 8.38 所示。

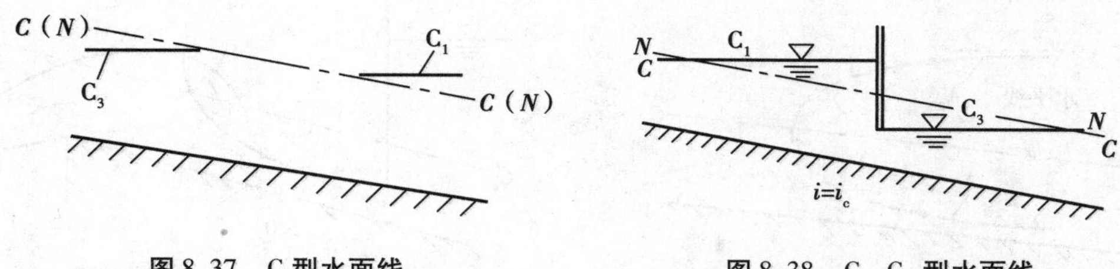

图 8.37 C 型水面线　　图 8.38 C_1,C_3 型水面线

(2)i=0 平坡渠道中的水面曲线

平坡渠道中,不能形成均匀流,无 $N—N$ 线,只有 $C—C$ 线,有 2,3 两个区,其相应的水面曲线为 H_2 和 H_3 型,如图 8.39 所示。

将式(8.47)中流量用 $Q=K_c\sqrt{i_c}$ 代入,得

$$\frac{\mathrm{d}h}{\mathrm{d}s}=-i_c\frac{\left(\frac{K_c}{K}\right)^2}{1-Fr^2} \tag{8.49}$$

式中 i_c——相应于 Q 的临界底坡;

K_c——相应于临界水深 h_c 的流量模数。

由式(8.49)可得,H_2 型的水深 $h>h_c$,$Fr<1$,$\mathrm{d}h/\mathrm{d}s<0$ 为一降水曲线;H_3 型的水深 $h<h_c$,$Fr>1$,$\mathrm{d}h/\mathrm{d}s>0$ 为一壅水曲线。H_2 与 H_3 型水面线下游端 $h\to h_c$ 时,$\mathrm{d}h/\mathrm{d}s\to\pm\infty$,$H_3$ 型上游趋近于水平,H_2 型上游取决于出流条件。

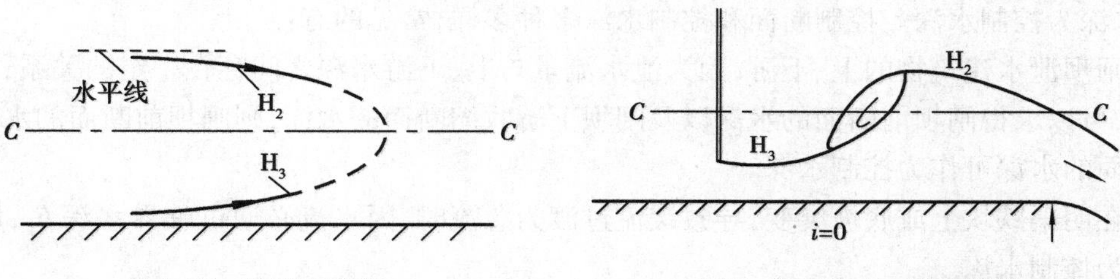

图 8.39 H 型水面线　　图 8.40 H_2,H_3 型水面线

在平坡渠道中,设有泄水闸门,闸门的开启高度小于临界水深,渠道足够长,末端为跌坎时,闸门下游将形成 H_2,H_3 型水面线,如图 8.40 所示。

(3)$i<0$ 逆坡渠道中的水面曲线

逆坡渠道中,不能形成均匀流,无 $N—N$ 线,只有 $C—C$ 线,有 2,3 两个区,其相应的水面曲线为 A_2 型、A_3 型,如图 8.41 所示。

令 $i=-i'$,而 $i'>0$,在底坡为 i' 的渠道中有可能产生均匀流,其流量 $Q=K'_0\sqrt{i'}$,代入式(8.47),可写成

$$\frac{\mathrm{d}h}{\mathrm{d}s}=-i'\frac{1+\left(\frac{K'}{K}\right)^2}{1-Fr^2} \tag{8.50}$$

利用式(8.50)分析逆坡上的水面曲线,结果与平坡相似。A_2 型为一降水曲线,A_3 型为一壅水曲线。在逆坡渠道中,设有泄水闸门,闸门的开启度小于临界水深,渠道足够长,末端为跌坎时,闸门下游将形成 A_2,A_3 型水面线,如图 8.42 所示。

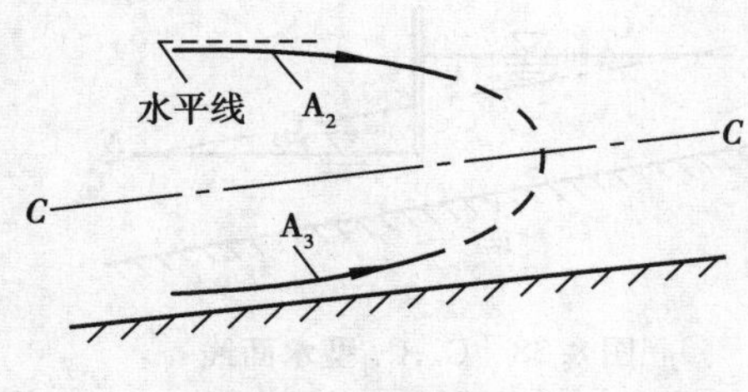

图 8.41　A 型水面线

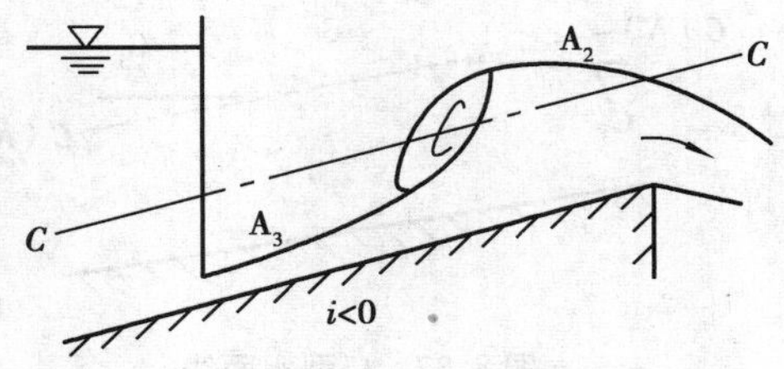

图 8.42　A_2,A_3 型水面线

3)水面曲线的共同规律及控制断面

上面分析了棱柱体明渠可能出现的 12 种渐变流水面曲线。工程中最常见的是 M_1,M_2,M_3,S_2 型 4 种,汇总简图及工程实例,见表 8.8。12 种水面曲线其有以下共同规律:

①凡是下标为 1 和 3 的水面线都是水深沿程增加的壅水曲线;下标为 2 的水面线都是水深沿程减小的降水曲线。

②当水深接近正常水深时,水面线以 $N—N$ 线为渐近线;当水深接近临界水深时,水面线在理论上垂直于临界水深 $C—C$ 线,发生水跃或水跌。

此外,沿流动方向,如水流从缓流过渡到急流,则水深减小,穿过临界水深;如从急流过渡到缓流,则以水跃方式通过临界水深。

在分析和计算水面曲线时,必须从某个有确定水深的已知断面开始,这个断面成为控制断面,其水深为控制水深。控制断面和控制水深多种多样,常见的有:

①闸坝泄水建筑物的上、下游,因为泄水流量与上、下游水深之间存在一定的关系,当已知流量时,可以求得闸坝前断面的水深以及闸坝下游收缩断面的水深,则闸坝前断面的水深以及收缩断面的水深可作为控制水深。

②在明渠跌坎上或底坡突变,导致缓流过渡为急流时,因水流必通过临界水深 h_c,所以 h_c 也可作为控制水深。

③对于顺坡棱柱体长直渠道,可以认为未受干扰处仍保持为均匀流,其正常水深 h_0 可作为控制水深。

此外,急流的干扰波只能往下游传播,控制断面取在上游;缓流的干扰影响可以上传,控制断面取在下游。

表 8.8　水面曲线汇总

	水面曲线简图	工程实例
$i < i_c$	N　M_1　水平线 M_2　N C　C M_3	M_1　h_0 h_0　M_2 M_1　闸门　M_3　水跃　h_0

续表

	水面曲线简图	工程实例
$i > i_c$	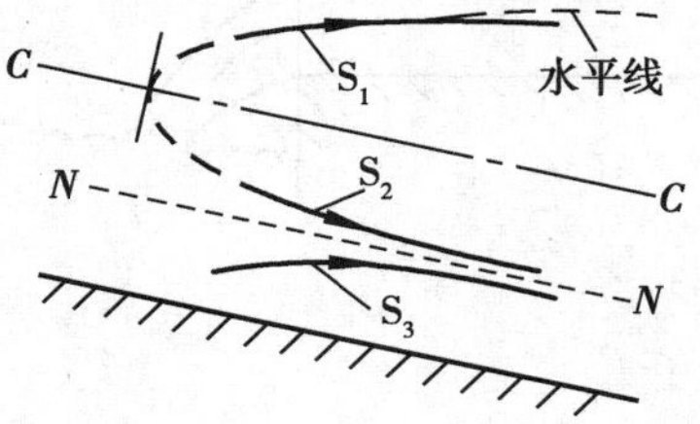	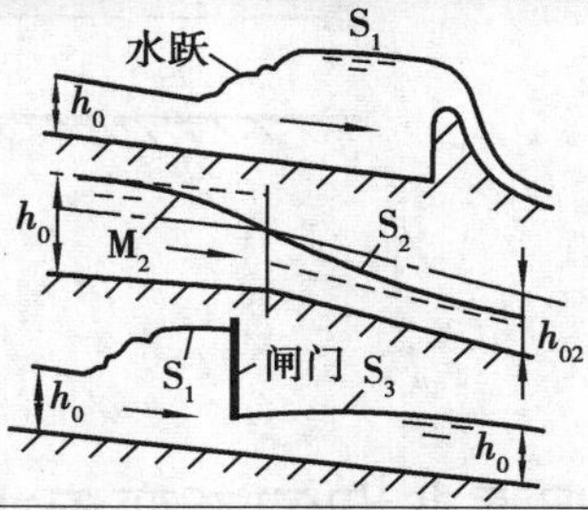
$i = i_c$	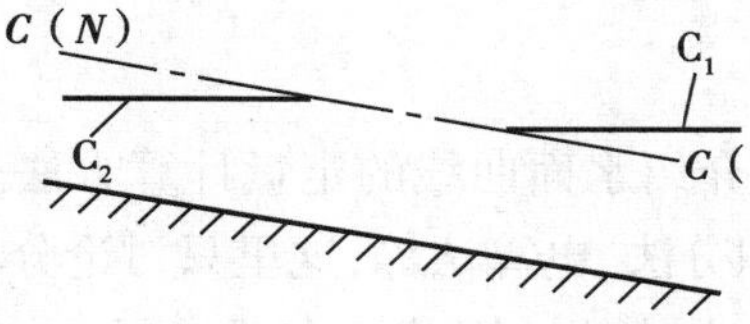	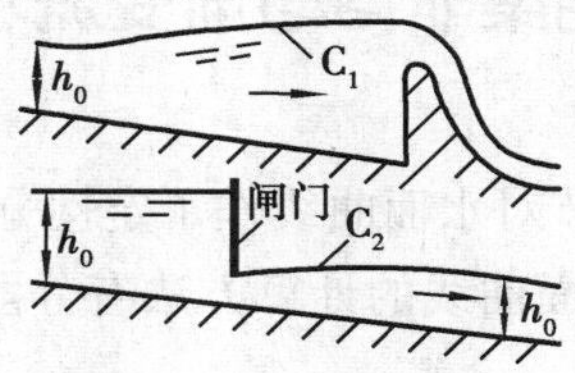
$i = 0$	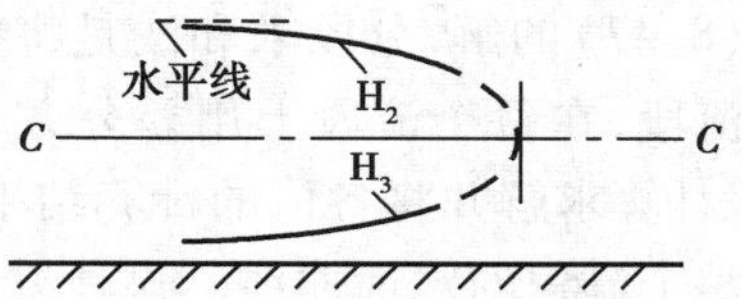	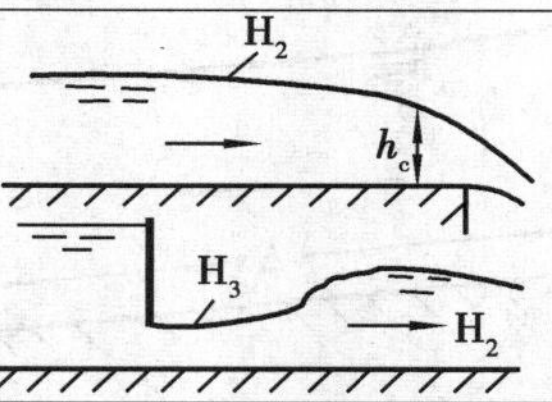
$i < 0$	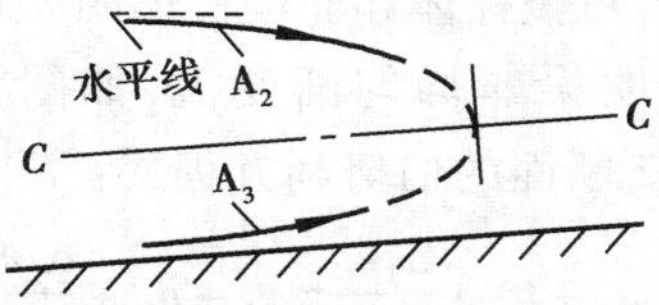	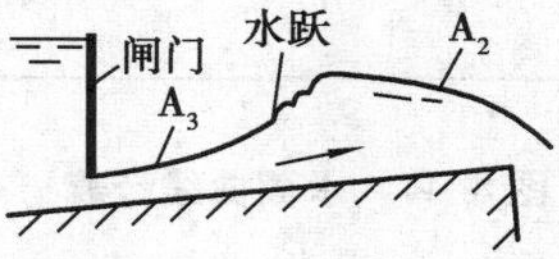

【例 8.9】 缓坡渠道中设置泄水闸门，闸门上、下游均足够长，末端为跌坎，如图 8.43 所示。闸门以一定开度泄流，闸前水深大于正常水深 $H > h_0$，闸门下游收缩水深小于临界水深 $h_{c0} < h_c$，试画水面曲线示意图。

【解】 先绘出 N—N 线、C—C 线，缓坡渠道 $h_0 > h_c$，N—N 线在 C—C 线上面。找出闸前水深 H，闸下收缩水深 h_{c0} 及坎端断面临界水深 h_c，为各段水面线的控制水深。

①闸前段：闸前水深 $h > h_0 > h_c$，水流在缓坡渠道Ⅰ区，水面线为 M_1 型壅水曲线，上游端以 N—N 线为渐近线。

②闸后段：闸下出流收缩水深 $h_{c0} < h_c < h_0$，水流在缓坡渠道Ⅲ区，水面线为 M_3 型壅水曲线。闸后段足够长，出流后发生水跃。

③跃后段：跃后水深 $h_0 > h > h_c$，水流在缓坡渠道Ⅱ区，水面线为 M_2 型降水曲线，下游发生水跌。

全程水面线直接绘于图 8.43 上。

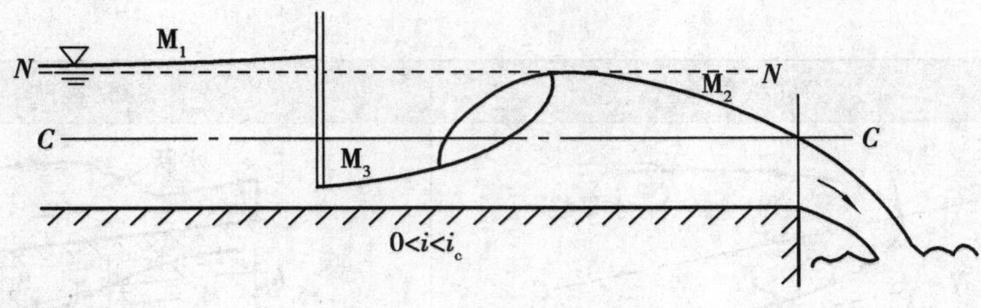

图 8.43

8.6 明渠非均匀渐变流水面曲线的计算

8.5 节对水面曲线作了定性分析，这一节中将介绍水面曲线的定量计算方法。目前，普遍应用的水面曲线的计算方法有分段求和法、数值积分法、电算法等，这里只讨论分段求和法。

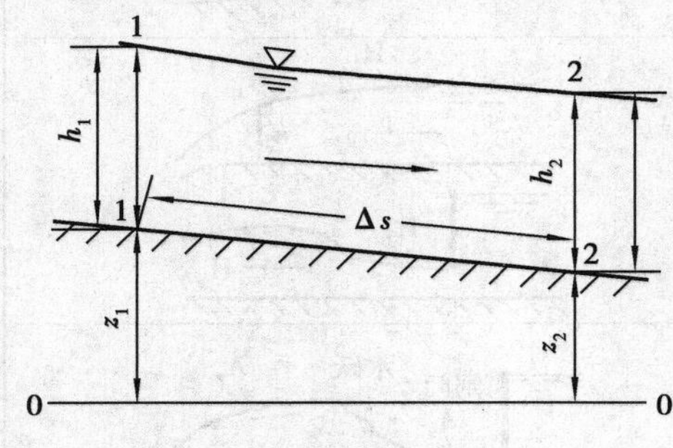

图 8.44 水面曲线计算

水面曲线的计算关键在于求得非均匀渐变流微分方程(8.47)的解，分段求和法是将整个流程分为若干个流段，在每个流段上用差分方程取代微分方程，逐段计算求解并将各段的计算结果累加起来，即可得到整个流程的水面曲线。这种方法不受明渠形式的限制，对棱柱体和非棱柱体明渠均适用。

设一明渠非均匀渐变流，如图 8.44 所示。列 1—1，2—2 断面的伯努利方程式：

$$z_1 + h_1 + \frac{\alpha_1 v_1^2}{2g} = z_2 + h_2 + \frac{\alpha_2 v_2^2}{2g} + h_w$$

移项后，得

$$\left(h_2 + \frac{\alpha_2 v_2^2}{2g}\right) - \left(h_1 + \frac{\alpha_1 v_1^2}{2g}\right) = (z_1 - z_2) - h_w \tag{8.51}$$

式(8.50)中，$z_1 - z_2 = i\Delta s$，$h_w \approx h_f = \overline{J}\Delta s$，渐变流沿程水头损失近似按均匀流公式计算，该流段平均水力坡度为

$$\overline{J} = \frac{\overline{v}^2}{\overline{C}^2 \overline{R}} \tag{8.52}$$

式中 $\overline{v}, \overline{R}, \overline{C}$——该流段的平均流速、平均水力半径、平均谢才系数，即

$$\overline{v} = \frac{v_1 + v_2}{2}, \overline{R} = \frac{R_1 + R_2}{2}, \overline{C} = \frac{C_1 + C_2}{2}$$

又因为

$$h_1 + \frac{\alpha_1 v_1^2}{2g} = E_{s1}, h_2 + \frac{\alpha_2 v_2^2}{2g} = E_{s2}$$

式(8.51)经整理可写成

$$\Delta s = \frac{E_{s2} - E_{s1}}{i - \overline{J}} = \frac{\Delta E_s}{i - \overline{J}} \tag{8.53}$$

式(8.53)即为分段求和法计算水面曲线的计算公式。下面具体阐述分段求和法在棱柱体明渠和非棱柱体明渠中的应用。

1)棱柱体明渠水面曲线的计算

以控制断面水深作为起始水深 h_1(或 h_2),假设相邻断面水深 h_2(或 h_1),算出 ΔE_s 和$\overline{J}$,代入式(8.53)即可求得第一个分段的长度 Δs_1,再以 Δs_1 处的断面水深作为下一分段的起始水深,用同样的方法求出第二个分段的长度 Δs_2。依次计算,直至分段总和等于渠道总长 $\sum \Delta s = L$。根据所求各断面的水深及分段的长度,即可定量绘制水面曲线。

【例 8.10】 矩形排水长渠道,$l = 4\ 800$ m,底宽 = 2 m,粗糙系数 $n = 0.025$,底坡 $i = 0.000\,2$,排水流量 $Q = 2.0\ \text{m}^3/\text{s}$,渠道末端排入河中,如图 8.45 所示。试绘制水面曲线。

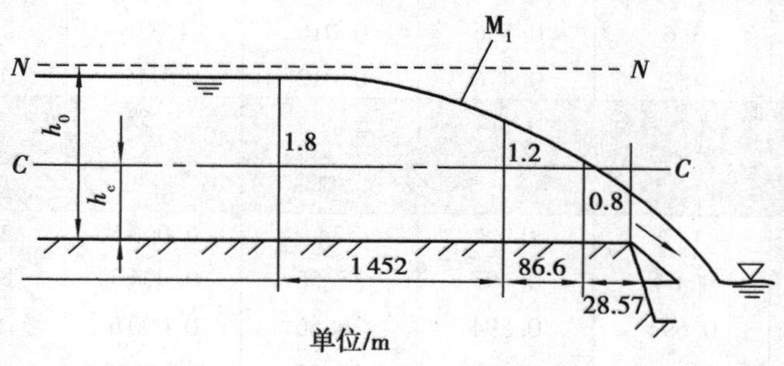

图 8.45

【解】 ①判断水面曲线类型。用图解法求取正常水深 h_0,$K_0 = Q/\sqrt{i} = 141\ \text{m}^3/\text{s}$,$\dfrac{b^{2.67}}{nK_0} = \dfrac{2^{2.67}}{0.025 \times 141} = 1.8$,$m = 0$,由附录Ⅰ,查得 $h_0/b = 1.13$,则 $h_0 = 1.13b = 2.26$ m。

矩形断面渠道临界水深

$$h_c = \sqrt[3]{\frac{\alpha Q^2}{gb^2}} = \sqrt[3]{\frac{2^2}{9.8 \times 2^2}}\ \text{m} = 0.46\ \text{m}$$

在顺坡渠道中,$h_0 > h_c$,底坡为缓坡,又因末端(跌坎)处水深为 h_c,所以渠道内水流在缓坡渠道Ⅱ区流动,水面线为 M_2 型降水曲线。

②水面曲线计算。渠道内为缓流,末端水深 h_c 为控制水深,往上游推算。取 $h_2 = h_c = 0.46$ m,$A_2 = bh_2 = 0.92\ \text{m}^2$,$v_2 = \dfrac{Q}{A_2} = 2.17$ m/s,$E_{s_2} = h_2 + \dfrac{\alpha v_2^2}{2g} = 0.7$ m,$R_2 = 0.32$ m,$C_2 = \dfrac{1}{n}R_2^{\frac{1}{6}} = 33.07\ \text{m}^{0.5}/\text{s}$。设 $h_1 = 0.8$ m,$A_1 = bh_1 = 1.6\ \text{m}^2$,$v_1 = \dfrac{Q}{A_1} = 1.25$ m/s,$E_{s_1} = h_1 + \dfrac{\alpha v_1^2}{2g} = 0.88$ m,$R_1 = 0.44$ m,$C_2 = \dfrac{1}{n}R_1^{\frac{1}{6}} = 34.94\ \text{m}^{0.5}/\text{s}$。

平均值 $\bar{v} = \dfrac{v_1 + v_2}{2} = 1.7$ m/s,$\overline{R} = \dfrac{R_1 + R_2}{2} = 0.38$ m,$\overline{C} = \dfrac{C_1 + C_2}{2} = 34\ \text{m}^{0.5}/\text{s}$,$\overline{J} = \dfrac{\bar{v}^2}{\overline{C}^2\ \overline{R}} = 0.006\,5$。

第Ⅰ流段长度为 $\Delta s_1=\dfrac{\Delta E_s}{i-\overline{J}}=\dfrac{0.7-0.88}{0.0002-0.0065}\text{ m}=28.57\text{ m}$

以第Ⅰ流段长度 $\Delta s_1=28.57$ m 处水深 $h_1=0.8$ m 为第Ⅱ流段的控制水深(起始水深),假设该流段另一断面水深为 1.2 m,按照上述方法算出第Ⅱ流段长度。以此类推,逐段计算,各段计算结果列于表 8.9。根据计算结果可绘制渠内水面曲线。

表 8.9 水面曲线计算表

断面	h/m	A/m^2	v /(m·s^{-1})	$\dfrac{v^2}{2g}$ /m	E_s/m	R/m	C /(m$^{0.5}$·s^{-1})
1	0.46	0.92	2.17	0.24	0.7	0.32	33.07
2	0.8	1.6	1.25	0.08	0.88	0.44	34.94
3	1.2	2.4	0.833	0.035	1.235	0.545	36.15
4	1.8	3.6	0.556	0.016	1.816	0.643	37.16
5	2.1	4.2	0.476	0.012	2.112	0.677	37.48
流段	**ΔE/m**	**$\overline{v}$ /(m·s^{-1})**	**$\overline{R}$/m**	**$\overline{C}$ /(m$^{0.5}$·s^{-1})**	**$\overline{s}$/m**	**Δs/m**	**$\sum\Delta s$/m**
Ⅰ	−0.18	1.7	0.38	34	0.0065	28.57	28.57
Ⅱ	−0.355	1.64	0.493	35.55	0.0043	86.59	115.16
Ⅲ	−0.581	0.694	0.594	36.66	0.0006	1452	1567.16
Ⅳ	−0.296	0.516	0.66	37.32	0.00029	3288	4855

2)非棱柱体明渠水面曲线的计算

非棱柱体明渠的断面形状和尺寸是沿程变化的,过流断面面积 A 不仅取决于水深 h,而且与距离 s 有关,即 $A=A(h,s)$。这种情况下,计算水面曲线时,仅假设 h_2(或 h_1)不能求得过流断面面积 A_2(或 A_1)及相应的 v_2(或 v_1),无法求解 Δs。因此,必须同时假设 Δs 和 h_2(或 h_1),用试算法求解,其步骤如下:

①先将明渠分成若干计算小段。

②由已知控制断面水深 h_1(或 h_2)求出该断面的 $\dfrac{\alpha_1 v_1^2}{2g}\left(\text{或}\dfrac{\alpha_2 v_2^2}{2g}\right)$及水力坡度 $J_1=\dfrac{v_1^2}{C_1^2R_1}\left(\text{或 } J_2=\dfrac{v_2^2}{C_2^2R_2}\right)$。

③由控制断面向下游(或上游)取给定的 Δs,定出断面 2(或断面 1)的形状和尺寸。再假设 h_2(或 h_1),求出$\dfrac{\alpha_2 v_2^2}{2g}$(或$\dfrac{\alpha_1 v_1^2}{2g}$)及水力坡度 $J_2=\dfrac{v_2^2}{C_2^2R_2}$(或 $J_1=\dfrac{v_1^2}{C_1^2R_1}$),由 J_1 和 J_2 求出$\overline{J}$(也可以用$\overline{v}$,$\overline{R}$,$\overline{C}$求得,即$\overline{J}=\dfrac{\overline{v}^2}{\overline{C}^2\ \overline{R}}$),将有关数值代入式(8.53)算出 Δs。如果算出的 Δs 与给定的 Δs 相等,则认为所设 h_2(或 h_1)即为所求,否则需重新假设 h_2(或 h_1),再求 Δs,直至计算值与给定值相等(或很接近),这样就算好了一个断面。

④将上面算好的断面作为已知断面,再向下游(或上游)取 Δs 得另一断面,并设水深 h_2(或 h_1)重复以上试算过程,直到所有断面的水深均算出为止。为了保证精度,所取的 Δs 不能太长。

【例 8.11】　一混凝土溢洪道的中间一段为变底宽矩形断面渐变段,如图 8.46 所示,底宽由 $b=35$ m 减至 25 m,底坡 $i=0.15$,长 $l=40$ m,计算当泄流量 $Q=825\ \text{m}^3/\text{s}$ 的水面曲线。已知上游断面水深为 $h_1=2.7$ m。

【解】　取糙率 $n=0.014$,将全长 40 m 分为 4 个小段,每段长 $\Delta s=10$ m,然后逐段计算。以第一小段为例说明计算方法:

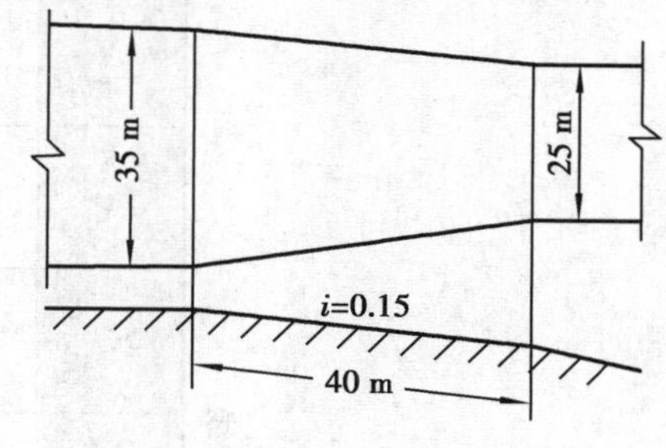

图 8.46

由上游断面水深 $h_1=2.7$ m,求得

$$A_1=bh_1=2.7\ \text{m}\times 35\ \text{m}=94.5\ \text{m}^2$$

$$v_1=\frac{Q}{A_1}=\frac{825}{94.5}\ \text{m/s}=8.75\ \text{m/s}$$

$$\frac{\alpha_1 v_1^2}{2g}=\frac{1.1\times 8.75^2}{2\times 9.8}\ \text{m}=4.3\ \text{m}$$

$$E_{s_1}=h_1+\frac{\alpha_1 v_1^2}{2g}=7\ \text{m}$$

$$R_1=\frac{bh_1}{b+2h_1}=\frac{35\times 2.7}{35+2\times 2.7}=2.34\ \text{m}$$

$$C_1=\frac{1}{n}R_1^{\frac{1}{6}}=\frac{1}{0.014}\times 2.34^{\frac{1}{6}}=82.5\ \text{m}^{0.5}/\text{s}$$

按分好的小段长 $\Delta s=10$ m,在距起始断面 10 m 处,算得该处槽宽为 $b=32.5$ m。然后假设水深 $h_2=2.45$ m,求得相应的 $A_2=2.45\ \text{m}\times 32.5\ \text{m}=79.5\ \text{m}^2$,$v_2=\dfrac{Q}{A_2}=10.38\ \text{m/s}$,$E_{s_2}=h_2+\dfrac{\alpha_2 v_2^2}{2g}=8.49\ \text{m}$,$R_2=2.12\ \text{m}$,$C_2=81\ \text{m}^{0.5}/\text{s}$。

平均值为

$$\bar{v}=\frac{v_1+v_2}{2}=9.56\ \text{m/s},\ \bar{R}=\frac{R_1+R_2}{2}=2.23\ \text{m}$$

$$\bar{C}=\frac{C_1+C_2}{2}=81.75\ \text{m}^{0.5}/\text{s},\ \bar{J}=\frac{\bar{v}^2}{\bar{C}^2\bar{R}}=0.006\ 15$$

将上述值代入式(8.53),得

$$\Delta s=\frac{\Delta E_s}{i-\bar{J}}=\frac{8.49-7}{0.15-0.006\ 15}\ \text{m}=10.28\ \text{m}$$

计算的 $\Delta s=10.28$ m 与给定的 $\Delta s=10$ m 相接近,其相对误差小于3%,故给定的 $\Delta s=10$ m 与假设的 $h_2=2.45$ m 即为所求。

其他各段计算方法同上,将计算结果列于表 8.10。

表 8.10　试算法求非棱柱体明渠水面曲线

断面	b/m	Δs/m	h/m	A/m^2	v /(m·s^{-1})	$\frac{\alpha v^2}{2g}$ /m	R/m	C /(m$^{0.5}$·s^{-1})	$\bar{v}$ /(m·s^{-1})	$\bar{R}$ /(m·s^{-1})	$\bar{C}$ /(m·s^{-1})	$\bar{J}$	$i-\bar{J}$	E_s/m	ΔE_s/m	Δs/m
1	35		2.7	94.5	8.75	4.3	2.34	82.5						7		
		10							9.56	2.23	81.75	0.006 15	0.144		1.48	10.28
2	32.5		2.45	79.5	10.38	6.03	2.12	81						8.48		
		10							10.98	2.089	80.75	0.008 85	0.141		1.40	9.94
3	30		2.38	71.4	11.58	7.5	2.06	80.5						9.88		
		10							12.09	1.884	78	0.012 7	0.137		1.38	10.03
4	27.5		2.38	65.45	12.60	8.88	1.71	75.5						11.26		
		10							13.04	1.88	78	0.015	0.135		1.39	10.29
5	25		2.45	61.25	13.47	10.17	2.048	80.5						12.63		

注:上表中计算的 Δs 值与给定的 Δs 值很接近,其相对误差均在 3% 之内,故给定的 Δs 值与假设的 h_2 值均合适,根据表中的第 3,4 列数据可以绘制水面曲线。

8.7 天然河道水面曲线计算

天然河道的过流断面一般极不规则,底坡和糙率沿流程有变化,可看成是非棱柱体明渠,可以采用8.6节中非棱柱体明渠的计算方法来计算河道水面曲线。人们对天然河道水情变化的观测,首先观测到的是水位的变化,因此,研究天然河道水面曲线时主要针对的是水位的变化。它与人工明渠水面曲线的具体做法不同,但没有本质区别。

在计算河道水面曲线之前,应收集有关水文、泥沙及河道地形等实测资料,然后将河道分成若干计算流段。分段时需注意以下几点:

①各计算流段的断面形状、底坡和糙率大致相同。

②计算流段内,上、下游断面水位差 Δz 不能过大,对于平原河流取 $\Delta z = 0.2 \sim 0.1$ m,山区河流取 $\Delta z = 1 \sim 3$ m。

③一个计算流段内没有支流的流进或流出。若河道有支流存在,必须把支流放在计算流段的进口或出口,对于加入的支流最好放在流段的进口附近,流出的支流放在流段的出口。

④一般天然河流的下游多为平原河道,流段可划分得长一些,上游多为山区河道,流段应划分得短一些。

8.7.1 水面曲线的计算公式

图8.47为天然河道中的恒定非均匀流,取相距 Δs 的两个渐变流断面1—2,2—2作为基准面,写出断面1,2的能量方程

$$z_1 + \frac{\alpha_1 v_1^2}{2g} = z_2 + \frac{\alpha_2 v_2^2}{2g} + \Delta h_w$$

式中 z_1, z_2——断面1,2的水位;

v_1, v_2——断面1,2的平均流速;

Δh_w——断面1,2之间的水头损失,即 $\Delta h_w = \Delta h_f + \Delta h_j$。

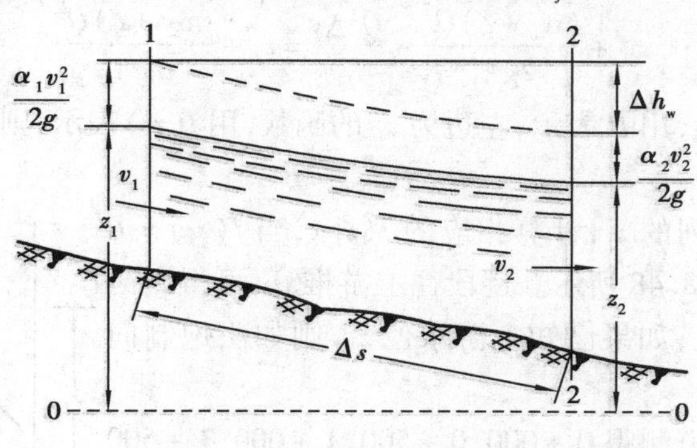

图8.47 天然河道非均匀流

沿程水头损失 Δh_f 可近似按谢才公式计算,$\Delta h_f = \frac{Q^2}{\overline{K}^2}\Delta s$,式中的$\overline{K}$为断面1—2的平均流量

模数，$\overline{K}^2=\dfrac{K_1^2+K_2^2}{2}$。

局部水头损失 Δh_j 是由于过流断面沿程变化所引起的，计算公式为

$$\Delta h_j=\overline{\zeta}\left(\frac{v_2^2}{2g}-\frac{v_1^2}{2g}\right)$$

式中 $\overline{\zeta}$——河段的平均局部水头损失系数，与河道断面变化情况有关。在顺直河段，取$\overline{\zeta}=0$；在收缩河段，局部水头损失很小，取$\overline{\zeta}=0$；在扩散河段，$\overline{\zeta}$与扩散程度有关，急剧扩散的河段，取$\overline{\zeta}=-(0.5\sim1.0)$，逐渐扩散的河段，取$\overline{\zeta}=-(0.3\sim0.5)$。这里注意，因扩散段的 $v_2>v_1$，而 Δh_j 是正值，所以$\overline{\zeta}$取负值。

将 Δh_f 和 Δh_j 的表达式代入能量方程，得

$$z_1+\frac{\alpha_1v_1^2}{2g}=z_2+\frac{\alpha_2v_2^2}{2g}+\frac{Q^2\Delta s}{\overline{K}^2}+\overline{\zeta}\left(\frac{v_2^2}{2g}-\frac{v_1^2}{2g}\right) \tag{8.54}$$

式(8.54)为天然河道曲线一般计算公式。

若选取的河段比较顺直均匀，两断面的面积变化不大，则上式可以简化为

$$z_1-z_2=\frac{Q^2\Delta s}{\overline{K}^2} \tag{8.55}$$

利用式(8.54)或式(8.55)，可对天然河道水面曲线进行计算。

8.7.2 水面曲线的一般计算方法——试算法

计算天然河道水面曲线，应先知道通过河道的流量 Q，河道糙率 n，河道平均局部水头损失系数$\overline{\zeta}$，计算流段长度 Δs 和控制断面水位 z。如果将下游断面作为控制断面，则与 z_2 有关的量均为已知量，那么由下游向上游逐段演算。将式(8.54)中的已知量和未知量分别写在等式的两边，得

$$z_1+\frac{\alpha_1v_1^2}{2g}+\overline{\zeta}\frac{v_1^2}{2g}-\frac{Q^2\Delta s}{\overline{K}^2}=z_2+\frac{\alpha_2v_2^2}{2g}+\overline{\zeta}\frac{v_2^2}{2g}$$

将 $v=Q/A$ 代入上式，则

$$z_1+\frac{(\alpha_1+\overline{\zeta})Q^2}{2gA_1^2}-\frac{Q^2\Delta s}{\overline{K}^2}=z_2+\frac{(\alpha_2+\overline{\zeta})Q^2}{2gA_2^2} \tag{8.56}$$

式(8.56)右边为已知量，用 B 表示，左边为 z_1 的函数，用$f(z_1)$表示，则

$$f(z_1)=B$$

计算时，假设一系列的 z_1，计算相应的 $f(z_1)$，当 $f(z_1)=B$ 时的 z_1 即为所求，如图 8.48 所示。逐段往上游推算，可得到河道各断面的水位。反之，如果已知上游水位 z_1，则如法炮制向下游逐段推算 z_2。

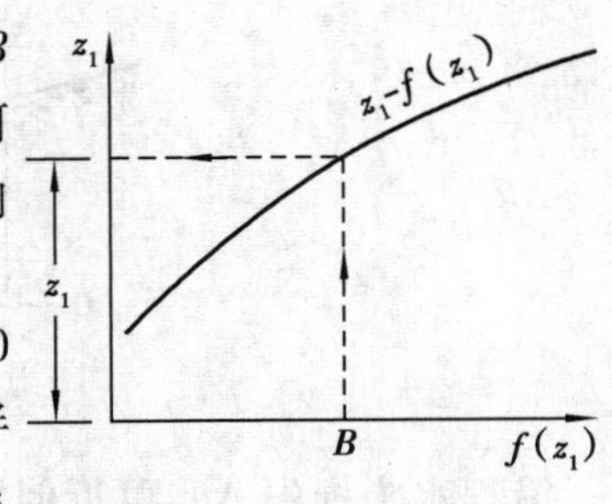

图 8.48 z-$f(z)$ 曲线

【例 8.12】 某河道测得 0+000，0+500，1+000，1+500 等测站的过流断面面积和水位的关系，如图 8.49 所示，水力半径和水位曲线关系如图 8.50 所示，河道各段顺直，糙率 $n=0.0275$，在下游 0−020 处建坝后，当设计流量 $Q=7\,380\ \text{m}^3/\text{s}$

时,0 +000处的最高水位为 122.48 m。试向上游推算 0 +500,1 +000,1 +500 断面的水位。

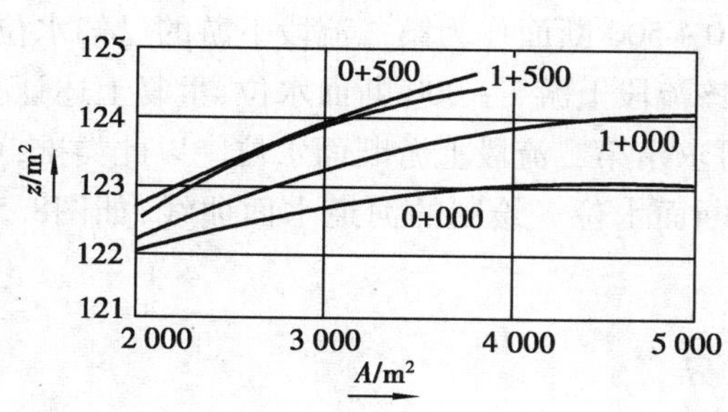

图 8.49 过流断面面积与水位的关系

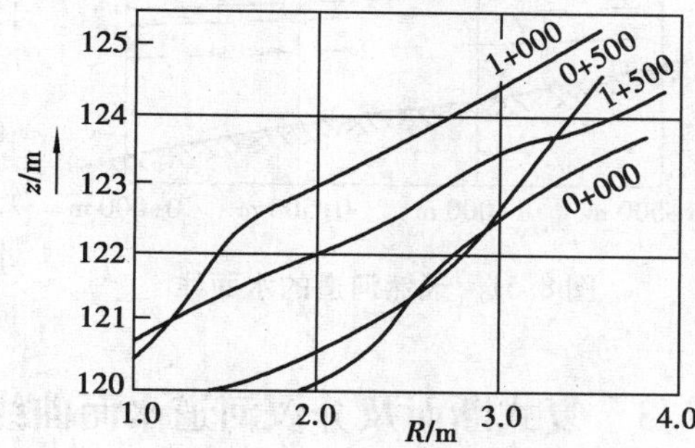

图 8.50 水力半径与水位的关系

【解】 应用式(8.56)计算,取 $\alpha_1=\alpha_2=1.1,\bar{\zeta}=0$,按已知条件和所设 z 值计算的结果,使式(8.56)两边数值差的绝对值小于 0.01 时,所设的 z 值即为所求,否则需重新假设 z 值计算。

①分段:根据已有的测站资料将河段分为 3 个计算流段,即 0 +000 ~0 +500,0 +500 ~1 +000,1 +000 ~1 +500。

②确定控制断面:由题意,已知 0 +000 处的最高水位,以该断面作为控制断面,则 $z_2=122.48$ m。假设上游断面水位 z_1,逐段向上演算。

③水面曲线计算:先计算第一流段,即 0 +000 ~0 +500。由已知的 $z_2=122.48$ m,在图 8.49和图 8.50 中找到 $A_2=2\,560\ \text{m}^2,R_2=2.97$ m,有

$$B=z_2+\frac{(\alpha_2+\bar{\zeta})Q^2}{2gA_2^2}=\left[122.48+\frac{(1.1+0)\times 7\,380^2}{19.62\times 2\,560^2}\right]\text{m}=122.95\ \text{m}$$

假设上游断面(0 +500 断面)水位 $z_1=123.2$ m,再由图 8.49 和图 8.50 中找到 $A_1=2\,440\ \text{m}^2,R_1=3.14$ m。

计算$\bar{K}^2$

$$C_2=\frac{1}{n}R_2^{\frac{1}{6}}=\frac{1}{0.027\,5}\times 2.97^{\frac{1}{6}}\ \text{m}^{0.5}/\text{s}=43.6\ \text{m}^{0.5}/\text{s}$$

$$C_1=\frac{1}{n}R_1^{\frac{1}{6}}=\frac{1}{0.027\,5}\times 3.14^{\frac{1}{6}}\ \text{m}^{0.5}/\text{s}=44.1\ \text{m}^{0.5}/\text{s}$$

$$K_2=C_2A_2\sqrt{R_2}=43.6\times 2\,560\times\sqrt{2.97}\ \text{m}^3/\text{s}=19.28\times 10^4\ \text{m}^3/\text{s}$$

$$K_1=C_1A_1\sqrt{R_1}=44.1\times 2\,440\times\sqrt{3.14}\ \text{m}^3/\text{s}=19.15\times 10^4\ \text{m}^3/\text{s}$$

所以

$$\bar{K}^2=\frac{K_1^2+K_2^2}{2}=36.85\ \text{m}^3/\text{s}$$

于是,可得

$$\begin{aligned}f(z_1)&=z_1+\frac{(\alpha_1+\bar{\zeta})Q^2}{2gA_1^2}-\frac{Q^2\Delta s}{\bar{K}^2}\\&=\left(123.1+\frac{1.1+0}{19.62}\times\frac{7\,380^2}{2\,440^2}-\frac{7\,380^2\times 500}{36.85^2}\right)\text{m}\\&=122.942\ \text{m}\end{aligned}$$

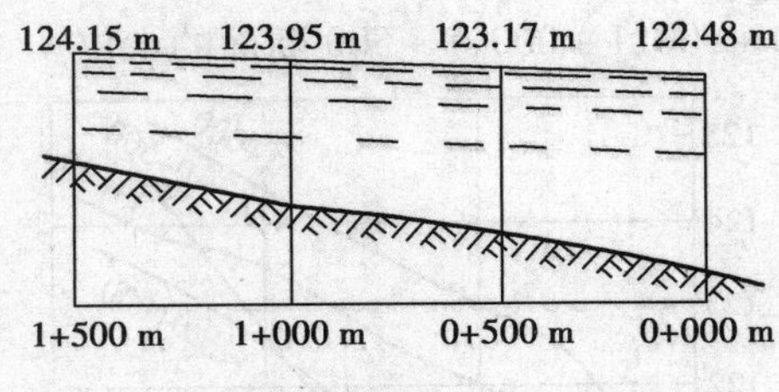

图 8.51　天然河道的水面线

$f(z_1)$ 与 B 的差值小于 0.01 m，因此，假设的 z_1 = 123.2 m 即为所求。

以 0+500 断面作为第二流段下游的已知水位，再假设该流段上游 1+000 断面水位，重复上述计算过程，可求出第二流段上游断面水位。以此类推，可求得各断面水位。绘制的河道水面曲线，如图 8.51 所示。

8.7.3　复式断面及分汊河道水面曲线的计算

天然河道的断面由主槽和边滩组成，称为复式断面，对应的流量分别为 Q_1，Q_2，Q_3，如图 8.52 所示。河道中出现江心洲，其主流在洲头分叉，到洲尾再度汇合，称为分汊河道，如图 8.53 所示。

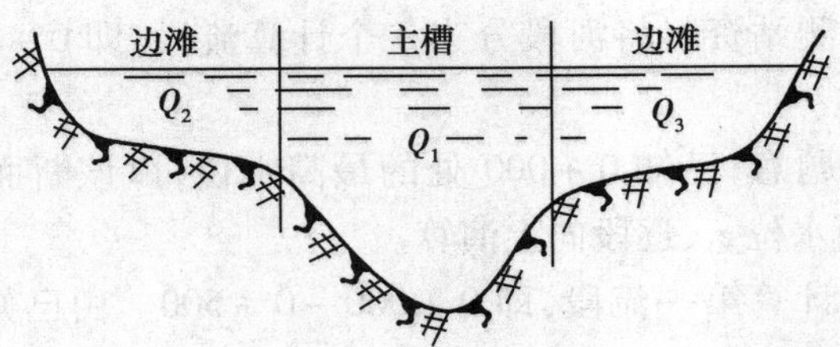

图 8.52　复式断面

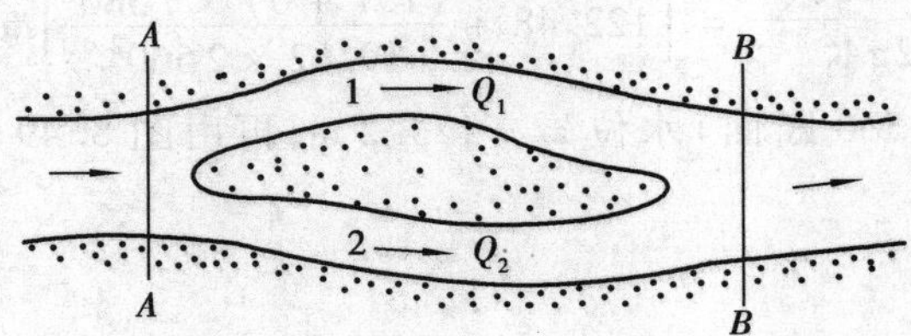

图 8.53　分汊河道

复式断面的河道通过流量 Q 应为主槽和边滩流量之和，即

$$Q = Q_1 + Q_2 + Q_3 \tag{8.57}$$

当河段相当长时，认为主槽及边滩的水位落差近似相等，即

$$\Delta z_1 = \Delta z_2 = \Delta z_3 = \Delta z \tag{8.58}$$

根据简化计算式(8.55)，分别写出主槽及边滩的水面曲线表达式

$$\Delta z = \frac{Q_1^2}{\overline{K}_1^2}\Delta s \text{ 或 } Q_1 = \overline{K}_1\sqrt{\frac{\Delta z}{\Delta s}}$$

$$\Delta z = \frac{Q_2^2}{\overline{K}_2^2}\Delta s \text{ 或 } Q_2 = \overline{K}_2\sqrt{\frac{\Delta z}{\Delta s}}$$

$$\Delta z = \frac{Q_3^2}{\overline{K}_3^2}\Delta s \text{ 或 } Q_3 = \overline{K}_3\sqrt{\frac{\Delta z}{\Delta s}}$$

将 Q_1,Q_2,Q_3 的表达式代入式(8.57),得

$$Q=(\overline{K}_1+\overline{K}_2+\overline{K}_3)\sqrt{\frac{\Delta z}{\Delta s}}$$

或

$$\Delta z=\frac{Q^2}{(\overline{K}_1+\overline{K}_2+\overline{K}_3)^2}\Delta s \tag{8.59}$$

式(8.59)为复式断面水面曲线计算公式,与单式断面计算式(8.55)形式相同,只是流量模数不同。

再看分汊河道的计算情况。水流从 A 断面分为两支支流,在 B 断面汇合,必须满足两个条件:

①总流量等于两支支流流量之和;

②两支支流在分流断面 A 和汇流断面 B 的水位落差相同。与推导复式断面过程一致,要注意的是两支流长度不同,分别为 Δs_1 和 Δs_2,最后得到总流流量表达式为

$$\begin{aligned}Q&=\overline{K}_1\sqrt{\frac{\Delta z}{\Delta s_1}}+\overline{K}_2\sqrt{\frac{\Delta z}{\Delta s_2}}\\&=\left(\overline{K}_1+\overline{K}_2\sqrt{\frac{\Delta s_1}{\Delta s_2}}\right)\sqrt{\frac{\Delta z}{\Delta s_1}}\end{aligned}$$

或

$$\Delta z=\frac{Q^2\Delta s_1}{\left(\overline{K}_1+\overline{K}_2\sqrt{\frac{\Delta s_1}{\Delta s_2}}\right)^2} \tag{8.60}$$

式(8.60)为分汊河道水面曲线计算公式。计算时,由已知的总流量、各支流长度及平均流量模数,求得水面落差 Δz,继而求得支流流量。有了支流流量,就可以用试算法分别计算出各支流的水面曲线。

8.8 明渠弯道水流简介

人工渠道或天然河道一般都有弯道存在。当水流通过弯道时,水质点除受重力作用外,还要受到离心力的作用。在两种力共同作用之下,水流除具有垂直于过流断面的纵向流速,还存在横向和竖向流速,在横断面上形成环形水流,即断面环流,如图8.54所示。纵向水流和断面环流叠加后形成了螺旋流,水流呈螺旋状向前流动,如图8.55所示。

由图8.54可以看出,弯道表层水流的方向指向凹岸,后潜入河底朝凸岸流去;而底层水流的方向指向凸岸,后翻至水面向凹岸流去。因此,在弯道上形成凹岸冲刷凸岸淤积的现象。人们利用这一现象在稳定弯道的凹岸布置取水口,以便取得表面清水,而防止底沙进入渠道。在某些工程中还专门设置人工弯道来防沙、排沙。然而,弯道水流有时也给人们带来一些危害。如长江下游某市位于一弯道凸岸附近,发生大量泥沙淤积,使河床变浅,主河槽远离市区,影响了港口的正常运转。因此,每年需疏浚土方近50万 m^3,才能保证航道畅通。

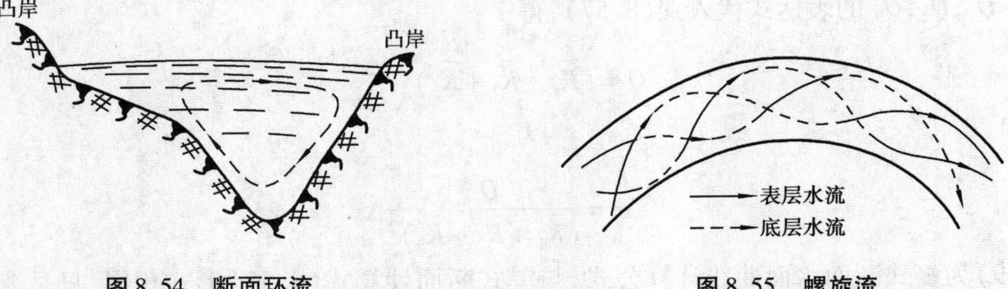

图 8.54　断面环流　　图 8.55　螺旋流

所以，我们必须充分认识弯道水流的运动规律及对河床演变的影响，以便因势利导，达到兴利除害的目的。

8.8.1　横向水面超高

在离心力的作用下，弯道水流形成凹岸水面高于凸岸水面的横向水面比降。凹岸和凸岸的水位差，称为横向水面超高，用 Δz 表示，如图 8.56 所示。Δz 的计算公式为

$$\Delta z = \frac{\alpha_0 v^2}{gR_0}B \tag{8.61}$$

式中　α_0——校正系数，取 1.01 ~1.1；

v——断面平均流速；

R_0——弯道轴线的曲率半径；

B——水面宽度。

可以看出，弯道曲率半径越小，则横向水面超高越大；反之，弯道曲率半径越大，则横向水面超高越小。

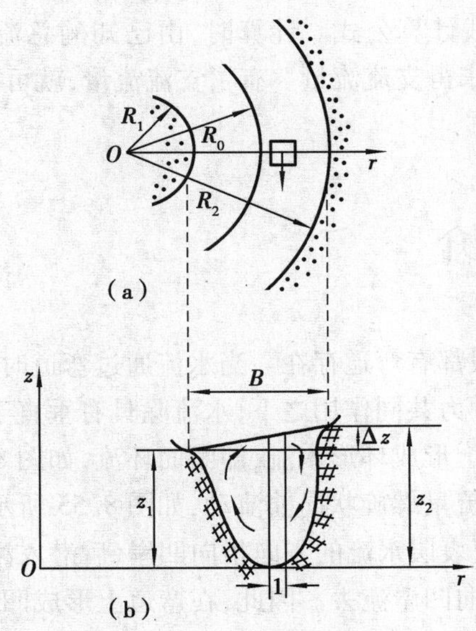

图 8.56　横向水面超高

8.8.2 断面环流

弯道水流在横断面上形成凹岸水面高,凸岸水面低的环形流动,现分析断面环流的成因。

图 8.57 表示一矩形弯道,在断面上任取一微元柱体,对其进行受力分析。作用在柱体上的横向力有离心力和动水压力。离心力的大小与纵向流速的平方成正比,沿垂线呈抛物线分布,如图 8.57(a)所示。柱体两侧动水压强分布如图 8.57(b)所示,其压强差分布如图 8.57(c)所示。离心力和压强差分布叠加后的图形即为作用于柱体的横向合力沿垂线的分布图,如图 8.57(d)所示。横向合力的作用,加之水流运动的连续性,形成了断面环流。

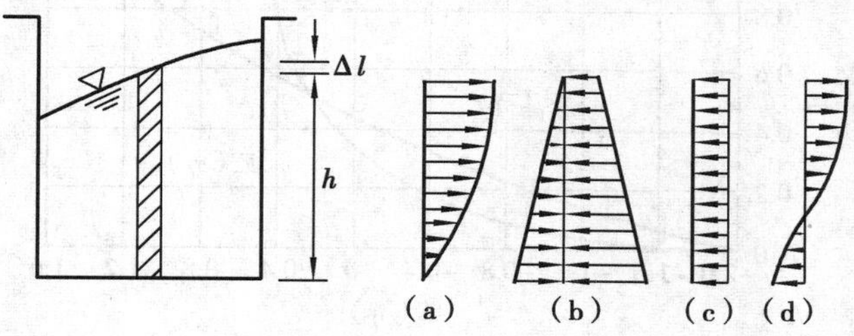

图 8.57　断面环流的成因

8.8.3 横向流速分布

根据前面的分析,在离心力大于动水压强差时,横向合力指向凹岸,在水流上部出现流向凹岸的横向流动;在离心力小于动水压强差时,横向合力指向凸岸,在水流下部出现流向凸岸的横向流动,从而形成沿垂线的横向流速,如图 8.58 所示。

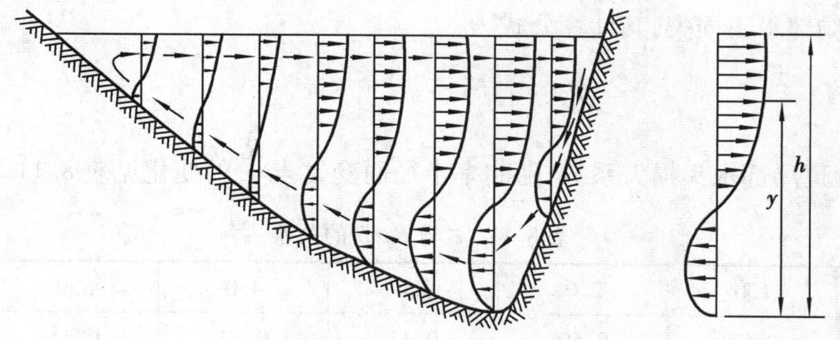

图 8.58　横向流速分布

计算横向流速沿垂线分布公式有:

(1)波达波夫(*Потапв*)公式

$$u_r=\frac{1}{3}v_{cp}\frac{h}{r}\frac{m^2}{g}\left(1-0.067\frac{m}{C}\right)\left[(2\eta-\eta^2)^2-\frac{8}{15}\right] \tag{8.62}$$

式中　u_r——曲率半径为 r 处相对水深为 η 时对应点的横向流速;

v_{cp}——纵向垂线平均流速;

m——巴森系数,$m=22\sim25$;

C——谢才系数;

h——水深;

η——相对水深，$\eta=\dfrac{y}{h}$。

(2)罗索夫斯基(*Розовский*)公式

$$u_r=\frac{1}{k^2}v_{\rm cp}\frac{h}{r}\left[F_1(\eta)-\frac{\sqrt{g}}{kC}F_2(\eta)\right] \tag{8.63}$$

式中　k——卡门常数，对于人工渠道 $k=0.5$，天然河道 $k=0.25\sim0.42$；

$F_1(\eta),F_2(\eta)$——相对水深的函数，如图 8.59 所示。

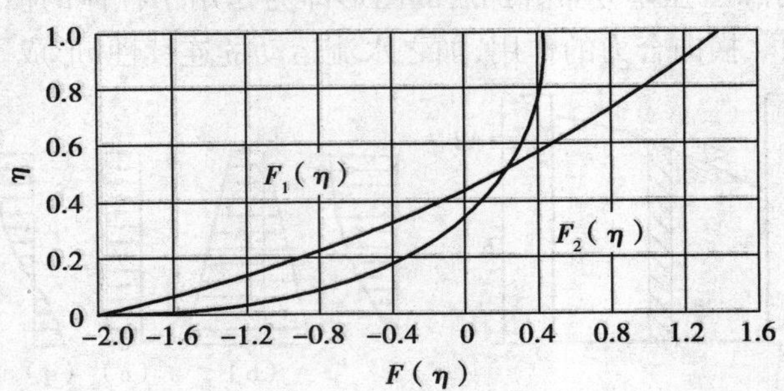

图 8.59　η-$F(\eta)$曲线

8.8.4　弯道的水头损失

水流流经弯道时，由于存在横向环流，较大的流速靠近凹岸，受到河床的阻力比直段大，而且由于水流转弯而引起弯段下端凸岸附近水流产生分离现象也会使水流阻力增大，所以弯道水流的水头损失，比同长度直段要大。直段中的水头损失一般为沿程水头损失，而在弯道中，还应考虑弯道局部水头损失，其计算公式为

$$h_{\rm j}=\zeta\frac{v^2}{2g} \tag{8.64}$$

式中　ζ——弯道局部水头损失系数，随曲率半径而变，ζ 与$\dfrac{R_0}{B}$的变化见表 8.11。

表 8.11　ζ 与 R_0/B 的关系

R_0/B	1.0	2.0	3.0	4.0	5.0	6.0
ζ	0.67	0.50	0.41	0.42	0.41	0.40

习　题

8.1　与有压管流相比，明渠水流的主要特征是什么？

8.2　明渠均匀流的特点是什么？产生条件又是什么？

8.3　已知梯形断面棱柱体渠道，底坡 $i=0.000\,25$，底宽 $b=1.5$ m，边坡系数 $m=1.5$，正常水深 $h_0=1.1$，糙率 $n=0.027\,5$，求流量 Q。

8.4　有一梯形断面棱柱体混凝土渠道,边坡系数 $m=1.5$,糙率 $n=0.014$,底坡 $i=0.000\,16$,通过流量 $Q=30\,\mathrm{m^3/s}$ 时作均匀流,如取断面底宽 b 与水深之比为 $\beta=b/h_0=3$,求断面尺寸 b 及 h_0。

8.5　圆形断面无压隧洞,直径 $d=6.0\,\mathrm{m}$,底坡 $i=0.003$,糙率 $n=0.014$,通过流量 $Q=140\,\mathrm{m^3/s}$,求正常水深 h_0。

8.6　某梯形断面砂质黏土渠道中,底宽 $b=2.0\,\mathrm{m}$,水深 $h_0=1.2\,\mathrm{m}$,边坡系数 $m=1.0$,渠道底坡 $i=0.000\,8$,糙率 $n=0.025$,求渠道中流量 Q 和断面平均流速 v,并校核该渠道是否会被冲刷或淤积。

8.7　为测定某梯形断面渠道的糙率 n 值,选取 $L=1\,500\,\mathrm{m}$ 的均匀流段进行测量。已知渠底宽 $b=10\,\mathrm{m}$,边坡系数 $m=1.5$,水深 $h_0=3.0\,\mathrm{m}$,两断面的水面高差 $\Delta z=0.3\,\mathrm{m}$,流量 $Q=50\,\mathrm{m^3/s}$,试计算 n 值。

8.8　试确定某梯形断面均匀流渠道的水力最佳断面尺寸。已知边坡系数 $m=1.5$,糙率 $n=0.025$,底坡 $i=0.002$,流量 $Q=3.0\,\mathrm{m^3/s}$。

8.9　设一复式断面渠道中的均匀流,如图所示。已知主槽底宽 $b_1=20\,\mathrm{m}$,正常水深 $h_{01}=2.6\,\mathrm{m}$,边坡系数 $m_1=1.0$,渠底坡度均为 $i=0.002$,糙率 $n_1=0.023$;左右两滩地对称,底宽 $b_2=6\,\mathrm{m}$,$h_{02}=1.0\,\mathrm{m}$,$m_2=1.5$,$n_1=0.025$。求通过渠道的总流量 Q。

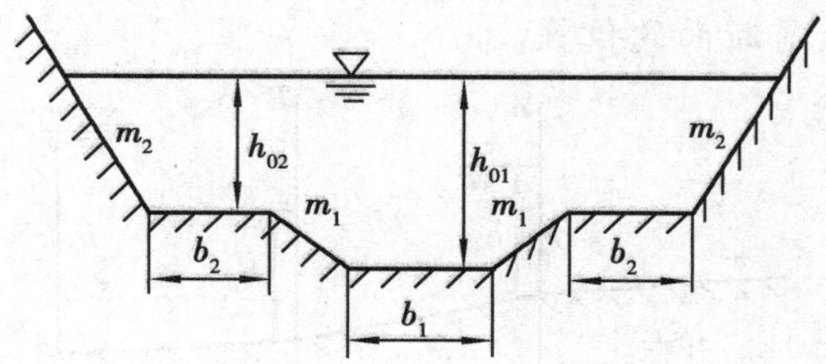

习题 8.9 图

8.10　某天然河道断面形状尺寸,如图所示。边坡系数近似作为零,河底坡度 $i=0.0004$,求 Q。

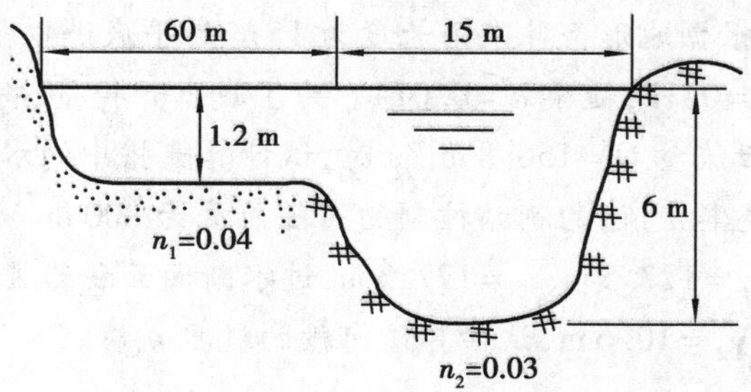

习题 8.10 图

8.11　流量 $Q=5.6\,\mathrm{m^3/s}$,通过宽为 $b=2.6\,\mathrm{m}$ 的矩形渠道,求临界水深 h_c。

8.12　一矩形断面变底坡渠道,体积流量 $Q=30\,\mathrm{m^3/s}$,底宽 $b=6.0\,\mathrm{m}$,糙率 $n=0.02$,底坡 $i_1=0.001$,$i_2=0.005$。求:①各渠段中的正常水深;②各渠段中的临界水深;③判别各渠段的流态。

8.13 有一长直矩形渠道，底宽 $b=5.0\ \text{m}$，糙率 $n=0.017$，均匀流正常水深 $h_0=1.85\ \text{m}$，通过的体积流量 $Q=10\ \text{m}^3/\text{s}$。试分别以临界水深、临界底坡、波速、弗劳德数判别渠中水流是急流还是缓流。

8.14 一矩形断面棱柱体渠道，底宽 $b=4.0\ \text{m}$，底坡 $i=0$，当流量为 $Q=13.6\ \text{m}^3/\text{s}$ 时渠中发生水跃，测得跃前水深 $h_1=0.6\ \text{m}$，试求跃后水深 h_2 及水跃长度 L_j。

8.15 某矩形断面渠道，底坡 $i=0$，底宽 $b=5.0\ \text{m}$，体积流量 $Q=16\ \text{m}^3/\text{s}$。设跃前水深 $h_1=0.6\ \text{m}$，求：①跃后水深 h_2；②水跃长度 L_j；③水跃的能量损失 ΔE 及水跃消能系数 K_j。

8.16 平底矩形断面渠道中发生水跃时，其跃前水深 $h_1=0.3\ \text{m}$，流速 $v_1=15\ \text{m/s}$。求：①水跃跃后水深 h_2 和流速 v_2；②水跃的能量损失 ΔE；③水跃高度 a。

8.17 一矩形断面渠道底宽 $b=5.0\ \text{m}$，底坡 $i=0.005$，分为充分长的两段，糙率分别为 $n_1=0.022\ 5$，$n_2=0.015$，当体积流量为 $Q=5\ \text{m}^3/\text{s}$ 时，试判断两段渠道底坡的性质，并定性绘出水面曲线。

8.18 如图所示，一矩形断面渠道由3段组成：Ⅰ，Ⅲ段为缓坡渠道，Ⅱ段为陡坡渠道，各渠道底宽相同。已知两连接处的水深分别为 $h_A=3.44\ \text{m}$，$h_B=2.94\ \text{m}$，第Ⅲ段下游为均匀流，其水深 $h_0=4\ \text{m}$。

①绘出水面线的示意图，并标明曲线类型；②求渠道的单宽流量 q；③渠中有无水跃存在？如有，则确定跃前断面的位置。

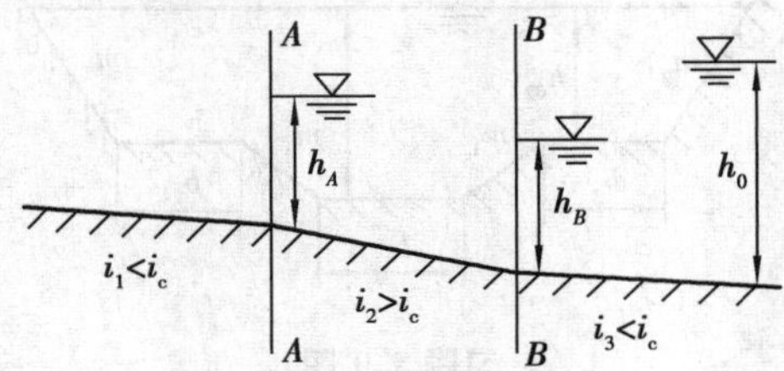

习题 8.18 图

8.19 某水库的溢洪道，根据地形条件采用长度为15 m的平底进口段，下接矩形陡槽，其长度 $L=90.7\ \text{m}$，底坡 $i=0.12$，糙率 $n=0.014$。为了减少开挖量，将陡槽的底宽由24 m逐渐收缩至16 m。当泄流量 $Q=156.8\ \text{m}^3/\text{s}$ 时，试计算陡槽中的水面曲线。

8.20 为实测某小河的糙率 n 值，两测站控制的河段长度为800 m。测得流量 $Q=25\ \text{m}^3/\text{s}$，两测站水位分别为 $z_1=177.5\ \text{m}$，$z_2=177.3\ \text{m}$，过水断面面积为 $A_1=27.2\ \text{m}^2$，$A_1=24.0\ \text{m}^2$，湿周 $\chi_1=11.7\ \text{m}$，$\chi_2=10.6\ \text{m}$，试估算该河段的糙率 n 值。

9 堰流与闸孔出流

工程中常修建水闸或溢流坝等建筑物以控制渠道水位及流量。当这类建筑物顶部闸门部分开启,水流受闸门控制而从建筑物顶部与闸门下缘间的孔口流出时,这种水流状态称为闸孔出流,如图 9.1(a)所示。当顶部闸门完全开启,闸门下缘脱离水面,闸门对水流不起控制作用时,水流从建筑物顶部自由下泄,这种水流状态称为堰流,如图 9.1(b)所示。

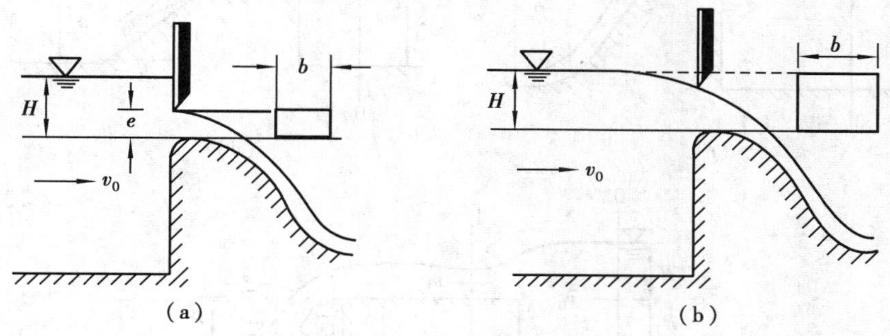

图 9.1　堰流与闸孔出流

堰流和闸孔出流都是因水闸或溢流坝等建筑物壅高了上游水位,在重力作用下形成的水流运动。出流过程是一种势能转化为动能的过程;另外,水流在较短距离内流线发生急剧弯曲,都属于明渠急变流,其出流过程的能量损失主要是局部损失。

堰流和闸孔出流都有自由出流和淹没出流之分。当泄流量不受下游水位影响时,为自由出流;反之,为淹没出流。

9.1　堰流的类型及计算公式

9.1.1　堰流的类型

水利工程中,常根据不同的建筑条件及使用要求,将堰做成不同的类型。例如,溢流坝常用混凝土或石料砌成厚度较大的曲线形状或折线形状;而实验室内使用的量水堰,一般用钢板或木板做成很薄的堰壁。

如图 9.2 所示，水流接近堰顶时，由于流线收缩，流速加大，自由表面逐渐下降。通常，把堰前水面无明显下降的 0—0 断面称为堰前断面；该断面堰顶以上的水深称为堰顶水头，用 H 表示；堰前断面的流速称为行近流速 v_0。根据实测数据，堰前断面距上游堰面的距离为 $l=(3\sim5)H$。

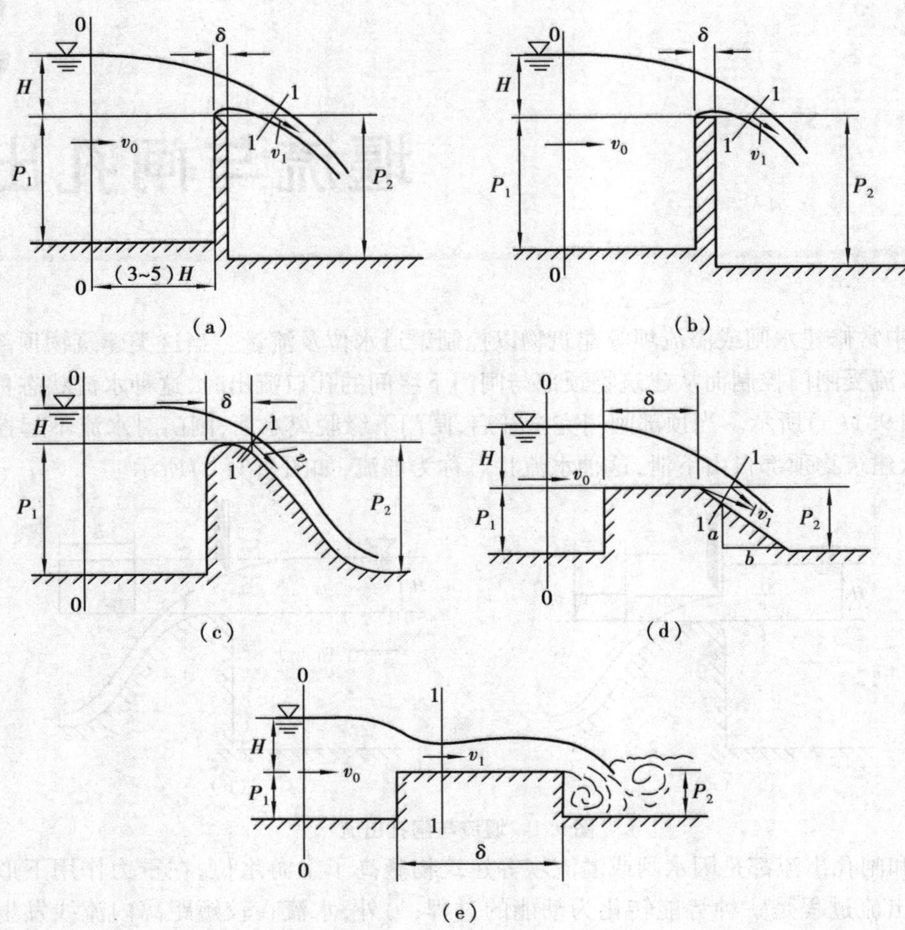

图 9.2　堰流的类型

流过堰顶的水流形态随堰顶厚度 δ 与堰上水头 H 的比值不同而变化，按照 δ/H 的比值范围，将堰流分为薄壁堰流、实用堰流、宽顶堰流 3 种类型。

1) **薄壁堰流** $\delta/H<0.67$

当水流趋向堰壁时，堰顶下泄的水流形如舌状，不受堰顶厚度的影响，这种堰称为薄壁堰。水舌下缘与堰顶只有线接触，水面呈单一的降落曲线，如图 9.2(a) 和图 9.2(b) 所示。

2) **实用堰流** $0.67<\delta/H<2.5$

由于堰顶加厚，水舌下缘与堰顶呈面接触，水舌受到堰顶的约束和顶托。但这种影响不大，越过堰顶的水流主要受重力作用自由跌落。为了减小水流的阻力，某些大型的溢流坝的剖面形状常做成曲线形，使堰面形状尽量与水舌相吻合，称为曲线形实用堰，如图 9.2(c)所示。某些小型的水利工程，为了施工方便常采用折线形实用堰，如图 9.2(d)所示。

3）**宽顶堰流** $2.5<\delta/H<10$

如图 9.2(e)所示，在此条件下，堰顶厚度对水流的顶托作用已经非常明显。进入堰顶的水流，受到堰顶垂直方向的约束，过流断面逐渐减小，流速增大，由于动能增加，势能必然减小，再加上水流进入堰顶时产生的局部能量损失，在进口处形成水面跌落。此后，由于堰顶对水流的顶托作用，有一段水面与堰顶几乎相平行。当 $\delta/H>10$ 以后，堰顶的沿程损失已经不能略去，须按明渠水流考虑。

9.1.2　堰流的计算公式

堰流的计算公式是指矩形薄壁堰、实用堰和宽顶堰均适用的流量公式。以矩形薄壁堰为例推导，如图 9.2(a)所示。列出 0—0，1—1 断面的伯努利方程，其中 0—0 断面为渐变流，1—1 断面由于流线弯曲水流属于急变流，该断面上的测压管水头不为常数，所以用$\overline{z+\dfrac{p}{\rho g}}$表示 1—1 断面上测压管水头的平均值，可得

$$H+\frac{\alpha_0 v_0^2}{2g}=\overline{z+\frac{p}{\rho g}}+\frac{\alpha_1 v_1^2}{2g}+\zeta\frac{v_1^2}{2g}$$

式中　v_0——行近流速；

v_1——1—1 断面的平均流速；

α_0,α_1——0—0，1—1 断面的动能修正系数；

ζ——局部水头损失系数。

令 $H+\dfrac{\alpha_0 v_0^2}{2g}=H_0$，称为堰上总水头；$\overline{z+\dfrac{p}{\rho g}}=\xi H_0$，$\xi$ 为修正系数，则上式可写成

$$H_0-\xi H_0=(\alpha_1+\zeta)\frac{v_1^2}{2g}$$

得到

$$v_1=\frac{1}{\sqrt{\alpha_1+\zeta}}\sqrt{2g(H_0-\xi H_0)}$$

由于堰顶过流断面为矩形，设其宽度为 b，1—1 断面的水舌厚度用 kH_0 表示，k 为与水舌垂向收缩情况有关的系数，则 1—1 断面的过水面积为 kH_0b，通过的流量为

$$\begin{aligned}Q&=kH_0bv_1\\&=kH_0b\frac{1}{\sqrt{\alpha_1+\zeta}}\sqrt{2gH_0(1-\xi)}=\varphi k\sqrt{1-\xi}\,b\sqrt{2g}H_0^{\frac{3}{2}}\end{aligned}$$

式中，$\varphi=\dfrac{1}{\sqrt{\alpha_1+\zeta}}$称为流速系数。

令 $\varphi k\sqrt{1-\xi}=m$，称为堰的流量系数，则

$$Q=mb\sqrt{2g}H_0^{\frac{3}{2}}\tag{9.1}$$

式(9.1)为堰流计算的基本公式。可以看出,过堰的流量与堰上总水头 H_0 的 3/2 次方成正比,即 $Q\propto H_0^{3/2}$。影响流量系数 m 的主要因素是 φ,k,ξ,即 $m=f(\varphi,k,\xi)$。其中,φ 主要是反映了局部水头损失的影响;k 是反映了堰顶水流垂向收缩的程度;ξ 反映了堰顶断面的平均测压管水头与堰上总水头之间的比例关系。这些因素与堰顶水头及堰的边界条件有关,如上游堰高 P_1 及堰顶进口边缘的形状等。因此,不同类型、不同高度的堰,其流量系数各不相同。

在实际应用中,淹没出流的过水能力低于自由出流;有的堰其堰顶的过流宽度小于上游渠道宽度或是堰顶设有边墩及闸墩,都会引起水流的侧向收缩,降低过水能力。而式(9.1)没有包含淹没及侧收缩对过水能力的影响,这些影响将在下面分别讨论每种堰流的水力计算时予以考虑。

9.2 薄壁堰流的水力计算

薄壁堰流由于具有稳定的水头和流量关系,常作为水力模型试验或野外测量的一种有效的量水工具。常用的薄壁堰的堰口形状有矩形和三角形两种。

9.2.1 矩形薄壁堰流

矩形薄壁堰流,如图9.2(a)所示。无侧收缩、自由出流的矩形薄壁堰的流量按式(9.1)计算。这种情况下,水流最稳定,测量精度较高。所以,用来量水的矩形薄壁堰应使上游渠宽与堰宽相同,下游水位低于堰顶。此外,为了保证自由出流,还应该满足以下条件:

①堰顶水头不宜过小,一般应使 $H>0.025$ m,否则溢流水舌受表面张力作用,使得出流不稳定。

②水舌下面的空气应与大气相通,否则溢流水舌把空气带走,压强降低,水舌下面将形成局部真空,会导致出流不稳。

为了能以实测的堰顶水头直接求得流量,将行近流速水头$\dfrac{\alpha_0 v_0^2}{2g}$的影响计入流量系数内,则基本公式可改写为

$$Q=m_0 b\sqrt{2g}H^{\frac{3}{2}} \tag{9.2}$$

式(9.2)中,$m_0=m\left(1+\dfrac{\alpha_0 v_0^2}{2gH}\right)^{\frac{3}{2}}$。

一般而言,m_0 可由下列经验公式计算,得

$$m_0=0.403+0.053\frac{H}{P_1}+\frac{0.0007}{H} \tag{9.3}$$

式中 P_1——上游堰高。

式(9.3)适用于 $H\geqslant 0.025$ m,$\dfrac{H}{P_1}\leqslant 2$ 及 $P_1\geqslant 3$ m 条件下。

9.2.2 三角形薄壁堰流

当所需测量的流量小时,若采用矩形薄壁堰,则堰顶水头很小,量测误差增大。为使小流量保持较大的堰上水头,就要减小堰宽,一般可改用三角形薄壁堰。

设三角形堰的夹角为 θ，堰顶水头为 H，上游堰高为 P_1，如图 9.3 所示。将微小宽度 db 的溢流看成是矩形薄壁堰流，则微小流量的表达式为

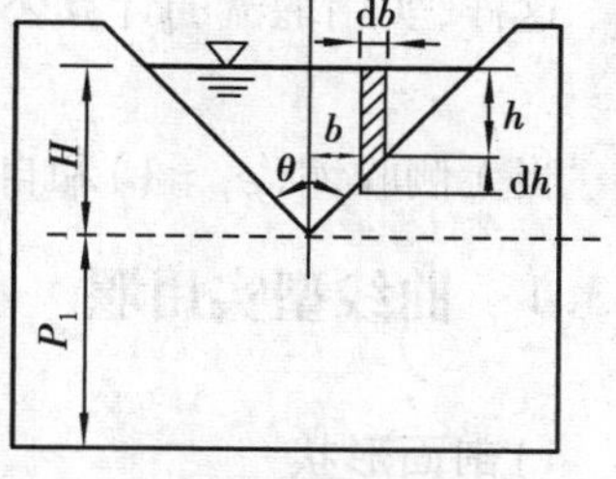

图 9.3 三角形薄壁堰

$$dQ = m_0\sqrt{2g}h^{\frac{3}{2}}db$$

式中 h——db 处的水头。

由几何关系 $b=(H-h)\tan\dfrac{\theta}{2}$，得 $db=-\tan\dfrac{\theta}{2}dh$，代入上式，得

$$dQ = -m_0\tan\frac{\theta}{2}\sqrt{2g}h^{\frac{3}{2}}dh$$

三角形堰流的流量为

$$Q=\int dQ = -m_0\tan\frac{\theta}{2}\sqrt{2g}\int_H^0 h^{\frac{3}{2}}dh=\frac{4}{5}m_0\tan\frac{\theta}{2}\sqrt{2g}H^{\frac{5}{2}}$$

当 $\theta=90°$，$H=0.05\sim0.25$ 时，由实验得到 $m_0=0.395$，所以

$$Q=1.4H^{2.5} \tag{9.4}$$

当 $\theta=90°$，$H=0.25\sim0.55$ 时，另有经验公式

$$Q=1.343H^{2.47} \tag{9.5}$$

9.3 实用堰流的水力计算

实用堰是水利工程中最常见的堰型，其剖面形式大体可分成曲线型和折线型两大类。实用堰的流量计算公式仍然采用式(9.1)。但在实际工程中，实用堰常被闸墩及边墩分隔成为数个等宽的堰孔，如图 9.4 所示。此时，式(9.1)中 $b=nb'$，这里 b' 为单个堰孔的净宽，n 为堰孔数。当仅有边墩而无闸墩存在时，$b=b'$。

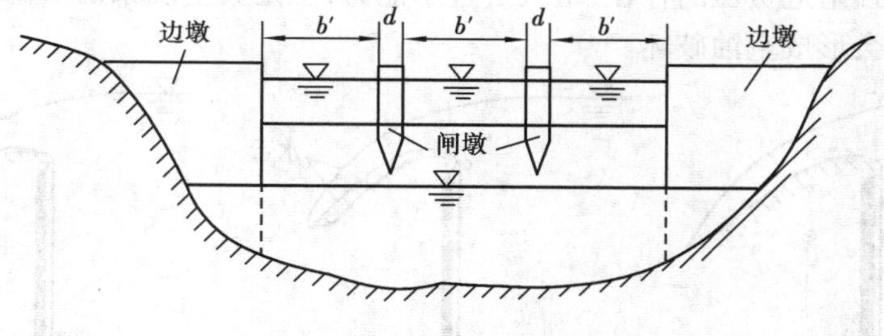

图 9.4 实用堰的横断面

由于边墩或闸墩的存在，水流流经堰孔时发生侧向收缩，减小了溢流宽度，并增加了局部水头损失，使得流经堰的流量相比于无侧收缩时下降。一般在式(9.1)的右端乘以一个小于 1 的系数 ε_1 来表示侧收缩对流量的影响，ε_1 称为侧收缩系数。

实用堰在应用时还可能出现下游水位过高或下游堰高较小，形成淹没出流，导致过水能力下降。也可以在式(9.1)的右端乘以一个小于 1 的系数 σ_s 来表示淹没对泄流量的影响，σ_s 称为淹没系数。

这样，实用堰流的计算公式为

$$Q=\varepsilon_1\sigma_s mnb'\sqrt{2g}H_0^{1.5} \tag{9.6}$$

当无侧收缩（$\varepsilon_1=1$）和自由出流（$\sigma_s=1$）时，式（9.6）变为了式（9.1）。

9.3.1 曲线型实用堰

1）剖面形状

曲线型实用堰比较合理的剖面形状应当符合这些特点：过水能力大，堰面不出现过大的负压以及经济、稳定。

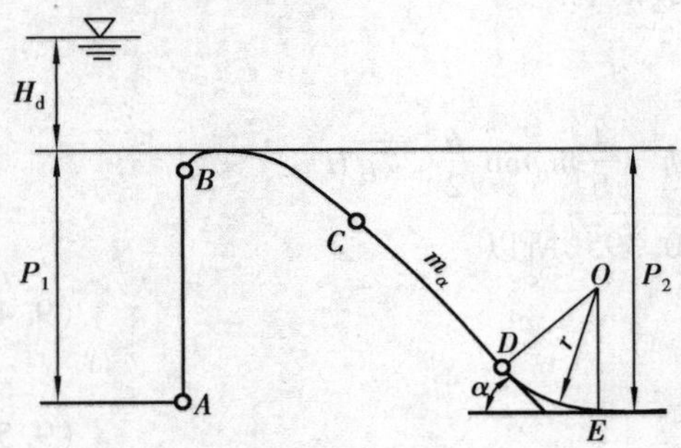

图 9.5　曲线型实用堰的剖面

一般情况下，曲线型实用堰剖面由 4 部分组成，如图 9.5 所示：上游的直线段 AB；堰顶曲线段 BC；坡度为 m_α 的下游直线段 CD；用以和下游河底连接的反弧段 DE。上游直线段 AB 通常作成垂直的，有时也会做成倾斜的。AB 和 CD 的坡度根据坝体的稳定和强度来确定，一般直线 CD 的坡度取 1∶0.65～1∶0.75。反弧段 DE 使得直线 CD 与下游河底平滑连接，避免水流直冲河床。

应注意的是，堰顶曲线 BC 对水流特性的影响最大，是设计曲线型实用堰剖面形状的关键。国内外有很多设计堰剖面形状的方法，主要区别就在于如何确定曲线段 BC。如果曲线 BC 与同样条件下薄壁堰自由出流的水舌下缘相吻合，水流将紧贴堰面下泄，水舌基本不受堰面形状的影响，堰面压力等于大气压，这种情况最为理想，如图 9.6（a）所示。如果堰面曲线“插入”水舌，则堰面将顶托水流，堰面压力大于大气压；堰前总水头中的一部分势能将转换为压能，使得转换为水舌动能的有效水头减小，过水能力会降低，如图 9.6（b）所示。反之，如果堰面低于水舌下缘，溢流水舌将脱离堰顶表面，如图 9.6（c）所示，脱离部分的空气被水流带走形成真空，堰面形成负压；堰顶附近负压的存在，增大了过水能力，但是真空现象是不稳定的，堰面上产生正、负交替的压力会形成空蚀破坏。

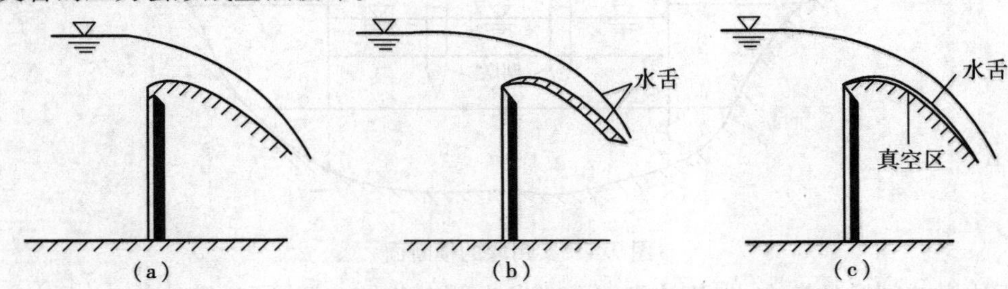

图 9.6　堰顶曲线对水流特性的影响

近年来，我国有很多溢流坝都采用美国陆军工程兵团水道试验站的标准剖面，即 WES 剖面，如图 9.7 所示。该剖面具有便于施工控制、节省工程量、堰面压力分布理想等特点。图中，剖面堰顶 O 点下游曲线的公式为

$$\frac{y}{H_d}=0.5\left(\frac{x}{H_d}\right)^{1.85} \tag{9.7}$$

式中 H_d——不包括行近流速水头的剖面设计水头,简称设计水头。

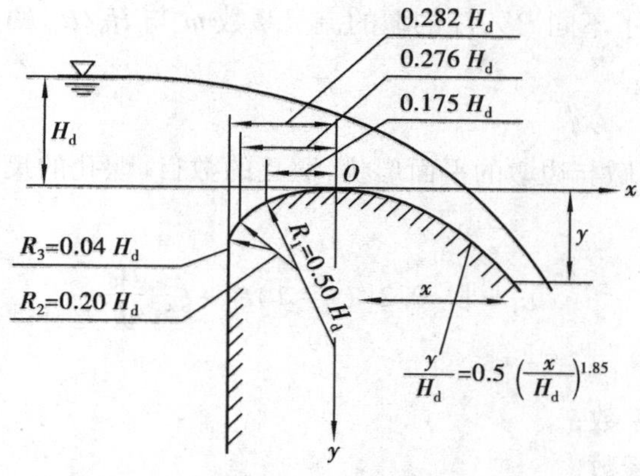

图 9.7 WES 剖面

堰顶 O 点上游曲线采用 3 段圆弧连接,其对应的半径及坐标值如图 9.7 所示。另外,WES 剖面还有两圆弧段的形状。

2)流量系数

曲线型实用堰的流量系数主要取决于上游堰高与设计水头的比值 P_1/H_d、堰上总水头与设计水头的比值 H_0/H_d、堰上游面的坡度。对堰上游垂直的 WES 剖面分析如下:

如果 $P_1/H_d \geqslant 1.33$,称为高堰,在计算中可不计行近流速水头。在高堰条件下,当实际的工作总水头等于设计水头,即 $H_0/H_d=1$ 时,对应的流量系数称为设计流量系数 m_d,$m_d=0.502$;当 $H_0/H_d<1$ 时,$m<m_d$;当 $H_0/H_d>1$ 时,$m>m_d$。图 9.8 中曲线(a)给出了高堰的流量系数 m 与 H_0/H_d 的关系。

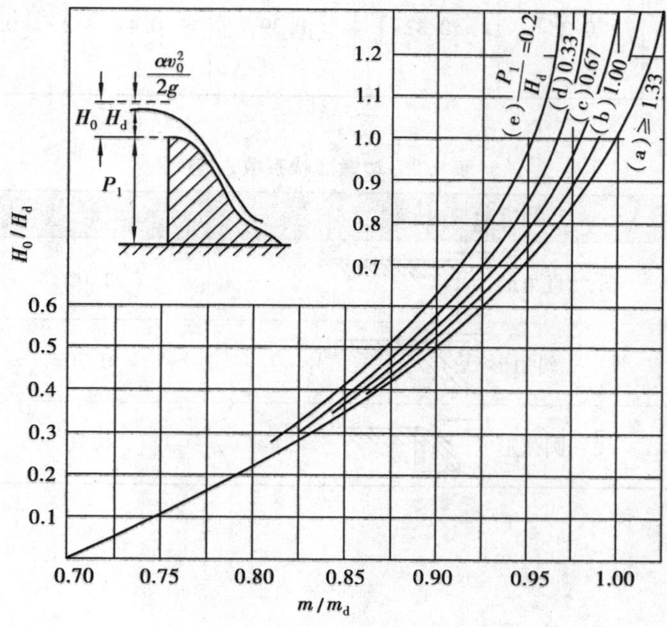

图 9.8 曲线型实用堰的流量系数

如果 $P_1/H_d<1.33$，行近流速加大，流量系数 m 随着 P_1/H_d 的减小而减小。图中曲线(b),(c),(d),(e)给出了不同 P_1/H_d 的堰的流量系数 m 与 H_0/H_d 的关系。

3)侧收缩系数

侧收缩系数 ε_1 和闸墩与边墩的平面形状、堰孔的数目、堰孔的尺寸及总水头 H_0 等有关，常用的经验公式为

$$\varepsilon_1=1-0.2[(n-1)\xi_0+\xi_k]\frac{H_0}{nb'} \tag{9.8}$$

式中 n——堰孔数；

ξ_0——闸墩形状系数；

ξ_k——边墩形状系数。

ξ_0 和 ξ_k 的值各按闸墩和边墩头部的平面形状由表 9.1 和表 9.2 查得。

表 9.1　闸墩形状系数 ξ_0 值

闸墩头部平面形状	$h_s/H_0\leq$ 0.75	$h_s/H_0=$ 0.80	$h_s/H_0=$ 0.85	$h_s/H_0=$ 0.90	$h_s/H_0=$ 0.95	附　注
矩形	0.80	0.86	0.92	0.98	1.00	①h_s为下游水面高出堰顶的高度；②闸墩尾部形状与头部相同；③顶端与上游壁面齐平
θ $\theta=90°$	0.45	0.51	0.57	0.63	0.69	
r d $r=\frac{d}{2}$	0.45	0.51	0.57	0.63	0.69	
1.21d d r=1.71d	0.25	0.32	0.39	0.46	0.53	

表 9.2　边墩形状系数 ξ_k 值

边墩平面形状	ξ_k
直角形	1.00
斜角形 45°	0.70
圆弧形 r	0.70

4)淹没系数

当下游水位高过堰顶至某一范围(对 WES 剖面，$h_s/H_0>0.15$，h_s 为从堰顶算起的下游水深)时，堰下游形成淹没水跃，邻近堰顶的下游水位高于堰顶，过堰水流受到下游水位的顶托，

降低了过水能力，形成淹没出流，如图9.9所示。

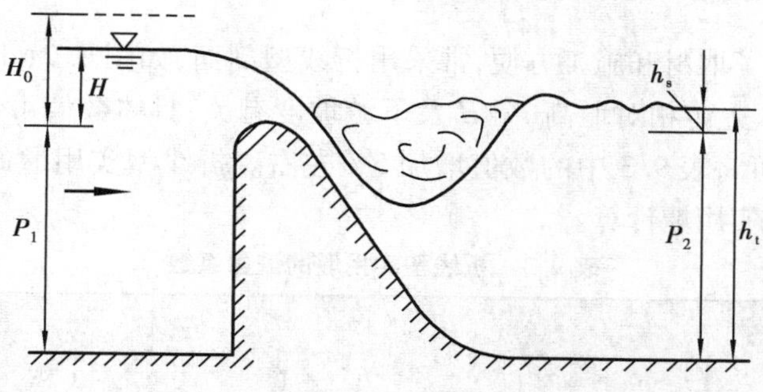

图9.9　淹没出流

实验表明，淹没系数 σ_s 与下游堰高的相对值 P_2/H_0 和反映淹没程度的 h_s/H_0 值有关，可直接查图9.10找到WES剖面的淹没系数 σ_s。另外，从图9.9中可以看出，当 $h_s/H_0 \leqslant 0.15$ 及 $P_2/H_0 \geqslant 2$ 时，$\sigma_s=1$，为自由出流。

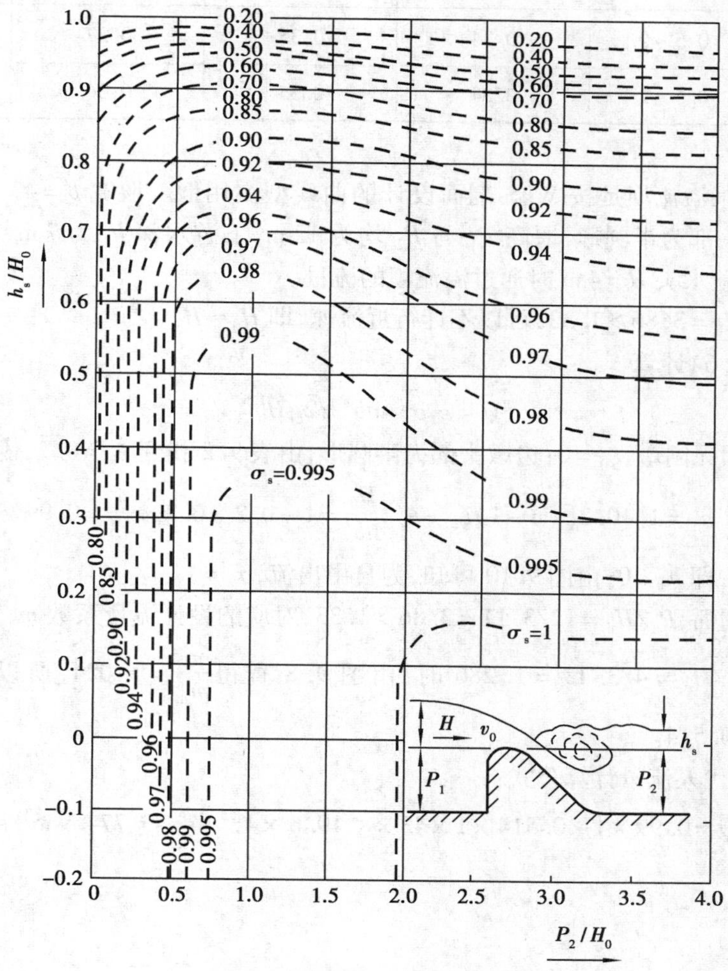

图9.10　WES剖面实用堰的淹没系数 σ_s

9.3.2 折线型实用堰

小型水利工程为了取材和施工方便,常采用折线型剖面,如图 9.2(d)所示。其流量系数与堰顶相对厚度 δ/H、上游相对堰高 P_1/H 及下游坡度有关,具体数值可参照表 9.3。当堰角修圆后,其流量系数可将表 9.3 中的数值增加 5% 左右。折线型实用堰的侧收缩系数和淹没系数可近似按曲线型实用堰计算。

表 9.3 折线型实用堰的流量系数

下游坡度 $a:b$	P_1/H	δ/H			
		2.0	1.0	0.75	0.5
1:1	2~3	0.33	0.37	0.42	0.46
1:2	2~3	0.33	0.36	0.40	0.42
1:3	0.5~2	0.34	0.36	0.40	0.42
1:5	0.5~2	0.34	0.35	0.37	0.38
1:10	0.5~2	0.34	0.35	0.36	0.36

【例 9.1】 某溢流坝是按 WES 剖面设计的曲线型实用堰。堰宽 $b=43$ m,堰孔数 $n=1$(无闸墩),边墩头部为半圆形,堰高 P_1 与 P_2 均为 12 m,下游水深 h_t 为 7 m,设计水头 H_d 为 3.11 m。试求堰顶水头 $H=4$ m 时通过溢流坝的流量。

【解】 $P_1/H_d=3.86>1.33$,可以不计行近流速,即 $H_0\approx H$。

流量按式(9.6)计算

$$Q=\varepsilon_1\sigma_s mnb'\sqrt{2g}H_0^{1.5}$$

根据题意,因无闸墩,$\xi_0=0$;边墩头部为半圆形,由表 9.2 找到 $\xi_k=0.7$,代入式(9.8),有

$$\varepsilon_1=1-0.2[(n-1)\xi_0+\xi_k]\frac{H_0}{nb'}=1-0.2\times0.7\times\frac{4}{43}=0.99$$

因为 $h_t<P_2$,即 $h_s<0$,由图 9.10 可知,为自由出流,$\sigma_s=1$。

对于 WES 剖面,$P_1/H_d=12/3.11=3.86>1.33$,对应的设计流量系数 $m_d=0.502$;当实际水头 $H=4$ m,$H_0/H_d=4/3.11=1.286$ 时,由图 9.8 查得 $\frac{m}{m_d}=1.024$,所以流量系数 $m=0.502\times1.024=0.514$。

将以上参数代入流量计算公式:

$$Q=0.99\times1\times0.514\times1\times43\times\sqrt{19.6}\times4^{1.5}\ \mathrm{m^3/s}=774.9\ \mathrm{m^3/s}$$

9.4 宽顶堰流的水力计算

9.4.1 宽顶堰的堰顶水深

宽顶堰在自由出流情况下，水流在进口附近有收缩现象，如图 9.11 中收缩断面 c—c。水位在收缩断面以后略有回升，并在堰顶上部形成近似水平的流段。

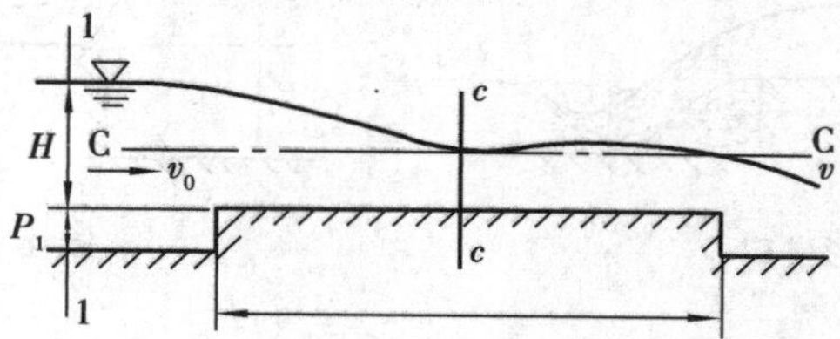

图 9.11 宽顶堰流

关于宽顶堰自由出流时的堰顶水深，可用巴赫米切夫（Ъахметев）理论分析。巴赫米切夫最小理论假设：万物在重力场作用下，总要跌落到能量最小的地方。堰流也一样，在堰顶具有最小能量。当堰顶为水平时，单位机械能就是断面单位能量，最小单位能量时的水深就是临界水深 h_c，即堰上收缩断面水深等于临界水深 h_c。

列断面 1—1，c—c 的伯努利方程：

$$H+\frac{\alpha_0 v_0^2}{2g}=h_c+\frac{\alpha_c v_c^2}{2g}+\zeta\frac{v_c^2}{2g} \tag{9.9}$$

令流速系数 $\varphi=\dfrac{1}{\sqrt{\alpha_c+\zeta}}$，设 $\alpha_c=1$，则局部水头损失系数 $\zeta=\dfrac{1}{\varphi^2}-1$。又有临界水深与临界流速的关系为 $h_c=2\dfrac{v_c^2}{2g}$。将 ζ 和 h_c 的关系式代入式(9.9)，得

$$H_0=H+\frac{\alpha_0 v_0^2}{2g}=h_c+\frac{1}{2}h_c+\left(\frac{1}{\varphi^2}-1\right)\times\frac{1}{2}h_c$$

整理后得到堰顶水深

$$h=h_c=\frac{2\varphi^2}{1+2\varphi^2}H_0 \tag{9.10}$$

如不计阻力，$\varphi=1$，则 $h=h_c=\dfrac{2}{3}H_0$；如果考虑了水流阻力，则 $\varphi<1$，堰顶水深略小于 $\dfrac{2}{3}H_0$。

9.4.2 流量系数和侧收缩系数

1）流量系数

宽顶堰流的流量计算仍然采用式(9.6)，其流量系数 m 决定于堰顶的进口形式和上游堰高的相对值 P_1/H，可用下列经验公式计算。

直角形进口,如图 9.12 所示。

$$m = 0.32 + 0.01\frac{3 - \dfrac{P_1}{H}}{0.46 + \dfrac{0.75P_1}{H}} \tag{9.11}$$

适用于 $0 \leqslant P_1/H \leqslant 3$,当 $P_1/H > 3$ 时,m 可视为常数,$m = 0.32$。

圆弧形进口,如图 9.13 所示。

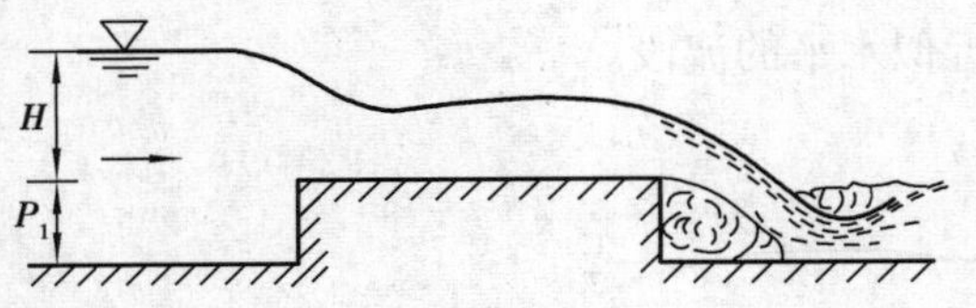

图 9.12　直角形进口

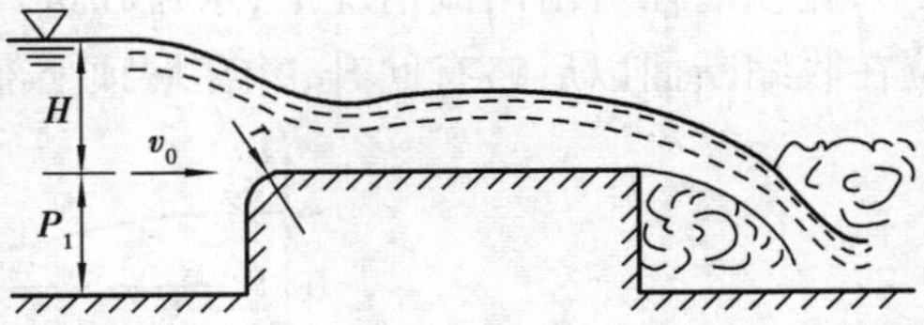

图 9.13　圆弧形进口

$$m = 0.36 + 0.01\frac{3 - \dfrac{P_1}{H}}{1.2 + \dfrac{1.5P_1}{H}} \tag{9.12}$$

适用于 $0 \leqslant P_1/H \leqslant 3$,当 $P_1/H > 3$ 时,m 可视为常数,$m = 0.36$。

上游堰面倾斜时,流量系数值可根据 P_1/H 及上游堰面倾角 θ,由表 9.4 查得。

表 9.4　上游面倾斜的宽顶堰的流量系数 m 值

P_1/H \ $\cot\theta$	0.5	1.0	1.5	2.0	≥2.5
0.0	0.385	0.385	0.385	0.385	0.385
0.2	0.372	0.377	0.380	0.382	0.382
0.4	0.365	0.373	0.377	0.380	0.381
0.6	0.361	0.370	0.376	0.379	0.380
0.8	0.357	0.368	0.375	0.378	0.379
1.0	0.355	0.367	0.374	0.377	0.378
2.0	0.349	0.363	0.371	0.375	0.377
4.0	0.345	0.361	0.370	0.374	0.376
6.0	0.344	0.360	0.369	0.374	0.376
8.0	0.343	0.360	0.369	0.374	0.376

宽顶堰的流量系数在 0.32 ~ 0.385 变化,当 $P_1/H = 0$ 时,由式(9.11)和式(9.12)及上表得到的 m 值均为 0.385,即为宽顶堰的最大流量系数值。

2)侧收缩系数

反映闸墩及边墩对宽顶堰流影响的侧收缩系数 ε_1 用下面的经验公式:

$$\varepsilon_1 = 1 - \frac{\alpha_0}{\sqrt[3]{0.2 + \frac{P_1}{H}}} \sqrt[4]{\frac{b}{B}} \left(1 - \frac{b}{B}\right) \tag{9.13}$$

式中 α_0——考虑墩头及堰顶入口形状的系数。当墩头为矩形,堰顶为直角入口边缘时,$\alpha_0 = 0.19$,当墩头为圆弧形,堰顶入口边缘为直角或圆弧形时,$\alpha_0 = 0.10$;

B——上游渠道宽度;

b——溢流孔净宽。

式(9.13)的应用条件为:$b/B > 0.2$,$P_1/H < 3$。当 $b/B < 0.2$ 时,应采用 $b/B = 0.2$;当 $P_1/H > 3$时,应采用 $P_1/H = 3$。

对于单孔宽顶堰(即无闸墩),式(9.13)中的 b 用两边墩间的宽度;B 采用的是堰上游的水面宽度。

对于多孔宽顶堰(有闸墩和边墩),侧收缩系数 ε_1 应取边孔及中孔的加权平均值

$$\overline{\varepsilon}_1 = \frac{(n-1)\varepsilon'_1 + \varepsilon''_1}{n} \tag{9.14}$$

式中 n——孔数;

ε'_1——中孔侧收缩系数,按式(9.13)计算,可取:$b = b'$,b'为单孔净宽;

d——闸墩厚,$B = b' + d$;

ε''_1——边孔侧收缩系数,按式(9.13)计算,可取:$b = b'$,b'为边孔净宽;

9.4.3 淹没系数

当下游水位较低,宽顶堰为自由出流时,进入堰顶的水流在进口附近水面跌落,并形成收缩断面,收缩断面水深 h_{c0}略小于 h_c,而形成急流,如图 9.14(a)所示。收缩断面以后,如果宽顶堰厚度足够长,堰顶水面将近似水平,堰顶水深 $h \approx h_c$。随着下游水位的上升,当 h_s 略大于 h_c 时,如图 9.14(b)所示,堰顶出现波状水跃,波状水跃在收缩断面之后的水深略大于 h_c,但收缩断面仍为急流,下游水位不会影响堰的泄流量,仍为自由出流。水跃位置随着下游水位的升高而向上游移动。

当水跃移动到一定位置后,收缩断面被淹没,整个堰顶变为了缓流,形成了淹没出流,如图 9.14(c)所示。淹没出流时 $h_s > h_c$,而由式(9.10),$h_c \approx \frac{2}{3}H_0 = 0.67H_0$,所以,相对比值 $h_s/H_0 > h_c/H_0 \approx 0.67$ 才有可能淹没。据实验,宽顶堰的淹没条件为

$$h_s > 0.8H_0 \tag{9.15}$$

宽顶堰的淹没系数 σ_s 随相对淹没度 h_s/H_0 的增大而减小,下表为实验得到的淹没系数值。

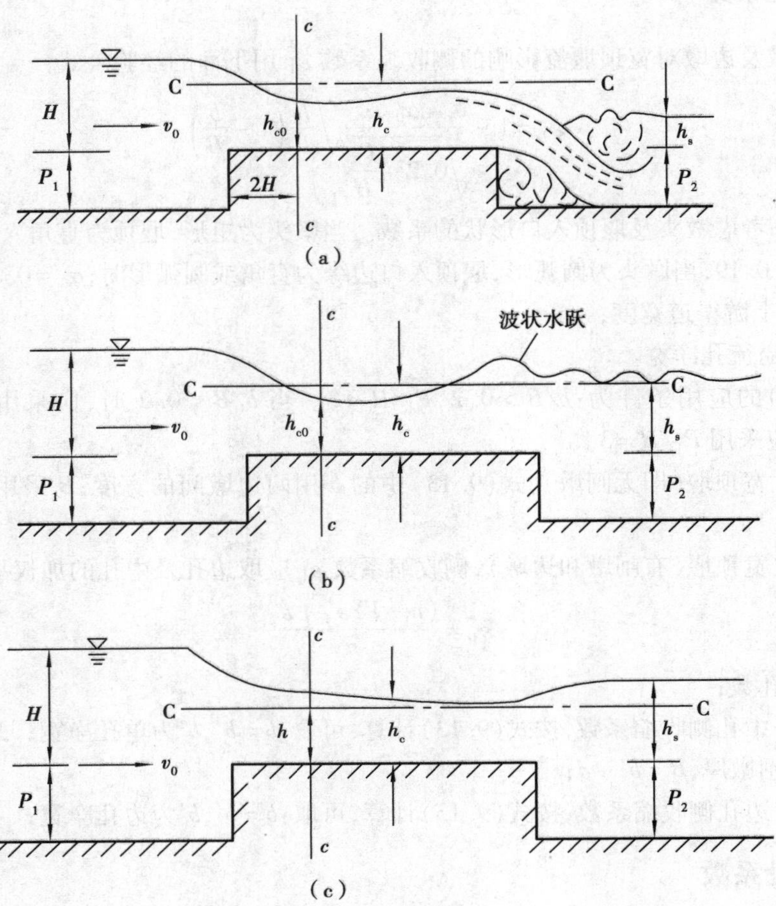

图 9.14　淹没出流

表 9.5　宽顶堰淹没系数 σ_s 值

h_s/H_0	0.80	0.81	0.82	0.83	0.84	0.85	0.86	0.87	0.88	0.89
σ_s	1.00	0.995	0.99	0.98	0.97	0.96	0.95	0.93	0.90	0.87
h_s/H_0	0.90	0.91	0.92	0.93	0.94	0.95	0.96	0.97	0.98	
σ_s	0.84	0.81	0.78	0.74	0.70	0.65	0.59	0.50	0.40	

【例 9.2】　拟在某拦河坝上游设置一灌溉进水闸，如图 9.15 所示。已知，进闸流量 Q 为 41 m^3/s，引水角 $\theta=45°$，闸下游渠道中水深 $h_t=2.5$ m，闸前水头 $H=2$ m，闸孔数 $n=3$，边墩进口处为圆弧形，闸墩头部为半圆形，闸墩厚 $d=1$ m，边墩厚 $\Delta=0.8$ m，闸底坎进口为圆弧形，坎长 $\delta=6$ m，上游坎高 $P_1=7$ m，下游坎高 $P_2=0.7$ m，拦河坝前河中水流速度 $v_0=1.6$ m/s。求所需的堰孔的净宽。

【解】　$\delta/H=6/2=3$，应为 $2.5<\delta/H<10$，故闸孔全开时为宽顶堰流，流量计算公式为

$$Q=\bar{\varepsilon}_1\sigma_s mnb'\sqrt{2g}H_0^{\frac{3}{2}}$$

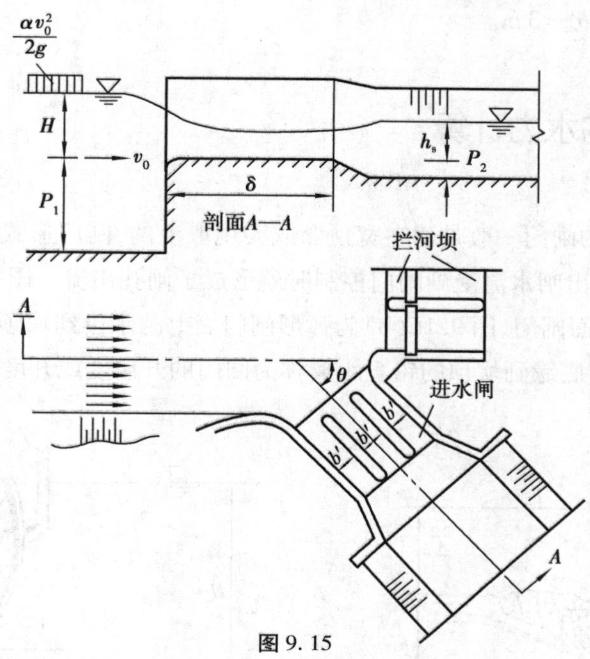

图 9.15

现分别计算式中的各项：

①闸前总水头 H_0：由于行近流速的方向与进水闸轴线夹角 $\theta=45°$，所以

$$H_0=H+\frac{\alpha_0 v_0^2}{2g}\cos\theta=\left(2+\frac{1\times1.6^2}{19.6}\cos 45°\right)\text{m}=2.1\text{ m}$$

②流量系数 m：当 $P_1/H=7/2=3.5$ 时，堰顶入口为圆弧形时，流量系数 $m=0.36$。

③淹没系数 σ_s：

由于 $h_s=h_t-P_2=(2.5-0.7)\text{ m}=1.8\text{ m}$，$0.8H_0=0.8\times2.1\text{ m}=1.68\text{ m}$，则 $h_s>0.8H_0$，为淹没出流。根据 $h_s/H_0=1.8/2.1=0.857$，从表 9.5 查得 $\sigma_s=0.953$。

④侧收缩系数 $\bar{\varepsilon}_1$：

中孔侧收缩系数：

$$\varepsilon'_1=1-\frac{\alpha_0}{\sqrt[3]{0.2+P_1/H}}\sqrt[4]{\frac{b'}{b'+d}}\left(1-\frac{b'}{b'+d}\right)=1-\frac{0.1}{\sqrt[3]{0.2+\frac{7}{2}}}\sqrt[4]{\frac{b'}{b'+1}}\left(1-\frac{b'}{b'+1}\right)$$

边孔侧收缩系数：

$$\varepsilon''_1=1-\frac{0.1}{\sqrt[3]{0.2+\frac{7}{2}}}\sqrt[4]{\frac{b'}{b'+2\times0.8}}\left(1-\frac{b'}{b'+2\times0.8}\right)$$

因为 b' 未知，须用试算法。设 $nb'=9\text{ m}$，则 $b'=9/3\text{ m}=3\text{ m}$，代入上面两式中，算出 $\varepsilon'_1=0.985$，$\varepsilon''_1=0.980$，从而得到侧收缩系数 $\bar{\varepsilon}_1=\frac{(3-1)\times0.985+0.98}{3}=0.983$。

将上述各量代入流量计算公式，得

$$Q=0.983\times0.953\times0.36\times3\times3\times\sqrt{19.6}\times2.1^{1.5}\text{ m}^3/\text{s}=41\text{ m}^3/\text{s}$$

计算出的流量恰好与已知流量相等，那么所假设的 nb' 即为所求，故所需的堰孔净宽 $b=$

9 m,分 3 孔,每孔净宽 $b'=3$ m。

9.5　闸孔出流的水力计算

实际水利工程中的闸门一般是建在宽顶堰或实用堰上的,闸门形式主要有平面和弧形两种。当闸门部分开启,出闸水流受到闸门控制时就形成了闸孔出流。图 9.16 为宽顶堰上闸孔出流,图 9.16(a)为平面闸门,图 9.16(b)为弧形闸门。上游水位到坎顶的铅直距离称为闸前水头,用 H 表示。闸门底缘到坎顶的铅直距离称为闸门的开启度或开度,用 e 表示。

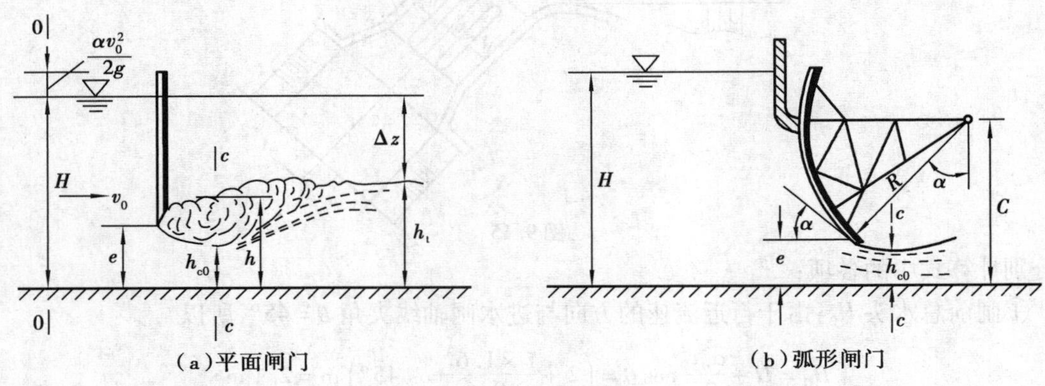

图 9.16　宽顶堰上闸孔出流

根据实验,宽顶堰和实用堰上形成堰流或闸孔出流的界限大致为:

①宽顶堰:$e/H \geqslant 0.65$ 为堰流;$e/H<0.65$ 为闸孔出流;

②实用堰:$e/H \geqslant 0.75$ 为堰流;$e/H<0.75$ 为闸孔出流。

闸孔出流的基本原理与第 4 章中的孔口出流的基本原理是一致的,但闸孔的流量系数除了与上、下游水位有关外,还取决于闸底坎(堰顶)与闸门的形式和尺寸,因此更加复杂多变。

闸孔出流水力计算的主要任务是在一定闸前水头下,计算不同闸孔开度时的泄流量,或根据已知的泄流量求所需的闸孔宽度 b。下面就不同形式的闸底坎的水力计算分别进行讨论。

9.5.1　底坎为宽顶堰型的闸孔出流

当水流行近闸孔时,在闸门的约束下流线发生急剧弯曲;出闸后,流线继续收缩,并约在闸门下游$(0.5\sim1)e$处出现水深最小的收缩断面,收缩断面处水深为 h_{c0}。收缩断面的水深一般小于临界水深 h_c,水流为急流状态,而闸后渠道中的下游水深 h_t 一般大于临界水深,水流为缓流状态。由第 8 章可知,水流从急流到缓流时,要发生水跃,水跃位置随下游水深 h_t 而变。闸孔出流受水跃位置的影响可分为自由出流及淹没出流两种。

图 9.16(a)为宽顶堰上闸孔的自由出流,闸后的水跃发生在收缩断面下游,此时下游水深的大小不影响闸孔出流。写出闸前断面 0—0 和收缩断面 c—c 的能量方程:

$$H+\frac{\alpha_0 v_0^2}{2g}=h_{c0}+\frac{\alpha_c v_{c0}^2}{2g}+h_w$$

令 $H+\frac{\alpha_0 v_0^2}{2g}=H_0$,称为闸前总水头,$h_w=\zeta\frac{v_0^2}{2g}$,则

$$H_0=h_{c0}+(\alpha_c+\zeta)\frac{v_{c0}^2}{2g}$$

整理得

$$v_{c0}=\frac{1}{\sqrt{\alpha_c+\zeta}}\sqrt{2g(H_0-h_{c0})}$$

令 $\varphi=\frac{1}{\sqrt{\alpha_c+\zeta}}$,称为流速系数,于是

$$v_{c0}=\varphi\sqrt{2g(H_0-h_{c0})}$$

收缩断面水深 h_{c0} 可表示为闸孔开度 e 与垂向收缩系数 ε_2 的乘积,即

$$h_{c0}=\varepsilon_2 e$$

因此,收缩断面的平均流速

$$v_{c0}=\varphi\sqrt{2g(H_0-\varepsilon_2 e)}$$

当断面为矩形时,$A_c=Bh_{c0}$,于是

$$Q=\varphi\varepsilon_2 eB\sqrt{2g(H_0-\varepsilon_2 e)}=\mu eB\sqrt{2g(H_0-\varepsilon_2 e)} \tag{9.16}$$

式中 μ——流量系数,$\mu=\varphi\varepsilon_2$。

为了便于实际应用,式(9.16)可化为更简单的形式

$$Q=\varphi\varepsilon_2 eB\sqrt{2gH_0\left(1-\varepsilon_2\frac{e}{H_0}\right)}=\mu_1 eB\sqrt{2gH_0} \tag{9.17}$$

式中 μ_1——流量系数,$\mu_1=\varphi\varepsilon_2\sqrt{1-\varepsilon_2\frac{e}{H_0}}$。

式(9.16)和式(9.17)均为宽顶堰型闸孔自由出流的计算公式,式(9.17)形式更为简单,便于计算。下面对式中的流量系数 μ_1 进行讨论。

由 μ_1 的表达式可知其主要的影响因素有 φ,ε_2,e。其中,流速系数 $\varphi=1/\sqrt{\alpha_c+\zeta}$,反映闸前断面到收缩断面的局部水头损失和收缩断面流速分布不均匀的影响。φ 值主要取决于闸孔的边界条件,如闸底坎的形式、闸门的类型等,可用表9.6查取。对坎高为零的宽顶堰型闸孔,取 $\varphi=0.95\sim1$;对于有底坎的宽顶堰型闸孔,取 $\varphi=0.85\sim0.95$。垂向收缩系数 ε_2 反映水流经闸孔时流线的收缩程度,与闸孔入口的边界条件及闸孔的相对开度 e/H 有关。儒可夫斯基用理论方法,求得在无侧收缩的条件下锐缘平面闸门的垂向收缩系数与相对开度之间的关系,见表9.7。当闸门底部不是锐缘,而是其他形式,其垂向收缩系数 ε_2 另有公式确定,可参考相关资料。

表9.6 流速系数 φ 值

序号	建筑物泄流方式	图形	φ
1	堰顶有闸门的曲线实用堰		0.85～0.95
2	无闸门的曲线实用堰：①溢流面长度较短 ②溢流面长度中等 ③溢流面较长		1.00 0.95 0.90
3	平板闸门下底孔出流		0.97～1.00
4	折线实用断面(多边形断面)堰		0.80～0.90

表9.7 锐缘平面闸门的垂向收缩系数 ε_2

e/H	0.10	0.15	0.20	0.25	0.30	0.35	0.40
ε_2	0.615	0.618	0.620	0.622	0.625	0.628	0.630
e/H	0.45	0.50	0.55	0.60	0.65	0.70	0.75
ε_2	0.638	0.645	0.650	0.660	0.675	0.690	0.705

综上所述，闸孔出流的流量系数应决定于闸底坎的形式、闸门的类型和闸孔的相对开度。

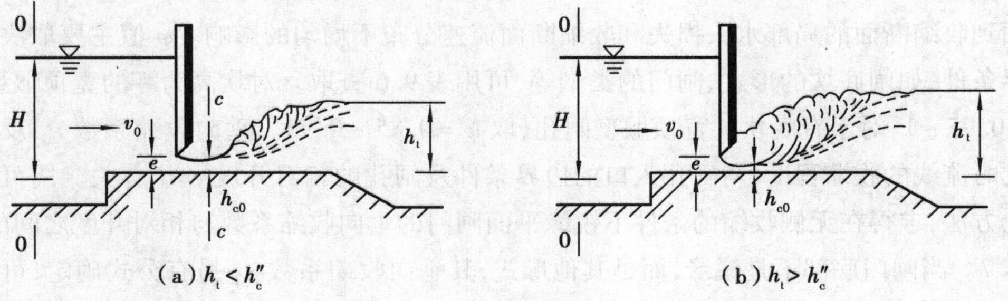

(a) $h_t < h_c''$　(b) $h_t > h_c''$

图9.17 宽顶堰上的闸孔自由出流和淹没出流

闸孔淹没出流的流态是在闸孔下游收缩断面被淹没，或在闸孔下游收缩断面发生了淹没水跃,如图9.17(b)所示。此时,通过闸孔的流量随下游水深 h_t 的增大而减小。与自由出流相比,有效水头由 (H_0-h_{c0}) 变为 (H_0-h_t),其流量公式变为:

$$Q=\mu eB\sqrt{2g(H_0-h_t)} \tag{9.18}$$

式中 μ——淹没出流的流量系数,由实验确定,其值为0.65~0.70。

9.5.2 底坎为实用堰型的闸孔出流

图9.18为实用堰顶闸孔自由出流。流量计算公式仍可用式(9.17),但由于边界条件不同,它们的流量系数也不相同。

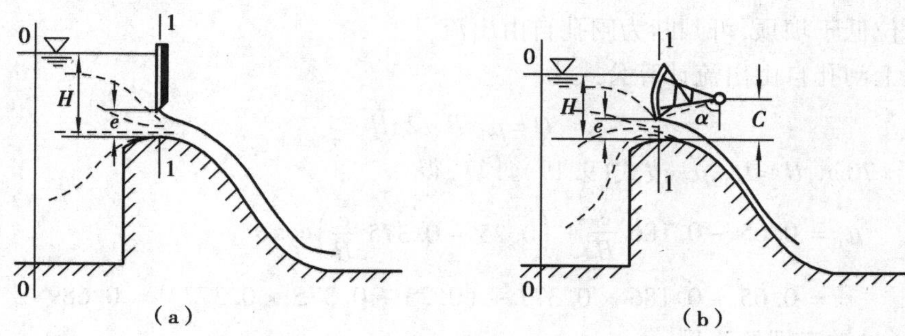

图9.18 实用堰上的闸孔出流

水流在实用堰上的闸孔前具有上、下两个方向的垂向收缩,因此,影响流量系数的因素更加复杂。实验表明,影响曲线型实用堰顶闸孔出流流量的因素包括:闸门的类型、闸孔的相对开度、闸门的位置、堰剖面曲线的形状等。对平面闸门还应包括闸门底部的外形,其中闸门的类型和闸孔的相对开度的影响是目前为止研究最多的。

对于平面闸门

$$\mu_1=0.65-0.186\frac{e}{H}+\left(0.25-0.375\frac{e}{H}\right)\cos\theta \tag{9.19}$$

式(9.19)中,θ 值如图9.19所示。

当下游水位超过实用堰的堰顶时,形成淹没出流。而在实际工程中,这种情况十分少见。

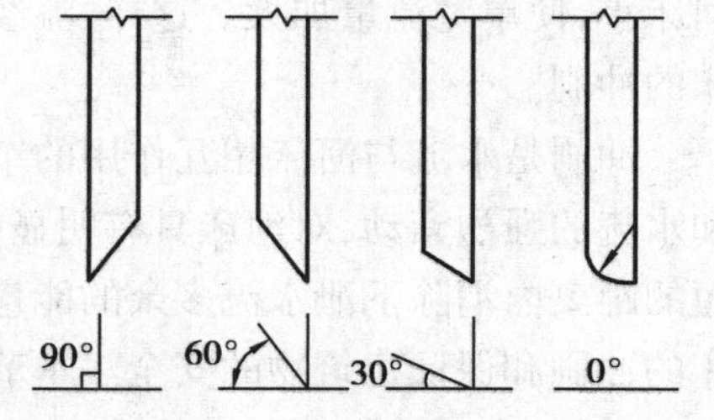

图9.19 θ 的取值

【例9.3】 在渠道中修建一宽 $B=3.0$ m 的宽顶堰,用门底为锐缘的平面闸门控制流量。当闸门的开启度 $e=0.70$ m时,闸前水深 $H=2.0$ m,闸孔上游行近流速 $v_0=0.75$ m/s。水流为自由出流。求通过闸孔的流量 Q。

【解】 由 $e/H=0.35<0.65$ 知,本题为宽顶堰型闸孔自由出流。可用式(9.16)或式(9.17)计算流量。由表9.7查得垂向收缩系数 $\varepsilon_2=0.628$,宽顶堰型闸孔 $\varphi=0.95$,于是 $\mu=\varepsilon_2\varphi=0.60$。

闸前总水头

$$H_0=H+\frac{\alpha_0 v_0^2}{2g}=\left(2+\frac{1\times0.75^2}{2\times9.8}\right)\text{ m}=2.03\text{ m}$$

流量为

$$
\begin{aligned}
Q &= \mu eB\sqrt{2g(H_0-\varepsilon_2 e)}\\
&= 0.60\times 0.70\times 3.0\times\sqrt{2\times 9.8\times(2.03-0.628\times 0.70)}\ \mathrm{m^3/s}\\
&= 7.04\ \mathrm{m^3/s}
\end{aligned}
$$

【例 9.4】 某水库为实用堰式溢流坝，共 7 孔，每孔宽 10 m。坝顶高程为 43.36 m，坝顶设平面闸门控制流量，闸门上游面底部切线与水平线夹角 $\theta=0°$。水库水位为 50 m，闸门开启度 $e=2.5$ m，下游水位低于坝顶，不计行近流速，求通过溢流坝的流量 Q。

【解】 闸门开启度 $e=2.5$ m，闸前水头 $H=(50-43.36)\ \mathrm{m}=6.64$ m，$e/H=0.377<0.75$，由于下游水位低于坝顶，可判断为闸孔自由出流。

实用堰上闸孔自由出流计算公式为

$$Q=\mu_1 eB\sqrt{2gH_0}$$

这里 $B=70$ m，$H\approx H_0$，μ_1 按式(9.19)计算，得

$$
\begin{aligned}
\mu_1 &= 0.65-0.186\frac{e}{H}+\left(0.25-0.375\frac{e}{H}\right)\cos\theta\\
&= 0.65-0.186\times 0.377+(0.25-0.375\times 0.377)=0.689
\end{aligned}
$$

因此，通过溢流坝的流量

$$Q=0.689\times 2.5\times 70\times\sqrt{2\times 9.8\times 6.64}\ \mathrm{m^3/s}=1\,376\ \mathrm{m^3/s}$$

9.6 泄水建筑物下游的水流衔接与消能

在河道上修建闸、坝等水工建筑物后，抬高了水位，使势能增加。当建筑物泄水时，势能转化为动能，再加上为了降低工程造价或工程布置的要求，往往要求这类建筑物的泄水宽度比原河床小，使单宽流量加大。这样，流经泄水建筑物下泄的水流具有很高的动能，会引起下游河床的冲刷。

冲刷是水流与河床相互作用的结果。如果不采取适当的措施，下泄水流巨大的冲刷作用和水流的强烈紊动，对河床具有明显的破坏能力。为此，必须采用有效的工程措施，在尽可能短的距离内消除下泄水流多余的能量，使上游来流平稳地与下游水流衔接起来，从而减少对河床的冲刷和保证建筑物的安全。本节将要讨论泄水建筑物下游的水流衔接与消能问题。

目前，常用的衔接与消能措施主要有 3 种类型：

1) 底流消能

建筑物下泄水流多为急流，当下游渠道中水流为缓流时，急流向缓流过渡必然发生水跃。底流消能就是在建筑物下游采取一定的工程措施，控制水跃的发生位置，通过水跃产生的表面旋滚的强烈紊动以达到消能的目的。这种衔接形式由于主流位于渠道的底部，故称为底流消能，如图 9.20 所示。

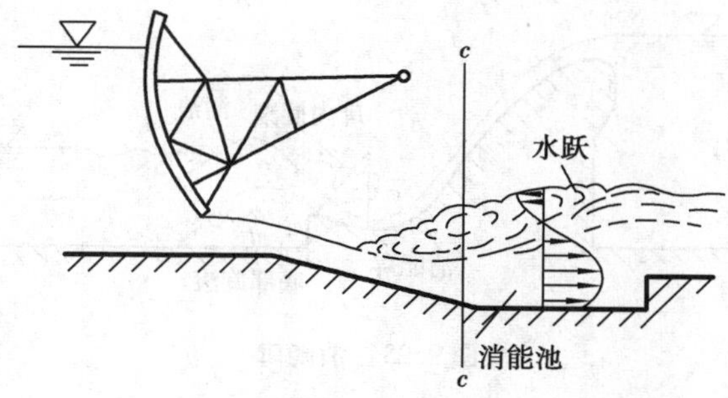

图 9.20 底流消能

2) 挑流消能

在泄水建筑物末端设置挑流坎,将水股抛射入空气中,使水流扩散并与空气摩擦,消耗部分动能,然后当水股落入水中时,又在下游水垫中冲击、扩散,进一步消耗能量。由于这种消能方式是将高速水流抛射至远离建筑物的下游,使下落水股对河床的冲刷不致危及建筑物的安全,故称为挑流消能,如图 9.21 所示。

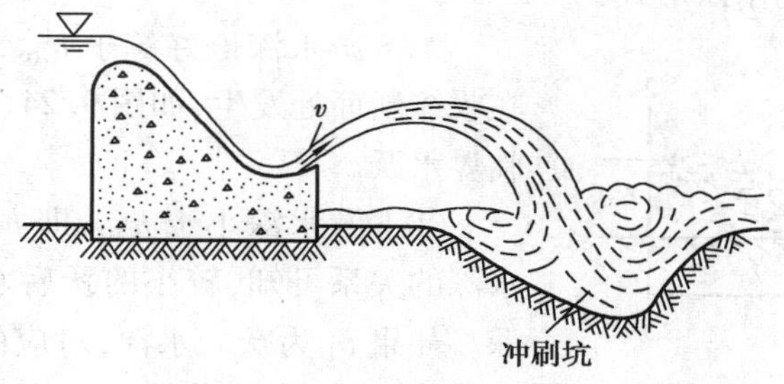

图 9.21 挑流消能

3) 面流消能

当下游水深较大而且比较稳定时,可采取一定的工程措施,将下泄的高速水流导向下游水流的表层,主流与河床之间被巨大的底部旋滚隔开,可避免高速水流对河床的冲刷。同时,依靠底部的旋滚消耗部分下泄水流的余能。在衔接段中,由于下泄水流位于河床表面,故称为面流消能,如图 9.22 所示。

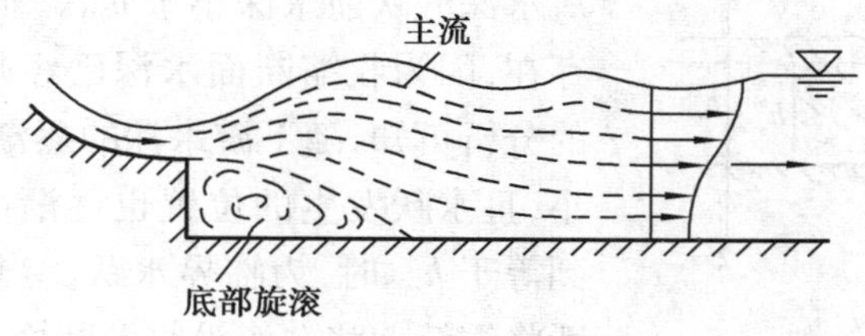

图 9.22 面流消能

此外,还可以将上述 3 种基本的消能方式结合起来应用。如某些工程中采用的消能戽就是面流和底流结合应用的实例,如图 9.23 所示。

下面只简单介绍二维底流消能,其他消能方式可参阅相关资料。

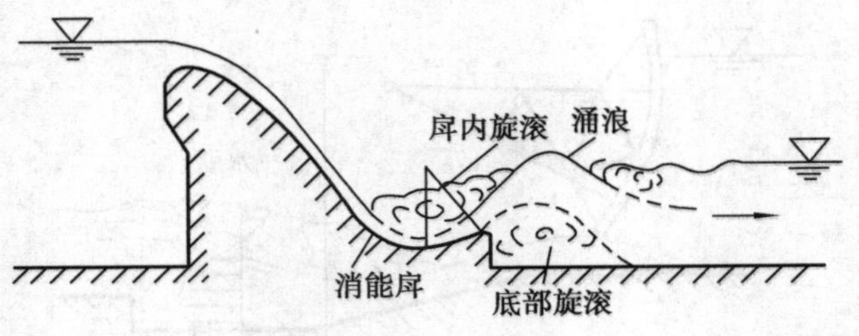

图9.23 消能坎

9.6.1 底流衔接的形式

水流自建筑物下泄，势能不断减小，动能不断增加，至坝趾最低处流速最大，水深最小，形成收缩断面 $c—c$，该处水流为急流，对应的收缩断面水深用 h_{c0} 表示。而下游渠道水流多为缓流，水流要从上游的急流通过水跃过渡到下游的缓流。假设水跃在收缩断面处发生，则收缩断面水深 h_{c0} 等于跃前水深 h_1。为了区别其他情况的水跃，将该水深写为 h_{c01}，由水跃基本方程可以计算得到一个与之对应的跃后水深 h_{c02}。由于下游渠道中的实际水深 h_t 不一定等于 h_{c02}，于是，可能有3种不同的水跃形式：

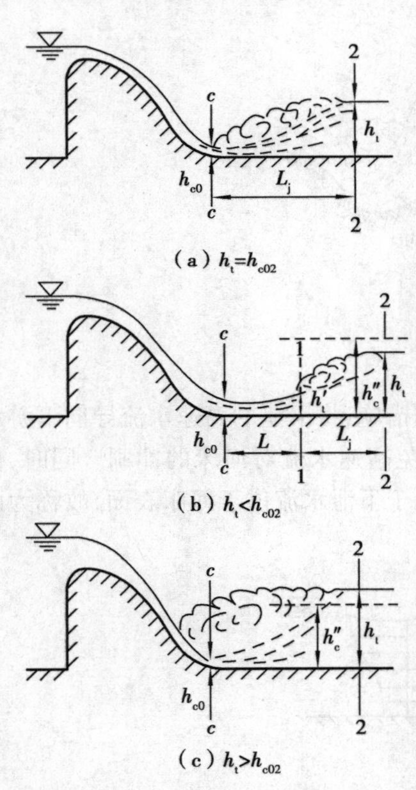

图9.24 水跃的衔接形式

①下游水深恰好等于 h_{c02}，即 $h_t=h_{c02}$。水跃正好在收缩断面处发生，如图9.24(a)所示，这种水跃称为临界水跃。

②下游水深小于 h_{c02}，即 $h_t<h_{c02}$。由第8章共轭水深的关系可知，较小的跃后水深对应较大的跃前水深。如果 h_t 为跃后水深，对应的跃前水深将大于 h_{c0}。这样，从建筑物下泄的急流将越过收缩断面继续往下游流去，在流动过程中水流动能减小，势能增加，水面回升，水深加大。至某一断面处，水深恰好等于以 h_t 为跃后水深所对应的跃前水深时，水跃开始发生，如图9.24(b)所示。由于水跃发生在收缩断面的下游，故称为远离水跃。

③下游水深大于 h_{c02}，即 $h_t>h_{c02}$。此时，以 h_t 为跃后水深的跃前水深小于 h_{c0}。显然，这一水深实际上不存在，因为收缩断面水深已经是最小的。由远离水跃的分析可知，随下游水深的逐渐变大，跃前水深逐渐减小，且水跃发生的位置也逐渐前移。当下游水深增大到等于 h_{c02} 时，为临界水跃。当下游水深继续增大，水跃将继续前移并淹没收缩断面，涌向建筑物尾端，如图9.24(c)所示，这种水跃称为淹没水跃。

以上三种水跃衔接形式，消能的效果和所需建筑物尺寸是各不相同的。远离水跃的跃前断面与建筑物之间有一急流段，流速大，对河床有冲刷作用，如果用这种方式消能，就必须对这段河床进行加固，工程量大，很不经济，所以工程上不采用远离水跃与下游水流衔接。

淹没水跃衔接在淹没程度较大时,消能效率较低,也不经济。对于临界水跃,不论其发生位置或消能效果在工程上都是有利的,但这种水跃不稳定,如果下游水位稍有变动,就转变为远离水跃或淹没水跃。因此,综合考虑采用淹没程度较小的淹没水跃进行衔接与消能较为适宜,这种水跃既能保证有一定的消能效果,又不至于因下游水位的变动而转变为远离水跃。

水跃的淹没程度用水跃淹没系数 $\sigma' = h_t/h_{c02}$ 来表示。显然,对于临界水跃,$\sigma' = 1$;对于远离水跃,$\sigma' < 1$;对于淹没水跃,$\sigma' > 1$。在进行泄水建筑物消能设计时,一般要求 $\sigma' = 1.05 \sim 1.1$。

从上述分析可知,要判别建筑物下游水跃的形式,必须先确定收缩断面水深 h_{c0},并将其作为跃前水深,算出与之对应的跃后水深 h_{c02}。接下来介绍收缩断面水深的计算。

9.6.2　收缩断面水深的计算

如图 9.25 所示,写出 1—1,c—c 断面的能量方程

$$H + P_2 + \frac{\alpha_0 v_0^2}{2g} = h_{c0} + \frac{\alpha_c v_{c0}^2}{2g} + \zeta \frac{v_{c0}^2}{2g}$$

$$= h_{c0} + (\alpha_c + \zeta) \frac{v_{c0}^2}{2g}$$

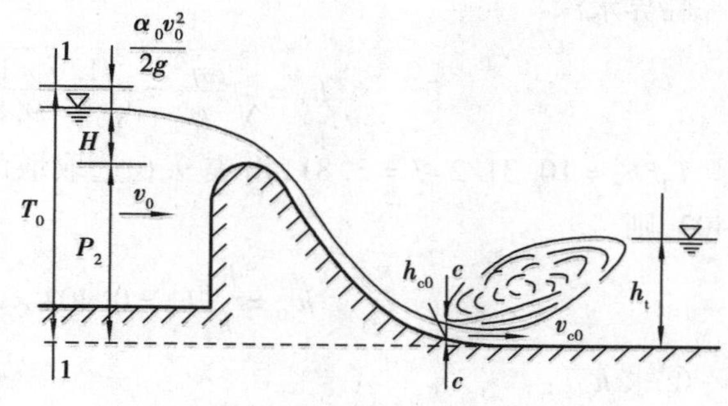

图 9.25　收缩断面水深

令 $H + P_2 + \frac{\alpha_0 v_0^2}{2g} = T_0$,$T_0$ 称为有效总水头,则上式可写为

$$T_0 = h_{c0} + (\alpha_c + \zeta)\frac{v_{c0}^2}{2g}$$

再令流速系数 $\varphi = \frac{1}{\sqrt{\alpha_c + \zeta}}$,代入上式得

$$T_0 = h_{c0} + \frac{v_{c0}^2}{2g\varphi^2} \tag{9.20}$$

若收缩断面面积为 A_{c0},流速 $v_{c0} = Q/A_{c0}$,式(9.20)又可写为

$$T_0 = h_{c0} + \frac{Q^2}{2g\varphi^2 A_{c0}^2} \tag{9.21}$$

对于矩形断面,$Q = qb$,$A_{c0} = h_{c0} b$,q 为单宽流量,b 为河渠底宽,代入式(9.22)得

$$T_0 = h_{c0} + \frac{q^2}{2g\varphi^2 h_{c0}^2} \tag{9.22}$$

在实际工程中,q,P_1,v_0 一般为已知量。流速系数 φ 的影响因素比较复杂,与进口形式、坝面粗糙程度、坝高、坝上水头等有关,可参照表 9.6 选取。式(9.21)和式(9.22)为收缩断面水深 h_{c0} 的三次方程,一般用试算法求解。对于矩形断面,也可用图解求取。

【例 9.5】　某水库溢洪道进口为曲线型实用堰,溢流长度中等,堰顶高程为 112.5 m,溢洪道宽度 $B = 18$ m,下游渠底高程为 107.5 m。当溢洪道下泄流量 $Q = 250$ m^3/s 时,相应的上游水位为 117.72 m,下游水位为 112.2 m,行近速度 $v_0 = 1.36$ m/s。试求收缩断面水深,并判别下游发生何种形式的水跃。

【解】 ①求 h_{c0}：

单宽流量

$$q=\frac{Q}{B}=13.9\ \text{m}^3/\text{s}$$

下游堰高

$$P_2=(112.5-107.5)\ \text{m}=5\ \text{m}$$

堰前水头

$$H=(117.72-112.5)\ \text{m}=5.22\ \text{m}$$

上游有效总水头

$$T_0=H+P_2+\frac{\alpha_0 v_0^2}{2g}=\left(5.22+5+\frac{1.0\times 1.36^2}{2\times 9.8}\right)\text{m}=10.31\ \text{m}$$

临界水深

$$h_c=\sqrt[3]{\frac{\alpha q^2}{g}}=\sqrt[3]{\frac{1.0\times 13.9^2}{9.8}}\ \text{m}=2.7\ \text{m}$$

$T_0/h_c=10.31/2.7=3.81$，由表 9.6 选取堰的流速系数 $\varphi=0.95$，查附录Ⅳ得 $h_{c0}/h_c=0.402$，则

$$h_{c0}=\frac{h_{c0}}{h_c}h_c=0.402\times 2.7\ \text{m}=1.09\ \text{m}$$

②求 h_{c02}：

由 $T_0/h_c=3.81$ 及 $\varphi=0.95$，查附录Ⅳ得 $h_{c02}/h_c=2.04$，则

$$h_{c02}=\frac{h_{c02}}{h_c}h_c=2.04\times 2.7\ \text{m}=5.51\ \text{m}$$

③判别水跃形式：

下游水深

$$h_t=(112.2-107.5)\ \text{m}=4.7\ \text{m}$$

因为 $h_{c02}>h_t$，所以下游发生远离水跃。

9.6.3 消能工的水力计算

衔接消能设计的基本任务在于采取工程措施，以保证建筑物下游能发生淹没程度较小的淹没水跃。使远离水跃或临界水跃转变为淹没水跃的关键在于增大下游水深，可采取的措施有 3 种：一是把紧邻泄水建筑物后的一段下游护坦高程降低，形成一个水池，这种水池称为消力池；二是在下游渠底修筑一道低堰，使低堰前部的水位壅高，这种低堰称为消力墙；三是消力池和消力墙同时运用的综合式消力池。

上述 3 种消能设施统称为消能工。这里只介绍消力池的水力计算，其他消能工的水力计算可参照相关资料。

1) 消力池池深 d 的计算

消力池的水流现象，如图 9.26 所示。图中 0—0 线为原河床底面线，0′—0′线为挖深 d 后

的护坦底面线。当池中形成淹没水跃后，水流出池时水面跌落为 Δz，然后与下游水面相衔接，其水流现象与宽顶堰的水流现象相似。

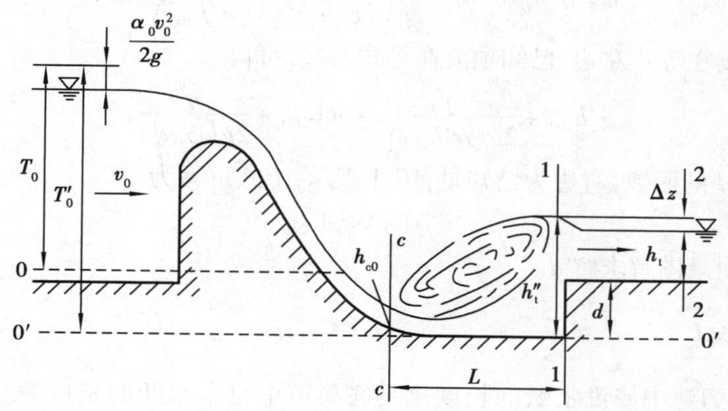

图 9.26　消力池

为了使消力池中形成稍有淹没的水跃，就要求池末水深 $h_t''=\sigma' h_{c02}$，一般取 $\sigma'=1.05$，h_{c02} 为池中发生临界水跃时的跃后水深。

由图可知，$h_t''=\sigma' h_{c02}=h_t+d+\Delta z$，因此：

$$d=\sigma' h_{c02}-h_t-\Delta z \tag{9.23}$$

式(9.23)右边各项的计算如下：

①下游水深 h_t 的计算。可以从实测的水文资料中定量查得，或是近似地按第 8 章明渠均匀流来求正常水深的方法计算。

②出池落差 Δz。以下游河底 0—0 为基准面，写出消力池出口处的上游断面 1—1 及下游断面 2—2 的能量方程为

$$H_1+\frac{\alpha_1 v_1^2}{2g}=h_t+(\alpha_2+\zeta)\frac{v_t^2}{2g}$$

令 $\alpha_1=\alpha_2=\alpha$，上式可写为

$$H_1-h_t=\Delta z=(\alpha+\zeta)\frac{v_t^2}{2g}-\frac{\alpha v_1^2}{2g}$$

令 $\frac{1}{\sqrt{\alpha+\zeta}}=\varphi_1$，为消力池出口的流速系数，上式可写为

$$\Delta z=\frac{v_t^2}{2g\varphi_1^2}-\frac{\alpha v_1^2}{2g}$$

将 $v_t=\frac{q}{h_t}$，$v_1=\frac{q}{\sigma' h_{c02}}$，代入上式得

$$\Delta z=\frac{q^2}{2g}\left[\frac{1}{(\varphi_1 h_t)^2}-\frac{\alpha}{(\sigma' h_{c02})^2}\right] \tag{9.24}$$

式(9.24)中，q，h_t，α(一般取为 1.0 或 1.1)，σ'，φ_1(一般取为 0.95)均为已知。

③临界水跃的跃后水深 h_{c02}。可根据挖池后的收缩断面水深 h_{c0} 用水跃共轭水深的公式求得，应注意，这里的 h_{c0} 应根据挖池后的总水头 T_0' 用式(9.21)或式(9.22)求取。但 $T_0'=T_0+d$，因而 h_{c0} 和 h_{c02} 都与池深 d 有关，这样无法直接由式(9.23)求得 d 值，所以要用试算法求解。

为了便于计算，将式(9.24)代入式(9.23)，可得

$$d=\sigma' h_{c02}-h_t-\frac{q^2}{2g}\left[\frac{1}{(\varphi_1 h_t)^2}-\frac{\alpha}{(\sigma' h_{c02})^2}\right]$$

将与 d 有关的项放在等式左边，已知项放在等式右边，可得

$$\sigma' h_{c02}+\frac{q^2}{2g(\sigma' h_{c02})^2}-d=h_t+\frac{q^2}{2g(\varphi_1 h_t)^2} \tag{9.25}$$

式(9.25)左边为 d 的函数，右边为已知量，用 A 表示，上式可写为

$$f(d)=A \tag{9.26}$$

可以用试算法或附录图解求解 d。

2)消力池池长 L

实验表明，消力池中淹没水跃的长度比平底渠道中自由水跃的长度短，一般减小20%～30%，因此，从收缩断面起算的消力池长度为

$$L=(0.7\sim0.8)L_j \tag{9.27}$$

式中　L_j——自由水跃的长度。

【例9.6】　一修筑于河道中的曲线型实用堰，坝顶高程为110.0 m，溢流面长度中等，河床高程为100.00 m，上游水位为112.96 m，下游水位为104.00 m，通过溢流坝的单宽流量 $q=11.3\ \text{m}^2/\text{s}$。试判别坝下游是否要做消能工。如要做消能工，则进行消力池的水力计算。

【解】①判别是否要做消能工：

上游有效总水头

$$T_0=\left(112.96-100.0+\frac{1\times11.3^2}{2\times9.8\times12.96^2}\right)\text{m}=13\ \text{m}$$

临界水深

$$h_c=\sqrt[3]{\frac{\alpha q^2}{g}}=\sqrt[3]{\frac{1\times11.3^2}{9.8}}=2.35\ \text{m}$$

$T_0/h_c=13/2.35=5.53$，按溢流面长度中等，由表9.6查得 $\varphi=0.95$。由 T_0/h_c 和 φ 查附录图解得 $h_{c02}/h_c=2.32$，则 $h_{c02}=\dfrac{h_{c02}}{h_c}h_c=2.32\times2.35\ \text{m}=5.45\ \text{m}$。

下游水深

$$h_t=(104-100)\ \text{m}=4\ \text{m}$$

因为 $h_{c02}>h_t$，坝下游发生远离水跃，需要做消能工。

②计算消力池池深 d：

用式(9.26)进行试算。

$$A=h_t+\frac{q^2}{2g(\varphi_1 h_t)^2}=\left(4+\frac{11.3^2}{2\times9.8\times(0.95\times4)^2}\right)\text{m}=4.45\ \text{m}$$

$$f(d)=\sigma' h_{c02}+\frac{q^2}{2g(\sigma' h_{c02})^2}-d=1.05h_{c02}+\frac{5.91}{h_{c02}^2}-d$$

设几个 d 值计算相应的 $f(d)$，计算结果列于表9.8中。根据表9.8利用插值法，当 $f(d)=A=4.45$ 时，求得 $d=1.63\ \text{m}$。工程上采用池深 $d=1.65\ \text{m}$。

表 9.8　消力池池深计算

d/m	T_{01}/m	T_{01}/h_c	h_{c02}/m	$1.05h_{c02}$/m	h_{c02}^2/m	$5.91/h_{c02}^2$/m	$f(d)$
1.0	14.0	5.96	5.57	5.85	31.02	0.191	5.04
1.5	14.5	6.17	5.64	5.92	31.81	0.186	4.61
2.0	15.0	6.38	5.69	5.97	32.38	0.182	4.15

③计算消力池池长：

消力池池长 $L=(0.7\sim0.8)L_j$。根据欧勒弗托斯基公式，$L_j=6.9(h_2-h_1)$，式中 h_2 与 h_1 均为挖池后的跃后和跃前水深。

$$T_{01}=T_0+d=(13+1.65)\text{ m}=14.65\text{ m}$$

由 $T_{01}/h_c=\dfrac{14.65}{2.35}=6.23$ 及 $\varphi=0.95$，查附录Ⅱ图解，可得 $h_{c01}/h_c=0.308$，$h_{c02}/h_c=2.4$。则

$$h_{c01}=0.308\times2.35=0.72\text{ m},h_{c02}=2.4\times2.35\text{ m}=5.64\text{ m}$$

故

$$L_j=6.9(h_2-h_1)=6.9(h_{c02}-h_{c01})=33.95\text{ m}$$

因此，消力池池长

$$L=0.8L_j=27.2\text{ m}$$

计算结果：消力池池深 $d=1.65$ m，池长 $L=27.2$ m。

习　题

9.1　何谓堰流？堰流的类型具有哪些？它们具有哪些特点？如何判别？

9.2　堰流计算的基本公式及适用条件有哪些？影响流量系数的主要因素有哪些？

9.3　试分析在同样水头作用下，为什么实用剖面堰的过水能力比宽顶堰的过水能力大。

9.4　一矩形薄壁堰，上下游堰高 $P_1=P_2=1$ m，堰宽和上游渠宽相同，$B=2$ m，堰上水头 $H=0.5$ m，下游水深 $h_t=0.8$ m，求流量 Q。

9.5　一铅垂三角形薄壁堰，夹角 $\theta=90°$，通过流量 $Q=0.05\text{ m}^3/\text{s}$，求堰上水头 H。

9.6　某水库的溢洪道采用堰顶上游为三圆弧段的 WES 型实用堰剖面，如图所示。堰顶高程为 340 m，上下游河床高程均为 315 m，设计水头 $H_d=10$ m。溢洪道共 5 孔，每孔宽度 $b=10$ m，闸墩墩头形状为半圆形，边墩为圆弧形。求当水库水位为 347.3 m，下游水位为 342.5 m 时，通过溢洪道的流量。设上游水库断面面积很大，行近流速 $v_0\approx0$。

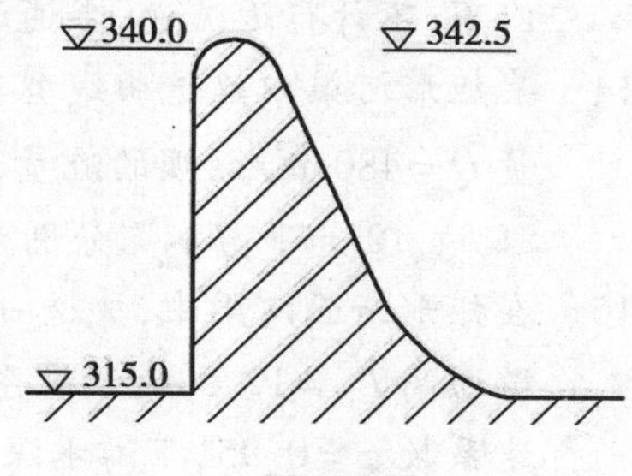

习题 9.6 图

9.7　在河道上修建溢流坝1座，采用堰顶上游为3段圆弧的WES型实用堰剖面。单孔边墩为圆弧形，坝的设计洪水流量为540 m^3/s，相应地上、下游设计洪水位分别为50.7 m和48.1 m，坝址处上、下游河床高程均为38.5 m，坝前河道过水断面面积为524 m^2。已确定坝顶高程为48 m，求坝的溢流宽度B。

9.8　某溢流坝采用梯形实用堰剖面。已知堰宽及河宽均为30 m，上、下游堰高均为4 m，堰顶厚度$\delta=2.5$ m。上游堰面铅直，下游堰面坡度为1∶1。堰上水头$H=2$ m，下游水面在堰顶以下0.5 m，求通过溢流坝的流量Q。

9.9　有一无侧收缩宽堰，堰前缘修圆，水头$H=0.85$ m，上、下游堰高均为0.5 m，堰宽$B=1.28$ m，下游水深$h_t=1.12$ m，边墩为圆弧形，求过堰流量Q。

9.10　一具有直角前缘的单孔宽顶堰，已知通过体积流量$Q=6.99$ m^3/s，堰上水头$H=1.8$ m，上、下游堰高均为0.5 m，堰上游渠宽$B_0=3$ m，边墩为圆弧形，下游水深$h_t=1.0$ m，求堰顶宽度δ。

9.11　一具有圆弧形前缘的宽顶堰的三孔进水闸，如图所示。已知闸门全开时上游水深$H_1=3.1$ m，下游水深$h_t=2.625$ m，上游坝高$P_1=0.6$ m，下游坝高$P_2=0.5$ m，孔宽$b=2$ m，闸墩和边墩头部均为半圆形，墩厚$d=1.2$ m，引渠宽$B_0=9.6$ m，求过堰流量Q。

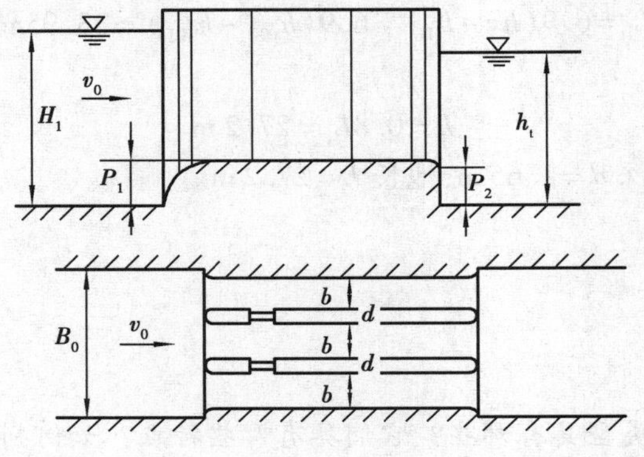

习题9.11图

9.12　有一平底闸，共5孔，每孔宽度$b=3$ m，闸上设锐缘平面闸门。已知闸上水头$H=3.5$ m，闸门开启度$e=1.2$ m，自由出流，不计行近流速，求通过水闸的流量Q。

9.13　某实用堰共7孔，每孔宽度$b=5$ m，在实用堰堰顶最高点设平面闸门。闸门底缘与水平面之间的夹角为30°。已知闸上水头$H=5.6$ m，闸孔开启度$e=1.5$ m，下游水位在堰顶以下，不计行近流速，求通过闸孔的流量Q。

9.14　某矩形河渠中建造曲线型实用堰溢流坝，下游坝高$P_1=6$ m，溢流宽度$B=60$ m，通过流量$Q=480$ m^3/s，坝的流量系数$m=0.45$，流速系数$\varphi=0.95$。求：①坝下游收缩断面水深h_{c0}；②如下游水深分别为$h_{t1}=5$ m，$h_{t2}=3$ m，$h_{t3}=1$ m，判别各水深的水流衔接形式。

9.15　在矩形断面河渠中，建造一曲线型实用堰溢流坝，已知溢流坝共10孔，每孔宽为6 m，下游坝高$P_2=12.5$ m，流量系数$m=0.485$，侧收缩系数$\varepsilon=0.95$，坝顶水头$H=2.8$ m，流速系数$\varphi=0.95$，下游水深$h_t=5$ m。判别是否要做消能工？如果需要，试设计消力池的深度d和长度L。

10 渗流

10.1 渗流的基本概念

流体在孔隙介质中的流动称为渗流。水在地表下发生在土壤或岩石孔隙中的渗流称为地下水流动。渗流现象广泛存在于给水排水工程、环境工程、水利水电工程中,这是人们必须对渗流规律和特点有所认识和了解的原因。地下水流动是一种受多种因素影响的复杂流动现象,其流动规律与土壤介质结构有关,也与水在地下的存在状态有关,下面对这两个方面的问题进行介绍。

由土壤的结构特征决定渗流特征,据此可以对土壤分类。在一个给定方向上渗流特征不随地点而变化的土壤称为均质土壤,否则称非均质土壤。在各个方向上渗流特性相同的土壤称为各向同性土壤,否则称为各向异性土壤。严格地讲,只有等直径圆球形颗粒规则排列的土壤才是均质各向同性土壤。但是,为简化分析,通常可以假设工程问题中的实际土壤也具有这些特性。

土壤的透水性是重要的结构特征之一,与土壤孔隙的大小、多少、形状、分布等有关,也与土壤颗粒的粒径、形状、均匀程度、排列方式等有关。衡量透水性的参数有孔隙率和不均匀系数。

土壤的疏密程度,即土壤中孔隙总体积大小用孔隙率 n 表示,n 指一定体积土壤中孔隙体积与总体积(土壤中固态颗粒的体积与孔隙体积之和)的比值。显然,孔隙率大的土壤透水性强,渗流更易于发生。

土壤颗粒的均匀程度以土壤的不均匀系数 η 表示为

$$\eta=\frac{d_{60}}{d_{10}}$$

式中 d_{60}——土壤被筛分时,保证占质量60%的土壤能通过的筛孔的直径;

d_{10}——对应能通过质量10%的土壤的筛孔直径。

η 显然大于 1,这一比值越大的土壤越不均匀,透水性越差。

水以气态水、附着水、薄膜水、毛细水和重力水 5 种形态存在于土壤中。但是,前 4 种水对渗流并不产生影响,它们可以认为是土壤中静态形式的水。参与地下水流动的主要是在重力作用下运动的重力水,重力水在地下水中所占比重最大,本章中讨论的渗流流动规律实际上是指重力水的运动规律。

10.2 渗流基本规律

10.2.1 渗流模型

为了研究方便,采用简化的渗流模型取代实际的渗流运动。渗流模型是指不考虑地下水流动区域内土壤颗粒的结构,设想水作为连续介质连续地充满渗流区域的流动。渗流模型中所有水力要素可看作随空间点是连续变化的,可以用连续函数的基本性质来研究渗流运动。用渗流模型取代实际渗流应满足下列条件:

①通过渗流模型某一断面的渗流量等于实际渗流通过相应断面的真实渗流量。

②渗流模型中某一确定作用面上的渗流压力与实际渗流在该作用面上的真实压力相等。

③渗流模型的阻力与实际渗流的阻力相等。

10.2.2 达西定律

在大量实验基础上,法国工程师达西总结得出渗流的水头损失与渗流流速、流量之间的关系,即达西定律。

达西实验装置如图 10.1 所示。装置主体为一开口等截面直立圆筒,其侧壁装有高差为 l 的上、下两测压管。筒底装有一滤板 D,滤板上铺设均质砂土。水由引水管从上面注入,多余的水由溢水管 B 排出,由此保证圆筒中水位稳定。水经过砂土渗入到筒底量杯 F,这样可以通过测定渗流时间和渗流出水体积计算渗流流量 Q。

现列出图 10.1 中 1—1 和 2—2 两个水平面之间的伯努利方程计算水流在两断面之间的损失 h_w。渗流流速很小,两断面上动能可以忽略不计。两断面上压强 p_1,p_2 显然等于两测压管中静止水柱在测压管底部产生的压强,以 2—2 断面作为计算位能的水平基准,得

$$\frac{p_1}{\rho g} + l = \frac{p_2}{\rho g} + h_w$$

或

$$h_w = l + \frac{p_1}{\rho g} - \frac{p_2}{\rho g} = H_1 - H_2$$

实验中,量出 H_1 和 H_2 即能求出单位重量的水流过两断面的水头损失 h_w。

实验表明,通过圆筒的渗流流量 Q 正比于圆筒断面面积 A 和单位重量的水流过两断面发生的水头损失 h_w,反比于两断面轴向距离 l,即

$$Q = kA\frac{h_w}{l}$$

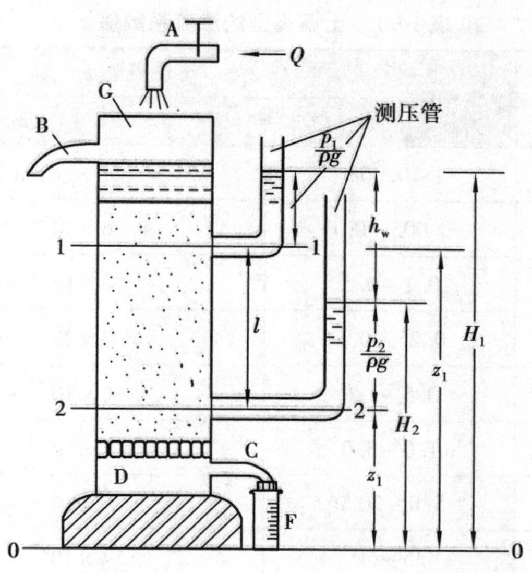

图 10.1　达西实验装置

上式两边除以 A，得到渗流平均速度 v 的表达式为

$$v = k\frac{h_w}{l} \tag{10.1}$$

水力坡度 J 代表单位长度流程上单位重量的水的水头损失，$J=\frac{h_w}{l}$，由此得到达西渗流定律

$$Q = kAJ \tag{10.2}$$

$$v = kJ \tag{10.3}$$

式(10.3)中，k 为一反映土壤渗流能力的综合系数，称为渗流系数，具有速度量纲，不同种类和状态土壤的 k 值可以由实验确定。

达西定律是以均质砂土为实验介质获得的；另外，式(10.3)给出平均速度值与水头损失的一次方成正比，这是层流流动的特征。因此，达西定律的应用范围要受到限制。大量研究结果表明，当渗流雷诺数不超过渗流临界雷诺数时，可以认为流动满足达西定律。渗流雷诺数 Re 定义为

$$Re = \frac{vd_{10}}{\nu} \tag{10.4}$$

式中　ν——流体的运动黏度。

渗流临界雷诺数为 1～10，为安全，可以取 1 作为渗流达西定律适用的上限值。

工程中的渗流问题，除开碎石等大孔隙中的流动，大多适合达西线性渗流定律。一些土壤类型的渗流系数值 k，见表 10.1。

表 10.1　土壤类型的渗流系数值 k

土壤名称	渗流系数 k	
	m/d	cm/s
黏　土	<0.005	$<6\times10^{-6}$
亚黏土	0.005~0.1	$6\times10^{-6}\sim1\times10^{-4}$
轻亚黏土	0.1~0.5	$1\times10^{-4}\sim6\times10^{-4}$
黄　土	0.25~0.5	$3\times10^{-4}\sim6\times10^{-4}$
粉　砂	0.5~1.0	$6\times10^{-4}\sim1\times10^{-3}$
细　砂	1.0~5.0	$1\times10^{-3}\sim6\times10^{-3}$
中　砂	5.0~20.0	$6\times10^{-3}\sim2\times10^{-2}$
均质中砂	35~50	$4\times10^{-2}\sim6\times10^{-2}$
粗　砂	20~50	$2\times10^{-2}\sim6\times10^{-2}$
均质粗砂	60~75	$7\times10^{-2}\sim8\times10^{-2}$
圆　砾	50~100	$6\times10^{-2}\sim1\times10^{-1}$
卵　石	100~500	$1\times10^{-1}\sim6\times10^{-1}$
无填充物卵石	500~1 000	$6\times10^{-1}\sim1\times10$
稍有裂隙岩石	20~60	$2\times10^{-2}\sim7\times10^{-2}$
裂隙多的岩石	>60	$>7\times10^{-2}$

【例 10.1】　测定土壤渗流系数 k 的装置，如图 10.1 所示。直立圆筒内径 $D=45$ cm，断面 1—1 和 2—2 之间垂直距离 $l=90$ cm，$H_1-H_2=80$ cm，水位恒定时的渗流流量 $Q=80\ \text{cm}^3/\text{s}$，土壤的 $d_{10}=1$ mm，水的运动黏度 $\nu=0.013\ \text{cm}^2/\text{s}$，求土壤的渗流系数 k。

【解】　以达西公式(10.3)计算 k 值时，必须保证流动的雷诺数 $Re<1$，现判定这一条件是否满足。

圆管内断面平均流速：$\nu=\dfrac{Q}{A}=\dfrac{80}{(\pi45^2/4)}\ \text{cm/s}=0.050\,3\ \text{cm/s}$，将这一值代入式(10.4)，得

$$Re=\frac{vd_{10}}{\nu}=\frac{0.050\,3\times0.1}{0.013}=0.387<1$$

所以此流动适合达西定律。

式(10.3)中水力坡度 $J=\dfrac{h_w}{l}=\dfrac{H_1-H_2}{l}=\dfrac{80}{90}=0.889$，最后得到 $k=\dfrac{v}{J}=\dfrac{0.050\,3}{0.889}\ \text{cm/s}=0.056\,6\ \text{cm/s}$。

10.3 地下无压水的渐变渗流

工程中渗流含水层以下的不透水地基表面一般假定为一倾斜平面，并以 i 表示其坡度，称为底坡。底坡值为倾斜面与水平面夹角的正弦值。不透水层地基上的无压渗流与地面明渠流有相似之处，渗流含水层的上表面称为浸润面，其上各点处压强相等，这一压强值可认为等于大气压，这是无压渗流这一概念的来源。如果渗流流域广阔，过水断面(近似取为铅垂面)成为宽阔的矩形，这种渗流是二维的。顺流所做铅垂面与浸润面的交线称为浸润线，如图 10.2 所示。

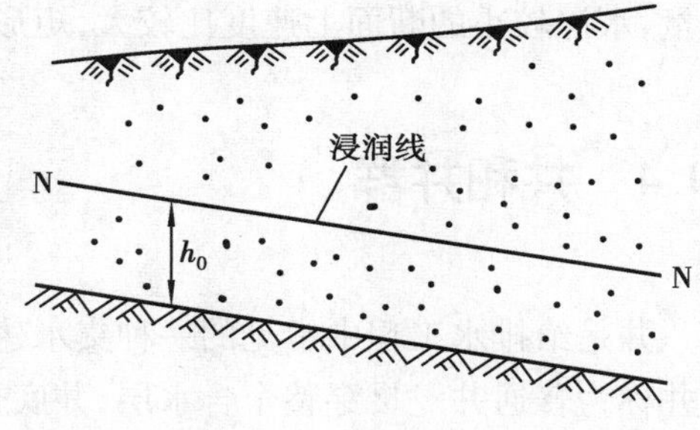

图 10.2 渗流浸润线

无压渗流可分为均匀渗流与非均匀渗流，非均匀渗流又可分成渐变渗流与急变渗流。均匀渗流是指渗流水深、流速、过水断面面积形状与大小顺流不变的渗流。本节只介绍比较简单的渗流的一些特征。

10.3.1 地下无压均匀渗流

在均匀渗流中，地下水从上游断面流到下游断面时，单位重量的水的位能沿程下降，其值等于水力损失，因此，均匀渗流的水力坡度 J 必然等于底坡 i。在渗流方向上应用达西定理，可以计算各断面的平均流速 v

$$v = kJ = ki \tag{10.5}$$

渗流流量 Q 为

$$Q = vA_0 = kiA_0 \tag{10.6}$$

式中 A_0——地下渗流过水断面面积。

10.3.2 地下无压渐变渗流

图 10.3 所示为一渐变渗流。由于水深沿程变化，渗流的浸润线不再与不透水层上表面相平行。取两个距离为 ds 的过水断面，和明渠渐变流一样，两断面之间流线基本平行，长度基本相等，流线大体为直线，且沿同一流线水头损失相等。现水力坡度中两要素，即流程长度和沿程水头损失在不同流线上基本相等，因而水力坡度 J 基本为常数。达西定律显然也适合同一流线，因而同一断面上各点速度 u 也相等，这种条件下，各点 u 值显然等于由达西式决定的断面速度平均值 v

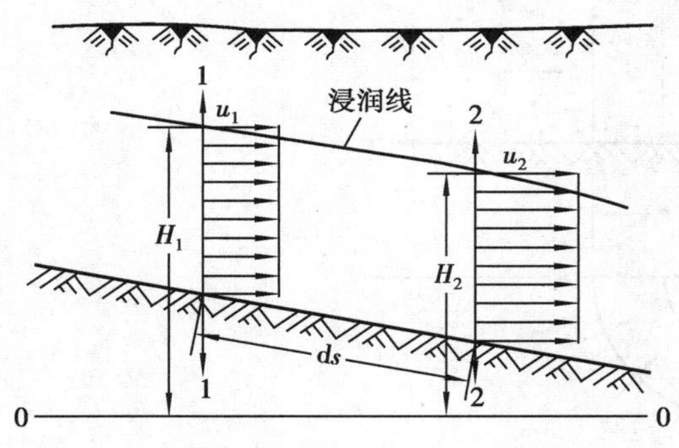

图 10.3 渐变渗流

$$u = v = kJ \tag{10.7}$$

式(10.7)即为裘皮幼公式。

裘皮幼公式(10.7)和达西公式(10.5)在形式上相同,但它们是有区别的。达西式适用均匀渗流,裘皮幼公式则用于渐变渗流,在流程不同地点处水力坡度 J 可能不等。达西式决定的速度 v 指断面平均流速,裘皮幼公式决定的流速 u 既指断面平均速度,也指断面各点速度。

渐变流的两个距离较大的过水断面上速度分布剖面均为矩形,但由于水深不等,通过同一流量,水深较小的断面上速度比较大,矩形较宽。

10.4 井和井群

井是给排水工程中常见的一种集水建筑。设置在不透水层上具有自由浸润面的含水层中的井称为普通井。贯穿整个含水层,井底直达不透水层上表面的普通井称为完整井,否则称为不完整井。如果含水层位于两个不透水层之间,含水层中水压强大于大气压力,这样的含水层称为承压含水层,吸取承压含水层中的地下水的井称为承压井,承压井也可根据井底是否直达较低不透水层上表面分为完整井和不完整井。本节只介绍普通完整井。

10.4.1 普通完整井

设地下含水层具有压强等于大气压的无压水平表面,表面与下面不透水层上表面的距离即含水层水深为 H。设普通完整井的半径为 r_0,抽水前,井中水位与地下水水面平齐。抽水后,井中水位下降,周围含水层中的地下水汇入井中,地下水水面下降。对任意一个确定的井中水深 h_0,都有一个平衡状态,这时汇入井中地下水流量等于抽水流量 Q,由于井中水位不再变化,浸润面形成一个稳定的不随时间变化的对称漏斗状曲面,如图 10.4 所示。在距井中心充分远的 R 处,地下水位可以认为不受影响,水深保持为 H,故 R 称为井的影响半径。

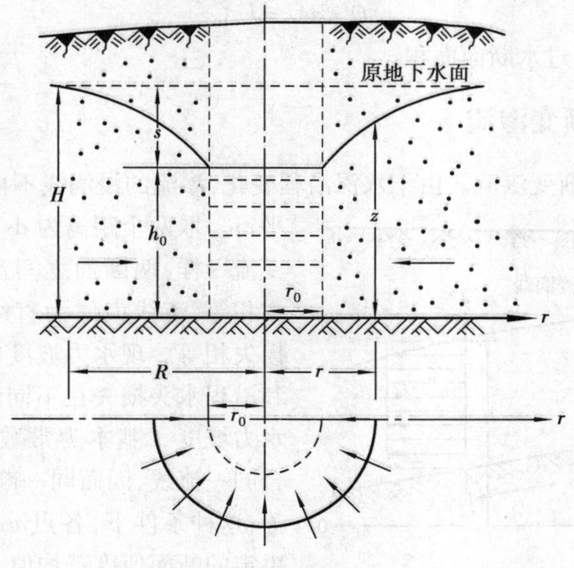

图 10.4 普通完整井

在含水层的流动中,除井壁附近,地下水流动的流线大体平行,属于渐变渗流。设浸润线上一点坐标为(r,z),这里r指讨论点到井轴心线的距离,z为讨论点水深。浸润线上另一点坐标为$(r+\mathrm{d}r,z+\mathrm{d}z)$,在水平距离$\mathrm{d}r$上,水的位能差为$\mathrm{d}z$,在浸润线上两点压强都为大气压,动能可以不计的条件下,$\mathrm{d}z$等于单位重量的水在浸润线上流动微小距离$\mathrm{d}r$时的水头损失,因而沿这一流线的水力坡度$J=\mathrm{d}z/\mathrm{d}r$,由于渐变流中各流线大体平行,沿各流线的水力坡度也是这一数值。由裘皮幼公式,在半径为r,高为z的柱面各点处渗流速度u都等于:

$$u=kJ=k\frac{\mathrm{d}z}{\mathrm{d}r}$$

因而通过这一柱面的流量Q应为

$$Q=2\pi rzu=2\pi rzk\frac{\mathrm{d}z}{\mathrm{d}r}$$

或

$$z\mathrm{d}z=\frac{Q}{2\pi k}\frac{\mathrm{d}r}{r}$$

积分上式,得

$$z^2=\frac{Q}{\pi k}\ln r+C$$

当$r=r_0$时,$z=h_0$,由上式可以得到积分常数$C=h_0^2-\frac{Q}{\pi k}\ln r_0$,于是

$$z^2=h_0^2+\frac{Q}{\pi k}\ln\frac{r}{r_0}$$

或

$$z^2=h_0^2+\frac{0.732Q}{k}\lg\frac{r}{r_0} \tag{10.8}$$

此即浸润线的方程。该方程给出了浸润线坐标z随r变化的规律。

式(10.8)中Q指井中水深为h_0,在流动平衡时井的出水量,Q可以由另一边界条件确定。即在$r=R$处,水深不受影响,$z=H$,把它们代入式(10.8),可以得到Q值,即

$$Q=\frac{1.36k(H^2-h_0^2)}{\lg(R/r_0)} \tag{10.9}$$

井的影响半径R与含水层中土壤性质有关,对细砂,$R=(100\sim200)$ m,中等颗粒砂土$R=(250\sim500)$ m,粗砂$R=(700\sim1\,000)$ m,R也可用以下经验式计算

$$R=3\,000s\sqrt{k}$$

式中,$s=H-h_0$,指含水层水深与井中水深之差,也即平衡状态下井中水面下降量。

【例 10.2】 一水平不透水层上的普通完整井半径$r_0=0.3$ m,含水层水深$H=9$ m,渗流系数$k=0.000\,6$ m/s,求井中水深$h_0=4$ m时的渗流量Q和浸润线方程。

【解】 井中水面下降量$s=H-h_0=(9-4)$ m$=5$ m,由此得井的影响半径R

$$R=3\,000s\sqrt{k}=3\,000\times5\times\sqrt{0.000\,6}\text{ m}=367.42\text{ m}$$

由式(10.9)得到井的渗流量 Q 为

$$Q=\frac{1.36k(H^2-h_0^2)}{\lg\frac{R}{r_0}}=\frac{1.36\times0.0006(9^2-4^2)}{\lg\frac{367.42}{0.3}}\ \mathrm{m^3/s}=0.0172\ \mathrm{m^3/s}$$

井的浸润线方程由式(10.8)给出

$$z^2=\frac{0.732\times0.0172}{0.0006}\lg\frac{r}{0.3}+4^2$$

或

$$z^2=20.984\ \lg r+26.97$$

10.4.2 井群

在一水平不透水层上部的含水层中开凿多口井同时取水,这些井构成了井群。井群中各单井位置是根据需要确定的,它们相互的距离往往小于单井影响半径 R,这将使地下水浸润面形状变得复杂。

由 n 个普通完整井组成的一井群,A 点是地面上一给定位置点,本节主要讨论 A 处地下水深的求解方法。设 A 点到各井的水平距离分别为 $r_1,r_2,\cdots,r_n$,各井的半径分别为 $r_{01},r_{02},\cdots,r_{0n}$,各井的出水量分别为 $Q_1,Q_2,\cdots,Q_n$。再假定各井单独工作时水深分别为 $h_1,h_2,\cdots,h_n$,由式(10.8)各单独工作的井在 A 点产生的地下水深满足

$$z_1^2=\frac{Q_1}{\pi k}\ln\frac{r_1}{r_{01}}+h_1^2$$

$$z_2^2=\frac{Q_2}{\pi k}\ln\frac{r_2}{r_{02}}+h_2^2$$

$$\vdots$$

$$z_n^2=\frac{Q_n}{\pi k}\ln\frac{r_n}{r_{0n}}+h_n^2$$

当各井同时取水时,按照势流叠加原理可以导出 A 处水深 z 满足

$$z^2=\frac{Q_1}{\pi k}\ln\frac{r_1}{r_{01}}+\frac{Q_2}{\pi k}\ln\frac{r_2}{r_{02}}+\cdots+\frac{Q_n}{\pi k}\ln\frac{r_n}{r_{0n}}+C$$

现考虑各井抽水流量相等的简单情况,即 $Q_1=Q_2=\cdots=Q_n=\dfrac{Q_0}{n}$,$Q_0$ 指各井抽水流量之和,这时上式可简化为

$$z^2=\frac{Q_0}{\pi k}\left[\frac{1}{n}\ln(r_1r_2\cdots r_n)-\frac{1}{n}\ln(r_{01}r_{02}\cdots r_{0n})\right]+C \tag{10.10}$$

下面确定式(10.10)中的常数 C。设井群的影响半径为 R,实际计算时,R 可近似取单井影响半径值。在地面上取一远离井群的点,这点在井群影响半径之外。因此,这点地下水不受井群的影响,地下含水层水深等于含水层原有水深 H,并可认为 $r_1,r_2,\cdots,r_n=R$。

把这些值代入式(10.10),即可求出常数 C

$$C=H^2-\frac{Q_0}{\pi k}\left\{\ln R-\frac{1}{n}[\ln(r_{01}r_{02}\cdots r_{0n})]\right\}$$

将 C 值代入式(10.10)，并改自然对数为常用对数，得

$$z^2 = H^2 - \frac{0.732Q_0}{k}\left[\lg R - \frac{1}{n}\lg(r_1 r_2 \cdots r_n)\right] \tag{10.11}$$

式(10.11)即为 A 处地下水水深 z 的计算式，注意式中并未出现各单井水深和半径。

【例 10.3】 3 个普通完整井布置在边长为 100 m 的等边三角形三顶点，求三角形形心处地下含水层水深 z。3 个井抽水流量均为 0.01 m^3/s，单井影响半径 $R = 500$ m，土壤渗流系数 $k = 0.0006$ m/s，抽水前地下含水层水深 $H = 8$ m。

【解】 三角形形心到各井距离相等，$r_1 = r_2 = r_3 = 57.735$ m，$Q_0 = 3 \times 0.01\ m^3/s = 0.03\ m^3/s$，将它们及其他已知量代入式(10.11)右边得

$$\begin{aligned} z^2 &= H^2 - \frac{0.732Q_0}{k}\left[\lg R - \frac{1}{n}\lg(r_1 r_2 r_3)\right] \\ &= \left[8^2 - \frac{0.732 \times 0.03}{0.0006}(\lg 500 - \lg 57.735)\right] \text{m} = 29.686 \text{ m} \end{aligned}$$

故形心处地下水水深 $z = 5.45$ m。

10.5 渗流对建筑物安全性的影响

本节将简要介绍地下水渗流运动对水工建筑物安全性的影响。

10.5.1 扬压力

在渗水层地基上，以不透水材料建筑的水工建筑物底平面每点处都作用有地下水产生的向上的压强，它们的合力方向也向上，称为建筑物底平面上扬压力。这一压力显然会影响建筑物的稳定性，有必要对扬压力值做出估计。

如图 10.5 所示为一建筑在渗水层中的低坝，坝体上、下游水深分别为 h_1 和 h_2，地下水将在坝底形成一向上的分布压强，这一压强平均值可以取水深 h_1 和 h_2 产生的静压力平均值：$\frac{\rho g}{2}(h_1 + h_2)$，于是单宽坝体受到的扬压力 P_z 为

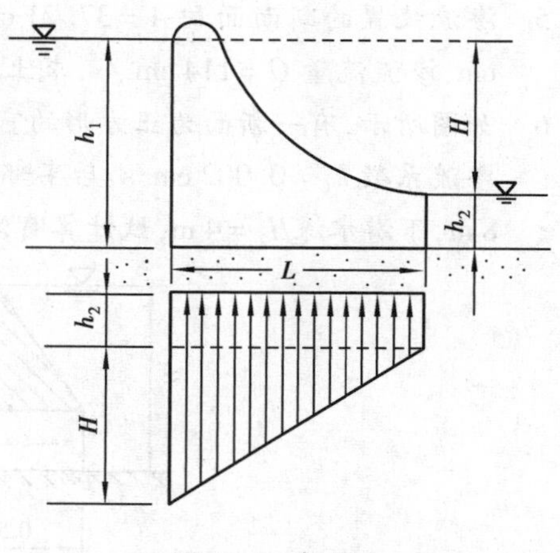

图 10.5 扬压力

$$P_z = \frac{\rho g}{2}(h_1 + h_2)L$$

10.5.2 管涌和流土

地下水渗流除在建筑物底面产生扬压力影响建筑物的稳定性外，还可能引起渗水层地基变形，影响建筑物安全，其中典型的隐患为管涌和流土。

(1)管涌

在非黏性土壤中,当渗流速度达到一定值时,渗流水将把部分细小颗粒冲刷带走,土壤中孔隙变大,使得渗流水速增加,这样反复作用的结果会在地基中产生过流通管,严重地影响建筑物安全。这种现象称为管涌。

(2)流土

在黏性地基中,由于土壤结构较紧密,土壤颗粒一般不会被渗流冲动携带,但是,如果地下水压力过大,有可能在局部区域产生向上压力而使地基上抬,这种现象称为流土,同样是一种安全隐患。

在水工建筑设计中,应采取措施预防渗流引起的事故。

习 题

10.1 什么叫作土壤中的重力水?

10.2 土壤达西实验装置中,已知圆筒直径 $D=45$ cm,两断面间距离 $l=80$ cm,两断面间水头损失 $h_w=68$ cm,渗流量 $Q=56\ cm^3/s$,求渗流系数 k。

10.3 在实验室中用达西实验装置测定土壤的渗流系数 K,已知圆筒直径 $D=20$ cm,两测压管相距 $l=42$ cm,两测压管的水头差 $h_w=21$ cm,测得的渗流流量 $Q=1.67\times10^{-6}\ m^3/s$,求渗流系数 k。

10.4 什么叫作均匀渗流?均匀渗流中水力坡度与不透水基底的底坡有什么关系?

10.5 渗流装置的断面面积 $A=37.21\ cm^2$,两个断面间距离 $l=85$ cm,测得水头差 $\Delta H=103$ cm,渗流流量 $Q=114\ cm^3/s$,求土壤的渗流系数 k。

10.6 如图所示,有一断面为正方形的盲沟,边长为0.2 m,长 $L=10$ m,其前半部分装填细砂,渗流系数 $k_1=0.002$ cm/s,后半部分装填粗砂,渗流系数 $k_2=0.05$ cm/s,上游水深 $H_1=8$ m,下游水深 $H_2=4$ m,试计算盲沟渗流的流量。

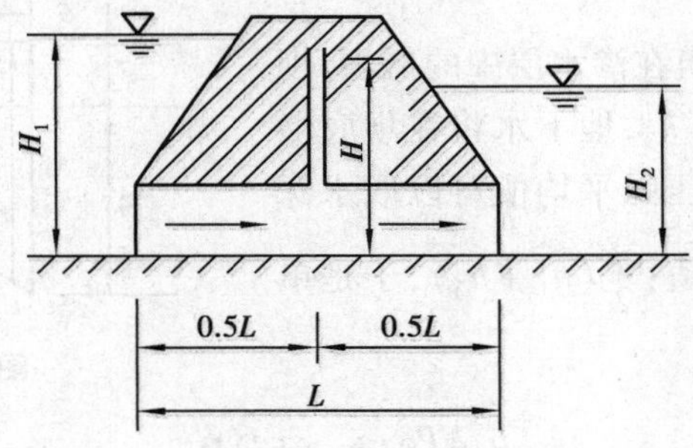

习题10.6图

10.7 上题中,如果盲沟中填满渗流系数 $k_1=0.002$ cm/s的细砂,再次计算盲沟流量。

10.8 什么叫普通完整井?

10.9 达西渗流定律和裘皮幼公式的应用范围有什么不同?

10.10　有一水平不透水层上的完全普通井，直径为 0.4 m，含水层厚度 $H=10$ m，土壤渗流系数 $k=0.000\,6$ m/s，当井中水深稳定在 6 m 时，求井的出水量（井的影响半径 $R=293.94$ m）。

10.11　求上题的浸润线方程。

10.12　有一水平不透水层上的完全普通井直径 0.3 m，土壤渗流系数 $k=0.000\,56$ m/s，含水层厚度 $H=9.8$ m，抽水稳定后井中水深 $h_0=5.6$ m，求此时井的出水流量（井的影响半径 $R=3\,000s\sqrt{k}=3\,000(H-h_0)\sqrt{k}$）。

10.13　计算上题中 $r=25,35,70,90,150,200$ m 处，浸润线的 z 值，并由此绘出浸润线。

10.14　为实测某区域内土壤的渗流系数 k 值，现打一普通完整井进行抽水实验，如图所示。在井的影响半径之内开一钻孔，距井中心 $r=80$ m，井的半径 $r_0=0.20$ m，抽水稳定后抽水量 $Q=2.5\times10^{-3}$ m³/s，这时井水深 $h_0=2.0$ m，钻孔水深 $h=2.8$ m，求土壤的渗流系数 k。

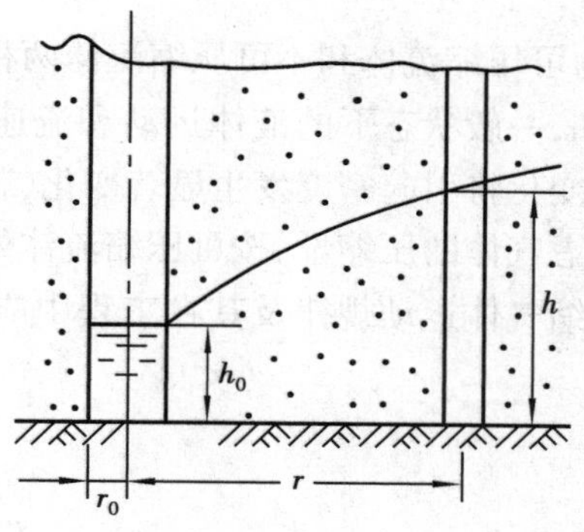

习题 10.14 图

11

气体动力学基础

在流体力学中，将流体分为可压缩流体和不可压缩流体两种。在前面的章节中，主要讨论的是不可压缩流体的运动，例如，一般状态下的液体运动和流速不高的气体运动。但是，对于高速运动的气体，速度、压强的变化将引起密度发生显著变化，若再按不可压缩流体处理，将会引起较大的误差，此时，必须考虑气体的压缩性，按可压缩流体处理。

气体动力学就是研究可压缩气体运动规律及其在工程中应用的科学，本章主要介绍气体动力学的基础知识和基础理论。

11.1 声速与马赫数

11.1.1 声速

声速是微弱扰动波在介质中的传播速度。所谓微弱扰动，是指这种扰动所引起的介质状态变化是微弱的。

如图 11.1(a)所示，等直径的长直圆管中充满着静止的可压缩流体，压强、密度和温度分别用 p,ρ,T 表示，圆管左端装有活塞，原处于静止状态。当活塞突然以微小速度 $\mathrm{d}v$ 向右运动时，紧贴活塞右侧的这层流体首先被压缩，其压强、密度和温度分别升高微小增量 $\mathrm{d}p,\mathrm{d}\rho,\mathrm{d}T$；同时，这层流体也以速度 $\mathrm{d}v$ 向右流动，向右流动的流体又压缩右方相邻的一层流体，使其压强、密度、温度和速度也产生微小增量 $\mathrm{d}p,\mathrm{d}\rho,\mathrm{d}T,\mathrm{d}v$。如此继续下去，由活塞运动引起的微弱扰动不断地一层一层向右传播，在圆管内形成两个区域：未受扰动区和受扰动区，两区之间的分界面称为扰动的波面，波面向右传播的速度 c 即为声速。在扰动尚未到达的区域，即未受扰动区，流体的速度为 $v=0$，其压强、密度和温度仍为 p,ρ,T，而在扰动到达的区域，即受扰动区，流体的速度为 $\mathrm{d}v$，压强、密度和温度分别为 $p+\mathrm{d}p,\rho+\mathrm{d}\rho,T+\mathrm{d}T$。

为了确定微弱扰动波的传播速度 c，现将参考坐标系固定在扰动波面上。这样，上述非恒定流动便转化为恒定流动。如图 11.1(b)所示，取包围扰动波面的虚线为控制面，波前的流体

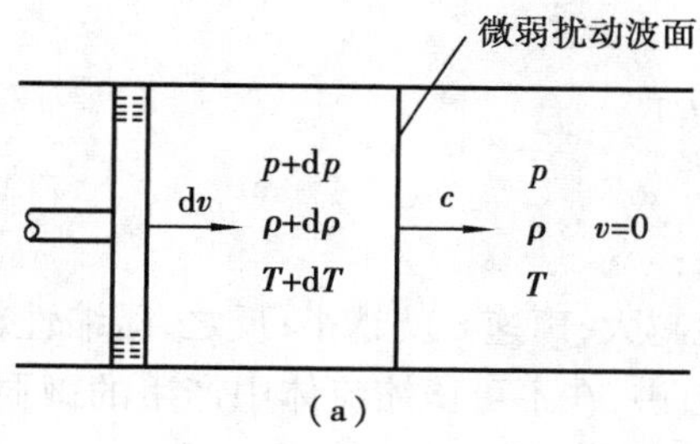

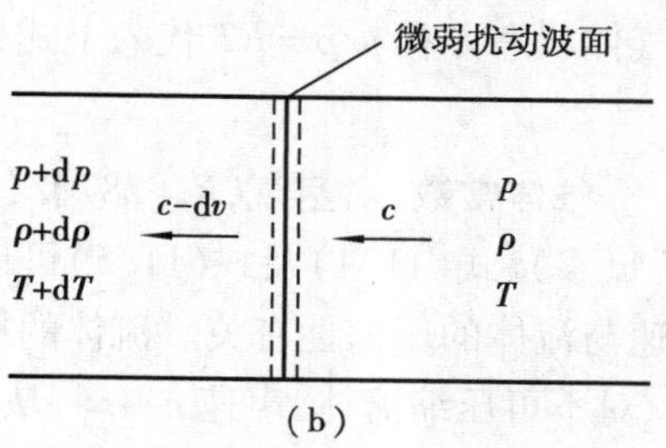

图 11.1　微弱扰动波的传播

始终以速度 c 流向控制体，其压强、密度和温度分别为 p,ρ,T，波后的流体始终以速度 $(c-\mathrm{d}v)$ 流出控制体，其压强、密度和温度分别为 $(p+\mathrm{d}p)$，$(\rho+\mathrm{d}\rho)$，$(T+\mathrm{d}T)$。设管道截面积为 A，由连续性方程可得

$$\rho cA=(\rho+\mathrm{d}\rho)(c-\mathrm{d}v)A$$

忽略二阶微量，经整理得

$$\mathrm{d}v=\frac{c}{\rho}\mathrm{d}\rho \tag{11.1}$$

由动量方程得

$$pA-(p+\mathrm{d}p)A=\rho cA[(c-\mathrm{d}v)-c]$$

整理后可得

$$\mathrm{d}v=\frac{1}{\rho c}\mathrm{d}p \tag{11.2}$$

由式(11.1)和式(11.2)得

$$c^2=\frac{\mathrm{d}p}{\mathrm{d}\rho}$$

或

$$c=\sqrt{\frac{\mathrm{d}p}{\mathrm{d}\rho}} \tag{11.3}$$

式(11.3)即为声速的计算公式，对液体和气体都适用。

在微弱扰动波的传播过程中，流体的压强、密度和温度变化很小，过程中的热交换和摩擦力都可忽略不计。因此，该传播过程可视为绝热可逆的等熵过程。由热力学可知，等熵过程方程为

$$\frac{p}{\rho^k}=C$$

得

$$\frac{\mathrm{d}p}{\mathrm{d}\rho}=Ck\rho^{k-1}=k\frac{p}{\rho} \tag{11.4}$$

式中　k——等熵指数，对空气，$k=1.4$。

将式(11.4)代入式(11.3)，可得

$$c=\sqrt{k\frac{p}{\rho}}$$

再将完全气体状态方程 $p/\rho = RT$ 代入上式得

$$c = \sqrt{kRT} \tag{11.5}$$

式中　R——气体常数,对空气,$R = 287\ \mathrm{J/(kg \cdot K)}$。

由式(11.3)、式(11.4)及式(11.5)可以看出:

①声速与流体的压缩性有关。流体的压缩性越大,声速 c 就越小;反之,压缩性越小,声速 c 就越大。对不可压缩流体,声速 $c \to \infty$,从理论上讲,在不可压缩流体中产生的微弱扰动会立即传遍全流场。

②声速与状态参数 T 有关,它随气体状态的变化而变化。流场中各点的状态若不同,各点的声速也不同。与某一时刻某一空间位置的状态相对应的声速称为当地声速。

③声速与气体的种类有关,不同的气体声速不同。对于空气,$k = 1.4$,$R = 287\ \mathrm{J/(kg \cdot K)}$ 代入式(11.5),得

$$c = 20.1\sqrt{T}$$

11.1.2　马赫数

气体流速 v 与当地声速 c 之比,称为马赫数,以 Ma 表示,即

$$Ma = \frac{v}{c} \tag{11.6}$$

马赫数是气体动力学中最重要的相似准数,根据它的大小,可将气体的流动分为:

$Ma < 1$,即 $v < c$,亚声速流动;

$Ma = 1$,即 $v = c$,声速流动($Ma \approx 1$,为跨声速流动);

$Ma > 1$,即 $v > c$,超声速流动。

$Ma < 1$ 的流场称为亚声速流场,$Ma > 1$ 的流场称为超声速流场,微弱扰动波在不同流场中的传播特点有所不同,下面分别讨论它在静止、亚声速、声速和超声速流场中的传播。

设流场中 O 点处有一固定的扰动源,每隔 1 s 发出一次微弱扰动,现分析前 4 s 产生的微弱扰动波在各流场中的传播情况。

1)静止流场($v = 0$)

在静止流场中,微弱扰动波在 4 s 末的传播情况,如图 11.2(a)所示。由于气流速度 $v = 0$,微弱扰动波不受气流的影响,以声速 c 向四周传播,形成以 O 点为中心的同心球面波。如果不考虑扰动波在传播过程中的能量损失,随着时间的延续,扰动必将传遍整个流场。

2)亚声速流场($v < c$)

在亚声速流场中,微弱扰动波在 4 s 末的传播情况,如图 11.2(b)所示。由于气体以速度 v 运动,微弱扰动波受气流影响,在以声速 c 向四周传播的同时,随气流一同以速度 v 向右运动。因此,微弱扰动波在各个方向上传播的绝对速度不再是声速 c,而是这两个速度的矢量和。特殊地,微弱扰动波向下游(流动方向)传播的速度为 $c + v$,向上游传播的速度为 $c - v$,因 $v < c$,所以微弱扰动波仍能逆流向上游传播。如果不考虑微弱扰动波在传播过程中的能量损失,随着时间的延续,扰动波将传遍整个流场。

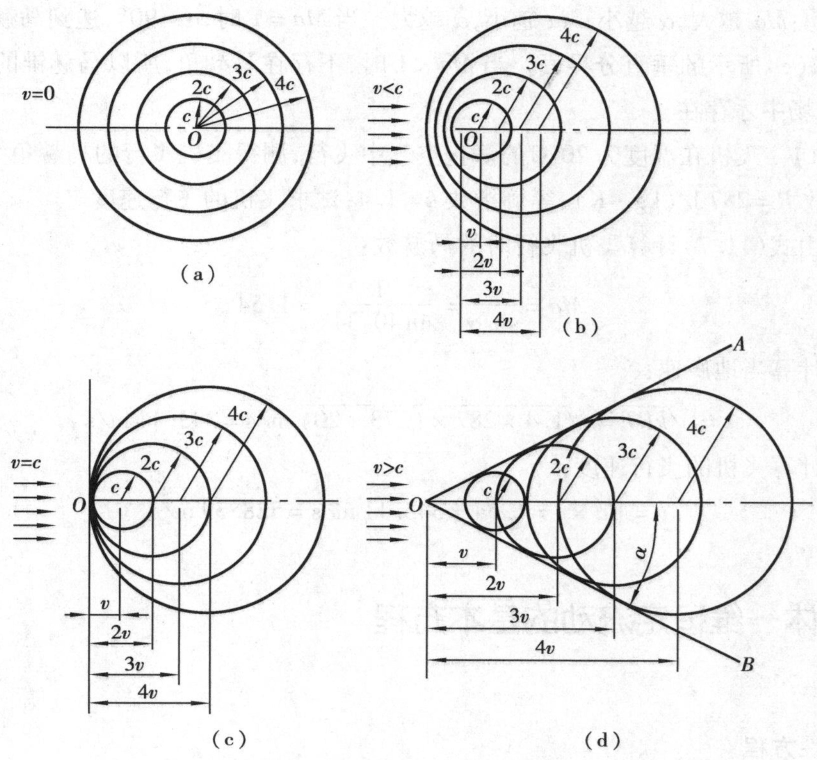

图 11.2　微弱扰动波的传播

3）**声速流场**（$v=c$）

在声速流场中，微弱扰动波在 4 s 末的传播情况，如图 11.2(c)所示。由于微弱扰动波向四周传播的速度 c 恰好等于气流速度 v，扰动波面是与扰动源相切的一系列球面。所以，无论时间怎么延续，扰动波都不可能逆流向上游传播，它只能在过 O 点且与来流垂直的平面的右半空间传播，永远不可能传播到平面的左半空间。

4）**超声速流场**（$v>c$）

在超声速流场中，微弱扰动波在 4 s 末的传播情况，如图 11.2(d)所示。由于 $v>c$，所以扰动波不仅不能逆流向上游传播，反而被气流带向扰动源的下游，所有扰动波面是自 O 点出发的圆锥面内的一系列内切球面，这个圆锥面称为马赫锥。随着时间的延续，球面扰动波不断向外扩大，但也只能在马赫锥内传播，永远不可能传播到马赫锥以外的空间。

马赫锥的半顶角，即圆锥的母线与气流速度方向之间的夹角，称为马赫角，用 α 表示。由图 11.2(d)可以容易地看出，马赫角 α 与马赫数 Ma 之间存在关系，即

$$\sin\alpha=\frac{c}{v}=\frac{1}{Ma} \tag{11.7}$$

或

$$\alpha=\arcsin\frac{1}{Ma}$$

上式表明：Ma 越大，α 越小；Ma 越小，α 越大。当 $Ma=1$ 时，$\alpha=90°$，达到马赫锥的极限位置，如图 11.2(c)所示的垂直分界面。当 $Ma<1$ 时，不存在马赫角，所以马赫锥的概念只在超声速、声速流场中才存在。

【例 11.1】 飞机在温度为 20 ℃的静止空气中飞行，测得飞机飞行的马赫角为 40.34°，空气的气体常数 $R=287\ \text{J/(kg}\cdot\text{K)}$，等熵指数 $k=1.4$，试求飞机的飞行速度。

【解】 由式(11.7)计算飞机飞行时的马赫数：

$$Ma=\frac{1}{\sin\alpha}=\frac{1}{\sin 40.34°}=1.54$$

由式(11.5)计算当地声速：

$$c=\sqrt{kRT}=\sqrt{1.4\times 287\times(273+20)}\ \text{m/s}=343.11\ \text{m/s}$$

由式(11.6)计算飞机的飞行速度：

$$v=Ma\times c=1.54\times 343.11\ \text{m/s}=528.39\ \text{m/s}$$

11.2 气体一维恒定流动的基本方程

1)连续性方程

由质量守恒定律

$$\rho vA=C \tag{11.8}$$

写成微分形式，得

$$\mathrm{d}(\rho vA)=\rho v\mathrm{d}A+vA\mathrm{d}\rho+\rho A\mathrm{d}v=0$$

或

$$\frac{\mathrm{d}\rho}{\rho}+\frac{\mathrm{d}v}{v}+\frac{\mathrm{d}A}{A}=0 \tag{11.9}$$

2)运动微分方程

引用第 3 章在推导理想流体元流伯努利方程时得到的方程式(3.24)：

$$g\mathrm{d}z+\frac{1}{\rho}\mathrm{d}p+\mathrm{d}\left(\frac{u^2}{2}\right)=0$$

由于气体的密度很小，可忽略质量力的影响，取 $g\mathrm{d}z=0$。同时，由气流平均流速 v 代替点流速 u，则上式可简化为

$$\frac{\mathrm{d}p}{\rho}+\mathrm{d}\left(\frac{v^2}{2}\right)=0$$

或

$$\frac{\mathrm{d}p}{\rho}+v\mathrm{d}v=0 \tag{11.10}$$

3)能量方程

对运动微分方程式(11.10)积分,就可得到理想气体一维恒定流动的能量方程,即

$$\int \frac{\mathrm{d}p}{\rho} + \frac{v^2}{2} = C \tag{11.11}$$

通常气体的密度不是常数,而是压强和温度的函数,为积分式(11.11),需要补充热力过程方程和气体状态方程。

(1)定容过程

定容过程是指比容 v 保持不变的热力过程,过程方程:$v = C$。因 $v = 1/\rho$,故定容过程密度不变。对式(11.11)积分,得定容过程能量方程为

$$\frac{p}{\rho} + \frac{v^2}{2} = C \tag{11.12}$$

(2)等温过程

等温过程是指温度 T 保持不变的热力过程,过程方程:$T = C$。由气体状态方程 $p/\rho = RT$,得 $\rho = p/RT$,代入式(11.11)得等温过程能量方程为

$$\frac{p}{\rho}\ln p + \frac{v^2}{2} = C \tag{11.13}$$

或

$$RT\ln p + \frac{v^2}{2} = C \tag{11.14}$$

(3)等熵过程

绝热过程是指与外界没有热交换的热力过程。可逆的绝热过程或理想气体的绝热过程是等熵过程,过程方程:$p/\rho^k = C$。将 $\rho = p^{1/k}C^{-1/k}$,代入积分式 $\int \frac{\mathrm{d}p}{\rho}$,得:

$$\int \frac{\mathrm{d}p}{\rho} = C^{1/k}\int \frac{\mathrm{d}p}{p^{1/k}} = \frac{k}{k-1}\frac{p}{\rho}$$

将上式代入式(11.11),得等熵过程能量方程:

$$\frac{k}{k-1}\frac{p}{\rho} + \frac{v^2}{2} = C \tag{11.15}$$

或

$$\frac{kRT}{k-1} + \frac{v^2}{2} = C \tag{11.16}$$

或

$$\frac{c^2}{k-1} + \frac{v^2}{2} = C \tag{11.17}$$

或

$$\frac{1}{k-1}\frac{p}{\rho} + \frac{p}{\rho} + \frac{v^2}{2} = C \tag{11.18}$$

式(11.15)~式(11.18)均为理想气体一维恒定等熵流动的能量方程。

在不可压缩流动中,单位质量理想流体具有的位能、压能和动能之和保持不变,即

$$zg + \frac{p}{\rho} + \frac{v^2}{2} = C$$

在可压缩等熵流动中,位能相对压能和动能来说很小,可以略去。而考虑到能量转换中有热能参与,故存在内能一项,即为式(11.18)中的$\frac{1}{k-1}\frac{p}{\rho}$。上述表明可压缩气体作等熵流动,单位质量气体具有的内能、压能和动能之和保持不变。

需要注意的是,理想气体一维恒定等熵流动的能量方程不仅适用于可逆的绝热流动,也适用于不可逆的绝热流动。因为在绝热流动过程中,摩擦损失的存在只会导致气流中不同形式能量的重新分配,即一部分机械能不可逆地转化为热能,而绝热流动中的总能量始终保持不变,因而能量方程的形式不变。

【例 11.2】 空气在管道内作恒定等熵流动,已知进口状态参数:$t_1 = 62$ ℃,$p_1 = 650$ kPa,$A_1 = 0.001$ m^2;出口状态参数:$p_2 = 452$ kPa,$A_2 = 5.12 \times 10^{-4}$ m^2。试求空气的质量流量 Q_m。

【解】 由气体状态方程,得

$$\rho_1 = \frac{p_1}{RT_1} = \frac{650 \times 10^3}{287 \times (273 + 62)} \text{kg/m}^3 = 6.76 \text{ kg/m}^3$$

由等熵过程方程,得

$$\rho_2 = \rho_1 \left(\frac{p_2}{p_1}\right)^{\frac{1}{k}} = 6.76 \times \left(\frac{452 \times 10^3}{650 \times 10^3}\right)^{\frac{1}{1.4}} \text{kg/m}^3 = 5.21 \text{ kg/m}^3$$

由连续性方程,得

$$v_1 = \frac{\rho_2 A_2 v_2}{\rho_1 A_1} = \frac{5.21 \times 5.12 \times 10^{-4}}{6.76 \times 1 \times 10^{-3}} v_2 = 0.395 v_2$$

由等熵过程能量方程,得

$$\frac{k}{k-1}\frac{p_1}{\rho_1} + \frac{v_1^2}{2} = \frac{k}{k-1}\frac{p_2}{\rho_2} + \frac{v_2^2}{2}$$

$$\frac{1.4}{1.4-1}\frac{650 \times 10^3}{6.76} + \frac{(0.395 v_2)^2}{2} = \frac{1.4}{1.4-1}\frac{452 \times 10^3}{5.21} + \frac{v_2^2}{2}$$

解得

$$v_2 = 279.19 \text{ m/s}$$

质量流量:

$$Q_m = \rho_2 A_2 v_2 = 5.21 \times 5.12 \times 10^{-4} \times 279.19 \text{ kg/s} = 0.74 \text{ kg/s}$$

11.3 气体一维恒定流动的参考状态

在研究气体流动问题时,常以滞止状态、临界状态和极限状态作为参考状态。这是因为以参考状态及相应参数来分析和计算气体流动问题往往比较方便。

1)滞止状态

若气流速度按等熵过程滞止为0,则 $Ma=0$,此时的状态称为滞止状态,相应的参数称为滞止参数,用下标0表示。例如,用 p_0, T_0, ρ_0, c_0 分别表示滞止压强(总压)、滞止温度(总温)、滞止密度和滞止声速。当气体从大容积气罐内流出时,气罐内的气体状态可视为滞止状态,相应参数为滞止参数。

按滞止参数的定义,由绝热过程能量方程式(11.15)~式(11.17),可得任意断面的参数与滞止参数之间的关系:

$$\frac{k}{k-1}\frac{p}{\rho}+\frac{v^2}{2}=\frac{k}{k-1}\frac{p_0}{\rho_0}=C \tag{11.19}$$

$$\frac{kRT}{k-1}+\frac{v^2}{2}=\frac{kRT_0}{k-1}=C \tag{11.20}$$

$$\frac{c^2}{k-1}+\frac{v^2}{2}=\frac{c_0^2}{k-1}=C \tag{11.21}$$

为便于分析计算,常将式(11.20)改写为

$$\frac{T_0}{T}=1+\frac{k-1}{2}Ma^2 \tag{11.22}$$

由式(11.22),有

$$\frac{c_0}{c}=\left(\frac{T_0}{T}\right)^{\frac{1}{2}}=\left(1+\frac{k-1}{2}Ma^2\right)^{\frac{1}{2}} \tag{11.23}$$

根据等熵过程方程 $p/\rho^k=C$、状态方程 $p/\rho=RT$ 和式(11.22),不难导出

$$\frac{p_0}{p}=\left(\frac{T_0}{T}\right)^{\frac{k}{k-1}}=\left(1+\frac{k-1}{2}Ma^2\right)^{\frac{k}{k-1}} \tag{11.24}$$

$$\frac{\rho_0}{\rho}=\left(\frac{T_0}{T}\right)^{\frac{1}{k-1}}=\left(1+\frac{k-1}{2}Ma^2\right)^{\frac{1}{k-1}} \tag{11.25}$$

根据上述4个公式,在已知滞止参数和马赫数 Ma 时,可求得气流在任意状态下的各参数;在已知气流状态参数时,也可求得滞止参数。其中,式(11.22)和式(11.23)适用于绝热流动,而式(11.24)和式(11.25)仅适用于等熵过程。

2)临界状态

根据能量方程式(11.21),得

$$\frac{c^2}{k-1}+\frac{v^2}{2}=\frac{c_0^2}{k-1}=C=\frac{v_{max}^2}{2}$$

上式表明,在气体的绝热流动过程中,随着气流速度的增大,当地声速减小,当气流被加速到极限速度 v_{max} 时,当地声速下降到零;而当气流速度被滞止到零时,当地声速则上升到滞止声速 c_0。因此,在气流速度由小变大和当地声速由大变小的过程中,必定会出现气流速度 v 恰好等于当地声速 c,即 $Ma=1$ 的状态,这个状态称为临界状态,相应的参数称为临界参数,用下标*表示。例如,用 p_*, ρ_*, T_*, c_* 分别表示临界压强、临界密度、临界温度和临界声速。

将 $Ma=1$ 分别代入式(11.22)~式(11.25),可得

$$\frac{T_*}{T_0}=\frac{2}{k+1} \tag{11.26}$$

$$\frac{c_*}{c_0}=\left(\frac{2}{k+1}\right)^{\frac{1}{2}} \tag{11.27}$$

$$\frac{p_*}{p_0}=\left(\frac{2}{k+1}\right)^{\frac{k}{k-1}} \tag{11.28}$$

$$\frac{\rho_*}{\rho_0}=\left(\frac{2}{k+1}\right)^{\frac{1}{k-1}} \tag{11.29}$$

对于 $k=1.4$ 的气体,各临界参数与滞止参数的比值分别为

$$\frac{T_*}{T_0}=0.8333;\quad \frac{c_*}{c_0}=0.9129;$$

$$\frac{p_*}{p_0}=0.5283;\quad \frac{\rho_*}{\rho_0}=0.6339$$

3)极限状态

若气体热力学温度降为0,其能量全部转化为动能,则气流的速度将达到最大值 $v_{\max}$,此时的状态称为极限状态。由式(11.21),得

$$\frac{c^2}{k-1}+\frac{v^2}{2}=\frac{v_{\max}^2}{2}=\frac{c_0^2}{k-1}$$

即

$$v_{\max}=\sqrt{\frac{2}{k-1}}c_0 \tag{11.30}$$

最大速度 $v_{\max}$ 是气流所能达到的极限速度。它只是理论上的极限值,实际上是不可能达到的,因为真实气体在达到该速度之前就已经液化了。

11.4 气流参数与通道截面积的关系

由运动微分方程式 $\frac{\mathrm{d}p}{\rho}+v\mathrm{d}v=0$ 和声速公式 $c=\sqrt{\frac{\mathrm{d}p}{\mathrm{d}\rho}}$,可得

$$v\mathrm{d}v=-\frac{\mathrm{d}p}{\rho}=-\frac{\mathrm{d}p}{\mathrm{d}\rho}\frac{\mathrm{d}\rho}{\rho}=-c^2\frac{\mathrm{d}\rho}{\rho}$$

则

$$\frac{\mathrm{d}\rho}{\rho}=-\frac{v\mathrm{d}v}{c^2}=-Ma^2\frac{\mathrm{d}v}{v} \tag{11.31}$$

将式(11.31)代入等熵过程方程的微分式 $\frac{\mathrm{d}p}{\mathrm{d}\rho}=k\frac{p}{\rho}$,得

$$\frac{\mathrm{d}p}{p}=k\frac{\mathrm{d}\rho}{\rho}=-kMa^2\frac{\mathrm{d}v}{v} \tag{11.32}$$

将完全气体状态方程 $p/\rho=RT$ 写成微分式,得

$$\frac{\mathrm{d}p}{p}=\frac{\mathrm{d}\rho}{\rho}+\frac{\mathrm{d}T}{T}$$

再将式(11.31)与式(11.32)代入上式,整理得

$$\frac{\mathrm{d}T}{T}=\frac{\mathrm{d}p}{p}-\frac{\mathrm{d}\rho}{\rho}=-(k-1)Ma^2\frac{\mathrm{d}v}{v} \tag{11.33}$$

式(11.31)~式(11.33)表明:气流速度 v 的变化总是与参数 ρ,p,T 的变化相反。v 沿程增大,ρ,p,T 必沿程减小;v 沿程减小,则 ρ,p,T 必沿程增大。

为分析流动参数随通道截面积 A 的变化关系,将式(11.31)代入连续性方程的微分式(11.9),整理得

$$\frac{\mathrm{d}A}{A}=-\frac{\mathrm{d}v}{v}(1-Ma^2) \tag{11.34}$$

$$\frac{\mathrm{d}A}{A}=\frac{\mathrm{d}\rho}{\rho}\left(\frac{1-Ma^2}{Ma^2}\right) \tag{11.35}$$

$$\frac{\mathrm{d}A}{A}=\frac{\mathrm{d}p}{p}\left(\frac{1-Ma^2}{kMa^2}\right) \tag{11.36}$$

$$\frac{\mathrm{d}A}{A}=\frac{\mathrm{d}T}{T}\left[\frac{1-Ma^2}{(k-1)Ma^2}\right] \tag{11.37}$$

由式(11.34)可得出以下结论:

(1)亚声速气流($Ma<1$)

此时$(1-Ma^2)>0$,$\mathrm{d}A$ 与 $\mathrm{d}v$ 异号,即通道截面积沿程减小,速度将沿程增大;通道截面积沿程增大,速度将沿程减小。由此,亚声速气流的速度随通道截面积变化的趋势与不可压缩流动是一致的,但在量的关系上却不相同。不可压缩流体的速度与通道截面积成反比,而亚声速气流,$(1-Ma^2)<1$,速度绝对值的相对变化大于通道截面积的相对变化,Ma 越接近 1,二者的差别越大。所以,在高速的亚声速气流中,通道截面积的微小变化就会导致速度较大的变化。

(2)超声速气流($Ma>1$)

此时$(1-Ma^2)<0$,$\mathrm{d}A$ 与 $\mathrm{d}v$ 同号,即通道截面积沿程减小,速度将沿程减小;通道截面积沿程增大,速度将沿程增大。由此,超声速气流的速度随通道截面积变化的趋势与亚声速流动的情况正好相反。现通过分析式(11.35)来认识产生这种现象的原因。因 $Ma>1$,$\mathrm{d}A$ 与 $\mathrm{d}\rho$ 异号,且$\dfrac{Ma^2-1}{Ma^2}<1$,说明通道截面积若沿程减小,密度将沿程增大,且密度的相对增大值大于通道截面积的相对减小值。根据连续性方程 $\rho vA=C$,速度只能沿程减小。同理,若通道截面积沿程增大,则超声速气流的速度将沿程增大。表 11.1 给出了亚声速和超声速气流参数随通道截面积变化的关系。

表 11.1　气流参数与通道截面积的关系

参　数	$Ma<1$	$Ma>1$	渐缩渐扩喷管 $Ma<1$ 转 $Ma>1$ 渐缩渐扩扩压管 $Ma>1$ 转 $Ma<1$
喷管 $\mathrm{d}v>0,\mathrm{d}p<0$			Ma=1 Ma<1　Ma>1
扩压管 $\mathrm{d}v<0,\mathrm{d}p>0$			Ma=1 Ma>1　Ma<1

(3)声速气流($Ma=1$)

此时 $1-Ma^2=0,\mathrm{d}A=0$,说明声速只能出现在管道的最大或最小断面处。当通道截面积沿程增大时,亚声速气流的速度将沿程减小,在最大断面处不可能达到声速;超声速气流的速度将沿程增大,最大断面处也不可能达到声速。因此,声速流动不可能出现在最大断面处。然而,当通道截面积沿程减小时,亚声速气流的速度将沿程增大,在最小断面处流速达到最大值,在一定的条件下该最大值可能达到声速;超声速气流的速度将沿程减小,在最小断面处流速达到最小值,在一定的条件下该最小值也可能达到声速。因此,声速流动只可能出现在最小断面处。

由以上讨论可知,亚声速气流通过渐缩管段是不可能达到超声速的,要想获得超声速流动必须使亚声速气流先通过渐缩管段并在最小断面处达到声速,然后再在扩张管道中继续加速到超声速。同理,超声速气流通过渐缩管段是不可能达到亚声速的,要想获得亚声速流动必须使超声速气流先通过渐缩管段并在最小断面处达到声速,然后再在扩张管道中继续减速增压到亚声速。

前面定性地讨论了通道截面积对气流参数的影响,下面进一步考虑其定量关系。根据连续性方程,有

$$\rho vA=\rho_* c_* A_*$$

式中　A_*——临界面积。

上式可改写为

$$\frac{A}{A_*}=\frac{\rho_*}{\rho}\frac{c_*}{v}=\frac{\rho_*}{\rho_0}\frac{\rho_0}{\rho}\frac{c_*}{c}\frac{c}{v}$$

因

$$\frac{\rho_*}{\rho_0}=\left(\frac{2}{k+1}\right)^{\frac{1}{k-1}}$$

$$\frac{\rho_0}{\rho}=\left(1+\frac{k-1}{2}Ma^2\right)^{\frac{1}{k-1}}$$

$$\frac{c_*}{c}=\left(\frac{T_*}{T}\right)^{\frac{1}{2}}=\left(\frac{T_*}{T_0}\frac{T_0}{T}\right)^{\frac{1}{2}}=\left[\frac{2}{k+1}\left(1+\frac{k-1}{2}Ma^2\right)\right]^{\frac{1}{2}}$$

$$\frac{c}{v}=\frac{1}{Ma}$$

代入前式,经整理后得

$$\frac{A}{A_*}=\frac{1}{Ma}\left[\frac{2}{k+1}\left(1+\frac{k-1}{2}Ma^2\right)\right]^{\frac{k+1}{2(k-1)}} \tag{11.38}$$

对于空气,$k=1.4$,代入上式,得

$$\frac{A}{A_*}=\frac{(1+0.2Ma^2)^3}{1.728Ma} \tag{11.39}$$

式(11.38)和式(11.39)为面积比与马赫数的关系式。由某断面的面积与临界面积的比值,可以确定出该断面的马赫数,从而确定出其他流动参数。

11.5 喷 管

喷管是利用其截面积的变化和流体压力的下降而使流体加速的管道。气体和蒸汽通过喷管喷出时流速可达每秒几十米,甚至几百米、上千米,而喷管自身的长度往往有限,只有几厘米或几十厘米。因此,气体流经喷管经历的时间就极短,通常来不及与外界进行热交换,这就是喷管中进行的过程可以视为绝热流动的原因。

如图 11.3 所示,喷管按其外形,可分为 3 大类:渐缩喷管、渐扩喷管、渐缩渐扩喷管(缩放喷管)。

①渐缩喷管:当进入喷管的气流为亚声速流($Ma<1$)时,为使气流速度增加,在气流流动方向上喷管的截面积必须由大到小变化,这类喷管称为渐缩喷管。

②渐扩喷管:当进入喷管的气流为超声速流($Ma>1$)时,为使气流速度增加,在气流流动方向上喷管的截面积必须由小到大变化,这类喷管称为渐扩喷管。

③渐缩渐扩喷管(缩放喷管):如需将喷管进口的亚声速气流加速到出口的超声速气流,则喷管的截面积需先经渐缩段,再转变为渐扩段,相当于将上述两类喷管连接成一个整体。在喷管的收缩部分,气流在亚音速范围内流动。收缩与扩张之间的最小截面处称为喉部,此处气流速度刚好达到当地声速,这类喷管称为渐缩渐扩喷管,或简称缩放喷管,也称拉伐尔喷管。

喷管被广泛应用于蒸汽轮机、燃气轮机等动力设备中,在其他设备中也有广泛的用途,如各类设备中的喷嘴就是一例。

下面介绍渐缩喷管和缩放喷管的流量计算。

11.5.1 渐缩喷管

假设气流从大容器经渐缩喷管等熵流出,如图 11.3 所示。由于容器很大,可近似地把容器中的气体看成是静止的,即容器中的气体处于滞止状态,滞止参数分别为 ρ_0,p_0 和 T_0,喷管出口断面(在喷管内)的参数设为 ρ_e,p_e 和 T_e,喷管出口外的气体压强 p_b 称为背压(环境压强)。

对大容器内的 0—0 断面和喷管出口 1—1 断面列能量方程,得

$$\frac{kRT_0}{k-1}=\frac{kRT_e}{k-1}+\frac{v_e^2}{2}$$

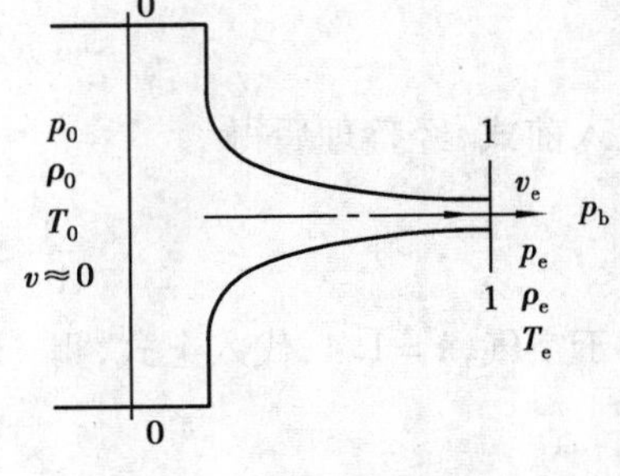

图 11.3 渐缩喷管

则

$$v_e=\sqrt{\frac{2k}{k-1}RT_0\left(1-\frac{T_e}{T_0}\right)} \tag{11.40}$$

根据状态方程

$$RT_0=\frac{p_0}{\rho_0}$$

利用等熵条件

$$\frac{T_e}{T_0}=\left(\frac{p_e}{p_0}\right)^{k-\frac{1}{k}}$$

因此,式(11.40)还可写成

$$v_e=\sqrt{\frac{2k}{k-1}\frac{p_0}{\rho_0}\left[1-\left(\frac{p_e}{p_0}\right)^{k-\frac{1}{k}}\right]} \tag{11.41}$$

则,质量流量

$$Q_m=\rho_e v_e A_e=\rho_0\left(\frac{p_e}{p_0}\right)^{\frac{1}{k}}v_e A_e=\rho_0 A_e\sqrt{\frac{2k}{k-1}\frac{p_0}{\rho_0}\left[\left(\frac{p_e}{p_0}\right)^{\frac{2}{k}}-\left(\frac{p_e}{p_0}\right)^{\frac{k+1}{k}}\right]} \tag{11.42}$$

由式(11.42)可知,对于给定的气体,当滞止参数和喷管的出口断面积不变时,喷管的质量流量 Q_m 只随压强比 p_e/p_0 变化。而实际上,Q_m 的变化取决于 p_b/p_0,其关系曲线为图 11.4 中的实线 abc(虚线部分实际上达不到)。

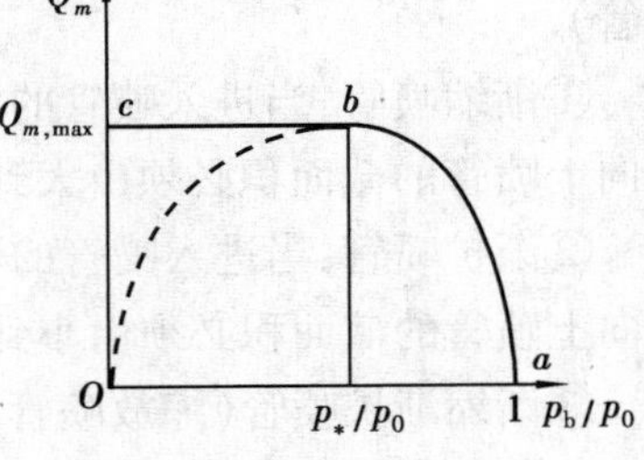

图 11.4 流量与压强比关系

下面分几种情况讨论质量流量 Q_m 随压强的变化规律:

(1)$p_0=p_b$

由于喷管两端无压差,气体不流动,$Q_m=0$。出口压强 $p_e=p_b$。

(2)$p_0>p_b>p_*$

气体经渐缩喷管,压强沿程减小,出口压强 $p_e=p_b>p_*$。流速沿程增大,但在管出口处未能达到声速,$v_e<c$。喷管出口的流速和流量可按式(11.41)和式(11.42)计算。

(3)$p_0>p_b=p_*$

气体经渐缩喷管加速后,在出口达到声速,$v_e=c_*$,即 $Ma=1$。此时,出口流速达最大值 $v_{e,\max}$,流量达最大值 $Q_{m,\max}$。出口压强 $p_e=p_b=p_*$。由式(11.28),得

$$\frac{p_e}{p_0}=\frac{p_*}{p_0}=\left(\frac{2}{k+1}\right)^{\frac{k}{k-1}}$$

将上式代入式(11.41)和式(11.42)中,可得渐缩喷管出口断面的最大流速 $v_{e,\max}$ 和喷管内的最大质量流量 $Q_{m,\max}$,即

$$v_{e,\max}=c_*=\sqrt{\frac{2k}{k+1}\frac{p_0}{\rho_0}} \tag{11.43}$$

$$Q_{m,\max}=A_e\sqrt{kp_0\rho_0}\left(\frac{2}{k+1}\right)^{\frac{k+1}{2(k-1)}} \tag{11.44}$$

(4) $p_0>p_*>p_b$

由于亚声速气流经渐缩喷管不可能达到超声速，故气流在喷管出口处的速度仍为声速，$v_{e,\max}=c_*$，出口处的压强仍为临界压强，$p_e=p_*>p_b$。此时，因渐缩喷管出口断面处已达临界状态，出口断面外存在的压差扰动不可能向喷管内逆流传播，故气流从出口处的压强 p_* 降至背压 p_b 的过程只能在喷管外完成，这就是质量流量 Q_m 不完全按照式(11.42)变化的根本原因。

综上所述，当容器中的气体压强 p_0 一定时，随着背压的降低，渐缩喷管内的质量流量将增大，当背压下降到临界压强时，喷管内的质量流量达最大值，若再降低背压，流量也不会增加。我们把这种背压小于临界压强时，管内质量流量不再增大的状态称为喷管的壅塞状态。

【例 11.3】 已知大容积空气罐内的压强 $p_0=200\ \text{kPa}$，温度 $T_0=300\ \text{K}$，空气经一个渐缩喷管出流，喷管出口面积 $A_e=50\ \text{cm}^2$，试求：环境背压 p_b 分别为 100 kPa 和 150 kPa 时，喷管的质量流量 Q_m。

【解】 ①环境背压为 100 kPa 时：

$$\frac{p_b}{p_0}=\frac{100\times10^3}{200\times10^3}=0.5<0.528\,3=\frac{p_*}{p_0}$$

渐缩喷管出口处达到声速，即临界状态，$v_e=c_*$。

$$T_*=0.833\,3T_0=0.833\,3\times300\ \text{K}=249.99\ \text{K}$$

$$v_e=c_*=\sqrt{kRT_*}=\sqrt{1.4\times287\times249.99}\ \text{m/s}=316.93\ \text{m/s}$$

$$\rho_e=\rho_*=\frac{p_*}{RT_*}=\frac{0.528\,3\times200\times10^3}{287\times249.99}\ \text{kg/m}^3=1.47\ \text{kg/m}^3$$

$$Q_m=\rho_e v_e A_e=1.47\times316.93\times50\times10^{-4}\ \text{kg/s}=2.33\ \text{kg/s}$$

②环境背压为 150 kPa 时：

$$\frac{p_b}{p_0}=\frac{150\times10^3}{200\times10^3}=0.75>0.528\,3=\frac{p_*}{p_0}$$

渐缩喷管出口处不可能达到声速，$v_e<c$，$p_e=p_b$。

$$\rho_0=\frac{p_0}{RT_0}=\frac{200\times10^3}{287\times300}\ \text{kg/m}^3=2.32\ \text{kg/m}^3$$

由等熵过程方程，得

$$\rho_e=\rho_0\left(\frac{p_e}{p_0}\right)^{\frac{1}{k}}=2.32\times\left(\frac{150\times10^3}{200\times10^3}\right)^{\frac{1}{1.4}}\ \text{kg/m}^3=1.89\ \text{kg/m}^3$$

由等熵过程能量方程，得

$$\frac{k}{k-1}\frac{p_0}{\rho_0}=\frac{k}{k-1}\frac{p_e}{\rho_e}+\frac{v_e^2}{2}$$

$$v_e=\sqrt{\frac{2k}{k-1}\left(\frac{p_0}{\rho_0}-\frac{p_e}{\rho_e}\right)}=\sqrt{\frac{2\times1.4}{1.4-1}\left(\frac{200\times10^3}{2.32}-\frac{150\times10^3}{1.89}\right)}\ \text{m/s}=218.84\ \text{m/s}$$

$$Q_m=\rho_e v_e A_e=1.89\times218.84\times50\times10^{-4}\ \text{kg/s}=2.07\ \text{kg/s}$$

11.5.2 缩放喷管

前已述及,要想得到超声速气流,必须使亚声速气流先经过渐缩喷管加速,使其在最小断面处达到当地声速,再经扩张管道继续加速,才能得到超声速气流。我们把这种先收缩后扩张的喷管称为缩放喷管(拉伐尔喷管),喷管的最小断面称为喉部,如图 11.5 所示。缩放喷管是产生超声速流动的必要条件,对一给定的缩放喷管,若改变上下游压强比,喷管内的流动将发生相应的变化。下面讨论大容器内气流总压 p_0 不变,改变背压 p_b 时缩放喷管内的流动情况。

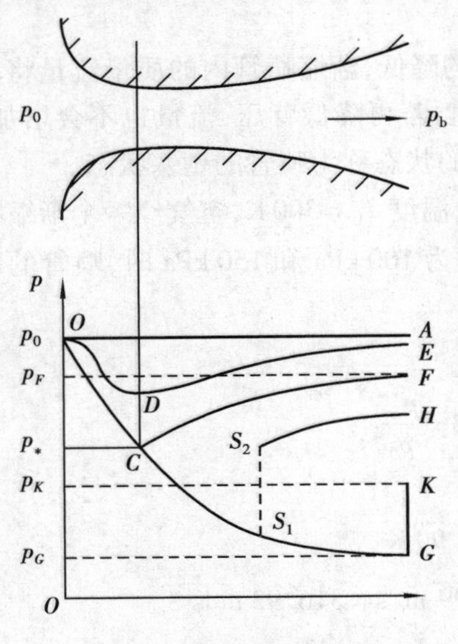

图 11.5 缩放喷管中的流动

(1) $p_0 = p_b$

喷管内无流动,喷管中各断面的压强均等于总压 p_0,如图 11.5 中直线 OA。此时的质量流量 $Q_m = 0$。

(2) $p_0 > p_b > p_F$

喷管中全部是亚声速气流,用于产生超声速气流的缩放喷管变成了普通的文丘里管,如图 11.5 中曲线 ODE 所示。此时的质量流量完全取决于背压 p_b,可利用式(11.42)计算。

(3) $p_F > p_b > p_K$

此时,在喉部下游的某一断面将出现正激波,气流经过正激波,超声速流动变为亚声速流动,压强发生突跃变化,如图 11.5 中曲线 OCS_1 和 S_2H 所示。

随着背压增大,扩张段中正激波向喉部移动。当 $p_b = p_F$ 时,正激波刚好移至喉部断面,但此时的激波已退化为一道微弱压缩波,喉部的声速气流受到微弱压缩后变为亚声速气流,除喉部以外其余管段均为亚声速流动,如图 11.5 中曲线 OCF 所示。

随着背压下降,扩张段中正激波向喷管出口移动。当 $p_b = p_K$ 时,正激波刚好移至出口断面,这时扩张段中全部为超声速流动。超声速气流通过激波后,压强由波前的 p_G 突跃为波后的 p_K,以适应高背压的环境条件,如图 11.5 中曲线 $OCGK$ 所示。

(4) $p_K > p_b > p_G$

喷管扩张段中全部为超声速流动,压强分布曲线如图11.6中的 OCG 所示。但在出口,压强为 p_G 的超声速气流进入压强大于 p_G 的环境背压中,将受到高背压压缩,在管外形成斜激波,超声速气流经过激波后压强增大,与环境压强相平衡。

正激波和斜激波的知识已超过本书范围,在此不再详述。

(5) $p_b = p_G$

喷管扩张段内超声速气流连续地等熵膨胀,出口断面压强与背压相等,压强分布曲线如图 11.5 中的 OCG 所示。这正是用来产生超声速气流的理想情况,称为设计工况。

(6) $p_G > p_b > 0$

气流压强在缩放喷管中沿喷管轴向的变化规律,如图 11.5 中曲线 OCG 所示。但由于 $p_G > p_b$,喷管出口的超声速气流在出口外还需进一步降压膨胀。

以上(3) ~ (6)的质量流量均最大,按式(11.44)计算。

【例 11.4】　滞止温度 $T_0=773$ K 的过热蒸汽[$k=1.3,R=462$ J/(kg·K)]流经一个缩放喷管,喷管出口断面的设计参数为:压强 $p_e=9.8\times10^5$ Pa,马赫数 $Ma_e=1.39$,设计质量流量 $Q_m=8.5$ kg/s,试求:出口断面的温度 T_e,速度 v_e,面积 A_e 以及喉部面积 A_*。

【解】　蒸汽出口断面温度:

$$T_e=\frac{T_0}{1+\frac{k-1}{2}Ma_e^2}=\frac{773}{1+\frac{1.3-1}{2}\times1.39^2}\text{ K}=599.31\text{ K}$$

蒸汽出口断面速度:

$$v_e=Ma_e\times c_e=Ma_e\sqrt{kRT_e}=1.39\times\sqrt{1.3\times462\times599.31}\text{ m/s}=833.94\text{ m/s}$$

蒸汽出口断面密度:

$$\rho_e=\frac{p_e}{RT_e}=\frac{980\times10^3}{462\times599.31}\text{ kg/m}^3=3.54\text{ kg/m}^3$$

蒸汽出口断面面积:

$$A_e=\frac{Q_m}{\rho_e v_e}=\frac{8.5}{3.54\times833.94}\text{ cm}^2=28.79\text{ cm}^2$$

蒸汽的临界温度:

$$T_*=\frac{2}{k+1}T_0=\frac{2}{1.3+1}\times773\text{ K}=672.17\text{ K}$$

蒸汽的临界流速:

$$v_*=c_*=\sqrt{kRT_*}=\sqrt{1.3\times462\times672.17}\text{ m/s}=635.38\text{ m/s}$$

蒸汽的临界密度:

$$\rho_*=\rho_e\left(\frac{T_*}{T_e}\right)^{\frac{1}{k-1}}=3.54\times\left(\frac{672.17}{599.31}\right)^{\frac{1}{1.3-1}}\text{ kg/m}^3=5.19\text{ kg/m}^3$$

喉部面积:

$$A_*=\frac{Q_m}{\rho_* v_*}=\frac{8.5}{5.19\times635.38}\text{ cm}^2=25.78\text{ cm}^2$$

11.6　扩压管

扩压管是利用其截面积的变化和流体流速的下降而使流体压力升高的管道。扩压管有与喷管相类似的性质,流体在扩压管中的流动过程也同样可视为绝热流动过程。

如图 11.3 所示,扩压管按其外形也可分为 3 大类:渐缩扩压管、渐扩扩压管、渐缩渐扩扩压管。

①渐缩扩压管:当进入扩压管的气流为超声速流($Ma>1$)时,为使气流压力增加,在气流流动方向上扩压管的截面积必须由大到小变化,这类扩压管称为渐缩扩压管。在实际生产、生活中难以见到,其出口气流速度最低只能减到当地音速。

②渐扩扩压管:当进入扩压管的气流为亚声速流($Ma<1$)时,为使气流压力增加,在气流

流动方向上扩压管的截面积必须由小到大变化，这类扩压管称为渐扩扩压管。此类扩压管在实际生产、生活中十分常见，如离心式压缩机、离心式风机、离心泵等，其出口段管道就是这种渐扩型扩压管。

③渐缩渐扩扩压管：如需将扩压管进口的超声速气流降到出口的亚声速气流，则扩压管的截面积需先经过渐缩段，然后转变为渐扩段，这类扩压管称为渐缩渐扩扩压管。

此类扩压管在实际生产、生活中难以见到。

与喷管的要求不同，扩压管通常是在已知进口参数、进口速度 v_1 及出口速度 v_2 的情况下，要求计算出口压力。扩压管出口压力 p_2 与进口压力 p_1 的比值 p_2/p_1 表示扩压的程度，称为扩压比。由能量方程式(11.16)可得

$$\frac{kRT_1}{k-1}+\frac{v_1^2}{2}=\frac{kRT_2}{k-1}+\frac{v_2^2}{2}$$

整理可得

$$\frac{T_2}{T_1}=1+\frac{(k-1)(v_1^2-v_2^2)}{2kRT_1}$$

则扩压比

$$\frac{p_2}{p_1}=\left(\frac{T_2}{T_1}\right)^{\frac{k}{k-1}}=\left(1+\frac{(k-1)(v_1^2-v_2^2)}{2kRT_1}\right)^{\frac{k}{k-1}}$$

从上式可知，在一定的进口参数下，扩压管中动能的降低越多，则扩压比越大。

喷管与扩压管除有各自的用途外，在工程实际中，还将两者联合使用组成用途独特的设备——喷射泵或称蒸汽引射器，用来压缩低压气体或将设备抽成具有一定真空度的负压设备。如图 11.6 所示的蒸汽引射器，其工作原理如下：高压(p_1)工作蒸汽进入喷管，在其中进行绝热膨胀而成为低压(p_2)高速气流，将外界低压气体吸入混合室，或使与其相连的设备被抽成具有一定真空度的负压，混合后的低压蒸汽流仍具有较高的速度，通过扩压管减速增压后将得到具有中间压力(p_3)的蒸汽。3 个压力的关系为

$$p_1>p_3>p_2$$

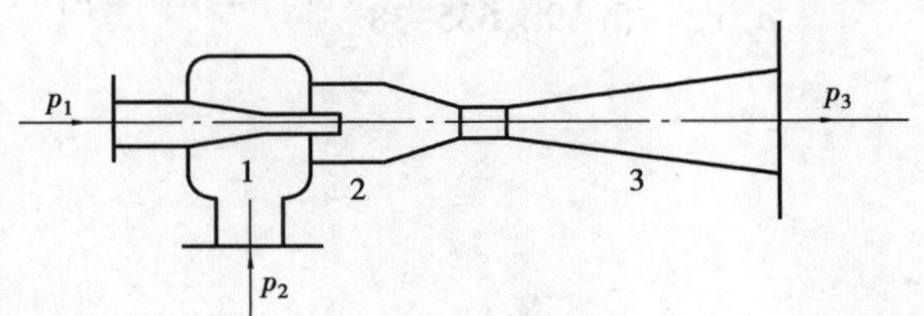

图 11.6　蒸汽引射器示意图

1—喷管；2—混合室；3—扩压管

引射器的构造简单，没有转动部件，使用方便，易于保养，各种引射器在工程中得到了广泛的应用，有关引射器的热力计算将在专业书籍中进行介绍。

11.7　等截面有摩擦的绝热管流

用管道输送气体，在工程中应用极为广泛，如煤气管道、高压蒸汽管道等。由于实际气体具有黏滞性，当其在管道中流动时，会产生摩擦损失，将一部分机械能不可逆地转换成热能。同时，实际工程中的一些输气管道很短，且有保温措施，可近似地将管道内的气体流动看成绝热过程。因此，讨论有摩擦的绝热管流对解决工程问题具有实际意义。

11.7.1　摩擦对流速变化的影响

在等截面直圆管中取长度为 dx 的微元管段作为控制体，如图 11.7 所示。对控制体内的气流沿运动方向列动量方程，有

$$pA-(p+dp)A-dp_fA=\rho vA[(v+dv)-v]$$

式中　v——截面上的平均流速；

A——管道截面积；

dp_f——管段上因摩擦造成的压强损失。

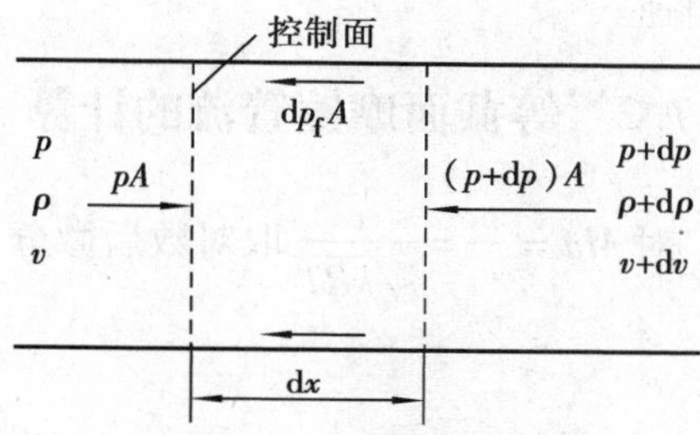

图 11.7　有摩擦的绝热管流

整理上式得

$$vdv+\frac{dp}{\rho}+\frac{dp_f}{\rho}=0 \tag{11.45}$$

若用 λ 表示 dx 管段上的沿程阻力系数，则

$$dp_f=\lambda\frac{dx}{D}\frac{\rho v^2}{2}$$

将上式代入式(11.45)，化简得

$$vdv+\frac{dp}{\rho}+\lambda\frac{dx}{D}\frac{v^2}{2}=0 \tag{11.46}$$

式(11.46)即为等截面摩擦管流的运动方程。

对气体状态方程取微分，得

$$dp=R(\rho dT+Td\rho)$$

$$\frac{dp}{\rho}=RdT+RT\frac{d\rho}{\rho}$$

根据连续性方程式(11.9)，并注意到等截面管 $dA=0$，得

$$\frac{d\rho}{\rho}+\frac{dv}{v}=0$$

则

$$\frac{dp}{\rho}=RdT-RT\frac{dv}{v} \tag{11.46a}$$

在有摩擦的绝热流动中，仍可应用能量方程，对式(11.16)取微分得

$$\frac{kR}{k-1}dT+vdv=0 \tag{11.46b}$$

联解式(11.46a)与式(11.46b),化简得

$$\frac{\mathrm{d}p}{\rho}=-\frac{k-1}{k}v\mathrm{d}v-\frac{c^2}{k}\frac{\mathrm{d}v}{v}$$

将上式代入式(11.46),整理得

$$(Ma^2-1)\frac{\mathrm{d}v}{v}=-\lambda\frac{\mathrm{d}x}{D}\frac{kMa^2}{2} \tag{11.47}$$

式(11.47)中 λ,k,Ma^2 和 $\mathrm{d}x/D$ 均为正值,故等式右端恒为负值。若 $Ma<1$,则 $\mathrm{d}v>0$;若 $Ma>1$,则 $\mathrm{d}v<0$;若 $Ma=1$,则 $\mathrm{d}v=0$,$\mathrm{d}x=0$。由此可以得出结论:在等截面管道的绝热流动中,管壁的摩擦作用将使亚声速气流加速,超声速气流减速。但由于临界状态只可能在管道出口处达到,故亚声速气流不可能连续地加速至超声速,超声速气流不可能连续地减速至亚声速。

11.7.2 等截面摩擦管流的计算

对 $Ma=\frac{v}{c}=\frac{v}{\sqrt{kRT}}$ 取对数后微分,得

$$\frac{\mathrm{d}Ma}{Ma}=\frac{\mathrm{d}v}{v}-\frac{1}{2}\frac{\mathrm{d}T}{T} \tag{11.48}$$

将能量方程的微分式(11.46b)除以 $v^2=Ma^2kRT$,得

$$\frac{1}{(k-1)Ma^2}\frac{\mathrm{d}T}{T}+\frac{\mathrm{d}v}{v}=0 \tag{11.49}$$

联解式(11.48)与式(11.49),整理得

$$\frac{\mathrm{d}v}{v}=\frac{1}{1+\frac{k-1}{2}Ma^2}\frac{\mathrm{d}Ma}{Ma} \tag{11.50}$$

将式(11.50)代入式(11.47),整理得

$$\lambda\frac{\mathrm{d}x}{D}=\frac{2(1-Ma^2)\mathrm{d}Ma}{kMa^3\left(1+\frac{k-1}{2}Ma^2\right)} \tag{11.51}$$

设截面 1,2 上的马赫数分别为 Ma_1,Ma_2,两截面间的距离为 L。对式(11.51)积分,即

$$\int_0^L\frac{\lambda}{D}\mathrm{d}x=\int_{Ma_1}^{Ma_2}\frac{2(1-Ma^2)}{kMa^3\left(1+\frac{k-1}{2}Ma^2\right)}\mathrm{d}Ma$$

$$\bar{\lambda}\frac{L}{D}=\frac{1}{k}\left(\frac{1}{Ma_1^2}-\frac{1}{Ma_2^2}\right)+\frac{k+1}{2k}\ln\left[\left(\frac{Ma_1}{Ma_2}\right)^2\frac{(k-1)Ma_2^2+2}{(k-1)Ma_1^2+2}\right] \tag{11.52}$$

式(11.52)中,$\bar{\lambda}=\frac{1}{L}\int_0^L\lambda\,\mathrm{d}x$,是按管长 L 平均的沿程阻力系数。

对式(11.50)积分,并利用等截面管流连续性方程 $\rho_1v_1=\rho_2v_2$,可得截面 1,2 之间的密度比和速度比,即

$$\frac{\rho_2}{\rho_1}=\frac{v_1}{v_2}=\frac{Ma_1}{Ma_2}\left[\frac{2+(k-1)Ma_2^2}{2+(k-1)Ma_1^2}\right]^{\frac{1}{2}} \tag{11.53}$$

将式(11.50)代入式(11.49),整理得

$$\frac{\mathrm{d}T}{T}=-\frac{(k-1)Ma}{1+\frac{k-1}{2}Ma^2}\mathrm{d}Ma$$

对上式积分可得截面1,2之间的温度比为

$$\frac{T_2}{T_1}=\frac{2+(k-1)Ma_1^2}{2+(k-1)Ma_2^2} \tag{11.54}$$

由气体状态方程可得截面1,2之间的压强比为

$$\frac{p_2}{p_1}=\frac{\rho_2}{\rho_1}\frac{T_2}{T_1}=\frac{Ma_1}{Ma_2}\left[\frac{2+(k-1)Ma_1^2}{2+(k-1)Ma_2^2}\right]^{\frac{1}{2}} \tag{11.55}$$

截面1,2之间的总压比为

$$\begin{aligned}\frac{p_{02}}{p_{01}}&=\frac{p_{02}}{p_2}\frac{p_2}{p_1}\frac{p_1}{p_{01}}\\&=\left(1+\frac{k-1}{2}Ma_2^2\right)^{\frac{k}{k-1}}\frac{Ma_1}{Ma_2}\left[\frac{2+(k-1)Ma_1^2}{2+(k-1)Ma_2^2}\right]^{\frac{1}{2}}\left(1+\frac{k-1}{2}Ma_1^2\right)^{-\frac{k}{k-1}}\\&=\frac{Ma_1}{Ma_2}\left[\frac{2+(k-1)Ma_2^2}{2+(k-1)Ma_1^2}\right]^{\frac{k+1}{2(k-1)}}\end{aligned} \tag{11.56}$$

将式(11.53)与式(11.55)代入熵方程,得

$$\begin{aligned}s_2-s_1&=\frac{R}{k-1}\ln\left[\frac{T_2}{T_1}\left(\frac{\rho_1}{\rho_2}\right)^{k-1}\right]\\&=R\ln\left\{\frac{Ma_2}{Ma_1}\left[\frac{2+(k-1)Ma_1^2}{2+(k-1)Ma_2^2}\right]^{\frac{k+1}{2(k-1)}}\right\}\end{aligned} \tag{11.57}$$

联解式(11.56)与式(11.57)得

$$\frac{p_{02}}{p_{01}}=\mathrm{e}^{-\frac{s_2-s_1}{R}} \tag{11.58}$$

由于$s_2-s_1>0$,故$p_{02}<p_{01}$,说明等截面摩擦管流的总压沿程下降,总压的下降意味着气流的可用机械能减少。

利用上面导出的式(11.53)~式(11.58)可以对等截面有摩擦的绝热管流进行计算,但必须注意,截面1,2之间的实际管长L不能超过下面要讨论的临界管长。

11.7.3 临界管长

根据上述分析知道,在等截面管道的绝热流动中,管壁的摩擦作用将使亚声速气流加速,超声速气流减速,沿流向气流马赫数总是朝$Ma=1$的临界状态变化。定义由马赫数Ma的状态连续变化至临界状态的管道长度称为临界管长,用L_*表示。令式(11.52)中的$Ma_1=Ma$,$Ma_2=1$,相应的$L=L_*$,则

$$\bar{\lambda}\frac{L_*}{D}=\frac{1}{k}\left(\frac{1}{Ma^2}-1\right)+\frac{k+1}{2k}\ln\left[\frac{(k+1)Ma^2}{2+(k-1)Ma^2}\right] \tag{11.59}$$

式(11.59)表明,给定一个马赫数Ma对应有一个确定的临界管长L_*。

①若实际管长 $L=L_*$，则管道出口处气流恰好达到临界状态，通过的流量达最大值。管道出口处的临界参数可利用式(11.53)～式(11.58)，令其中的 $Ma_2=1$ 进行计算。

②若实际管长 $L<L_*$，则管道出口处气流尚未达到临界状态，通过的流量也未达到最大流量。管道出口处的状态参数仍可利用式(11.53)～式(11.58)进行计算。

③若实际管长 $L>L_*$，则管道出口处仍保持临界状态，流量不会超过最大流量，而是小于或等于最大流量，这就是摩擦造成的壅塞现象。壅塞导致管内气体的流动十分复杂，这里不再详述。

【例 11.5】 用绝热良好的管道输送空气，管道直径 $D=0.1\ \text{m}$，平均沿程阻力系数 $\bar{\lambda}=0.02$，若管道进出口气流的马赫数分别为 $Ma_1=0.5$，$Ma_2=0.7$，试求所需的管长 L。

【解】 根据式(11.59)，与 $Ma_1=0.5$ 对应的临界管长为

$$
\begin{aligned}
L_{*1} &= \frac{D}{\bar{\lambda}}\left\{\frac{1}{k}\left(\frac{1}{Ma_1^2}-1\right)+\frac{k+1}{2k}\ln\left[\frac{(k+1)Ma_1^2}{(k-1)Ma_1^2+2}\right]\right\} \\
&= \frac{0.1}{0.02}\times\left\{\frac{1}{1.4}\left(\frac{1}{0.5^2}-1\right)+\frac{1.4+1}{2\times1.4}\ln\left[\frac{(1.4+1)\times0.5^2}{(1.4-1)\times0.5^2+2}\right]\right\}\text{m} \\
&= 5.35\ \text{m}
\end{aligned}
$$

与 $Ma_1=0.7$ 对应的临界管长为

$$
\begin{aligned}
L_{*2} &= \frac{D}{\bar{\lambda}}\left\{\frac{1}{k}\left(\frac{1}{Ma_2^2}-1\right)+\frac{k+1}{2k}\ln\left[\frac{(k+1)Ma_2^2}{(k-1)Ma_2^2+2}\right]\right\} \\
&= \frac{0.1}{0.02}\times\left\{\frac{1}{1.4}\left(\frac{1}{0.7^2}-1\right)+\frac{1.4+1}{2\times1.4}\ln\left[\frac{(1.4+1)\times0.7^2}{(1.4-1)\times0.7^2+2}\right]\right\}\text{m} \\
&= 1.04\ \text{m}
\end{aligned}
$$

所需管长

$$L=L_{*1}-L_{*2}=(5.35-1.04)\ \text{m}=4.31\ \text{m}$$

【例 11.6】 氮气[$k=1.4$，$R=296.8\ \text{J/(kg·K)}$]在直径 $D=0.2\ \text{m}$ 的等截面管道内做绝热流动，管道进口处压强 $p_1=300\ \text{kPa}$，温度 $T_1=313\ \text{K}$，速度 $v_1=550\ \text{m/s}$。已知平均沿程阻力系数 $\bar{\lambda}=0.02$，试求：①临界管长 L_*；②临界断面上的压强 p_2，温度 T_2 和速度 v_2。

【解】 ①氮气进口处马赫数

$$Ma_1=\frac{v_1}{c_1}=\frac{v_1}{\sqrt{kRT_1}}=\frac{550}{\sqrt{1.4\times296.8\times313}}=1.525$$

根据式(11.59)，与 $Ma_1=1.525$ 对应的临界管长为

$$
\begin{aligned}
L_{*} &= \frac{D}{\bar{\lambda}}\left\{\frac{1}{k}\left(\frac{1}{Ma_1^2}-1\right)+\frac{k+1}{2k}\ln\left[\frac{(k+1)Ma_1^2}{(k-1)Ma_1^2+2}\right]\right\} \\
&= \frac{0.2}{0.02}\times\left\{\frac{1}{1.4}\left(\frac{1}{1.525^2}-1\right)+\frac{1.4+1}{2\times1.4}\ln\left[\frac{(1.4+1)\times1.525^2}{(1.4-1)\times1.525^2+2}\right]\right\}\text{m} \\
&= 1.45\ \text{m}
\end{aligned}
$$

②根据式(11.53)、式(11.54)和式(11.55)，临界断面上的速度、温度、压强分别为

$$v_2=v_1\frac{Ma_2}{Ma_1}\left[\frac{2+(k-1)Ma_1^2}{2+(k-1)Ma_2^2}\right]^{\frac{1}{2}}$$

$$= 550 \times \frac{1}{1.525}\left[\frac{2+(1.4-1)\times 1.525^2}{2+(1.4-1)}\right]^{\frac{1}{2}}\ \text{m/s}$$

$$= 398.51\ \text{m/s}$$

$$T_2 = T_1\frac{2+(k-1)Ma_1^2}{2+(k-1)Ma_2^2}$$

$$= 313 \times \frac{2+(1.4-1)\times 1.525^2}{2+(1.4-1)}\text{K}$$

$$= 382.15\ \text{K}$$

$$p_2 = p_1\frac{Ma_1}{Ma_2}\left[\frac{2+(k-1)Ma_1^2}{2+(k-1)Ma_2^2}\right]^{\frac{1}{2}}$$

$$= 300\times 10^3 \times 1.525 \times \left[\frac{2+(1.4-1)\times 1.525^2}{2+(1.4-1)}\right]^{\frac{1}{2}}\ \text{kPa}$$

$$= 505.52\ \text{kPa}$$

习　题

11.1　分析理想气体绝热流动能量方程的各项意义,并与不可压缩流体能量方程比较。

11.2　分析理想气体一维恒定流动连续性方程的意义,并与不可压缩流体的连续性方程做比较。

11.3　说明当地速度 v,当地声速 c,滞止声速 c_0,临界声速 c_* 的意义及它们之间的关系。

11.4　为什么亚声速气流的速度随通道截面积的增大而减小,而超声速气流的速度却随通道截面积的增大而增大?

11.5　证明:亚声速气流进入渐缩喷管后,在渐缩喷管内不可能出现超声速流。

11.6　空气从 $p_1=10^5$ Pa,$T_1=278$ K 等熵地压缩为 $p_2=2\times10^5$ Pa,$T_2=388$ K,试求:p_{01}/p_{02}。

11.7　氦气[$k=1.67$,$R=207.7$ J/(kg·K)]做等熵流动,在管道断面1处,温度 $T_1=334$ K,速度 $v_1=65$ m/s,在管道断面两处,速度 $v_2=180$ m/s,试求:断面两处的 T_2 以及 p_2/p_1 的值。

11.8　大体积空气罐内的压强为 2×10^5 Pa,温度为57 ℃,空气经一个渐缩喷管出流,喷管出口面积为12 cm²,试求:在喷管外部环境的压强为 1.2×10^5 Pa 和 0.8×10^5 Pa 两种情况下喷管的质量流量 Q_m。

11.9　空气等熵地流过渐缩喷管,在断面积为 12.1×10^{-4} m² 处,当地流动参数分别为 $p=210$ kPa,$T=277$ K,$Ma=0.52$。若背压等于100 kPa,试求:出口断面的流动马赫数 Ma,质量流量 Q_m 和出口断面积 A_e。

11.10　氧气($k=1.4$)在渐缩管内作等熵流动,断面1处的马赫数 $Ma_1=0.3$,断面2处的马赫数 $Ma_2=0.7$,试求:面积比 A_2/A_1。

11.11　过热蒸汽[$k=1.33$,$R=462$ J/(kg·K)]在缩放喷管中流动,入口处的气流速度可忽略不计,其压强为 6×10^6 Pa,温度为743 K,测得某断面上的压强为 $p=2\times10^6$ Pa,直径为$d=10\ \text{mm}$，试求：该断面上的速度v，马赫数Ma和质量流量Q_m。

11.12 空气从气罐经缩放喷管流入背压为$p_e=0.981\times10^5\ \text{Pa}$的大气中，气罐内的气体压强$p_0=7\times10^5\ \text{Pa}$，温度$T_0=313\ \text{K}$，已知缩放喷管喉部的直径$d=25\ \text{mm}$，试求：①出口马赫数$Ma_2$；②喷管的质量流量$Q_m$；③喷管出口断面的直径$d_2$。

11.13 压强$p_1=1.8\times10^5\ \text{Pa}$，温度$T_1=288.5\ \text{K}$，马赫数$Ma_1=3$的空气在直径$D=10\ \text{cm}$的等截面管道内作绝热流动，距管道入口$1.8\ \text{m}$处$Ma_2=2$，试求该管道的平均摩擦阻力系数$\bar{\lambda}$及$Ma_2=2$处的气流速度$v_2$，温度$T_2$和压强$p_2$。

11.14 空气流经某扩压管，已知进口状态$p_1=0.1\ \text{MPa}$，$T_1=300\ \text{K}$，$v_1=500\ \text{m/s}$。在扩压管中定熵压缩，出口处的气流速度$v_2=50\ \text{m/s}$。问应采用什么形式的扩压管，并求出口压力。

12 湍流射流

射流是指从孔口或管嘴或缝隙中连续射出的一股具有一定尺寸的流体运动。在环境工程、给排水科学与工程、建筑环境与设备工程、热能与动力、交通运输、水利等工程领域中,会遇到大量的射流问题。本章主要介绍射流的一般属性,射流的流速场、温度场和浓度场。

12.1 射流的一般属性

12.1.1 射流的分类

射流可以按不同的特征进行分类,具体分类方式如下:

按流动形态,可分为层流射流和湍流射流。在实际工程中,遇到的多为湍流射流,所以本章只介绍湍流射流。

按射流周围介质(流体)的性质,可分为淹没射流和非淹没射流。若射流与周围介质的物理性质相同,则为淹没射流;若不相同,则为非淹没射流。

按射流周围固体边界的情况,可分为自由射流和非自由射流。若射流进入一个无限空间,完全不受固体边界限制,称为自由射流或无限空间射流;若进入一个有限空间,射流多少要受固体边界限制,称为非自由射流或有限空间射流。若射流的部分边界贴附在固体边界上,称为贴壁射流。若射流沿下游水体的自由表面(如河面或湖面)射出,称为表面射流。

按射流出流后继续运动的动力,可分为动量射流(简称射流)、浮力羽流(简称羽流)和浮力射流(简称浮射流)。若射流出口流速、动量较大,出流后继续运动的动力来自动量,称为动量射流。若射流出口流速、动量较小,出流后继续运动的动力主要来自浮力,称为浮力羽流。如密度较小的废水泄入含盐密度大的海水,烟囱的烟气排入大气等。因浮力形成的烟气流,犹如羽毛飘浮在空中,故称为羽流。若射流出流后继续运动的动力兼受动量和浮力的作用,称为浮力射流。在浮力射流出口附近一般动量占主要作用,而在远处浮力发挥主要作用,如火电站的冷却水排入河流中,污水排入密度较大的河口水体中。

按射流出口的断面形状,可分为圆形(轴对称)射流、平面(二维)射流、矩形(三维)射流等。

研究射流所要解决的主要问题有:确定射流扩展的范围,射流中流速分布及流量沿程变化;对于变密度、非等温和含有污染物质的射流,还要确定射流的密度分布、温度分布和污染物质的浓度分布。在分析讨论射流的有关计算之前,先介绍射流的形成及其属性。

12.1.2 射流的形成

以自由淹没湍流圆射流为例,如图 12.1 所示。射流进入无限大空间的静止流体中,由于湍流的脉动,卷吸周围静止流体进入射流,二者掺混向前运动。卷吸和掺混的结果,使射流的断面不断扩大,流速不断降低,流量则沿程增加。由于射流边界处的流动是一种间隙性的复杂运动,所以射流边界实际上是交错组成的不规则面。实际分析时,可按照统计平均意义将其视为直线。

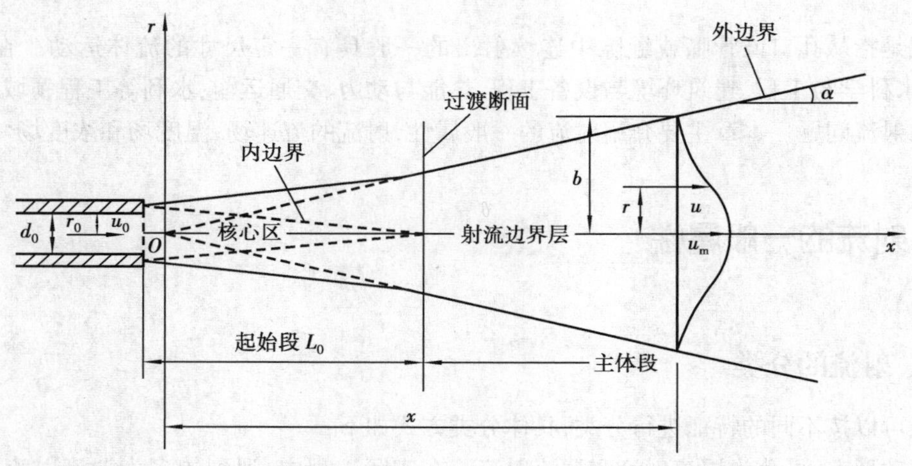

图 12.1 自由淹没湍流圆射流

射流在形成稳定的流动形态后,整个射流可分为以下几个区域:由管嘴出口开始,向内、外扩展的掺混区域,称为射流边界层;它的外边界与静止流体相接触,内边界与射流的核心区相接触。射流的中心部分,未受掺混的影响,仍保持为原出口速度的区域,称为射流核心区。从管嘴出口到核心区末端断面(称为过渡断面)之间的射流段,称为射流的起始段 L_0。起始段后的射流段,称为主体段。在主体段中,轴向流速沿流向逐渐减小,直至为零。

12.1.3 射流的特性

湍流淹没射流具有以下一些特性:

①射流边界层的宽度小于射流的长度。

②在射流边界层的任何断面上,横向分速度远比纵向(轴向)分速度小得多,可以认为射流速度就等于它的纵向分速度。

③射流边界层的内外边界都是直线扩展的(严格地讲,是统计平均的意义)。当主体段的外边界线延长交于轴线上 O 点,称为射流源或极点。外边界线与轴线的夹角称为扩展角或极

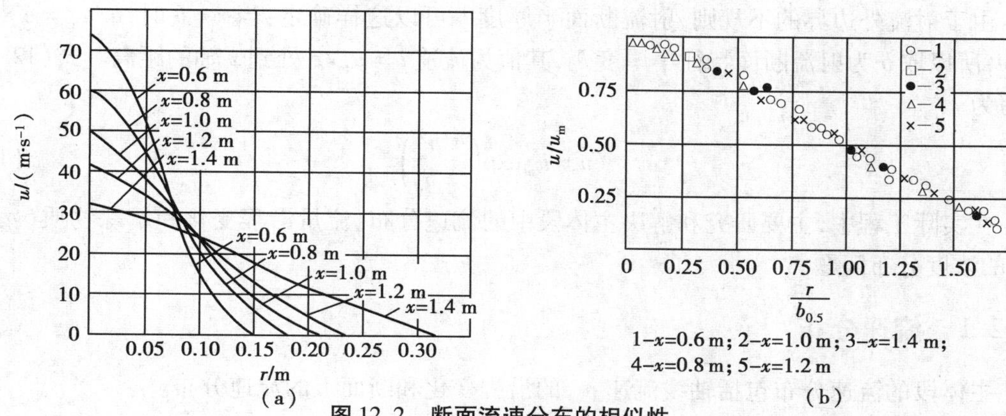

图 12.2 断面流速分布的相似性

角,用 α 表示,则有 $b/x=\tan\alpha=$常数。式中,b 为射流主体段距坐标原点距离 x 处断面的半径(断面半厚度或射流边界层厚度)。

④射流各断面上纵向流速分布具有相似性,也称为自保性。在射流的主体段中,随着距离 x 的增加,轴线流速 u_m 逐渐减小,流速分布曲线趋于平坦,如图 12.2(a)所示。若改用无因次(量纲为 1)的值表示,以 u/u_m 为纵坐标,u 是径向坐标为 r 处的流速;以 $r/b_{0.5}$ 为横坐标,$b_{0.5}$ 是流速等于 $u_m/2$ 处的径向坐标。图 12.2(b)表示所有断面上的无因次的流速分布曲线基本上是相同的。实验表明,在射流起始段的边界层内,断面上的流速分布也具有这种相似性。

⑤整个射流区内的压强分布是一样的。

⑥射流各断面上动量守恒。在射流主体段内,取两断面间的一段射流作为控制体,对于水平射流来讲,$\partial p/\partial x=0$,射流与周围环境流体的摩擦阻力和射流脉动产生的应力略去不计,质量力垂直于 x 轴,这样,作用在控制体内流体上的沿 x 轴方向的外力合力等于0。所以,由动量方程可得射流各个断面上的动量相等,即动量守恒,也就是单位时间通过射流各断面的流体总动量是常数,即 $\int_m u\mathrm{d}m=\int_A \rho u^2\mathrm{d}A=$常数。

12.2 圆断面淹没射流

圆断面射流是比较常见的一种射流。如图 12.1 所示,射流出口断面上的流速均为 u_0,出口断面半径为 r_0。实验表明,射流雷诺数 $Re=\dfrac{2r_0u_0}{\upsilon}>2\,000$ 时,可认为是湍流射流。

根据各断面流速分布的相似性,则

$$\frac{u}{u_m}=f\left(\frac{r}{b}\right) \tag{12.1}$$

根据阿尔伯逊(Albertson)等实验观测资料,认为射流主体段各断面上的流速分布为高斯正态分布形式,即

$$u=u_m\exp\left(-\frac{r^2}{b^2}\right) \tag{12.2}$$

由于射流外边界的不规则,射流断面半厚度 b 可以这样确定:当 $r=b$ 时,$u/u_m=e^{-1}$,$u=u_m/e$,所以取 b 为射流断面特征半厚度 b_e,其值为流速 $u=u_m/e$ 处到 x 轴的距离。式(12.2)可改写为

$$u=u_m\exp\left(-\frac{r^2}{b_e^2}\right) \tag{12.3}$$

在实际工程中,主要研究和解决主体段中的流速分布、流量沿程变化和示踪物质(污染物质)的浓度分布问题。

12.2.1 流速分布

主体段的流速分布包括轴线流速 u_m 的沿程变化和断面上的流速分布。

由于射流各断面上动量守恒,可得

$$\rho u_0^2\frac{\pi d_0^2}{4}=\int_0^\infty \rho u^2 2\pi r\mathrm{d}r \tag{12.4}$$

将式(12.3)代入主体段断面动量表达式,得

$$\begin{aligned}\int_0^\infty \rho u^2 2\pi r\mathrm{d}r &= \rho\int_0^\infty u_m^2\exp^2\left(-\frac{r^2}{b_e^2}\right)2\pi r\mathrm{d}r\\ &= 2\rho\pi u_m^2\frac{b_e^2}{4}\int_0^\infty \exp\left(-\frac{2r^2}{b_e^2}\right)\mathrm{d}\left(\frac{2r^2}{b_e^2}\right)\\ &=\frac{\rho}{2}\pi u_m^2 b_e^2\end{aligned} \tag{12.5}$$

将式(12.5)代入式(12.4),得

$$u_0^2\frac{\pi d_0^2}{4}=\frac{\pi}{2}u_m^2 b_e^2 \tag{12.6}$$

由于射流厚度按直线规律扩展,设

$$b_e=\varepsilon x \tag{12.7}$$

式(12.6)可写为

$$\frac{u_m}{u_0}=\frac{1}{\sqrt{2}}\left(\frac{d_0}{\varepsilon x}\right) \tag{12.8}$$

根据实验资料,$\varepsilon=0.114$,得到圆断面淹没射流主体段轴线流速 u_m 沿程变化关系式为

$$u_m=6.2u_0\frac{d_0}{x}\qquad (x>L_0) \tag{12.9}$$

式(12.9)表明,轴线处流速 u_m 与到极点的距离 x 成反比。

将式(12.9)代入式(12.3)得到射流断面上流速分布为

$$u=6.2u_0\frac{d_0}{x}\exp\left(-\frac{r^2}{b_e^2}\right) \tag{12.10}$$

将 $\varepsilon=0.114$ 代入式(12.7),得射流断面特征半厚度为

$$b_e=0.114x \tag{12.11}$$

令 $u_m=u_0$,由式(12.9)得到 $x=6.2d_0$。根据实验资料,出口断面到极点的距离为 $0.6d_0$,所以,起始段长度为

$$L_0 = 6.2d_0 + 0.6d_0 = 6.8d_0 \tag{12.12}$$

12.2.2 流量沿程变化

射流断面上的流量 Q 为

$$\begin{aligned} Q &= \int_0^\infty u 2\pi r \mathrm{d}r \\ &= 2\pi \int_0^\infty u_\mathrm{m} \exp\left(-\frac{r^2}{b_\mathrm{e}^2}\right) r \mathrm{d}r \\ &= 2\pi u_\mathrm{m} \frac{b_\mathrm{e}^2}{2} \int_0^\infty \exp\left(-\frac{r^2}{b_\mathrm{e}^2}\right) \mathrm{d}\left(\frac{r^2}{b_\mathrm{e}^2}\right) = \pi u_\mathrm{m} b_\mathrm{e}^2 \end{aligned} \tag{12.13}$$

圆断面出口流量 Q_0 为

$$Q_0 = u_0 \frac{\pi d_0^2}{4} \tag{12.14}$$

由式(12.13)和式(12.14)得

$$\frac{Q}{Q_0} = \frac{4u_\mathrm{m} b_\mathrm{e}^2}{u_0 d_0^2} \tag{12.15}$$

将式(12.7)与式(12.8)代入式(12.15),并取 $\varepsilon = 0.114$,得

$$\frac{Q}{Q_0} = \frac{4b_\mathrm{e}^2}{d_0^2} \frac{d_0}{\sqrt{2}\varepsilon x} = \frac{4\varepsilon^2 x^2}{d_0^2} \frac{d_0}{\sqrt{2}\varepsilon x} = 0.32 \frac{x}{d_0} \tag{12.16}$$

式(12.16)表明,流量与极点距 x 成正比。

12.2.3 示踪物质浓度分布

实验表明,示踪物质浓度在各断面上的分布具有相似性。在设有示踪物质的静止流体中,射流的流速分布与浓度分布存在下列关系:

$$\frac{c}{c_\mathrm{m}} = \left(\frac{u}{u_\mathrm{m}}\right)^{\frac{1}{2}} \tag{12.17}$$

式中 c——射流断面上任意处的浓度;

c_m——该断面轴线上的浓度。

同时,实验表明浓度分布也可采用高斯正态分布,即

$$c = c_\mathrm{m} \exp\left[-\left(\frac{r}{\lambda b_\mathrm{e}}\right)^2\right] \tag{12.18}$$

式中 λ——常数。

根据示踪物质的质量守恒,单位时间内,射流任意断面上示踪物质的质量应等于射流出口断面的相应值,即

$$c_0 u_0 \frac{\pi d_0^2}{4} = \int_0^\infty c u 2\pi r \mathrm{d}r \tag{12.19}$$

将式(12.18)和式(12.3)代入式(12.19),得

$$\int_0^\infty c u 2\pi r \mathrm{d}r = 2\pi \int_0^\infty c_\mathrm{m} \exp\left[-\left(\frac{r}{\lambda b_\mathrm{e}}\right)^2\right] u_\mathrm{m} \exp\left(-\frac{r}{b_\mathrm{e}}\right)^2 \frac{1}{2} \mathrm{d}r^2$$

$$= \frac{\pi\lambda^2}{1+\lambda^2} c_m u_m b_e^2$$

$$= c_0 u_0 \frac{\pi d_0^2}{4} \tag{12.20}$$

将式(12.7)和式(12.8)代入式(12.20),得

$$\frac{c_m}{c_0} = \frac{1+\lambda^2}{2\sqrt{2}\lambda^2 \varepsilon}\left(\frac{d_0}{x}\right) \tag{12.21}$$

由实验资料可知,$\lambda = 1.12$,$\varepsilon = 0.114$,式(12.21)可写为

$$\frac{c_m}{c_0} = 5.57\left(\frac{d_0}{x}\right) \tag{12.22}$$

式(12.22)表明,轴线处浓度 c_m 与极点距 x 成反比。

射流断面上浓度分布为

$$c = 5.57\left(\frac{d_0}{x}\right) c_0 \exp\left[-\left(\frac{r}{\lambda b_e}\right)^2\right] \tag{12.23}$$

注意:上述公式(12.23)中的距离 x 应从极点算起,但是,在实用上,常可从射流出口断面算起。

12.2.4 气体淹没射流

在暖通、空调领域,多采用由阿勃拉莫维奇提出的新的计算气体淹没射流的方法。气体圆断面淹没射流的结构图形,如图 12.3 所示。主体段的扩展角 α 是一定值,$\alpha = 12°15'$,它的外边界线延长交于轴线上 O 点,称为极点。极点的位置与前面介绍的有所不同。极点的位置 x_0,起始段长度 L_0 与射流出口断面上流速分布有关。为了表示出口断面流速分布不均匀程度,引入出口断面动量修正系数 β,$\beta = \frac{\int_A \rho u^2 \mathrm{d}A}{\rho A v_0^2}$,式中 v_0 为出口断面平均流速。根据实验资料,流速分布均匀时,$\beta = 1$,$\bar{x}_0 = \frac{x_0}{r_0} = 0.6$,$\bar{L}_0 = \frac{L_0}{r_0} = 12.4$;流速分布不均匀时,$\bar{x}_0 = 3.45$,$\bar{L}_0 = 6.3$,起始段长度缩短了。

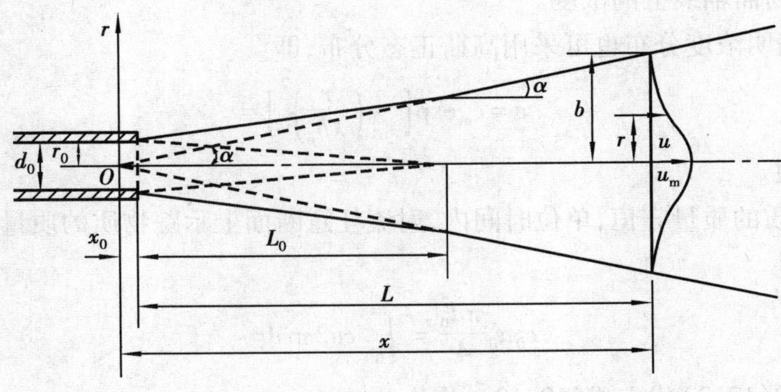

图 12.3 气体圆断面淹没射流

由图 12.3 可知，射流主体段断面半径 $b=(x_0+L)\tan\alpha$，得

$$\frac{b}{r_0}=\frac{(x_0+L)\tan\alpha}{r_0}=0.22\frac{x}{r_0}=0.22\bar{x} \tag{12.24}$$

1）流速分布

由于射流各断面动量守恒，有

$$\beta\rho v_0^2\pi r_0^2=\int_0^b\rho u^2 2\pi r\mathrm{d}r \tag{12.25}$$

将上式两端同时除以 $\rho\pi b^2u_\mathrm{m}^2$，将其变为无因次形式，即

$$\beta\left(\frac{r_0}{b}\right)^2\left(\frac{v_0}{u_\mathrm{m}}\right)^2=2\int_0^1\left(\frac{u}{u_\mathrm{m}}\right)^2\left(\frac{r}{b}\right)\mathrm{d}\left(\frac{r}{b}\right) \tag{12.26}$$

根据实验资料，射流主体断面上的流速分布关系式为

$$\frac{u}{u_\mathrm{m}}=\left[1-\left(\frac{r}{b}\right)^{1.5}\right]^2 \tag{12.27}$$

将式（12.27）代入式（12.26），并令 $r/b=\eta$，得

$$\beta\left(\frac{r_0}{b}\right)^2\left(\frac{v_0}{u_\mathrm{m}}\right)^2=2\int_0^1[(1-\eta^{1.5})^2]^2\eta\mathrm{d}\eta=0.134$$

将上式进行整理，得

$$\beta\left(\frac{v_0}{u_\mathrm{m}}\right)^2=0.134\left(\frac{b}{r_0}\right)^2 \tag{12.28}$$

因为 $\frac{b}{r_0}=0.22\bar{x}$，所以，式（12.28）可写为

$$\frac{u_\mathrm{m}}{v_0}=\sqrt{\frac{\beta}{0.134}}\left(\frac{1}{0.22\bar{x}}\right)=\frac{12.4\sqrt{\beta}}{\bar{x}} \tag{12.29}$$

令 $u_\mathrm{m}=v_0$，$L=L_0$，代入式（12.29）得 $\frac{12.4\sqrt{\beta}}{(x_0+L_0)/r_0}=1$，从而得到射流起始段长度 L_0，即

$$L_0=12.4r_0\sqrt{\beta}-x_0 \tag{12.30}$$

当出口断面流速分布均匀时，$\beta=1$，则 $L_0\approx12.4r_0$，这与前述很接近。

2）流量沿程变化

射流主体段各断面上的流量为 $Q=\int_0^b u2\pi r\mathrm{d}r$，出口流量为 $Q_0=v_0\pi r_0^2$，有：

$$\frac{Q}{Q_0}=\frac{\int_0^b u2\pi r\mathrm{d}r}{v_0\pi r_0^2}=2\int_0^{\frac{b}{r_0}}\left(\frac{u}{v_0}\right)\left(\frac{r}{r_0}\right)\mathrm{d}\left(\frac{r}{r_0}\right)$$

将 $\frac{u}{v_0}=\frac{u}{u_\mathrm{m}}\frac{u_\mathrm{m}}{v_0}$，$\frac{r}{r_0}=\frac{r}{b}\frac{b}{r_0}$ 代入上式，得

$$\frac{Q}{Q_0}=2\frac{u_\mathrm{m}}{v_0}\left(\frac{b}{r_0}\right)^2\int_0^1\left(\frac{u}{u_\mathrm{m}}\right)\left(\frac{r}{b}\right)\mathrm{d}\left(\frac{r}{b}\right)$$

将式(12.24),式(12.27),式(12.29)代入上式,得

$$\frac{Q}{Q_0} = 2\frac{12.4\sqrt{\beta}}{\bar{x}}(0.22\bar{x})^2\int_0^1(1-\eta^{1.5})^2\eta\mathrm{d}\eta$$

$$=\frac{2\times 12.4\sqrt{\beta}}{\bar{x}}(0.22\bar{x})^2\times 0.1286 = 0.155\sqrt{\beta\bar{x}} \tag{12.31}$$

当出口断面流速分布均匀时,$\beta=1$,则 $Q/Q_0 = 0.155\bar{x} = 0.31\dfrac{x}{d_0}$,这与式(12.16)很接近。

3)断面平均流速沿程变化

设主体段任意断面的平均流速为 v,则

$$\frac{v}{v_0} = \frac{Q/(\pi b^2)}{Q_0/(\pi r_0^2)} = \left(\frac{Q}{Q_0}\right)\left(\frac{r_0}{b}\right)^2 = 0.155\sqrt{\beta\bar{x}}\left(\frac{1}{0.22\bar{x}}\right)^2 = \frac{3.2\sqrt{\beta}}{\bar{x}} \tag{12.32}$$

4)质量平均流速沿程变化

在通风、空调工程中,通常采用的是轴心附近较高的速度区,为此引进质量平均流速,用 v_m 表示。用 v_m 乘以质量即得真实动量。由射流各断面动量守恒特性,有

$$\rho Q_0 v_0 = \rho Q v_m$$

$$\frac{v_m}{v_0} = \frac{Q_0}{Q} = \frac{1}{0.155\sqrt{\beta\bar{x}}} = \frac{6.45}{\sqrt{\beta\bar{x}}} \tag{12.33}$$

当出口断面流速分布均匀时,$\beta=1$,并将式(12.31)代入式(12.33),得 $v_m = 0.52u_m$。

【例12.1】 设一含有污染物质的圆断面自由、淹没射流,水平射入密度相同的清洁水中。已知射流出口断面直径 $d_0 = 60\ \mathrm{cm}$,浓度 $c_0 = 1\,200\ \mathrm{mg/L}$。试求离出口距离 $x = 7.5\ \mathrm{m}$ 处断面上的最大浓度 c_{max} 和径向半径 $r = 0.2, 0.4, 0.6, 0.8, 1.0\ \mathrm{m}$ 处的浓度 c。

【解】 起始段长度 $L_0 = 6.2d_0 + 0.6d_0 = 6.8d_0 = 4.08\ \mathrm{m} < x = 7.5\ \mathrm{m}$,应按主体段计算。

式(12.23)为射流断面上浓度分布式,即

$$c = 5.57\left(\frac{d_0}{x}\right)c_0\exp\left[-\left(\frac{r}{\lambda b_e}\right)^2\right]$$

将 $b_e = 0.114x, \lambda = 1.12, x = 7.5\ \mathrm{m}, d_0 = 0.6\ \mathrm{m}$ 代入上式,有

$$c = 0.446c_0\exp(-1.091r^2)$$

断面浓度最大处:

$$r = 0, c_{max} = 0.446\times 1\,200 = 535.2\ \mathrm{mg/L}$$

断面其他位置:

$$r = 0.2\ \mathrm{m}, c = 0.446\times 1\,200\times\exp(-0.043)\ \mathrm{mg/L} = 512.35\ \mathrm{mg/L}$$

$$r = 0.4\ \mathrm{m}, c = 0.446\times 1\,200\times\exp(-0.1746)\ \mathrm{mg/L} = 449.48\ \mathrm{mg/L}$$

$$r = 0.6\ \mathrm{m}, c = 0.446\times 1\,200\times\exp(-0.3928)\ \mathrm{mg/L} = 361.36\ \mathrm{mg/L}$$

$$r = 0.8\ \mathrm{m}, c = 0.446\times 1\,200\times\exp(-0.6982)\ \mathrm{mg/L} = 266.24\ \mathrm{mg/L}$$

$$r = 1.0\ \mathrm{m}, c = 0.446\times 1\,200\times\exp(-1.091)\ \mathrm{mg/L} = 179.76\ \mathrm{mg/L}$$

【例 12.2】 某体育馆的圆柱形送风口直径 $d_0=0.6\ \mathrm{m}$，风口断面上风速分布均匀，风口至比赛区的距离 $L=60\ \mathrm{m}$，要求比赛区质量平均风速 v_m 不得超过 0.3 m/s，试求送风量 Q_0。

【解】 出口处风速分布均匀，$\beta=1$，$x_0=0.6r_0=0.3d_0=0.18\ \mathrm{m}$，$L_0=12.4r_0-x_0=3.54\ \mathrm{m}<L=60\ \mathrm{m}$，比赛区在主体段内。

因为$\dfrac{v_m}{v_0}=\dfrac{6.45}{\sqrt{\beta\bar{x}}}$，所以 $v_0=\dfrac{v_m\,\bar{x}}{6.45}=\dfrac{v_m}{6.45}\dfrac{x}{r_0}=\dfrac{0.3}{6.45}\dfrac{0.18+60}{0.3}\ \mathrm{m/s}=9.33\ \mathrm{m/s}$。

送风量：$Q_0=v_0A_0=v_0\times\dfrac{\pi d_0^2}{4}=2.638\ \mathrm{m^3/s}$

12.3 平面淹没射流

流体从一条狭长的水平孔口或缝隙射入无限空间的静止流体中，如图 12.4 所示，这样的射流可以作为平面淹没射流来处理。假定射流出口断面的流速均为 u_0，出口断面半高度为 b_0，实验表明射流雷诺数 $Re=\dfrac{2b_0u_0}{\nu}>30$ 时，可认为是湍流射流。平面射流与圆断面射流需要解决的问题是相同的。

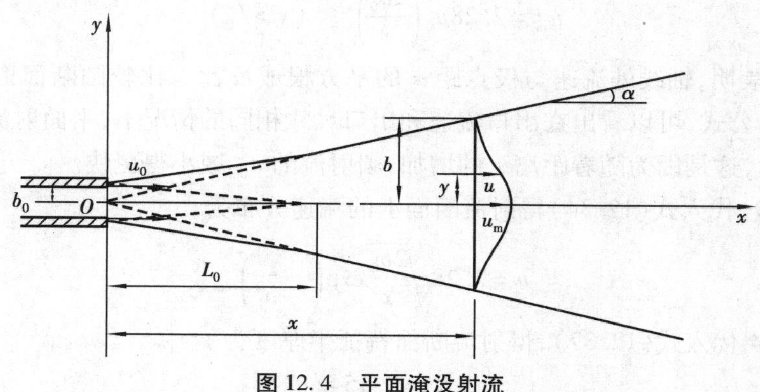

图 12.4 平面淹没射流

12.3.1 流速分布

根据实验资料，也可以认为平面淹没射流主体段断面上流速分布为高斯正态分布形式，即

$$u=u_m\exp\left(-\frac{y^2}{b_e^2}\right) \tag{12.34}$$

式(12.34)中，射流特征半厚度 b_e 为流速 $u=\dfrac{u_m}{e}$处到 x 轴的距离。

由射流各断面动量守恒，写出单位宽度上的动量守恒关系式：

$$2\rho u_0^2b_0=\int_{-\infty}^{\infty}\rho u^2\mathrm{d}y$$

将式(12.34)代入上式，得

$$2\rho u_0^2b_0=2\rho\int_0^{\infty}u_m^2\exp^2\left(-\frac{y^2}{b_e^2}\right)\mathrm{d}y$$

$$= 2\rho u_m^2 \int_0^{\infty} \exp\left(-\frac{2y^2}{b_e^2}\right) dy$$

$$= 2u_m^2 \rho \frac{\sqrt{\pi}}{2(\sqrt{2}/b_e)}$$

$$= \rho \sqrt{\frac{\pi}{2}} u_m^2 b_e \tag{12.35}$$

化简,得

$$2u_0^2 b_0 = \sqrt{\frac{\pi}{2}} u_m^2 b_e \tag{12.36}$$

由于射流厚度按直线规律扩展,设

$$b_e = \varepsilon x \tag{12.37}$$

代入式(12.36),得

$$\frac{u_m}{u_0} = \sqrt{\frac{2}{\pi}} \frac{1}{\varepsilon} \left(\frac{2b_0}{x}\right)^{\frac{1}{2}} \tag{12.38}$$

根据阿尔伯逊实验,$\varepsilon = 0.154$,代入式(12.38)得到平面淹没射流轴线流速 u_m 沿程变化关系式为

$$u_m = 2.28 u_0 \left(\frac{2b_0}{x}\right)^{\frac{1}{2}} \quad (x > L_0) \tag{12.39}$$

式(12.39)表明,轴线处流速与极点距 x 的平方根成反比。比较圆断面射流和平面射流轴线流速的计算公式,可以看出在出口流速和出口尺寸相同的情况下,平面射流比圆射流具有更大的射出能力,这是因为随着距离 x 的增加,圆射流的 u_m 减小得更快。

将式(12.39)代入式(12.34)得射流断面上的流速分布为

$$u = 2.28 \sqrt{\frac{2b_0}{x}} \exp\left(-\frac{y^2}{b_e^2}\right) \tag{12.40}$$

将 $\varepsilon = 0.154$ 代入式(12.37),得射流断面特征半厚度为

$$b_e = 0.154x \tag{12.41}$$

令 $u_m = u_0$, $x = L_0$,由式(12.39)可算得射流起始段长度 L_0 为

$$L_0 = 2b_0(2.28)^2 = 10.4b_0 \tag{12.42}$$

12.3.2 流量沿程变化

射流任意断面上的单宽流量为

$$q = \int_{-\infty}^{\infty} u dy = 2\int_0^{\infty} u_m \exp\left(-\frac{y^2}{b_e^2}\right) dy$$

$$= 2 \frac{\sqrt{\pi}}{2\left(\frac{1}{b_e}\right)} u_m = \sqrt{\pi} b_e u_m \tag{12.43}$$

出口处单宽流量为

$$q_0 = 2b_0 u_0 \tag{12.44}$$

由式(12.43)和式(12.44)得

$$\frac{q}{q_0}=\frac{\sqrt{\pi}b_e u_m}{2b_0 u_0} \tag{12.45}$$

将式(12.39)和式(12.41)代入式(12.45),得

$$\frac{q}{q_0}=0.62\left(\frac{x}{2b_0}\right)^{\frac{1}{2}} \tag{12.46}$$

式(12.46)表明,流量与极点距的平方根成正比。

12.3.3 示踪物质浓度分布

与圆断面的设定相同,示踪物质浓度仍为高斯正态分布形式,即

$$c=c_m\exp\left[-\left(\frac{y}{\lambda b_e}\right)^2\right] \tag{12.47}$$

根据质量守恒定律,单位时间内射流任意断面上示踪物质的质量应等于射流出口断面的质量,以单位宽度计算,有

$$\int_{-\infty}^{\infty} cu\mathrm{d}y=c_0u_0 2b_0 \tag{12.48}$$

式中 c_0——射流出口断面上的浓度。

将式(12.47)和式(12.34)代入式(12.48),得

$$\begin{aligned}\int_{-\infty}^{\infty} cu\mathrm{d}y &= 2\int_{-\infty}^{\infty} c_m\exp\left[-\left(\frac{r}{\lambda b_e}\right)^2\right]u_m\exp\left(-\frac{y^2}{b_e^2}\right)\mathrm{d}y\\ &= 2c_m u_m\frac{\sqrt{\pi\lambda^2}}{2\sqrt{1+\lambda^2}}b_e\\ &= 2c_0u_0b_0\end{aligned} \tag{12.49}$$

考虑式(12.37)和式(12.38),式(12.49)可化为

$$\frac{c_0}{c_m}=\left(\frac{1+\lambda^2}{\lambda^2\varepsilon}\frac{1}{\sqrt{2\pi}}\right)^{\frac{1}{2}}\left(\frac{2b_0}{x}\right)^{\frac{1}{2}} \tag{12.50}$$

由实验资料可知,$\lambda=1.41$,$\varepsilon=0.154$,代入式(12.50)得

$$\frac{c_m}{c_0}=1.97\left(\frac{2b_0}{x}\right)^{\frac{1}{2}} \tag{12.51}$$

射流断面上浓度分布为

$$c=1.97\left(\frac{2b_0}{x}\right)^{\frac{1}{2}}c_0\exp\left[-\left(\frac{y}{\lambda b_e}\right)^2\right] \tag{12.52}$$

注意:上述公式(12.51)中的距离 x 值,应从射流极点算起,但在实用上,常可从射流出口断面算起。

12.3.4 气体平面淹没射流

在供热通风、热能动力等技术部门,采用的是阿勃拉莫维奇提出的计算气体平面淹没射流的新方法。该方法认为气体平面淹没射流主体段的扩展角与圆断面一样,$\alpha=12°15'$,主体段

射流断面半厚度 b 与出口断面半厚度 b_0 的比值为

$$\frac{b}{b_0}=\frac{(x_0+L)\tan\alpha}{b_0}=0.22(\bar{x}_0+\bar{L}_0)=0.22\,\bar{x} \tag{12.53}$$

射流主体断面上流速的分布式与圆断面相似，即

$$\frac{u}{u_m}=\left[1-\left(\frac{y}{b}\right)^{1.5}\right]^2 \tag{12.54}$$

令 $\dfrac{y}{b}=\eta$，式(12.54)可写为

$$\frac{u}{u_m}=(1-\eta^{1.5})^2 \tag{12.55}$$

平面淹没射流的流速分布等变化规律，可类似于对圆断面的推导方法求得。

由射流断面上动量守恒，得

$$\beta\rho v_0^2 2b_0=2\int_0^b \rho u^2 \mathrm{d}y \tag{12.56}$$

式中 β——动量修正系数；

v_0——出口断面平均流速。

将式(12.56)两端同时除以 $2\rho b u_m^2$，并进行积分限代换，得

$$\beta\left(\frac{v_0}{u_m}\right)^2\frac{b_0}{b}=\int_0^1\left(\frac{u}{u_m}\right)^2\mathrm{d}\,\frac{y}{b}$$

将式(12.55)代入上式，得

$$\beta\left(\frac{v_0}{u_m}\right)^2\frac{b_0}{b}=\int_0^1[(1-\eta^{1.5})^2]^2\mathrm{d}\eta=0.316 \tag{12.57}$$

再将式(12.53)代入上式，得

$$\frac{u_m}{v_0}=\sqrt{\frac{\beta}{0.316\times 0.22\,\bar{x}}}=\frac{3.8\sqrt{\beta}}{\sqrt{\bar{x}}}$$

令 $u_m=u_0$，$x=L_0$，由上式可算得射流起始段长度 L_0 为

$$L_0=14.4\beta b_0-x_0 \tag{12.58}$$

当 $\beta=1$，$\bar{x}_0=\dfrac{x_0}{b_0}\approx 0$ 时，则 $L_0=14.4b_0$。

平面淹没射流的流量、断面平均流速、质量平均流速沿程变化的规律，也可按圆断面推导方法进行分析，这里只写出最后的推导结果。

$$\frac{Q}{Q_0}=0.376\sqrt{\beta\,\bar{x}} \tag{12.59}$$

$$\frac{v}{v_0}=\frac{1.71\sqrt{\beta}}{\sqrt{\bar{x}}} \tag{12.60}$$

$$\frac{v_m}{v_0}=\frac{2.66}{\sqrt{\beta\,\bar{x}}} \tag{12.61}$$

12.4 温差或浓差射流

在空调工程中,常采用冷风降温或热风采暖,这就会遇到温差射流。在通风工程中,将有害气体或工业粉尘通过空气净化装置或除尘设备后排入大气,所排出的空气中还有一定浓度的有害气体或粉尘,这就会遇到浓差射流。温差或浓差射流是指射流本身的温度或浓度与周围介质的温度、浓度不同的射流。

温差射流的温度扩散、浓差射流中的浓度扩散与速差射流(为了区别于温差、浓差射流,将前两节提到的无温差和无浓差的射流称为速差射流)的扩散相似。射流的卷吸作用和湍流射流中的脉动效应是造成速度场扩散的原因,质量交换、动量交换是扩散的结果。同样,卷吸作用和脉动效应使射流内流体的温度或浓度与周围流场流体的温度或浓度发生温度或浓度的交换,形成射流的温度边界层或浓度边界层。由于热量、浓度的扩散要比动量的扩散快,因此,温度边界层、浓度边界层要比速度边界层发展得快些、厚些,同时射流核心区的长度相对就要短些。图 12.5 为温度边界层与速度边界层的对比,其中实线表示速度边界层,虚线表示温度边界层。

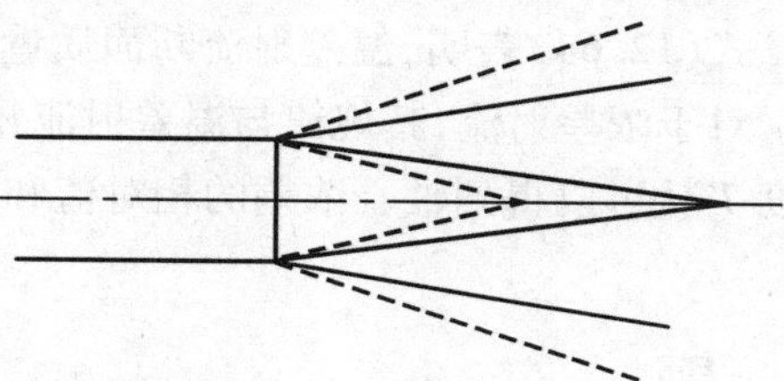

图 12.5 温度和速度边界层

为讨论温差、浓差的分布规律,用符号 T,c 分别表示温度、浓度,并用下标 e 表示周围流体的温度或浓度。另外,为了便于比较,再引入表 12.1 中的一些符号。

表 12.1 射流的通用符号

速差射流	温差射流	浓差射流
出口断面平均速度 v_0	出口断面温差 $\Delta T_0 = T_0 - T_e$	出口断面浓差 $\Delta c_0 = c_0 - c_e$
轴线上流速 u_m	轴线上温差 $\Delta T_m = T_m - T_e$	轴线上浓差 $\Delta c_m = c_m - c_e$
断面上任意点的流速 u	断面上任意点的温差 $\Delta T = T - T_e$	断面上任意点的浓差 $\Delta c = c - c_e$

由实验得出,圆断面射流温差、浓差分布类似于速度分布,其关系式为

$$\frac{\Delta T}{\Delta T_m} = \frac{\Delta c}{\Delta c_m} = \sqrt{\frac{u}{u_m}} = 1 - \left(\frac{r}{b}\right)^{1.5} \tag{12.62}$$

温差、浓差射流由于密度与周围流体密度不同,所受的重力与浮力不相平衡,整个射流将发生向上或向下的弯曲,这与速差射流不同。对于速差射流,如果是水平射出,整个射流的轴心线保持为水平线。而温差、浓差射流的轴心线弯曲,但整个射流仍可看作以此轴心线为对称轴线。

假设温差、浓差射流处于等压情况,由热力学可知,若以周围流体的焓值 h_e 为起算点,射流断面上任意点的相对焓 $\Delta h = h - h_e$ 不变。根据射流各断面单位时间通过的焓值相等,推导出主体段轴心温差的相对值,即

$$\frac{\Delta T_{\mathrm{m}}}{\Delta T_0}=\frac{9.24}{\sqrt{\beta x}}\sqrt{\frac{T_{\mathrm{e}}}{T_0}} \tag{12.63}$$

式(12.63)表明,温差射流各断面轴心处温差的相对值与相对射程成反比,离喷口断面越远处轴心温差越小。

射流各断面上单位时间通过的相对焓:

$$\int \rho c_p \Delta T \mathrm{d}Q=\rho Q c_p \Delta T_{*}=\Delta h$$

式中 ΔT_{*}——断面质量平均温差。

断面质量平均温差的相对值为

$$\frac{\Delta T_{*}}{\Delta T_0}=\frac{6.46}{\sqrt{\beta x}}\sqrt{\frac{T_{\mathrm{e}}}{T_0}} \tag{12.64}$$

式(12.64)表明,温差射流断面质量平均温差的相对值也与相对射程成反比。

对于浓差射流,其规律与温差射流相同,只要将浓度 c 代替式(12.63)和式(12.64)中的温度 T 就可以得到轴心浓差的相对值和断面平均浓差的相对值的计算公式。

习　题

12.1 射流的质量流量沿流向是否保持为常数?为什么?

12.2 如何确定射流边界层的内、外边界面(线)?在射流边界层区域内,初始段和主体段内的速度变化规律是否相同?

12.3 什么叫自由射流和非自由射流?什么又叫淹没射流和非淹没射流?

12.4 一直径 $d_0=60\,\mathrm{cm}$ 的管道出口淹没于水下,沿水平方向将废水泄入相同密度的清洁水中,泄水流量 $Q=0.5\,\mathrm{m^3/s}$,试计算距出口距离 $x=10\,\mathrm{m}$ 处的轴线流速 u_{m}。

12.5 某污染气体排出口直径为0.2 m,出口断面浓度为 c_0,水平射入清洁的大气中,试求距排出口多远才能使污染气体的浓度降低到 $c_0/50$,忽略污染气体与大气密度差的影响。设出口断面上流速均匀分布,$\beta=1$。

12.6 已知空气淋浴区域要求射流断面半径 $b=1.2\,\mathrm{m}$,质量平均流速 $v_{\mathrm{m}}=3\,\mathrm{m/s}$,圆形断面喷嘴直径 $d_0=0.3\,\mathrm{m}$,试求喷口至工作区域的距离 L 和出口流量 Q_0,设出口断面上流速均匀分布,$\beta=1$。

12.7 设喷口到工作区的距离 $L=32\,\mathrm{m}$,要求该区的质量平均风速不超过0.2 m/s,喷口断面风速 $v_0=10\,\mathrm{m/s}$,且均匀分布($\beta=1$),极点到喷口间距离 x_0 可忽略不计,试求喷嘴直径 d_0 和出口风量 Q_0。

12.8 某锅炉喷燃器的圆形喷口直径为500 mm,喷口风速为30 m/s,试求离喷口2,2.5,5 m处的轴线流速。若喷口为高500 mm的平面射流,上述各点的轴线流速又为多大。设出口断面上流速均匀分布,$\beta=1$。

12.9 设有空气平面射流从一长窄缝射入等温的大气中,如射流出口流速为1.5 m/s,缝宽为10 cm,试求流速降低到0.5 m/s以下时距出口的最小距离 x。

附　　录

附录Ⅰ　梯形、矩形断面渠道正常水深 h_0 的图解

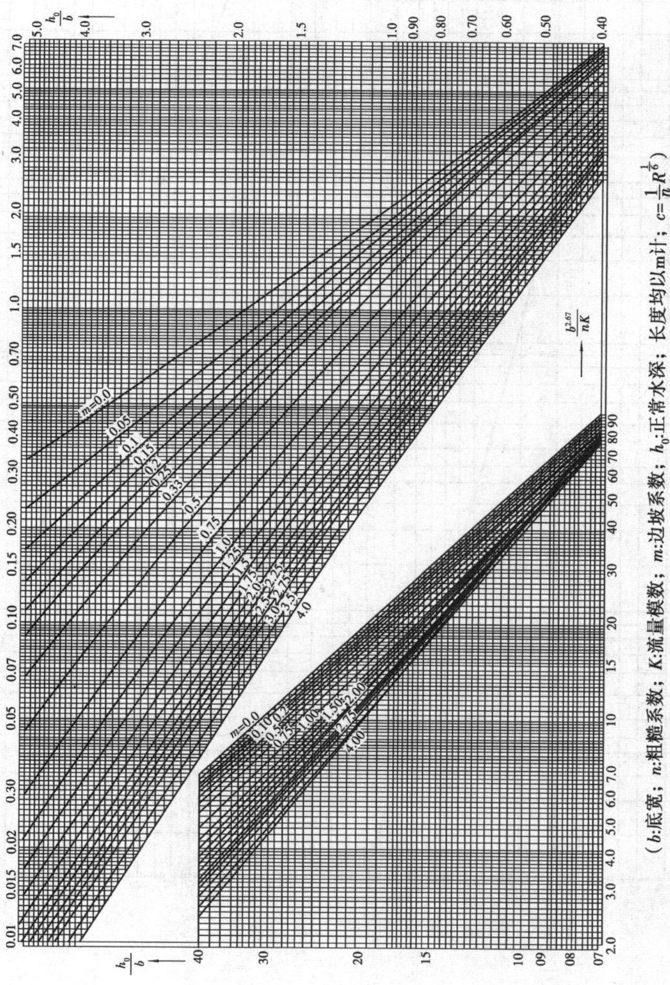

附录Ⅱ 梯形断面临界水深 h_c 的图解

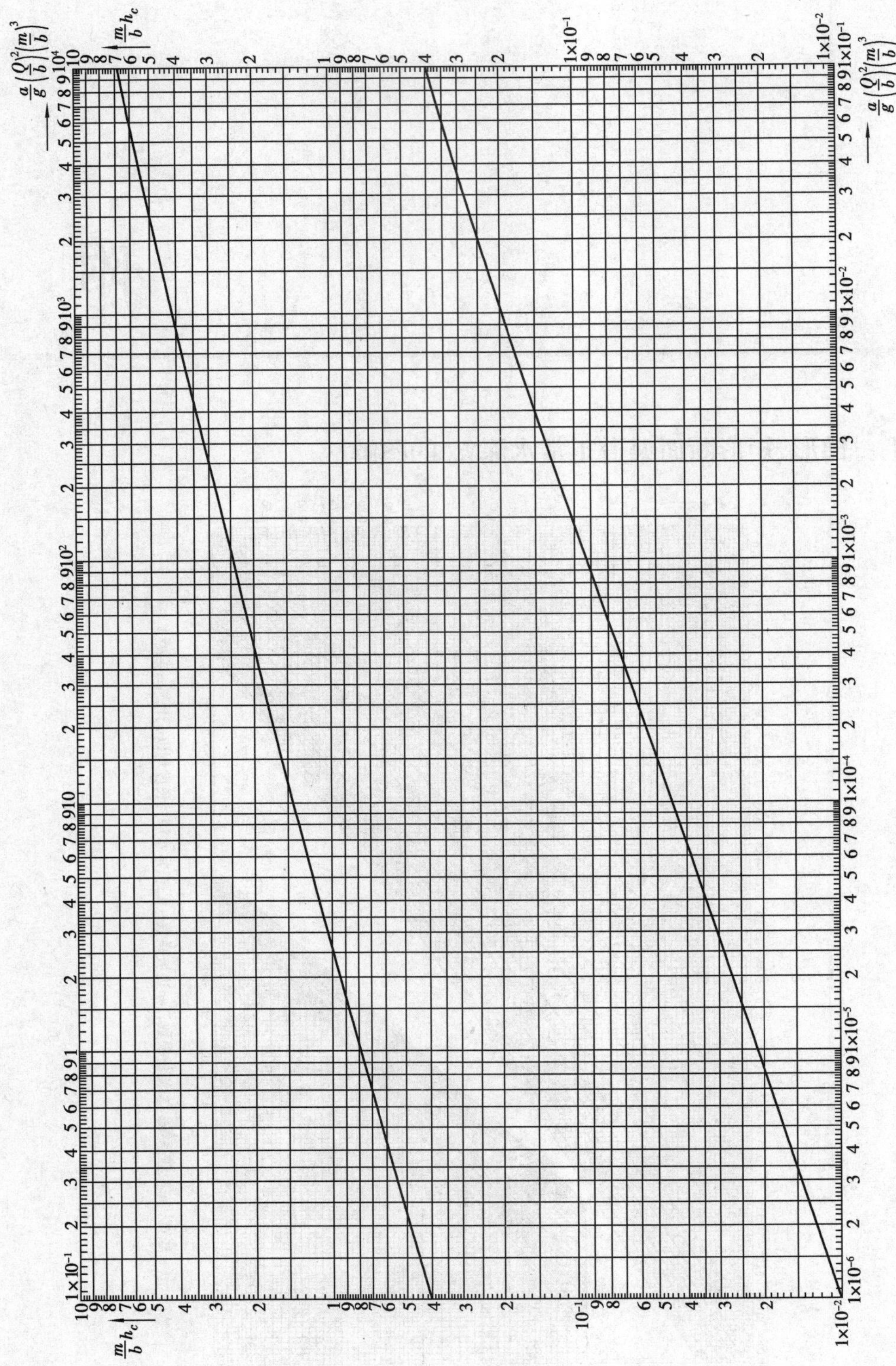

附录Ⅲ　梯形、矩形断面渠道共轭水深 h_1, h_2 的图解

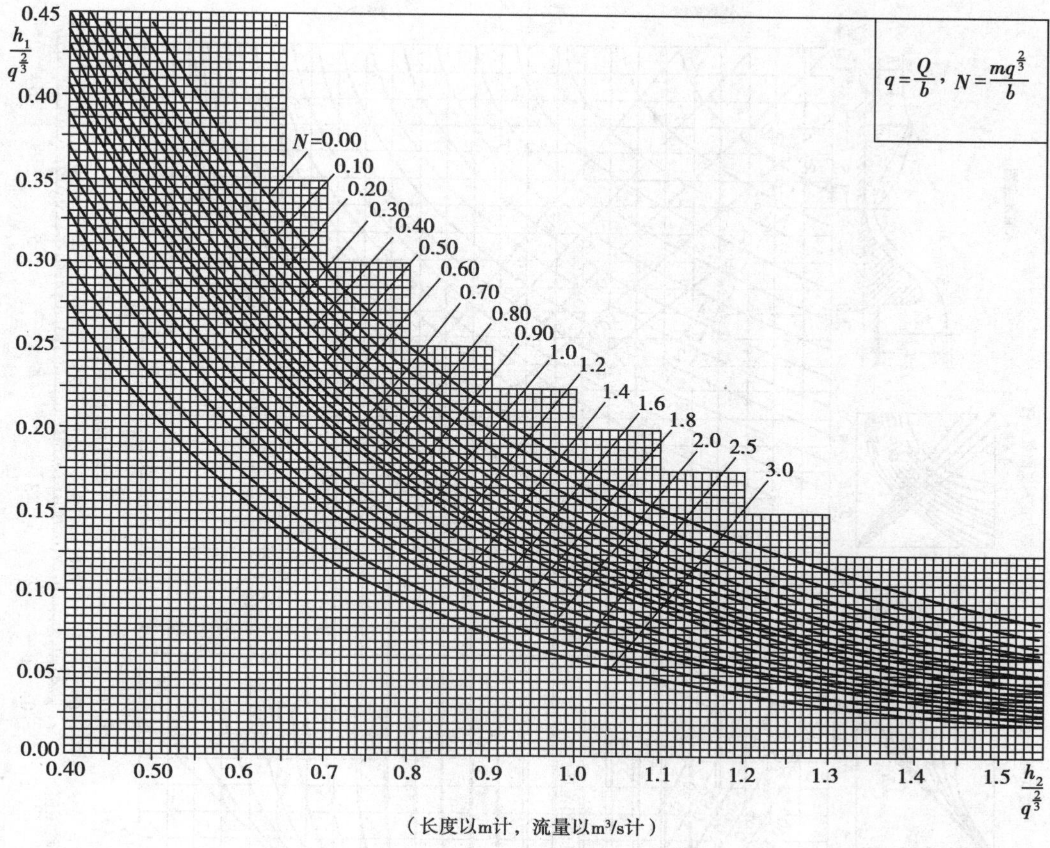

（长度以m计，流量以m^3/s计）

附录Ⅳ 矩形断面明渠底流消能水力计算求解图

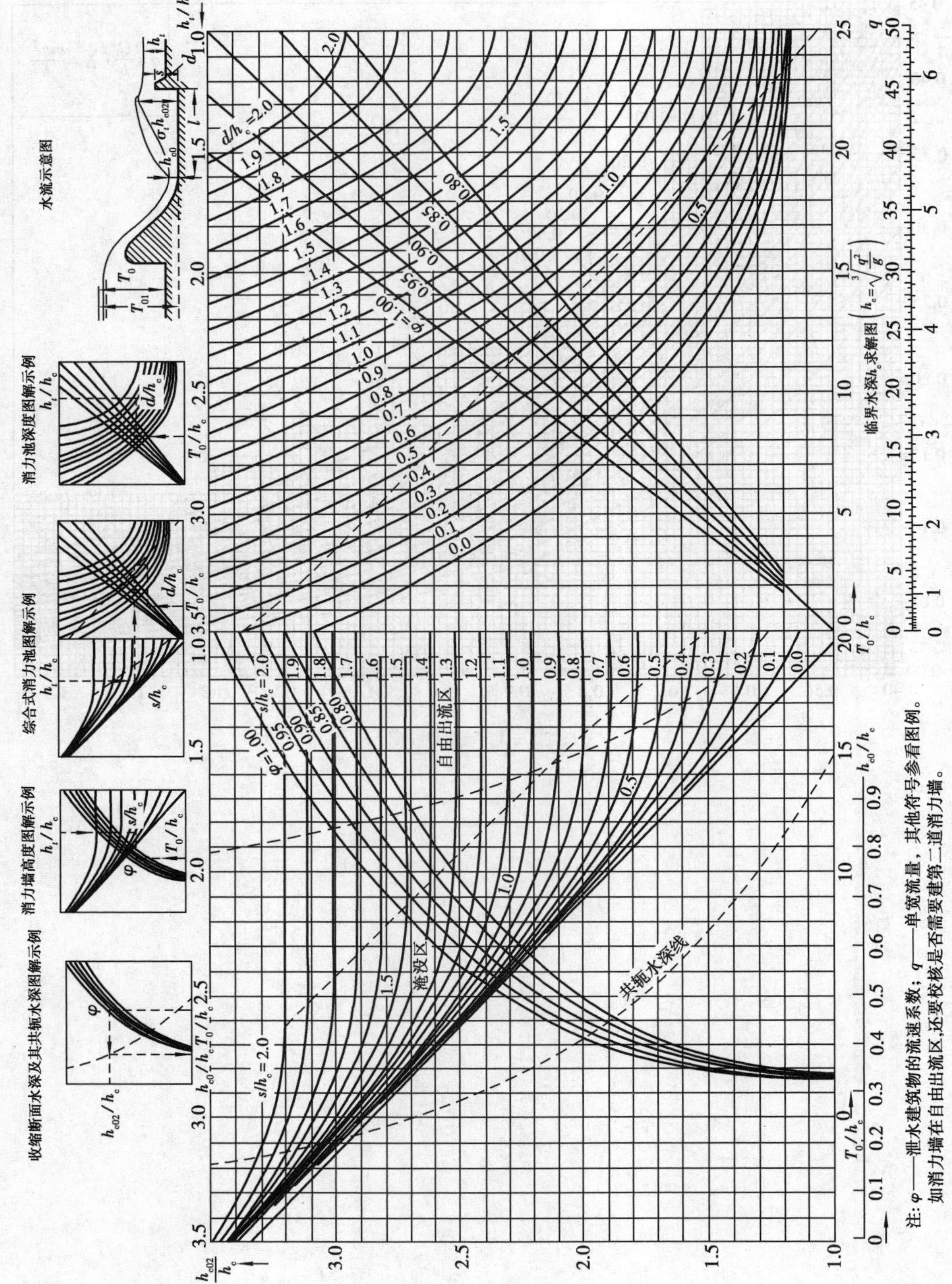

注：φ——泄水建筑物的流速系数；q——单宽流量，其他符号参看图例。
如消力墙在自由出流区，还要校核是否需要建第二道消力墙。

参考文献

[1] 罗惕乾. 流体力学[M]. 4 版. 北京:机械工业出版社,2017.
[2] 潘文全. 工程流体力学[M]. 北京:清华大学出版社,1988.
[3] 许维德. 流体力学[M]. 北京:国防工业出版社,1990.
[4] 刘鹤年,刘京. 流体力学[M]. 3 版. 北京:中国建筑工业出版社,2016.
[5] 刘天宝,程兆雪. 流体力学与叶栅理论[M]. 北京:机械工业出版社,1990.
[6] 闻德荪. 工程流体力学(水力学)[M]. 3 版. 北京:高等教育出版社,2010.
[7] 谢永跃,等. 工程流体力学[M]. 成都:四川科学技术出版社,1998.
[8] 吴持恭. 水力学[M]. 4 版. 北京:高等教育出版社,2008.
[9] 李家星,赵振兴. 水力学[M]. 2 版. 南京:河海大学出版社,2001.
[10] 谢树艺. 工程数学矢量分析与场论[M]. 5 版. 北京:高等教育出版社,2019.
[11] 莫乃榕,槐文信. 流体力学、水力学题解[M]. 武汉:华中科技大学出版社,2002.
[12] White F M. 流体力学[M]. 5 版. 北京:清华大学出版社,2004.
[13] Douglas J F. Fluid Mechanics[M]. London:Pitman Publishing Limited,1979.